HERZLICHEN GLÜCKWUNSCH

Und Dankeschön für den Kauf dieses Buches. Als besonderes Schmankerl* finden Sie unten Ihren persönlichen Code, mit dem Sie das Buch exklusiv und kostenlos als eBook erhalten.

Beachten Sie bitte die Systemvoraussetzungen auf der letzten Umschlagseite!

70187-r65p6-vnk00-czokq

Registrieren Sie sich einfach in nur zwei Schritten unter **www.hanser.de/ciando** und laden Sie Ihr eBook direkt auf Ihren Rechner.

*Bayrisch für eine leckere Kleinigkeit; ein Leckerbissen

Beims

**IT-Service Management in der Praxis
mit ITIL® 3**

Martin Beims

IT-Service Management in der Praxis mit ITIL® 3

Zielfindung, Methoden, Realisierung

Martin Beims, Leiter Consulting & Education bei der Maxpert AG, martin.beims@maxpert.de

Alle in diesem Buch enthaltenen Informationen, Verfahren und Darstellungen wurden nach bestem Wissen zusammengestellt und mit Sorgfalt getestet. Dennoch sind Fehler nicht ganz auszuschließen. Aus diesem Grund sind die im vorliegenden Buch enthaltenen Informationen mit keiner Verpflichtung oder Garantie irgendeiner Art verbunden. Autor und Verlag übernehmen infolgedessen keine juristische Verantwortung und werden keine daraus folgende oder sonstige Haftung übernehmen, die auf irgendeine Art aus der Benutzung dieser Informationen – oder Teilen davon – entsteht.

Ebenso übernehmen Autor und Verlag keine Gewähr dafür, dass beschriebene Verfahren usw. frei von Schutzrechten Dritter sind. Die Wiedergabe von Gebrauchsnamen, Handelsnamen, Warenbezeichnungen usw. in diesem Buch berechtigt deshalb auch ohne besondere Kennzeichnung nicht zu der Annahme, dass solche Namen im Sinne der Warenzeichen- und Markenschutz-Gesetzgebung als frei zu betrachten wären und daher von jedermann benutzt werden dürften.

Bibliografische Information der Deutschen Nationalbibliothek:

Die Deutsche Nationalbibliothek verzeichnet diese Publikation in der Deutschen Nationalbibliografie; detaillierte bibliografische Daten sind im Internet über http://dnb.d-nb.de abrufbar.

Dieses Werk ist urheberrechtlich geschützt.
Alle Rechte, auch die der Übersetzung, des Nachdruckes und der Vervielfältigung des Buches, oder Teilen daraus, vorbehalten. Kein Teil des Werkes darf ohne schriftliche Genehmigung des Verlages in irgendeiner Form (Fotokopie, Mikrofilm oder ein anderes Verfahren) – auch nicht für Zwecke der Unterrichtsgestaltung – reproduziert oder unter Verwendung elektronischer Systeme verarbeitet, vervielfältigt oder verbreitet werden.

© 2010 Carl Hanser Verlag München (www.hanser.de)
Lektorat: Margarete Metzger
Herstellung: Irene Weilhart
Umschlagdesign: Marc Müller-Bremer, www.rebranding.de, München
Umschlagrealisation: Stephan Rönigk
Datenbelichtung, Druck und Bindung: Kösel, Krugzell
Ausstattung patentrechtlich geschützt. Kösel FD 351, Patent-Nr. 0748702
Printed in Germany

ISBN 978-3-446-42138-7

Inhalt

Vorwort IX

Geleitwort XIII

1   IT-Service Management 1
1.1   Die Welt des IT-Service Management 1
1.2   Prozessorientierung und Reifegrad 3
1.3   Generische Prozessmodelle 7
1.4   Business Alignment 9

2   IT Infrastructure Library (ITIL®) 11
2.1   Herausforderungen für ITIL® in der Praxis 11
2.2   ITIL® Version 3 im Überblick 12
    2.2.1   Zielsetzung – Was will ITIL®? 12
    2.2.2   Warum eine neue Version? 13
    2.2.3   Die Struktur der IT Infrastructure Library Version 3 14
    2.2.4   Die Prozesse im Überblick 15
2.3   Der Service Lifecycle 16
    2.3.1   Die Kernelemente des Service Lifecycle im Überblick 16
    2.3.2   Struktur des Lifecycle und der Prozesse 17
    2.3.3   Rollen im Lifecycle 20

3   ITIL® 3 – Governance-Prozesse 23
3.1   Service Strategy 23
    3.1.1   Einführung 23
    3.1.2   Begriffe und Grundlagen 24
    3.1.3   Prozesse und Aktivitäten im Überblick 28
    3.1.4   Wichtige Aktivitäten 28
    3.1.5   Wirtschaftliche Services 35
3.2   Continual Service Improvement 41
    3.2.1   Überblick 41
    3.2.2   Ziele, Aufgaben und Nutzen 41
    3.2.3   Begriffe und Grundlagen 42

| | 3.2.4 | CSI-Improvement-Prozess | 44 |
| | 3.2.5 | Service Reporting | 49 |

4 ITIL® 3 – Operational-Prozesse ... 53

4.1 Service Design ... 53
    4.1.1 Überblick ... 53
    4.1.2 Ziele, Aufgaben und Nutzen ... 54
    4.1.3 Begriffe und Grundlagen ... 55
    4.1.4 Service Level Management ... 59
    4.1.5 Service Catalogue Management ... 67
    4.1.6 Capacity Management ... 70
    4.1.7 Availability Management ... 73
    4.1.8 IT-Service Continuity Management ... 78
    4.1.9 Information Security Management ... 83
    4.1.10 Supplier Management ... 88

4.2 Service Transition ... 91
    4.2.1 Überblick ... 91
    4.2.2 Ziele, Aufgaben und Nutzen ... 92
    4.2.3 Begriffe und Grundlagen ... 93
    4.2.4 Transition Planning and Support ... 93
    4.2.5 Change Management ... 97
    4.2.6 Service Asset and Configuration Management ... 103
    4.2.7 Release and Deployment Management ... 110
    4.2.8 Service Validation and Testing ... 118
    4.2.9 Evaluation ... 123
    4.2.10 Knowledge Management ... 125

4.3 Service Operation ... 130
    4.3.1 Überblick ... 130
    4.3.2 Ziele, Aufgaben und Nutzen ... 131
    4.3.3 Begriffe und Grundlagen ... 131
    4.3.4 Event Management ... 136
    4.3.5 Incident Management ... 141
    4.3.6 Request Fulfilment ... 151
    4.3.7 Problem Management ... 154
    4.3.8 Access Management ... 160
    4.3.9 Funktionen ... 163
    4.3.10 Standardaktivitäten in Service Operation ... 170

5 Leistung und Qualität messen ... 175

5.1 IT-Kennzahlen ... 175
    5.1.1 Grundlegendes zu Kennzahlen ... 177
    5.1.2 Anwendungsgebiete von IT-Kennzahlen ... 180
    5.1.3 IT-Kennzahlen gestalten ... 183

5.2 Balanced Scorecard – Strategie operationalisieren ... 192
    5.2.1 Von der Kennzahl zur Balanced Scorecard (BSC) ... 192
    5.2.2 Grundlagen der Balanced Scorecard nach Kaplan/Norton ... 193

5.3 CMMI & Co – Prozessreife bestimmen ... 198

	5.3.1	Warum CMMI?	198
	5.3.2	ITIL® – Process Maturity Framework (PMF)	200
	5.3.3	IT-Service CMM	203
	5.3.4	IT-CMF (IT Capability Maturity Framework)	205

6 Normen und Richtlinien 209

6.1	ISO/IEC 20000		209
	6.1.1	Warum IT-Service-Prozesse auditieren und zertifizieren?	209
	6.1.2	Grundlegendes zur ISO/IEC 20000	210
	6.1.3	Die Struktur der ISO/IEC 20000	212
	6.1.4	Die ITSM Prozesse in der ISO/IEC 20000 (Abschnitt 6-10)	216
	6.1.5	Zertifizierung	224
	6.1.6	ISO 20000 und ITIL®	225
6.2	COBIT		225
	6.2.1	Grundlegendes zu COBIT	225
	6.2.2	Die COBIT-Struktur	226
	6.2.3	Fazit	232

7 ITSM und Projektmanagement 233

7.1	Prozessveränderungen steuern		233
7.2	Prozessveränderungen sind Projekte		236
7.3	PRINCE2®:2005 im Überblick		238
	7.3.1	Die Prozesse	239
	7.3.2	Die Komponenten	245
	7.3.3	Techniken	249
7.4	PRINCE2®:2009 im Überblick		254
	7.4.1	Was ist neu in PRINCE2®:2009?	255
7.5	Andere Projektmanagement-Methoden		268
	7.5.1	Project Management Body of Knowledge (PMBoK)	268
	7.5.2	Fazit	272

8 Praxisbeispiel 273

8.1	Die Mischung macht's		273
8.2	Die Ausgangssituation		273
	8.2.1	Die Bankenservice AG	273
8.3	Das Projekt		276
	8.3.1	Projektsetup	276
	8.3.2	Ziele definieren	281
	8.3.3	Analyse und Identifizierung	291
	8.3.4	Ausbildung der Beteiligten	301
	8.3.5	Prozesse definieren und dokumentieren	302
	8.3.6	Prozesse etablieren	317
	8.3.7	Erfolg prüfen	321

Literatur **325**

Register **327**

Vorwort

Die Herausforderung

IT-Systeme nehmen in modernen Unternehmen eine immer größere Rolle ein. Kaum ein Unternehmensprozess, der noch ohne die Unterstützung durch IT-Services effizient arbeiten kann. Ohne Zweifel tragen diese IT-Services zur optimalen Nutzung der vorhandenen Ressourcen bei und ermöglichen so eine sehr hohe Produktivität. Die zunehmende Abhängigkeit der Geschäftsprozesse von diesen IT-Services bedingt allerdings eine paradoxe Situation: Seit Jahren werden IT-Services immer leistungsfähiger zu immer geringeren Kosten, und gleichzeitig steigt der Schaden durch nicht verfügbare Systeme kontinuierlich an. Während die sinkenden Kosten für die Bereitstellung der Services willkommen sind, werden Schäden durch Störungen der IT immer bedrohlicher für die Unternehmen.

Die Herausforderung lautet also, IT-Services in immer höherer Qualität bereitzustellen, ohne dabei die Ausgaben ebenfalls erhöhen zu müssen. Eine Aufgabe, der sich heute immer mehr Unternehmen stellen, indem sie IT-Services innerhalb der gewachsenen Struktur analysieren und Maßnahmen zur Verbesserung dieser Services ergreifen.

Idee des Buches

In diesem Buch werden Wege beschrieben, die dazu beitragen, die IT-Service-Prozesse effektiv und effizient zu gestalten. Anhand eines Praxisbeispiels wird der Weg zu einer anforderungsgerecht betriebenen IT-Service-Organisation beschrieben.

Sie werden sich sicher fragen, was daran neu ist. Ich möchte mich nicht, wie viele andere Publikationen, auf eine bestimmte Methode zur Prozessverbesserung beschränken und die Einführung oder Veränderung von Servicemanagement-Prozessen allein danach ausrichten. Stattdessen werde ich versuchen, die Welt des IT-Service Management vom Kopf auf die Füße zu stellen, indem ich zunächst einmal Wege zeige zu ermitteln, was für Ihre Organisation wichtig ist und wie Sie die Services in Ihrer individuellen Umgebung optimal gestalten können.

Um das leisten zu können, ist es notwendig, Ziele zu definieren und alles Handeln in den Dienst dieser Ziele zu stellen. Methoden und Prozessmodelle, Best Practices und Managementinstrumente sind unzweifelhaft von hohem Nutzen. Sie sind allerdings allesamt nicht mehr als Werkzeuge, die Ihnen erleichtern, Ihre Ziele zu erreichen. Um den zielorientierten Einsatz ausgewählter Werkzeuge für den größtmöglichen Nutzen in Ihrem Unternehmen geht es in diesem Buch.

Die Struktur

Zunächst stelle ich Ihnen verschiedene Methoden und Hilfsmittel vor, die Ihnen bei der Gestaltung Ihrer IT-Organisation und der Bereitstellung adäquater Services nützlich sein werden. Ein besonderer Schwerpunkt liegt dabei auf der aktuellen Version der IT Infrastructure Library (ITIL®), da diese richtig verstanden eine schier unerschöpfliche Quelle für Informationen und Anleitungen zur Verbesserung der Effektivität und Effizienz bei der Gestaltung und Bereitstellung von IT-Services liefert. Im letzten Abschnitt werde ich an einem Praxisbeispiel erläutern, wie die vorgestellten Methoden eingesetzt werden können, um definierte Ziele zu erreichen.

Danksagungen

Während der Arbeit an diesem Buch wurde mir sehr schnell klar, dass es trotz langjähriger Erfahrung eine sehr große Herausforderung ist, diese Erfahrung und das resultierende Wissen auch so zu Papier zu bringen, dass es für Sie als Leser einen echten Mehrwert bietet. An dieser Stelle möchte ich mich bei einigen Personen bedanken, die zu diesem Buch entscheidend beigetragen haben. Besonderer Dank gilt Frau Metzger vom Hanser Verlag, die sehr viel Geduld bewies und mir das nötige Vertrauen schenkte. Mein Kollege Dr. Roland Fleischer hat mit seinem Beitrag zum Thema Projektmanagement einen wichtigen Beitrag zu einem wertvollen Kapitel geleistet und stand mir gemeinsam mit Nico Kroker und dem gesamten Maxpert Team zudem sehr häufig als kritischer Sparringspartner in Fachdiskussionen zur Verfügung. Nicht zuletzt gilt mein Dank der Person, die mich immer wieder auf ihre typisch „sanfte" Weise an das Notebook trieb, damit ich das Buch fertigstelle.

Kontakt

Die Welt des IT Service Management ist ständig in Bewegung, und nahezu täglich führe ich Gespräche, die neue Sichtweisen eröffnen und mich dazu veranlassen, mein Vorgehen in Projekten und Trainings permanent weiterzuentwickeln. Ich würde mich freuen, wenn Sie mir Ihre Meinung zu diesem Buch oder zum IT Service Management im Allgemeinen mitteilen und diese mit mir diskutieren. Sie erreichen mich per Mail unter:

    martin.beims@maxpert.de

Vorwort zur zweiten Auflage

Auch wenn ich ausdrücklich um Rückmeldungen und Diskussionen gebeten hatte, war ich doch sehr überrascht über die Zahl der Rückmeldungen. Das überwiegend positive Feedback hat mich gefreut und in meiner Entscheidung bestätigt, meine Erfahrungen in diesem Buch mit den Lesern zu teilen. Für die Verbesserungsvorschläge, die mich erreicht haben, möchte ich mich herzlich bedanken. Ganz besonders hervorheben möchte ich Michael Ziegenbein, der sich die Mühe gemacht hat, das komplette Buch durchzuarbeiten und mit wertvollen Hinweisen zu versehen.

Neben vielen kleinen Überarbeitungen ist die wichtigste Neuerung die Aufnahme der neuen PRINCE2-Version PRINCE2®:2009 in das Kapitel zum Projektmanagement sowie eines weiteren, sehr interessanten Reifegradmodells des Innovation Value Institutes (IVI) im Kapitel zu Leistung und Qualitätsmessung.

Geleitwort

Business treibt IT – IT treibt Business. IT-Manager befinden sich zunehmend in der Rolle eines „Master of Change", also eines Verantwortlichen für Veränderungen im Unternehmen. Das IT-Management steht heute vor den größten Herausforderungen in der noch jungen Geschichte der elektronischen Datenverarbeitung, denn in der modernen Dienstleistungsgesellschaft ist die Informationsverarbeitung der ausschlaggebende Schlüssel. Information wird rund um die Uhr und an allen Orten der Welt zur Verfügung gestellt und abgerufen. Jede Volkswirtschaft, jedes Unternehmen und jeder private Haushalt greift ständig über die verschiedensten Endgeräte auf den globalen Informations- und Wissenspool zu. Für beide Seiten, den Anbieter wie auch den Nutzer, ist deshalb eine funktionierende Informationsverarbeitung der kritische Faktor, der den wesentlichen Unterschied zwischen den Gewinnern und Verlierern des globalen Wettbewerbs ausmacht.

Bei einer Analyse der Rahmenbedingungen, innerhalb derer Unternehmen handeln, wird für die verantwortlichen IT-Manager ein nahezu unüberwindlich scheinender Berg zu lösender Aufgaben erkennbar. Mergers und Akquisitionen, die Fokussierung auf Kernkompetenzen, Off- und Nearshoring, der von der Internetökonomie geschaffene globale Markt mit täglich neuen Geschäftsmodellen und das sich ständig ändernde Konsumentenverhalten sind für Unternehmen Bedrohung und Chance zugleich.

Die großen Herausforderungen für die Unternehmen sind dabei ganz unterschiedlicher Natur. Die zunehmende Reglementierung zum Schutz von Mensch, Umwelt und Kapital sowie die steigenden Anforderungen an eine transparente Unternehmensführung durchziehen alle Branchen mit einer Vielzahl von Vorschriften, Verordnungen und Gesetzen, in denen Verfahrenskonformität abverlangt wird (z.B. KonTraG, MiFiD, SOX, 8. EU-Richtlinie, Basel II, CFR21, GMP, GdPdU, ISO-Standards usw.). Die vorhandene Markttransparenz verschärft den globalen Wettbewerb, der Abbau von Wechselbarrieren und der Wegfall von Eintrittsbarrieren begünstigt einerseits neue Wettbewerber, schafft jedoch andererseits auch für das eigene Unternehmen neue Chancen. Die fortschreitende Verkürzung des Produkt-Lebens-Zyklus erfordert einerseits starke Innovationskräfte, während andererseits die Zeitfenster für den Return der Investitionen immer kürzer werden. Die Kunden sind emanzipiert und informiert, sie agieren global, somit 24 Stunden am Tag, und steigern damit u.a. die logistischen und administrativen Anforderungen an das Unternehmen um ein Vielfaches.

Um aus den schnellen, globalen Veränderungen und Anforderungen die größtmöglichen Vorteile abzuleiten, benötigt das IT-Management eine umfassende strategische Denkweise. Dabei ist das Ziel, die IT zum Berater zu entwickeln, die den permanenten Wandel der Geschäftseinheiten unterstützt und treibt und damit den Nachweis antritt, nicht mehr nur ein Kostenfaktor zu sein, sondern eine Ressource, die einen nachweisbaren Return auf das eingesetzte IT-Budget abliefert.

Dieser Return wird dann sichtbar, wenn im täglichen Ablauf Beiträge zu Themen von größter Bedeutung für das Geschäft erbracht werden: Informationen werden geliefert zur Steuerung und Kontrolle (Governance) des Unternehmens, die Konformität zu Gesetzen und Vorschriften wird unterstützt (Compliance), der Datenschutz und die Sicherheit vor dem Diebstahl des Unternehmens-Know-hows wird gewährleistet, die Effizienz des Mitteleinsatzes (Mensch, Maschine, Material, Transaktion) wird optimiert, Wettbewerbsvorteile werden durch nachhaltige Prozesse für das Informations- und Wissensmanagement erlangt und ausgebaut, und den Geschäftseinheiten werden neue Geschäftschancen durch innovative IT-Services aufgezeigt.

Welche Kompetenzen müssen IT-Organisationen und ihr Management entwickeln, um diese Sichtbarkeit herzustellen? Wie kann der Aufbau dieser Kompetenzen bei sinkenden IT-Budgets, wachsenden Kundenanforderungen und schnellem technologischen Wandel überhaupt bewerkstelligt werden? Wie werden freie Ressourcen geschaffen, um in Veränderung investieren zu können? Wie erlangt eine IT-Organisation die notwendige Businesskompetenz? Welche Themen können fallen gelassen werden zugunsten strategisch bedeutenderer?

Diese permanenten Herausforderungen erfordern eine ausgeprägte und nachweisbare Fähigkeit, Chancen und Risiken schnell zu erkennen, die richtigen Schlüsse daraus zu ziehen und die sich daraus ergebenden Veränderungen so zu gestalten, dass sich Wert steigernde Ergebnisse für das Unternehmen erzielen lassen.

Das vorliegende Buch bietet dem strategieorientierten IT-Manager und Umsetzer von Veränderungsprojekten einen Einblick in verschiedene etablierte Methoden und Werkzeuge, die richtig und konsequent angewandt seine Organisation befähigen, sich zu einem unverzichtbaren Partner für das Business zu entwickeln. Einem Partner, der einen wesentlichen Beitrag zur Bewältigung der gegenwärtigen und zukünftigen Herausforderungen leistet, weil er das Handwerkszeug des Wandels meisterlich beherrscht.

Hartmut Stilp
Gründer und Vorstand der Maxpert AG

1 IT-Service Management

1.1 Die Welt des IT-Service Management

In der Welt des IT-Service Management (ITSM) gibt es eine Fülle verschiedener Methoden und Ansätze, um die Aufgabenstellungen des Berufsalltages des CIO, des IT-Leiters oder der beteiligten Mitarbeiter zu bewältigen. Die ganze Palette dieser Methoden zu beschreiben, würde den Rahmen jeder Publikation sprengen – vor allem würde ich Sie damit sehr wahrscheinlich zu Tode langweilen und dazu bringen, bereits hier das Buch genervt auf den Stapel der anderen ungelesenen Fachschinken zu legen.

Aus diesem Grunde habe ich mich entschieden, Ihnen eine – vielleicht auf den ersten Blick – völlig willkürliche Auswahl an Methoden vorzustellen und diese aus Sicht meiner Beraterpraxis zu erläutern. Aber selbst diese kleine Auswahl erläutere ich Ihnen mehr oder weniger widerwillig, und auch nur, weil es einfach notwendig ist, um gemeinsam in das letzte Kapitel dieses Buches einsteigen zu können.

Ganz willkürlich ist diese Auswahl natürlich nicht. Es sind die Praktiken, die sich in verschiedenen Projekten als hilfreich erwiesen haben, um die gesetzten Ziele zu erreichen. Oft höre ich in Gesprächen von Methoden, die „eingeführt" werden sollen. Einführen kann man Software oder neue Vorgehensweisen, Methoden dagegen kann man nutzen, um bestimmte Ziele strukturiert zu erreichen.

Ich werde Ihnen also in diesem Kapitel die Methoden vorstellen, die ich im weiteren Verlauf als Werkzeuge nutze und die ich in der Fallstudie verwendet habe. Denn diese Fallstudie ist keinesfalls reine Theorie, sie baut auf den Erfahrungen in verschiedenen Projekten meiner persönlichen Beraterpraxis auf.

IT-Service Management ist geradezu ein Modebegriff geworden. Jedes Unternehmen, das etwas auf sich hält, hat in irgendeinem Plan Gedanken über ein optimiertes IT-Service Management dokumentiert. Dabei geht es in der Regel vor allem darum, Kosten zu minimieren. Aber ist das wirklich gemeint mit IT-Service Management? Geht es wirklich nur darum, immer kostengünstiger zu arbeiten?

Sicherlich ist die Kostenoptimierung einer der zentralen Faktoren für den Erfolg eines Unternehmens und nur wenn die Kosten für die IT in einem überschaubaren Rahmen (also letztlich vor allem innerhalb des vorhandenen Budgets) bleiben, können moderne Unternehmen konkurrenzfähig arbeiten.

Bevor wir uns Gedanken über die weiteren wichtigen Faktoren des IT-Service Management machen, benötigen wir also ein sinnvolles Budget, um überhaupt bewerten zu können, ob die entstehenden Kosten akzeptabel sind oder nicht und ob z. B. Verbesserungen der Servicequalität im Rahmen der gegebenen Möglichkeiten bleiben.

Wie entsteht dieses Budget? Natürlich kann die Geschäftsleitung schlicht eine Vorgabe machen. Nur, ist dieses Budget realistisch? Wurden hier wirklich alle kritischen Faktoren berücksichtigt? Wurde beachtet, was die Anforderungen an die IT-Services sind und wurde ermittelt, welche Konsequenzen das für die IT-Organisation hat? Es gehört also mehr dazu, als nur eine Zahl nach Kassenlage festzulegen. Auf der anderen Seite müssen natürlich die finanziellen Rahmenbedingungen des Unternehmens berücksichtigt werden. Weiter unten in diesem Kapitel werde ich näher auf die verschiedenen Faktoren eingehen, die das Budget einer IT-Abteilung oder das eines IT-Dienstleisters für die Erbringung vereinbarter Services beeinflussen.

Neben den finanziellen Aspekten bestimmen allerdings weitere essentielle Faktoren den Rahmen des IT-Service Management. Einer dieser Aspekte ist die Orientierung an den Geschäftsprozessen des Kunden. Nur wenn die IT-Organisation die Geschäftsprozesse ihres Kunden kennt, kann sie Services anbieten, die zum Erreichen der Unternehmensziele beitragen. Ohne diese Orientierung an den Geschäftsprozessen werden die Services auf wenig Akzeptanz treffen.

Wie aber erreicht die IT-Organisation diese Geschäftsprozessorientierung? Es müssen Ziele definiert werden, an denen sich die Erbringung der IT-Services ausrichtet. Diese Ziele ergeben sich aus Vereinbarungen über die zu erbringenden Services mit dem Kunden entsprechend seiner Anforderungen und den Möglichkeiten der IT-Organisation. Methoden für die Definition und Dokumentation dieser Ziele sowie das Monitoring der Zielerreichung werde ich in Kapitel 5 erläutern. Mit der Identifizierung des Kundenbedarfes und der entsprechenden Gestaltung der Services befasst sich die IT Infrastructure Library (ITIL®), auf die ich in den Kapiteln 3 und 4 ausführlich eingehe.

Neben der Bereitstellung der richtigen Services in der vereinbarten Qualität ist die Orientierung am Bedarf der Benutzer von entscheidender Bedeutung. Services wie z. B. der Anwendersupport durch den Service Desk müssen benutzerorientiert erbracht werden, denn neben der tatsächlichen Servicequalität spielt die individuelle Wahrnehmung eine wichtige Rolle für die Akzeptanz der definierten IT-Services.

IT-Service Management bedeutet also, die Qualität und Quantität der IT-Services zu planen, zu überwachen und zu steuern. IT-Service Management muss dabei nach folgenden Kriterien gestaltet werden:

- *Zielgerichtet:* Die Aktivitäten für die Gestaltung und den Betrieb der IT-Services richten sich an definierten Zielen aus und werden an diesen gemessen.

- *Geschäftsprozessorientiert:* Sinn von IT-Services ist die bestmögliche Unterstützung der Geschäftsprozesse des Kunden (also des Servicekonsumenten).
- *Benutzerfreundlich:* Neben der objektiven Qualität der Services spielt die Wahrnehmung eine entscheidende Rolle. Services müssen nicht nur hochwertig sein, sondern auch durch die Benutzer und damit letztlich durch den Kunden (Vertragspartner der IT-Organisation) akzeptiert sein.
- *Wirtschaftlich:* Neben der Effektivität (also der Lieferung der vereinbarten Ergebnisse) ist es von großer Bedeutung, auch die Effizienz (also die Zielerreichung mit angemessenem Aufwand) zu betrachten und permanent zu verbessern.

IT-Service Management – eine Begriffsdefinition

Der Begriff IT-Service Management wird heute so selbstverständlich benutzt, dass es oft schwerfällt, die Frage nach der eigentlichen Bedeutung zu beantworten. Aus diesem Grunde möchte ich hier eine Definition des Begriffes nennen, wie sie in der ITIL® Literatur verwendet wird:

> *"Service Management is a set of specialized organisational capabilities for providing value to customers in the form of services." [Service Strategy, 2007].*

Sinngemäß bedeutet das:

> *Service Management ist die Steuerung aller fachlichen Fähigkeiten der Organisation zur Bereitstellung eines Mehrwertes für den Kunden in Form von Services.*

- Die hier genannten Fähigkeiten bestehen aus Funktionen und Prozessen, um Services während des Lifecycle zu managen.
- Der Wandel der vorhandenen Fähigkeiten und Ressourcen in werthaltige Services ist der Kern des Service Management.

Es geht also vor allem darum, die vorhandenen Fähigkeiten und Ressourcen so zu managen, dass die Gestaltung der Services optimal auf die Anforderungen der Kunden ausgerichtet werden kann. Der Begriff „Service" wird in ITIL® wie folgt definiert:

> *A service is a means of delivering value to customers by facilitating outcomes customers want to achieve without the ownership of specific costs and risks.*

Das bedeutet übersetzt in etwa:

> *Ein Service liefert dem Kunden einen definierten Nutzen, ohne dass dieser für die spezifischen Risiken und Kosten der Serviceerbringung verantwortlich ist.*

1.2 Prozessorientierung und Reifegrad

Um IT-Leistungen als Services zu gestalten und zu vereinbaren, bedarf es entsprechender Prozesse. In häufig eher technisch orientierten und in Funktionen denkenden IT-Organisationen bedeutet das eine einschneidende Veränderung, die eine sehr gewissenhafte Vorbereitung und Planung erforderlich macht. Dieser Vorgang wird in Kapitel 8 im Praxisteil

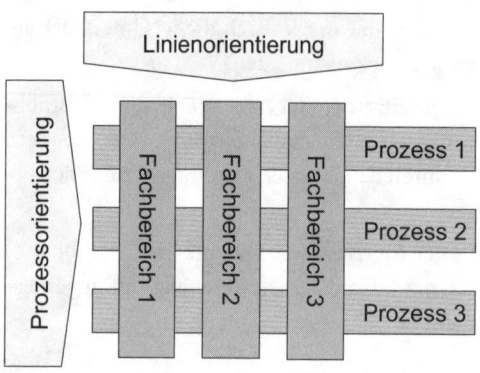

Abbildung 1.1
Linie versus Prozess

detailliert beleuchtet. Bei einer prozessorientierten Vorgehensweise werden Aufgaben nicht mehr allein innerhalb eines Fachbereiches betrachtet. Sie werden stattdessen organisationsübergreifend anhand von in Prozessen beschriebenen Aktivitäten bearbeitet und über Rollendefinitionen den Ressourcen aus den Organisationsbereichen zugeordnet (Abbildung 1.1).

Der Reifegrad einer IT-Organisation ermittelt sich aus der Ausprägung verschiedener Aspekte bei der Planung und Umsetzung der Bereitstellung von IT-Services entsprechend der Anforderungen. Der Reifegrad wird häufig mit Hilfe etablierter Modelle bestimmt, auf die ich in Kapitel 5 näher eingehen werde. Das Ergebnis einer Reifegradbestimmung dient als Ausgangsbasis, um die notwendigen Aktivitäten zu bestimmen, mit denen die Ziele der IT-Organisation durch eine prozessorientierte und an den Bedürfnissen der Kunden ausgerichtete Arbeitsweise erreicht werden können. Um den Reifegrad einer IT-Organisation bezüglich einer service- und prozessorientierten Arbeitsweise zu erkennen, empfiehlt es sich, die folgenden fünf Aspekte zu betrachten (Abbildung 1.2).

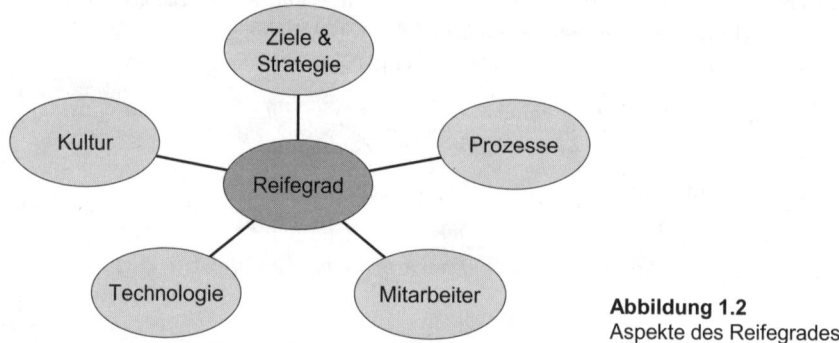

Abbildung 1.2
Aspekte des Reifegrades

Ziele und Strategie

Um zu wissen, welche Ergebnisse eine IT-Organisation unter welchen Rahmenbedingungen liefern muss, ist es entscheidend, die Ziele des Unternehmens zu kennen und daraus konkrete Ziele für die IT abzuleiten. Ziele müssen sich dabei auf den Business-Nutzen beziehen. „Wir wollen uns nach ITIL® ausrichten" ist nicht ausreichend. Klassische Zielkategorien sind:

- Effizienzsteigerung
- Verbesserung der Servicequalität
- Erhöhung der Kundenzufriedenheit

Sinnvolle Ziele abzuleiten, sie konkret zu formulieren und messbar zu gestalten, ist die Basis erfolgreicher Veränderungen – nicht nur im IT-Service Management.

Prozesse

Die Aktivitäten für Planung, Vereinbarung, Gestaltung und Betrieb der IT-Services werden in Prozessen beschrieben. In der einfachsten Form beschreibt ein Prozess die benötigten Inputs, die Aktivitäten zur Verarbeitung des Inputs und den erwarteten Output. Beeinflusst werden die Aktivitäten des Prozesses durch die Nutzung vorhandener Fähigkeiten und Ressourcen (Abbildung 1.3).

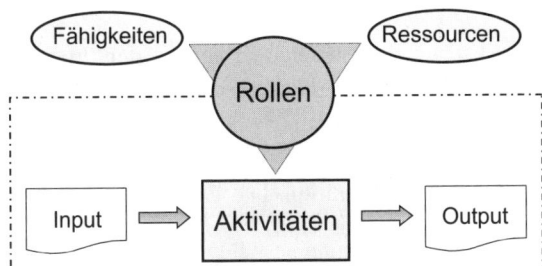

Abbildung 1.3
Einfacher Prozess

Neben Aktivitäten, Input und Output ist es von entscheidender Bedeutung, auch Rollen zu definieren, mit deren Hilfe die Ressourcen und Fähigkeiten der Fachbereiche den Aktivitäten innerhalb des Prozesses zugeordnet werden. Rollendefinitionen liefern Mitarbeitern klare Informationen darüber, was in der entsprechenden Rolle von ihnen erwartet wird. Definierte, dokumentierte, wiederholbare und gelebte Prozesse sind die Basis einer erfolgreichen Serviceerbringung. Sie orientieren sich an den Zielen der IT-Organisation und den Anforderungen des Unternehmens, welches die IT-Services beauftragt. Prozesse beschreiben Aktivitäten, Abhängigkeiten und Abläufe. Definierte Prozesse haben folgende Eigenschaften:

- Sie sind messbar (z. B. Kosten, Qualität).
- Sie liefern spezifische Resultate (individuell erkennbar, zählbar).
- Sie haben spezifische Abnehmer (intern oder extern → Stakeholder).
- Sie reagieren auf spezifische Ereignisse (Trigger).

In der ITIL®-Literatur wird ein Prozess wie folgt definiert:

> *A process is a set of coordinated activities combining and implementing resources and capabilities in order to produce an outcome, which, directly or indirectly, creates value for an external customer or stakeholder. [Service Strategy, 2007]*

Das bedeutet sinngemäß übersetzt:

Ein Prozess besteht aus koordinierten Aktivitäten, die Ressourcen und Fähigkeiten nutzen, um ein Ergebnis zu erzeugen, das – direkt oder indirekt – einen Nutzen für Kunden oder Stakeholder erzeugt.

Mitarbeiter

Die Mitarbeiter sind das Kapital der IT-Organisation. Von deren Erfahrungen zu profitieren heißt, die Chance auf erfolgreiche Veränderungen maximieren. Bei geplanten Veränderungen reicht es also keinesfalls aus, sich mit dem Management in ein stilles Kämmerchen einzuschließen, neue Prozesse zu definieren und diese dann zu verkünden. Die Reaktion der Mitarbeiter darauf wird Ablehnung sein. Zu Recht.

Es heißt also, die Mitarbeiter einzubinden und von deren Erfahrungen zu profitieren. Niemand kennt die Stärken und Schwächen des Unternehmens bzw. der IT-Organisation so gut wie die Mitarbeiter, die oft seit Jahren IT-Services erbringen. Hier gilt es, Ideen aufzunehmen und in die Gestaltung der Prozesse einfließen zu lassen. Darauf zu verzichten ist fahrlässig.

Nicht zuletzt gilt es auch, die Basis für die Akzeptanz der neuen oder veränderten Prozesse zu legen. Entscheiden Sie selbst, wo die Akzeptanz von Veränderungen größer sein wird: Bei gemeinsam erarbeiteten Ergebnissen mit breiter Beteiligung oder bei „Befehlen von oben". Das bedeutet natürlich nicht, dass jeder machen soll, was er will. Es geht um konstruktive Beteiligung an einer zielorientierten Prozessdefinition. Dieser Prozess lässt sich moderieren und entsprechend der Ziele steuern. Dazu später mehr.

Technologie

Es ist heute keine besonders neue Erkenntnis mehr, dass ein funktionierendes IT-Service Management nicht mehr ohne die Unterstützung leistungsfähiger Tools auskommt. Es gilt also neben den richtigen Prozessdefinitionen auch die passenden Tools für die Erbringung dieser Services auszuwählen. Klassische Tools für das ITSM sind u. a.:

- Ticket-Tools für Incident-, Change- oder Problem Management
- Wissensdatenbanken
- Tools zur Speicherung von Konfigurationsdaten

Bei der Toolauswahl hat sich eine dreistufige Vorgehensweise als geeignet erwiesen: Zunächst werden die Prozesse auf einer hohen Abstraktionsebene definiert und anschließend aus den Prozessaktivitäten abgeleitet und dokumentiert, was unterstützende Tools leisten müssen. Mit Hilfe dieser Kriterienliste werden die in Frage kommenden Tools bewertet und entsprechend der Ergebnisse ausgewählt. Anschließend werden die Prozesse in Kenntnis der ausgewählten Tools weiter ausdifferenziert und im Detail beschrieben. Diese Vorgehensweise vermeidet unnötige Anpassungen an den ausgewählten Tools, da die Spezifikationen bei der Detaildokumentation der Prozesse hier bereits bekannt sind und berücksichtigt werden können.

Es ist inzwischen eine Binsenweisheit, dass Prozesse nicht allein mit einer Toolimplementierung eingeführt oder verändert werden können. Es gilt aber auch, dass Prozesse nur dann funktionieren können, wenn die notwendigen Aktivitäten optimal durch Tools unterstützt werden. Abschließend noch eine Warnung: Die Einhaltung von Prozessen lässt sich nicht durch restriktive Toolkonfiguration allein erzwingen. Zu starre Vorgaben in Tools führen im Gegenteil oft zu Behinderungen des Betriebes. Hier gilt es, die Toolkonfiguration, organisatorische Maßnahmen und die Schärfung des Bewusstseins der Mitarbeiter für die Wichtigkeit ihres Anteiles am Prozess zu kombinieren.

Kultur

Eine prozessorientierte Vorgehensweise bedeutet einen Wandel in der Unternehmenskultur, da Aufgaben nicht mehr wie gewohnt innerhalb der Fachbereiche sondern linienübergreifend betrachtet und bearbeitet werden (Abbildung 1.1). Dieser Wandel trifft häufig auf Ablehnung, da Mitarbeiter gewohntes Terrain verlassen müssen, um der neuen Arbeitsweise gerecht zu werden. Mit diesen Widerständen gilt es in Veränderungsprojekten umzugehen. Mitarbeiter müssen von Beginn an informiert und in den Veränderungsprozess eingebunden werden. Schulungsmaßnahmen und regelmäßige Feedbackrunden nehmen Kritik auf und tragen dazu bei, Widerstände abzubauen.

1.3 Generische Prozessmodelle

Bei einer möglichen Neugestaltung der Prozesse innerhalb der IT-Organisation dienen häufig generische Prozessmodelle als Basis für eine konsistente Prozessbeschreibung. Sie werden verwendet, um den Aufbau der zu definierenden Prozesse auf abstrakter Ebene darzustellen. In einem generischen Prozessmodell wird also festgelegt, was in einer Prozessdefinition beschrieben werden muss. In der Regel werden in generischen Prozessmodellen die drei Ebenen *Prozesssteuerung*, *Prozess* und *Prozess-Enabler* unterschieden. Klassische Bestandteile eines generischen Prozessmodells und damit Aspekte zur Beschreibung von Prozessen sind:

- Prozesssteuerung
  - Prozessziel
  - Wichtige Erfolgsfaktoren und Kennzahlen
- Prozess
  - Input und Trigger
  - Aktivitäten
  - Output
- Prozess-Enabler
  - Fähigkeiten und Ressourcen
  - Rollen

Prozesssteuerung

Die erste Ebene Prozesssteuerung beinhaltet das Ziel sowie wichtige Erfolgsfaktoren und Kennzahlen. Das Prozessziel beschreibt, was dieser Prozess leisten soll. Warum gibt es diesen Prozess und was kann als Ergebnis erwartet werden? Um den Prozess steuern zu können, werden wichtige Erfolgsfaktoren (Critical Success Factor, CSF) definiert, die zur Erreichung des Prozesszieles beitragen. Diese CSF werden oft auch als qualitative Ziele bezeichnet und beschreiben Faktoren, die für die Zielerreichung wichtig sind. Soll ein Prozess beispielsweise ein perfektes Menü liefern, so wären wichtige Erfolgsfaktoren der Geschmack der Speisen oder ein perfekter Service. Um zu erkennen, ob diese wichtigen Erfolgsfaktoren den Erwartungen entsprechen, werden messbare Größen, also Kennzahlen (Key Performance Indicators, KPI) definiert. Diese KPI, oft auch als quantitative Ziele bezeichnet, ermöglichen es, konkret zu messen, ob der Prozess in der Lage ist, das Prozessziel zu erreichen. In unserem Beispiel müssten wir also eine Kennzahl für die Messung des Geschmackes finden. Das ist durchaus eine Herausforderung und entspricht den Hürden, die sich auch bei der Definition von Kennzahlen im IT-Service Management ergeben. Mehr dazu in Kapitel 5.

Prozess

Die zweite Ebene, der eigentliche Prozess, beschreibt Input und Trigger, Aktivitäten und Output sowie in einigen Prozessmodellen (z. B. ITIL® 3) auch Rollen (In ITIL® 2 werden Rollen in der dritten Ebene angesiedelt). Der Prozess lässt sich anhand eines Ausspruchs, der eigentlich aus der Juristerei stammt, sehr plastisch beschreiben. Es wird Ambrose Gwinnet Bierce zugeschrieben und lautet:

„Ein Prozess ist eine Maschine, die man als Schwein betritt und als Wurst verlässt."

„Das Schwein" steht hier für den Input und verdeutlicht, dass der beste Prozess nichts wert ist, wenn der Input nicht den Anforderungen entspricht. Würde beispielsweise „eine Kuh" in den Prozess eintreten, dann könnte dieser trotz aller Perfektion daraus keine Schweinewurst produzieren. Zudem werden die Aktivitäten beschrieben, um das „Schwein zu Wurst" zu verarbeiten und gegebenenfalls wird beschrieben, was die beteiligten Mitarbeiter in jedem Prozessschritt leisten müssen (Rollenbeschreibung). Auch der Output muss natürlich spezifisch definiert werden. „Wurst" ist nicht ausreichend und muss durch sinnvolle Attribute ergänzt werden. Output könnte z. B. sein: 10 kg Fleischwurst, 5 kg Leberwurst, usw. Auch die Qualität der Wurstwaren müsste natürlich beschrieben werden.

Rollenbeschreibungen werden häufig mit Stellenbeschreibungen verknüpft, sind allerdings nicht einer spezifischen Person zugeordnet. Um zu beschreiben, welche Rollen an einem Prozess beteiligt sind, findet häufig das RACI-Modell Anwendung.

- **R**esponsible: Verantwortlich für die Durchführung
- **A**ccountable: Rechtlich oder kaufmännisch verantwortlich (Genehmiger)
- **C**onsulted: Fachleute, die um Rat gefragt werden oder beteiligt sind
- **I**nformed: Erhält Informationen über den Verlauf bzw. das Ergebnis

Häufig wird das Modell um zwei weitere Rollen erweitert und als RACI-VS bezeichnet:

- **Verify**: Prüft Ergebnisse gegen vereinbarte Akzeptanzkriterien
- **Sign-Off**: Bestätigt das Ergebnis der Verifizierung

Prozess-Enabler

Die dritte Ebene ist die der so genannten Enabler, also der Dinge, die es ermöglichen, einen Prozess zu betreiben. Diese Enabler sind auf der einen Seite Ressourcen, welche zur Durchführung eines Prozesses benötigt werden. Das können sowohl technische Ressourcen als auch Personen sein, welche am Prozess beteiligt sind. In unserem Beispiel könnten das die Maschinen zur Wurstproduktion und die Mitarbeiter sein, welche diese Maschinen bedienen. Auf der anderen Seite können Enabler auch Fähigkeiten sein, welche zur Prozessdurchführung benötigt werden. In unserem Beispiel könnten das die Fertigkeiten der Mitarbeiter oder das Wissen um die Produktion von Wurst sein.

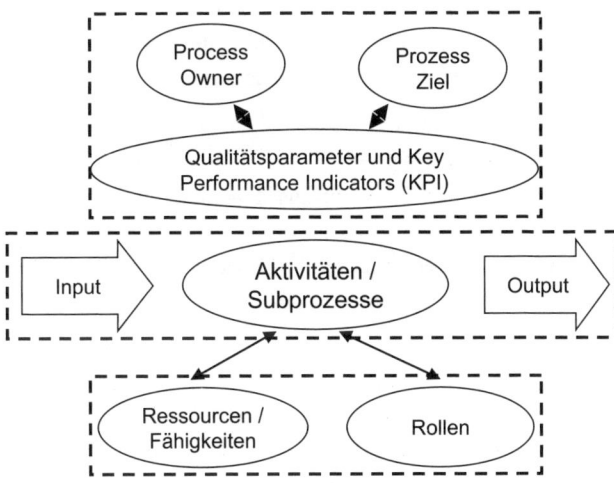

Abbildung 1.4
Einfaches generisches Prozessmodell
(nach "The generic proces modell") [Service Support, 2000]

1.4 Business Alignment

Um die richtigen Services in der erwarteten Qualität liefern zu können, benötigt die IT-Organisation Informationen über die Anforderungen des Business an die IT-Services. Das gilt sowohl für interne IT-Abteilungen als auch für externe Dienstleister. Um die Kritikalität der Services erkennen zu können, muss die IT die Business-Treiber des Kunden (intern oder extern) kennen. Hierbei handelt es sich um Personen, Informationen und Aktivitäten des Kunden, die zum Erreichen der Geschäftsziele beitragen.

Die IT-Organisation muss also zwingend eine enge Beziehung zum Business pflegen, um die Anforderungen nicht nur zu kennen, sondern sie auch zu verstehen und umsetzen zu können. Oft agiert die IT-Organisation hier gar als beratende Instanz bei der Bewertung der Geschäftsprozesse und der Ableitung von Anforderungen an die IT-Services. Eine Herausforderung bei der Ableitung der Anforderungen ist die vollständige Betrachtung der Organisation auf verschiedenen Ebenen, um eine durchgängige Betrachtung der Services sicherzustellen (Abbildung 1.5.)

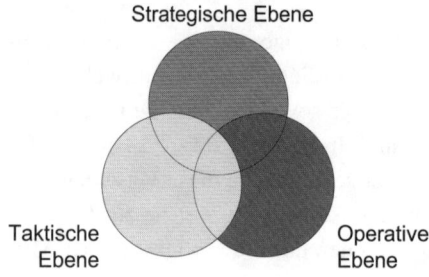

Abbildung 1.5
Business Alignment – Betrachtungsebenen

- *Strategische Ebene:* Welche Vorgaben gibt es vom Management? Welche Rahmenbedingungen und gesetzlichen Vorgaben gelten? Wie lautet die Unternehmensstrategie und welche Ziele lassen sich daraus für die IT-Organisation ableiten?
- *Taktische Ebene:* Welche Aktivitäten müssen geleistet werden, um die vereinbarten Ziele zu erreichen? Was bedeutet das für die Gestaltung der IT-Services?
- *Operative Ebene:* Welche Anforderungen ergeben sich aus dem operativen Geschäft des Kunden? Was bedeutet das für den Betrieb IT-Services auf operativer Ebene? Wie wird die anforderungsgerechte und benutzerfreundliche Gestaltung der Services sichergestellt? Wie müssen die Services betrieben werden?

2 IT Infrastructure Library (ITIL®)

2.1 Herausforderungen für ITIL® in der Praxis

In der Literatur zum Thema ITIL® (IT Infrastructure Library) findet man immer wieder den Satz „ITIL® beschreibt nur WAS, aber nicht WIE". Ich bin ehrlich: Ich kann es nicht mehr hören. Man hat das Gefühl, dass hier einer vom anderen immer und immer wieder abschreibt.

Es ist richtig: ITIL® beschreibt nicht jeden einzelnen Arbeitsschritt, der nötig ist, um die Serviceprozesse optimal zu gestalten. Und man kann auch nicht die ITIL®-Literatur hernehmen und sie eins zu eins als Prozesshandbuch nutzen. Aber wie denn auch? ITIL® versucht, Erfahrungen und Bewährtes zu beschreiben und so Hinweise zu geben, welche Aspekte bei der Gestaltung der IT-Services wichtig sind. Wie soll es möglich sein, Details zu beschreiben, solange man sich nicht auf eine Branche, ein Unternehmen oder auch nur eine Unternehmensform beschränkt?

Nein, ITIL® ist sicher kein Allheilmittel und lässt sich auch nicht auf die Schnelle „einführen". ITIL® ist sehr wohl ein nützliches und hervorragendes Werkzeug, das mir schon in vielen Projekten sehr gute Dienste erwiesen hat. Allerdings bleibt es ein Werkzeug – die Detailarbeit der Gestaltung nimmt es niemandem ab.

Ich denke, das ist auch schon das größte Missverständnis um die IT Infrastructure Library. Immer wieder höre ich von Kunden, sie würden gerne „ITIL®-konform" sein. Wenn ich nach den Zielen des anstehenden Projektes frage, dann heißt es: „ITIL® einführen". Solche Projekte sind zum Scheitern verurteilt, denn es kann niemals ein sinnvolles Ziel sein, lediglich ein bestimmtes Werkzeug zu nutzen. Wenn Sie ein Loch bohren wollen, wie messen Sie den Erfolg? Daran, welche Bohrmaschine Sie benutzt haben oder am richtigen Durchmesser und der richtigen Tiefe des Loches?

Was also tun? Formulieren Sie klare Ziele. Wie das genau geht, dazu mehr in den Kapiteln 5 und 6. Nur soviel vorab: Überlegen Sie sich genau, was Sie erreichen wollen. Müssen Sie die Kosten senken? Die Transparenz erhöhen? Wollen Sie marktkonform arbeiten?

Oder einfach nur die Qualität der Services erhöhen? Sehr gut! Formulieren Sie Ihre Ziele und machen Sie sie messbar. Denn nur dann können Sie nach der Umsetzung feststellen, ob Sie bei der Realisierung erfolgreich waren oder nicht.

2.2 ITIL® Version 3 im Überblick

2.2.1 Zielsetzung – Was will ITIL®?

Seit vielen Jahren hat sich ITIL® als ein De-facto-Standard für das IT-Service Management etabliert. Dabei will ITIL® genau das eigentlich gar nicht sein. Der Best–Practice-Ansatz (oder in der Version 3 etwas abgeschwächt „Good-Practice-Ansatz") verfolgt das Ziel, Erfahrungen aus der Welt des IT-Service Management aufzuschreiben, sie zu generalisieren und bei Bedarf auch durch Erfahrungen aus anderen Bereichen, wie der Wirtschaft oder der Wissenschaft, zu ergänzen. Verantwortliche sollen die Möglichkeit bekommen, das Rad nicht bei jeder Veränderung in der IT-Organisation neu erfinden zu müssen, aus Fehlern anderer zu lernen und so bei der Gestaltung der Serviceprozesse effizienter vorgehen zu können.

Eine wichtige Zielsetzung der ITIL® ist es, die Services optimal auf die Anforderung aus dem Business abzustimmen und regelmäßig auf optimale Unterstützung der Geschäftsprozesse zu überprüfen. Ging diese Intention in den früheren ITIL® Versionen noch häufig unter oder wurde aus verschiedenen Gründen nur sehr bedingt beachtet, wird sie nun in der Version 3 deutlich in den Vordergrund gerückt. In dem Buch *Service Strategy* werden fast ausschließlich Themen behandelt, in denen es um die Identifizierung des Marktes und der Kundenanforderungen, die Gestaltung der Serviceorganisation und um die Entwicklung einer adäquaten Strategie zur Erfüllung dieser Anforderungen geht. Das Buch *Continual Service Improvement* behandelt die regelmäßige Überprüfung der gelieferten Services auf Anpassungsbedarf in Bezug auf die Kundenanforderungen. Zum weiteren Inhalt der Bücher später mehr.

Es sei mir gestattet, auch jenes zu beschreiben, was nicht Ziel der ITIL® ist. Immer wieder bekomme ich in der Beraterpraxis zu hören, ITIL® würde ja gar nicht funktionieren und es würden ja noch so viele Fragen offen bleiben. Deshalb sei noch einmal gesagt: ITIL® hat nicht den Anspruch, allumfassend alle Probleme dieser Welt oder auch nur des IT-Service Management zu lösen. Der Ansatz „ITIL® implementieren und alles wird gut" hat nie funktioniert und wird sicher auch nie funktionieren. ITIL® wird es beispielsweise niemandem abnehmen können, klare Ziele für die IT-Organisation, orientiert an den Zielen des Business zu definieren. „ITIL® konform sein" als Ziel kann, wie bereits erwähnt, nicht ausreichend sein. Mit ITIL® lassen sich auch Unternehmensziele nicht operationalisieren, Mittel und Möglichkeiten dazu werden später in diesem Buch – insbesondere in den Kapiteln zu Kennzahlen, der Balanced Scorecard und zur praktischen Umsetzung – beschrieben.

2.2.2 Warum eine neue Version?

Die Informationstechnologie hat sich im vergangenen Jahrzehnt zu einem zunehmend kritischen Faktor für funktionierende Geschäftsprozesse der Unternehmen entwickelt. Nicht oder mangelhaft funktionierende IT-Systeme führen heute in der Regel zu unmittelbaren Produktionseinbußen und somit zu finanziellen Verlusten oder auch zu erheblichen Imageschäden. ITIL® Version 3 trägt dieser Entwicklung Rechnung und liefert besonders im Buch *Service Strategy* Wissen und Methoden für die Ausrichtung der IT-Services an den Zielen des Unternehmens. ITIL® nimmt nun u. a. auch Bezug auf unterschiedliche Providertypen und verbreitete Sourcing-Strategien sowie auf die wettbewerbsfähige Gestaltung der IT-Services.

Ein weiterer Grund für die Überarbeitung war die Beseitigung bekannter Fehler und Unstimmigkeiten in der bestehenden ITIL® Literatur. So wurden z. B. die oft unklaren Schnittstellen zwischen den Prozessen konkreter beschrieben und im Rahmen des Service Lifecycle in einen definierten Kontext gestellt. Auch fanden Erfahrungen mit der Version 2 Eingang in die neue Literatur. Welche Änderungen das nach sich zieht, wird in den folgenden Abschnitten deutlich werden. Vorab seien erhebliche Anpassungen im bisherigen Release Management oder die klare Beschreibung der Bearbeitung von Service Requests genannt, die in der Vergangenheit immer wieder zu Diskussionen und Missverständnissen bei der Realisierung führten.

Auch der technischen Weiterentwicklung wurde Rechnung getragen, denn heutige IT-Systeme und Tools für das IT-Service Management sind deutlich performanter als jene vor zehn oder mehr Jahren. Auch funktional sind moderne Tools denen aus dem letzten Jahrzehnt überlegen, so dass Kompromisse aus den bisherigen ITIL® Versionen nicht mehr zwingend notwendig sind. So wurde z. B. das Datenmodell der bisherigen CMDB detaillierter beschrieben und Technologien wie das Internet werden beispielsweise im Incident Management beim Thema „Self Help" konsequent genutzt.

Ein nicht unwesentlicher Qualitätsfaktor ist auch, dass erstmalig ein Team professioneller Autoren anhand eines klaren Projektauftrages mit der Erstellung der Literatur beauftragt wurde. Die Autoren wurden bei der Erarbeitung von einem internationalen Expertenteam der **ITIL® Advisory Group** begleitet, um sicherzustellen, dass die vereinbarten Ziele erreicht werden.

Dennoch ist die ITIL® in der Version 3 noch immer nicht die Lösung für alle Probleme des IT-Service Management, denn trotz aller Neuerungen gibt es natürlich auch weiterhin Schwachstellen. Kritiker bemängeln, dass zentrale Begriffe wie „Service" oder „Service Management" noch immer nicht ausreichend konkret definiert werden. Ich halte die Definitionen jedoch für durchaus ausreichend, auch wenn man sich mit der Literatur und der Philosophie auseinandersetzen muss, um wirklich zu erkennen, was mit diesen Begriffen gemeint ist und aus welchen konkreten Komponenten ein Service bestehen sollte.

Eine Chance wurde meines Erachtens vertan, indem zum Teil komplette Passagen aus der bisherigen Literatur einfach ohne nennenswerte Überarbeitung übernommen wurden. Auch kleinere Inkonsistenzen verwundern ein wenig. So findet man z. B. in den Büchern Service

Design und Service Transition zwar ähnliche, aber doch verschiedene Beschreibungen der Rolle eines Process Owner.

Insgesamt ist die aktuelle Version der ITIL® jedoch ein konsequenter und meist balancierter Entwicklungsschritt. Niemand muss bestehende, funktionierende Prozesse verändern, aber für typische Schwachstellen – wenn auch nicht für alle – werden neue Lösungen geboten, die weiter zur Verbesserung der Servicequalität beitragen werden. Ein bedeutender Schritt für die Serviceorientierung funktionierender IT-Organisationen ist der Wechsel des Fokus von den Prozessen in Version 2 auf die Services im Service Lifecycle in Version 3. Die Gefahr einer Betrachtung der Prozesse als Selbstzweck wird damit sicher geringer werden. Stattdessen werden die Prozesse als das betrachtet, was sie sind: Ein Mittel, um die vorhandenen Ressourcen und Fähigkeiten in werthaltige Services für den Kunden (intern oder extern) der IT-Organisation umzuwandeln.

2.2.3 Die Struktur der IT Infrastructure Library Version 3

In der aktuellen Version 3 erhielt die ITIL® eine komplett neue Struktur. Statt wie bisher thematisch und anhand der beschriebenen Prozesse strukturiert, orientiert sich die neue Version an einem IT-Service Lifecycle. Der Service Lifecycle beschreibt den Lebenszyklus des IT-Services von der Erfassung der Anforderung über die Gestaltung, Implementierung und den Betrieb bis hin zur kontinuierlichen Anpassung der Servicequalität und letztlich der Außerbetriebnahme. Im Mittelpunkt steht also nicht mehr der Prozess als solcher, sondern der zu liefernde Service. Das führt dazu, dass sich die neue Literatur deutlicher am täglichen Betrieb der Serviceerbringung orientiert und Serviceprovider sich so leichter wieder finden.

ITIL® Service Management – „Core Guidance"

Der Kern Literatur besteht aus fünf Büchern:

- Service Strategy
- Service Design
- Service Transition
- Service Operation
- Continual Service Improvement

Ergänzt werden sie durch einen weiteren Band mit dem Titel „Introduction to the ITIL® Lifecycle". Die Inhalte der fünf Kernbücher werden in den folgenden Abschnitten im Detail beschrieben.

ITIL® Service Management – Complementary Guidance

Über die Kernliteratur hinaus wird ergänzende Literatur bereitgestellt. Auf unterschiedlichen Medien wie Pocket Guides oder auch online als Subscription wird es z. B. Veröffentlichungen mit den folgenden Inhalten geben:

- Spezifische Informationen zu einzelnen Branchen oder Unternehmenstypen
- Ergänzungen und Aktualisierungen

ITIL® Web Support Services

Unter der URL *www.ITIL-live-portal.com* werden online interaktive Services bereitgestellt. Diese Plattform bietet die Möglichkeit der Kommunikation mit Experten und liefert weitere ergänzende Inhalte wie z. B.:

- Templates
- Fallstudien
- Die Buchung von Online Subscriptions

2.2.4 Die Prozesse im Überblick

Abbildung 2.1 liefert einen ersten Überblick darüber, welche Prozesse in der ITIL® Version 3 beschrieben werden und wie diese Prozesse den Kernbüchern des Service Lifecycle zugeordnet sind. Alle Prozesse werden in den nachfolgenden Abschnitten detailliert beschrieben. Wichtig für das Verständnis der neuen Struktur ist, dass durch die Orientierung am Lifecycle einige Prozesse im Gegensatz zur bisherigen Literatur häufig in mehreren Büchern eine Rolle spielen. Insbesondere im Buch *Service Operation* werden viele Aktivitäten aus Prozessen anderer Bücher referenziert, um die Services entsprechend konkreter Vorgaben betreiben zu können.

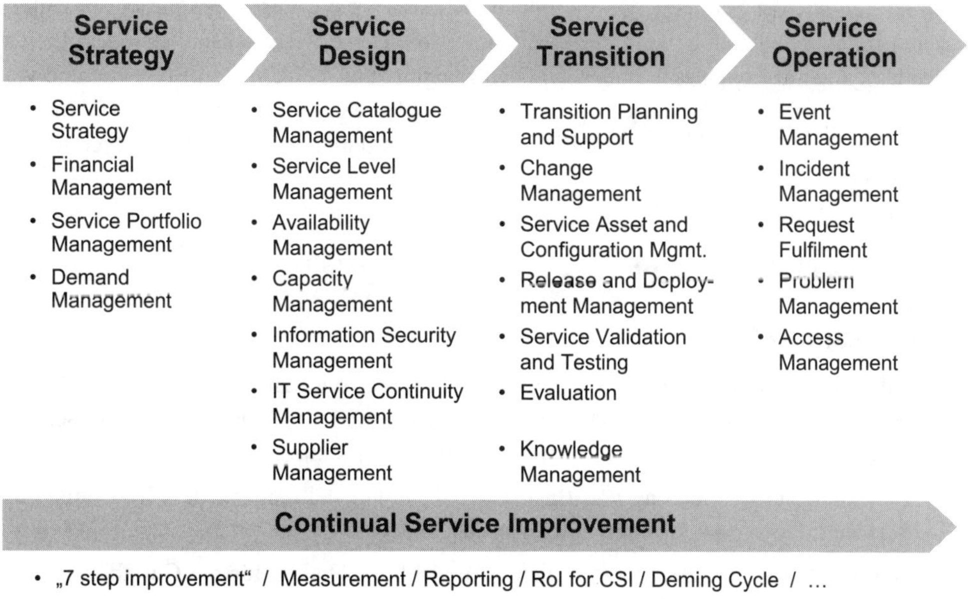

Service Strategy	Service Design	Service Transition	Service Operation
• Service Strategy	• Service Catalogue Management	• Transition Planning and Support	• Event Management
• Financial Management	• Service Level Management	• Change Management	• Incident Management
• Service Portfolio Management	• Availability Management	• Service Asset and Configuration Mgmt.	• Request Fulfilment
• Demand Management	• Capacity Management	• Release and Deployment Management	• Problem Management
	• Information Security Management	• Service Validation and Testing	• Access Management
	• IT Service Continuity Management	• Evaluation	
	• Supplier Management	• Knowledge Management	

Continual Service Improvement

- „7 step improvement" / Measurement / Reporting / RoI for CSI / Deming Cycle / ...

Abbildung 2.1 Die ITIL® Prozesse im Überblick

2.3 Der Service Lifecycle

Ohne eine klare Struktur ist IT-Service Management kaum mehr als eine Sammlung von Beobachtungen, Verfahren und teils widersprüchlichen Zielsetzungen. Die Struktur des Service Lifecycle bildet einen organisatorischen Rahmen für die Aktivitäten des IT-Service Management. Während die Prozesse beschreiben, wie Dinge bearbeitet werden und sich verändern, zeigen Strukturen wie der Service Lifecycle in Abbildung 2.2 die Zusammenhänge bei der Gestaltung des IT-Service Management.

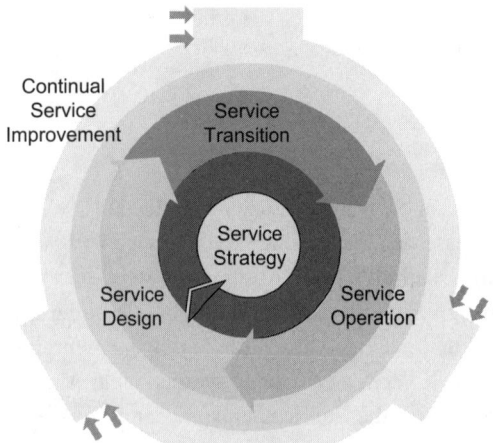

Abbildung 2.2
Service Lifecycle [Service Design, 2007]

Strukturen wie der Service Lifecycle bilden die Basis für die Verhaltensmuster der Mitarbeiter im Unternehmen bzw. in der IT-Organisation. Diese Verhaltensmuster beeinflussen den Umgang mit Ereignissen in der Serviceerbringung und somit auch die Qualität und vor allem Kontinuität der IT-Services. Strukturen ermöglichen es also, gezielt aus Erfahrungen zu lernen, Verbesserungen zu identifizieren und diese durch konkrete Maßnahmen umzusetzen.

2.3.1 Die Kernelemente des Service Lifecycle im Überblick

Service Strategy

- Bildet den Ausgangspunkt für alle Aktivitäten des Service Lifecycle und bietet Unterstützung und Anleitung für Design, Entwicklung und Implementierung von Service Management, als Fähigkeit einer Organisation und als strategisches Asset:
- Behandelt die Ausrichtung von Business und IT und stellt sicher, dass jede Stufe des Service Lifecycle am Business orientiert ist
- Definiert Ziele und identifiziert Chancen und Möglichkeiten für die Gestaltung neuer IT-Services
- Betrachtet Kosten und Risiken des Service Portfolio und dessen Erbringung

Service Design

- Setzt die Vorgaben aus Service Strategy um und liefert Vorgaben und Vorlagen für die Erstellung adäquater und innovativer IT-Services
- Betrachtet sowohl die Gestaltung neuer und veränderter Services als auch der Service-Management-Prozesse
- Kernthemen sind der Service Katalog, Capacity, Continuity und Service Level Management

Service Transition

- Stellt eine Anleitung und Prozessaktivitäten für den Übergang der Services in die Business-Umgebung bereit
- Behandelt auch Themen wie Veränderungen der Unternehmenskultur, Wissens- und Risikomanagement

Service Operation

- Betrachtet das tägliche Geschäft des Servicebetriebs
- Behandelt die effektive und effiziente Lieferung bzw. Unterstützung von Services, mit dem Ziel Mehrwert für Kunden und Service Provider zu erzielen
- Beinhaltet neben den klassischen Prozessen wie Incident oder Problem Management auch Themen wie Application Management und Technical Management sowie die Messung und Steuerung von Prozessen und Funktionen

Continual Service Improvement (CSI)

- Grundlegende Unterstützung und Anleitung zur Erzeugung und Erhaltung von Mehrwert für den Kunden durch die kontinuierliche Verbesserung von Service Design, Service Transition und Services Operation
- Es werden Methoden des Qualitätsmanagement, Change Management und Capability Improvement kombiniert

Den konkreten Zusammenhang zwischen den Kernelementen des Lifecycle illustriert Abbildung 2.3 auf der nächsten Seite.

2.3.2 Struktur des Lifecycle und der Prozesse

Um die unterschiedlichen Aufgaben der Elemente des Service Lifecycle besser zu veranschaulichen, können diese in zwei Typen gegliedert werden. Die *Governance Elements* beinhalten die Aktivitäten, um die Services an den Anforderungen des Business und des Marktes auszurichten und diese kontinuierlich an neue Herausforderungen und Vorgaben anzupassen. Sie beeinflussen den kompletten Service Lifecycle und nutzen Informationen aus allen Prozessen des Lifecycle:

2 IT Infrastructure Library (ITIL®)

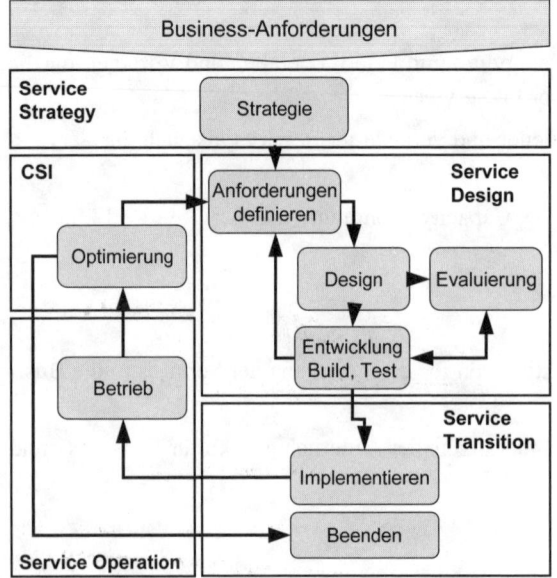

Abbildung 2.3
Zusammenspiel im Lifecycle

- Service Lifecycle Governance Elements
  - Service Strategy
  - Continual Service Improvement

Die *Operational Elements* beschreiben alle Aktivitäten zur Gestaltung, Implementierung und Betrieb der Services entsprechend der Anforderungen des Kunden:

- Service Lifecycle Operational Elements
  - Service Design
  - Service Transition
  - Service Operation

Wie bereits im Abschnitt 2.2.4 angedeutet, werden die Prozesse des Lifecycle zwar einzelnen Büchern zugeordnet, lassen sich jedoch nicht isoliert in der jeweiligen Phase des Lifecycle betrachten. Die Sicht auf den Service, statt wie bisher auf einzelne Prozesse, bedingt eine Verteilung der Aktivitäten auf mehrere Phasen oder auch über den kompletten Lifecycle (Abbildung 2.4).

Eine Sonderrolle in der Abbildung 2.4 nehmen die Aktivitäten des Continual Service Improvement ein, die trotz isolierter Darstellung natürlich eine zentrale Rolle in allen Phasen des Lifecycle spielen. Jeder Prozessverantwortliche trägt auch Verantwortung für die kontinuierliche Verbesserung des jeweiligen Prozesses und dessen Output. Für die wirkungsvolle Durchführung von Aktivitäten wie Messung, Reporting und Serviceverbesserung wird für die Phase des Continual Service Improvement die aktive Mitarbeit aus allen Phasen des Lifecycle benötigt.

Der Service-Strategy-Prozess liefert Vorgaben, abgeleitet aus der Unternehmensstrategie (Strategy Generation) und ein definiertes Serviceportfolio, welches den Marktanforderungen sowie den Fähigkeiten der IT-Organisation entspricht. Die Qualität und die Quantität

2.3 Der Service Lifecycle

Governance	Operationale Prozesse			
CSI	Service Strategie	Service Design	Service Transition	Service Operation
Service Measurement	Demand Management			
	Service Portfolio Mgmt.			
	IT Financial Management			
		Service Catalgue Management		
		Service Level Management		
Service Reporting		Capacity & Availability Management		
		Information Security Management		
		Service Asset & Configuration Management		
		Change Management		
Service Improvement		Release & Deployment Management		
		Knowledge Management		
			Incident Management	
				Event Mgmt.
			Problem Management	

Abbildung 2.4
Einfluss zentraler Prozesse im Lifecycle.
(Angelehnt an: [Lifecycle introduction, 2007] "Service Lifecycle governance and operational elements")

der definierten und vereinbarten Services werden entsprechend des Kundenbedarfes festgelegt und kontinuierlich angepasst (Demand Management). Kostenmodelle für die Verrechnung werden entsprechend des Wertes der Services festgelegt und es wird kontinuierlich die Wirtschaftlichkeit der Services überprüft (Financial Management).

Die Prozesse aus der Phase des Service Design definieren im Detail, welche Services in welcher Weise erzeugt werden, und nehmen so erheblichen Einfluss auf alle operativen Phasen des Lifecycle. Der Servicekatalog wird entsprechend der Vorgaben aus dem Service Portfolio Management (SPM) erzeugt, Service Level Agreements werden definiert und vereinbart und die Services werden entsprechend des Bedarfes gestaltet und dimensioniert (Capacity Management, Availability Management, IT-Service Continuity Management, Information Security Management).

In Abbildung 2.4 wird deutlich, dass einige Prozesse – ausgehend vom Service Strategy Prozess – eine Rolle über alle Phasen des Lifecycle spielen. Security Management ist hier ein zentraler Prozess, da die Vorgaben an die IT-Sicherheit während des kompletten Lifecycle umgesetzt und nachgewiesen werden müssen. Denn zur korrekten Erbringung von Services gehören selbstverständlich auch die vereinbarten Aspekte bezüglich der IT-Sicherheit. Die Basis für alle Aktivitäten des Lifecycle bilden die Informationen zur Infrastruktur im Configuration Management System (CMS), welche im Prozess *Service Asset and Configuration Management* erfasst und bereitgestellt werden, während alle Veränderungen über den gesamten Lifecycle im Change-Management- Prozess gesteuert werden.

Ein aus meiner Sicht sehr wichtiger Aspekt ist die Einbeziehung von Service Operation bereits in den vorhergehenden Phasen des Lifecycle, mindestens jedoch im Service-Transition-Prozess. So wird vermieden, dass Services ausgerollt werden, die nicht oder nur schwer betrieben werden können. Zudem ist sichergestellt, dass Services nicht ohne Wissen und im besten Fall nicht ohne Zustimmung der Support-Organisation implementiert werden.

Eine wichtige Neuerung in der ITIL® Version 3 ist die Betrachtung des Themas Knowledge Management. Ausgehend vom Release and Deployment Management werden alle Informationen für den Betrieb der vereinbarten Services, wie z. B. Störungen aus der Vergangenheit, Eigenschaften der Services oder technische Informationen in einem zentralen Service Knowledge Management System (SKMS) vorgehalten und allen an der Leistung der Services beteiligten Rollen bereitgestellt. Entscheidungen bezüglich der Services und deren Erbringung können so auf Basis aller vorliegenden und bewerteten Informationen getroffen werden.

2.3.3 Rollen im Lifecycle

In der aktuellen ITIL®-Version wird deutlich mehr Wert auf die Definition von Rollen gelegt als noch in ITIL® 2. Das führt dazu, dass für die einzelnen Prozesse in der Regel auch spezifische Rollen über den Prozessmanager hinaus definiert sind (viele davon beschreibe ich in den Abschnitten zu den einzelnen Prozessen). Auch generische Rollen im Lifecycle, wie der *Service Owner* oder der *Process Owner* sind in der aktuellen ITIL®-Literatur beschrieben.

Service Owner

Der Service Owner ist verantwortlich für definierte Services und dient dem Kunden als verantwortlicher Ansprechpartner für alle servicebezogenen Belange. Die Verantwortung des Service Owner erstreckt sich über den gesamten Lifecycle des jeweiligen Services, reicht also von der Initiierung, Planung und Überführung in den Betrieb (Transition) über die Pflege der Serviceinhalte bis zum Support für die Anwender. Weitere wichtige Verantwortlichkeiten und Aktivitäten des Service Owner sind:

- Sorgen für die Übereinstimmung des gelieferten Services mit den Kundenanforderungen
- Identifizieren und realisieren von Maßnahmen zur Serviceverbesserung
- Beschaffen der relevanten Informationen (Daten, Statistiken, Reports) für effektives Service Monitoring
- Sicherstellen SLA-konformer Service Performance

Ein Service Owner kann je nach Verfügbarkeit und Komplexität des jeweiligen Services für einen oder mehrere Services verantwortlich sein. Aus dieser Verantwortung ergeben sich direkte Schnittstellen zu den Prozessen des Service Lifecycle, insbesondere zum Service Level Management, die bei der Planung dieser Rolle detailliert betrachtet werden sollten.

Process Owner

Der Process Owner ist verantwortlich für die Steuerung und Überwachung des jeweiligen Prozesses und bildet die Schnittstelle zum Management der Linienorganisation. Er stellt sicher, dass alle definierten Prozessaktivitäten entsprechend der Vorgaben durchgeführt werden und der Prozess die spezifizierten Ergebnisse liefert. Weitere wichtige Verantwortlichkeiten und Aktivitäten des Process Owner sind:

- Dokumentation und Publikation des Prozesses (Man kann den Process Owner durchaus als eine Art Marketingbeauftragten für den Prozess betrachten. Er sorgt dafür, dass die Beteiligten den Prozess und ihre Rollen kennen, akzeptieren und leben)
- Definition der Key Performance Indikatoren (KPI) zur Messung der Effektivität und Effizienz des Prozesses
- Gestaltung des Prozesses und kontinuierliche Prozessverbesserung sowie regelmäßige Reviews von Prozess, Rollen, Verantwortlichkeiten, Kennzahlen und Dokumentation

Für die Rolle des Process Owner gilt das – wie ich es in Trainings gerne nenne – „Highlander"-Prinzip: „Es kann nur einen geben". Mehrere Verantwortliche für einen Prozess führen in der Praxis häufig zu Kompetenzstreitigkeiten und letztlich unklaren Situationen bezüglich der Prozesssteuerung. Daher sollte diese Konstellation durch die klare Zuweisung der Rolle an eine einzelne Person vermieden werden. Umgekehrt ist es natürlich durchaus möglich, dass eine Person als Process Owner für mehrere Prozesse eingesetzt wird, solange es die Auslastungssituation zulässt.

3 ITIL® 3 – Governance-Prozesse

3.1 Service Strategy

3.1.1 Einführung

Das Buch *Service Strategy* [Service Strategy, 2007] richtet sich vornehmlich an die Geschäftsführung und das obere Management. Bevor die eigentliche Gestaltung der IT-Services beginnt, muss sich die Geschäftsführung zunächst fragen, warum die Services auf eine bestimmte Weise gestaltet werden sollen. IT Service Management wird hier als strategisches Werkzeug betrachtet und soll eine Anleitung für die Gestaltung und die Implementierung der Services und der ITSM-Prozesse bieten. Strategische Risiken sollen erkannt und bei der Gestaltung berücksichtigt werden. Zu diesem Zweck beschreibt das Buch die Beziehungen zwischen Services, Systemen und Prozessen sowie den angestrebten Geschäftsmodellen, Strategien und Zielen.

Kernthemen der im Buch *Service Strategy* [Service Strategy, 2007] beschriebenen Aufgaben sind:

- Entwicklung des Marktes und des Serviceangebotes
- Entwicklung des Service Portfolio
- Strategieumsetzung im Lifecycle
- Wirtschaftlichkeit der Services

Eine weitere wichtige Neuerung ist die Betrachtung von Organisationsstrukturen und die Berücksichtigung der Frage, wer die Services liefert. In den bisherigen ITIL® Versionen wurde nicht zwischen verschiedenen Providertypen unterschieden, weil davon ausgegangen wurde, dass diese Differenzierung für die Gestaltung der Services eine untergeordnete Rolle spielt. Es hat sich jedoch gezeigt, dass durch diese Verallgemeinerung immer wieder Fragen offen blieben und die Umsetzung erschwert wurde. In der ITIL® Version 3 wird nun zwischen drei grundlegenden Providertypen unterschieden:

- Internal Service Provider (Type 1)
  - Fokus auf das eigene Unternehmen
  - Direkter Einfluss auf das Hauptgeschäft des Unternehmens, daher unter direkter Kontrolle der Geschäftsleitung
  - Liefert die kompletten IT-Services (bei Bedarf mit Hilfe eines Partnernetzwerkes)
- Shared Services Unit (Type 2)
  - Liefert Services an unterschiedliche Geschäftsbereiche und arbeitet als eigenständige Funktion
  - Vergleichbar mit Funktionen wie z. B. Finanzen, HR, Logistik, die nicht das Hauptgeschäft des Unternehmens wahrnehmen, daher oftmals eigenständig als Organisationseinheit operierend
- External Service Provider (Type 3)
  - Externe Dienstleister liefern die IT-Services entsprechend der getroffenen Servicevereinbarungen

Aufgaben und Zielsetzung

Um strategische Ziele zu erreichen, ist entsprechendes strategisches Handeln notwendig. Das Buch *Service Strategy* liefert Mittel und Wege, um die folgenden Fragen zu beantworten, die zur Ausrichtung und Aufstellung der IT-Organisation beitragen:

- Welche Services sollen wem angeboten werden?
- Wie unterscheiden wir uns vom Wettbewerb?
- Wie erzeugen wir echten Nutzen für unsere Kunden?
- Wie definieren wir Servicequalität?
- Wie finden wir den richtigen Weg zur Serviceoptimierung?

Ziel der Beantwortung dieser Fragen ist, das IT-Service Management zu einem strategischen Asset zu entwickeln und so das langfristige Bestehen und Wachstum durch die Fähigkeit des strategischen Denkens und Handelns zu sichern. Unter einem strategischen Asset versteht man in diesem Kontext das Vermögen des IT-Service Management, die strategischen Ziele des Unternehmens bei der Gestaltung der IT-Services und der Managementprozesse zu berücksichtigen und somit zur Erreichung der Unternehmensziele konkret beizutragen.

3.1.2 Begriffe und Grundlagen

Bevor ich Ihnen die Aktivitäten und Prozesse erläutere, werde ich in diesem Abschnitt auf für das Verständnis wichtige Begriffe und grundlegende Konzepte eingehen, die in den späteren Ausführungen Verwendung finden. Sollten Ihnen die grundlegenden Begriffe bereits geläufig sein, so spricht nichts dagegen, diesen Abschnitt zu überspringen.

Nutzen und Gewähr (Utility & Warranty)

Die Definition von Services besteht grundlegend aus zwei Elementen:

- Utility (Nutzen) beschreibt den vom Kunden wahrgenommenen positiven Effekt der Services auf die Geschäftsprozesse. Hierbei gelten natürlich auch beseitigte Hindernisse und Grenzen wie z. B. die eingeschränkte Funktionalität eines Geschäftsprozesses durch fehlende IT-Unterstützung als Nutzen. Kurz gesagt: Utility (Nutzen) ist das, was der Kunde durch diesen Service bekommt.

- Warranty (Gewähr) stellt sicher, dass die positiven Effekte des Services genau dann verfügbar und ausreichend bemessen sind, wenn sie benötigt werden. Auch Aspekte der IT-Sicherheit und der IT-Service Continuity spielen hier eine Rolle. Kurz gesagt: Warranty (Gewähr) beschreibt, wie der Kunde den Nutzen des Services geliefert bekommt. (Abbildung 3.1)

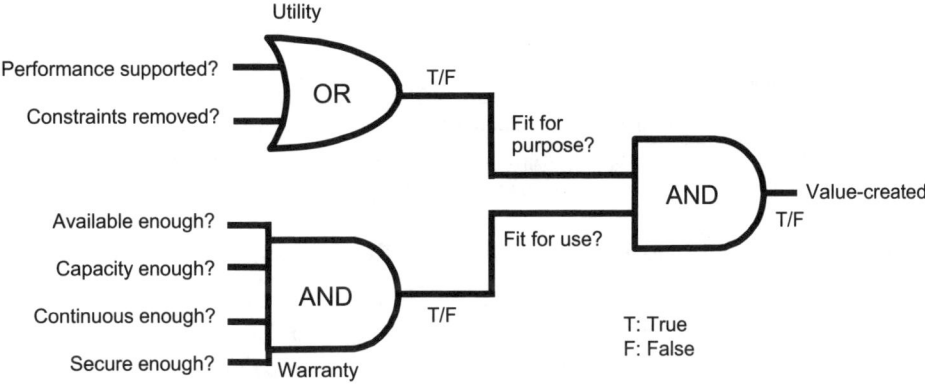

Abbildung 3.1 Nutzen und Gewähr durch Services (Quelle: Service Strategy, 2007, Fig. 2.2)

Das Zusammenspiel und die Balance zwischen Utility und Warranty ist entscheidend für die Lieferung adäquater Services, denn wenn der Nutzen eines Services nicht durch eine ausreichende Gewähr gesichert ist, wird der Kunde dem Service skeptisch gegenüberstehen. Vor allen Dingen jedoch wird der positive Effekt (Nutzen) des Services durch fehlende Gewähr (also z. B. stark schwankende Service Performance) negativ beeinflusst. Dass ein Service ohne messbaren Nutzen für die Geschäftsprozesse sinnlos ist, egal wie zuverlässig er auch gestaltet sein mag, brauche ich wohl nicht weiter auszuführen.

Service Assets

Service Assets spielen bei der Gestaltung des Service Management eine zentrale Rolle. Jede Fähigkeit und Ressource eines Service Providers zur Lieferung eines Services ist ein Service Asset.

Die Fähigkeiten einer Organisation sind abhängig von Personen, aber auch von Prozessen und Technologie. Während Personen das Wissen und die Erfahrung bereitstellen, um bestimmte Aufgaben bewältigen zu können, geben die anderen Faktoren den Rahmen vor, in dem sich die Fähigkeiten der Personen entfalten können. Funktionierende Prozesse stellen sicher, dass Aktivitäten durch Personen zielgerichtet, wiederholbar und effizient durchgeführt werden können. Die verfügbare Technologie gibt die Grenzen für Handlungsoptionen vor, begrenzt also aus technischer Sicht den Handlungsspielraum. Kurz gesagt verkörpern die Fähigkeiten einer Organisation das Vermögen, vorhandene Ressourcen so zu steuern und zu betreiben, dass der geforderte Nutzen erzeugt wird. Tabelle 3.1 zeigt die zwei in der ITIL® Literatur beschriebenen Typen von Service Assets. Personen können dabei sowohl Fähigkeiten eines Unternehmens (durch das individuelle Know-how, welches dem Unternehmen nutzt) als auch Ressourcen (die richtige Anzahl Mitarbeiter, um einen Service wie vereinbart liefern zu können) darstellen.

Tabelle 3.1 Fähigkeiten und Ressourcen

Fähigkeiten	Ressourcen
Unternehmensmanagement	Kapital (Finanzen)
Unternehmensorganisation	Infrastruktur
Unternehmensprozesse	Anwendungen
Wissen der Mitarbeiter (Know-how)	Informationen
Personen / Mitarbeiter	

Fähigkeiten und Ressourcen (Capabilities & Resources)

Im vorhergehenden Absatz werden Service Assets als Fähigkeiten bzw. Ressourcen beschrieben. Auch auf diese beiden Begriffe möchte ich hier kurz eingehen. Ressourcen sind Assets, derer ein Unternehmen sich bedient, um Services zu strukturieren und zu betreiben. Ressourcen können gekauft bzw. im Fall von Mitarbeitern eingestellt werden. Ressourcen sind direkte Inputs für die Produktion, wie etwa Geld, Infrastrukturkomponenten, Anwendungen oder auch ausreichend Personal für den Betrieb.

Fähigkeiten spiegeln die Möglichkeiten eines Unternehmens wider, Mehrwert zu erzeugen. Fähigkeiten kann man in der Regel nicht kaufen, sie müssen entwickelt werden. Beispiele für Fähigkeiten sind vorhandene Unternehmensprozesse oder das Wissen der Mitarbeiter. Wichtig für die Erzeugung eines Nutzens durch Services ist eine Kombination der richtigen Fähigkeiten mit den passenden Ressourcen. Abbildung 3.2 zeigt, wie aus den vorhandenen Fähigkeiten und Ressourcen eines Service Providers Services entsprechend der An-

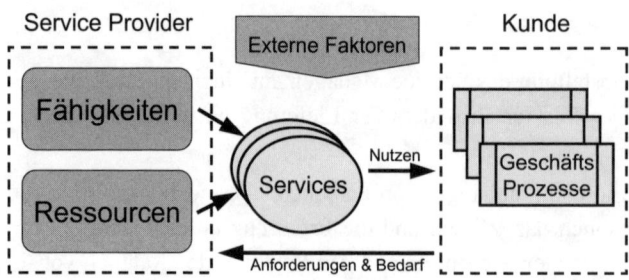

Abbildung 3.2 Service Assets und Services

forderungen und des Bedarfes des Kunden und entsprechend externer Rahmenbedingungen (gesetzlich, regulatorisch) erzeugt werden.

Wertschöpfung durch Services (Value Creation)

Service Provider unterscheiden sich von einfachen Lieferanten durch einen gelieferten Nutzen, der über die bloße Bereitstellung von Assets hinausgeht. Leider ist es nicht immer möglich, den Wert eines Services klar und übersichtlich in einfachen (z. B. finanziellen) Größen zu bestimmen. Das führt zu einem Dilemma, vor dem IT-Service Provider in der Praxis immer wieder stehen: Wie kann der Nutzen unserer Services unseren Kunden eindeutig und nachvollziehbar dargestellt werden? Klare Definitionen werden umso wichtiger, je schlechter der Nutzen eines Services greifbar ist. Services müssen also klar beschrieben werden und sie bedürfen eindeutiger Attribute, welche sowohl für den Kunden als auch für den Service Provider messbar bzw. nachvollziehbar sein müssen. Kunden werden einen Service nicht akzeptieren, solange eine klare Ursache-Wirkungsbeziehung zwischen Servicenutzung und Business-Nutzen nicht erkennbar ist.

Deutlich wird das Prinzip „Nutzen durch Services" an folgendem Beispiel: Es wird nicht die Bereitstellung einzelner Komponenten wie Rechner, Software, Service Desk usw. vereinbart, sondern es wird ein Kommunikationsservice mit klaren Attributen definiert. Statt zu wissen, dass die einzelnen Komponenten vorhanden sind (was alleine wenig Nutzen bedeutet), weiß der Kunde zu jeder Zeit, welche Möglichkeiten der Kommunikation er in welcher Qualität und Quantität erwarten kann. Bei der Definition dieser Serviceattribute spielen sowohl Nutzen (Utility) als auch Gewähr (Warranty) eine Rolle (siehe weiter oben in diesem Abschnitt).

Der Mehrwert eines Services aus Sicht des Kunden ist in der Praxis jedoch häufig nicht allein durch konkrete Eigenschaften und Ergebnisse definiert. Auch die individuelle Wahrnehmung des Services durch den Kunden spielt in der Regel eine wichtige Rolle. So wird ein Kunde, der bereits Erfahrungen mit einer bestimmten Art Service gesammelt hat, diese Erfahrungen für die Bewertung der Services heranziehen. Er entwickelt also eine auf dieser Wahrnehmung basierende Erwartungshaltung. Um die Wahrnehmung des Kunden einschätzen und darauf eingehen zu können, gilt es, die Erwartungen des Kunden zu kennen. Diese Kenntnis setzt – wieder einmal – voraus, die Geschäftsprozesse des Kunden und dessen Ziele genau zu kennen. Faktoren, welche die Erwartung eines Kunden beeinflussen, sind neben Erfahrungen aus der Vergangenheit auch der Vergleich mit Wettbewerbern oder die jeweilige Eigenwahrnehmung des Kunden.

Aufgabe und Herausforderung für den Service Provider ist es also, den Mehrwert der Services für den Kunden darzustellen, die Wahrnehmung des Kunden u. a. durch Kenntnis der Erwartungen zu verstehen und zu beeinflussen, sowie auf die individuellen Präferenzen des Kunden probat zu reagieren.

3.1.3 Prozesse und Aktivitäten im Überblick

- Service Strategy
  - Define the Market
  - Develop the Offerings
  - Develop Strategic Assets
  - Prepare for Execution
- Service Economics
  - Financial Management
  - Service Portfolio Management
  - Demand Management

3.1.4 Wichtige Aktivitäten

3.1.4.1 Den Markt definieren (Define the Market)

Diese Aktivität befasst sich mit der Definition des Marktes, in dem sich der Service Provider bei der Leistung der Services bewegt. Je nach Art des Service Providers kann dieser Markt lediglich das eigene Unternehmen sein (interne Service Provider) oder aber auch ein ganzes Marktsegment, das von einem externen Service Provider adressiert wird. Grundvoraussetzung für diese Definition ist, neben der Kenntnis der eigenen Fähigkeiten, die Kenntnis der Kunden. Ein Service Provider, der seine Kunden nicht versteht, wird langfristig keinen Erfolg haben, da sein Service Portfolio die Anforderungen dieser Kunden bestenfalls zufällig trifft. Es ist also ohne genaue Kenntnis des jeweiligen Kunden und seines konkreten Bedarfes nicht möglich, langfristig werthaltige Services zu bieten. Und auch auf die Gefahr hin, dass ich mich wiederhole: Sie müssen die Geschäftsprozesse des Kunden kennen und verstehen, um die IT-Services und deren Management auf diese Geschäftsprozesse zu fokussieren.

Oft stellt man als Service Provider im Rahmen einer Kundenbeziehung fest, dass bestimmte Aktivitäten bzw. Geschäftsprozesse des Kunden nicht optimal unterstützt werden. Die Kenntnis dieser Schwachstellen stellt eine Chance dar, den Service kontinuierlich zu verbessern und an die Anforderungen des Kunden anzupassen. Diese Chancen zu identifizieren darf nicht dem Zufall überlassen werden. Regelmäßige Service Reviews tragen zu einer systematischen Erkennung bei. Ein nützlicher Nebeneffekt dieser gemeinsam mit dem Kunden durchgeführten regelmäßigen Reviews ist häufig ein sehr positiver Einfluss auf die Beziehungen zwischen Kunde und Dienstleister. Statt sich nur auseinanderzusetzen, wenn es konkrete Mängel zu diskutieren gilt, führt ein regelmäßiger Austausch zu einem vertrauensvollen Umgang und oft auch dazu, sich statt auf Auseinandersetzungen auf mögliche Innovationen zu konzentrieren. Dieser vertrauensvolle Umgang miteinander kann der entscheidende Faktor für die zukünftige Geschäftsbeziehung sein.

Werden wir nun ein wenig konkreter: Woher weiß denn eigentlich ein Service Provider, ob er die richtigen Services für den Markt (also seine Kunden und potentiellen Kunden) anbietet? Services differenzieren sich vornehmlich darin, wie und in welchem Kontext sie einen Nutzen erzeugen. Diesen Kontext liefern die Kunden-Assets, denn auch der Kunde nutzt natürlich bestimmte Fähigkeiten und Ressourcen, die zu den Ergebnissen seiner Geschäftsprozesse beitragen. Für den Service Provider gilt es also, diese Kunden-Assets zu kennen, um die angebotenen Services entsprechend deren Anforderungen zu gestalten. Um diese Verbindung zwischen Services und Kunden-Assets zu visualisieren, können so genannte Service-Archetypen verwendet werden. Sie sind eine Art Business-Modell für Services (z.B. Storage, Monitoring usw.) und definieren, wie der Service Provider sein Portfolio gestaltet, um den bestmöglichen Nutzen für den Kunden zu erzeugen. Die Kombination aus Service-Archetyp und Kunden-Assets bildet einen Service im Servicekatalog (mehr zum Servicekatalog im Abschnitt 4.1 Service Design).

Natürlich besteht zwischen Service-Archetypen und Kunden-Assets keine Eins-zu-eins-Beziehung. Es ist durchaus die Regel, dass aus der Kombination aus Service-Archetyp und Kunden-Asset mehrere Services im Servicekatalog spezifiziert werden. Die Service-Archetypen können dabei unterschiedlich positioniert werden. Kundenbezogene Service-Archetypen (customer-based) beziehen sich auf ein bestimmtes Kunden-Asset und werden ausschließlich durch dieses genutzt. Nutzenorientierte (utility-based) Service-Archetypen können durch verschiedene Kunden-Assets genutzt werden.

Die Servicestrategie für ein Marktsegment wird durch Servicemodelle definiert. Sie beschreiben den Zusammenhang zwischen Service-Assets und Kunden-Assets und definieren so die Struktur der Services (wie müssen Service-Assets aussehen?) und notwendige Aktivitäten und Interaktionen für den Betrieb der Services. Servicemodelle unterstützen also die Kommunikation und die Zusammenarbeit zur Wertschöpfung (Abbildung 3.3).

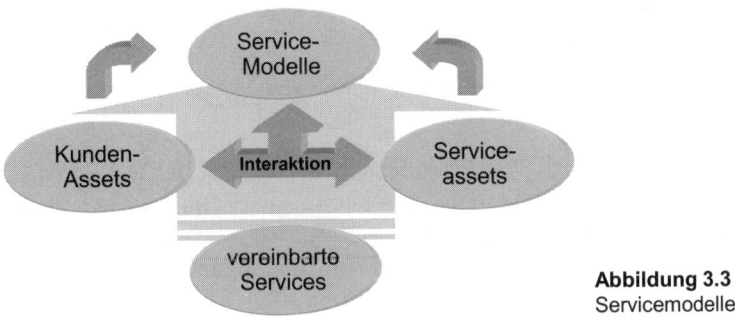

Abbildung 3.3
Servicemodelle

3.1.4.2 Das Serviceangebot entwickeln (Develop the Offerings)

Der nächste Schritt in Richtung eines marktgerechten Serviceangebotes ist es, diese Services so zu beschreiben, dass der Kunde den Nutzen für seine Geschäftsprozesse unmittelbar erkennen kann. Immer wieder werden große Anstrengungen für die Spezifizierung der zu vereinbarenden Services unternommen, um dann festzustellen, dass die Spezifikation zwar vollständig ist, der Kunde aber nicht verstehen kann, was er eigentlich geliefert bekommen soll. Es gilt also, bei der Beschreibung der Services im ersten Schritt die Perspektive des

Kunden einzunehmen und die Services nicht von Komponentenbeschreibungen ausgehend, sondern ergebnisorientiert und auf die Geschäftsprozesse bezogen zu beschreiben. Die Beschreibung lautet also beispielsweise:

> *Die Anwender können in der Geschäftszeit zwischen 6:00 und 18:00 Uhr E-Mail definiert senden und empfangen. Der Service fällt maximal x Stunden pro Monat aus und wenn er ausfällt, dann wird er innerhalb von y Stunden wiederhergestellt. Allen Anwendern steht während der Geschäftszeit unter der Telefonnummer xyz ein Support mit den Eigenschaften a, b und c zur Verfügung.*

Erst im nächsten Schritt gilt es dann, auf Basis dieser Anforderungen zu betrachten, was der Service Provider im Einzelnen leisten muss, damit der vereinbarte Service auch in dieser Weise erbracht werden kann. Abbildung 3.4 zeigt beispielhaft die Komponenten einer Servicedefinition bezogen auf den Nutzen des Services.

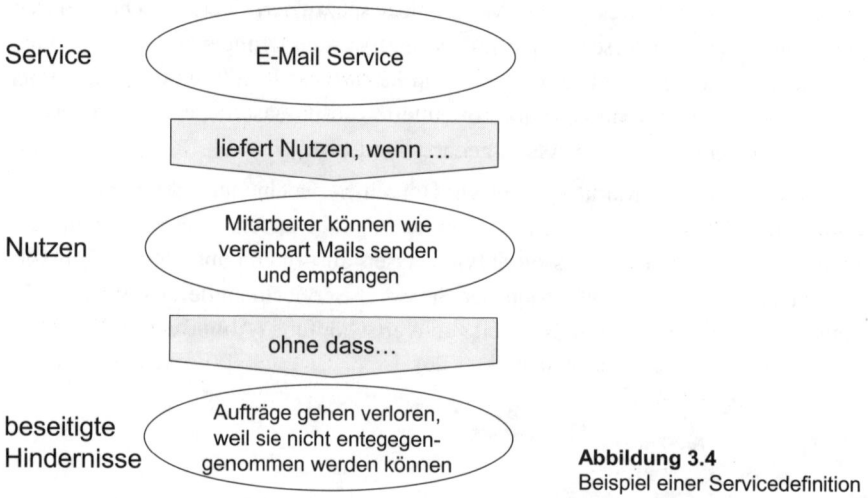

Abbildung 3.4
Beispiel einer Servicedefinition

Natürlich muss neben den in Abbildung 3.4 beschriebenen Nutzenaspekten (Utility) auch die Gewährleistung verlässlicher Serviceleistung (Warranty) berücksichtigt werden. (siehe auch Abschnitt 3.1.2).

Service Portfolio

Die auf diese Weise definierten Services ergeben das Service Portfolio des Service Providers, das die Verpflichtungen und Investitionen eines Dienstleisters bezogen auf alle Kunden und adressierten Marktbereiche abbildet. Verschiedene interne und externe Einflüsse wirken auf das Service Portfolio ein. Einflussfaktoren sind u. a. :

- Die verschiedenen Kunden mit ihren individuellen Anforderungen und Erwartungen
- Die definierten Marktsegmente, die adressiert werden sollen
- Services externer Provider, die zur Serviceerbringung notwendig sind
- Aktuelle Maßnahmen zur Serviceverbesserung

Das Service Portfolio dient dem Service Provider als Basis für die Gestaltung und Entwicklung der zu liefernden Services und ist für die Kunden in der Regel nicht als Ganzes einsehbar. Das Service Portfolio bildet drei Phasen eines Services im Service Lifecycle ab:

- Service Pipeline (Services in Entwicklung)
- Servicekatalog (Services in Betrieb)
- Retired Services (Services, die nicht mehr angeboten werden oder auslaufen)

3.1.4.3 Strategische Assets entwickeln (Develop strategic assets)

„Strategische Assets" werden in der ITIL® Literatur an vielen Stellen genannt. So soll IT-Service Management als strategisches Asset betrachtet werden. Aber was bedeutet dieser Begriff eigentlich? Laut ITIL®-Glossar beschreibt der Begriff „strategic" die höchste von drei möglichen Stufen der Planung (strategic, tactic, operational). Strategische Aktivitäten beinhalten die Vorgabe von Zielen und die langfristige Planung zur Umsetzung der Vision. Den Begriff „Asset" kennen wir ja schon von den Service Assets. Er beschreibt alle Fähigkeiten und Ressourcen eines Service Providers, um Services zu liefern. Einige der möglichen Asset-Typen sind Management, Prozesse und Organisation.

Wenn das Service Management ein strategisches Asset ist, dann trägt es durch die Planung und Bereitstellung der Services direkt zur Zielerreichung des Unternehmens und so zur Wertschöpfung bei. Das bedeutet auch, dass das Service Management mit der Verantwortung für alle Herausforderungen und Möglichkeiten in Bezug auf die Serviceerbringung betraut werden sollte. Service Management rückt also als strategisches Asset in den Mittelpunkt und ist so in der Lage, den Wert der zu liefernden Services kontinuierlich zu steigern. Auch die Kunden erkennen zunehmend den Nutzen kontinuierlicher Kundenbeziehungen und beauftragen Service Provider mit immer höherwertigen Serviceleistungen.

Closed Loop Service Management

Die Fähigkeiten und Ressourcen eines Service Providers bilden die Service Assets und stellen das Potential des Providers zu Lieferung werthaltiger Services dar. Um allerdings dem Kunden einen tatsächlichen Nutzen zu liefern, gilt es neben den Service Assets auch die Assets des Kunden (customer assets) zu kennen und bei der Servicegestaltung zu berücksichtigen. Die resultierenden Services dienen letztlich nur einem Ziel: Die Performance der Kunden-Assets zu erhöhen und so einen direkten Mehrwert für das Business zu liefern und Risiken zu mindern. So bestimmt also der Bedarf des Kunden die Gestaltung der Services und die Art der Nutzung und Entwicklung der bestehenden Service Assets. Es entsteht ein geschlossener Kreislauf, wie in Abbildung 3.5 auf der nächsten Seite dargestellt.

Die vereinbarten Services werden sowohl durch den Bedarf der Kunden als auch durch die Möglichkeiten des Service Providers beeinflusst. Sie liefern das Potential für die optimale Unterstützung der Kundenanforderungen und werden durch den Kunden für die Unterstützung seiner Assets genutzt. Daraus resultiert ein bestimmter Bedarf an Services, der Einfluss auf die zukünftige Gestaltung der Services haben wird. Ist dieser Bedarf bekannt, kann

3 ITIL® 3 – Governance-Prozesse

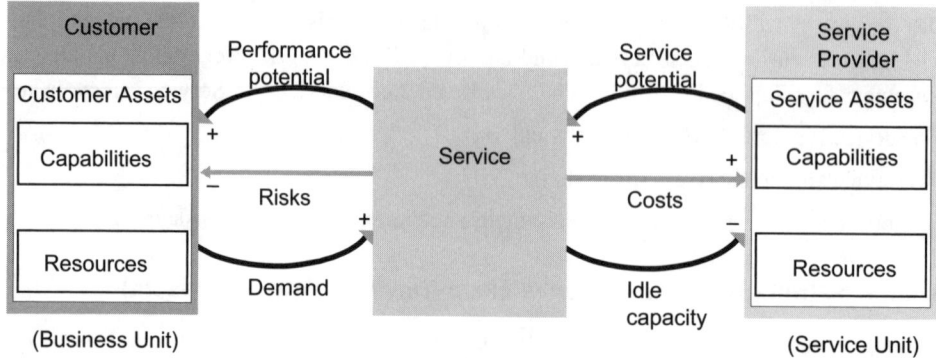

Abbildung 3.5 Closed Loop Service Management (Quelle: Service Strategy, 2007, Fig. 4.16)

die benötigte Kapazität auf Seiten des Service Providers angepasst werden und neue Anforderungen in neue potentielle Services für den Kunden verwandelt werden. Dieser Kreislauf ermöglicht eine kontinuierliche Anpassung der Services an den Bedarf bei optimierten Kosten und minimalem Risiko für den Kunden.

3.1.4.4 Vorbereiten der Realisierung (Prepare for Execution)

Die im Folgenden beschriebenen Aktivitäten dienen der Formulierung und Realisierung der Servicestrategie. Diese Vorgehensweise ist in der Praxis von immenser Bedeutung, denn eine Strategie, die nicht verständlich formuliert und nicht konsequent umgesetzt wird, ist von geringem Wert für das Unternehmen. Dieser Abschnitt beschreibt in einem Überblick die wichtigsten Aktivitäten in diesem Kontext:

- Strategisches Assessment
- Zielvorgaben definieren
- Erfolgsfaktoren und Wettbewerbsanalyse
- Geschäftspotential erkennen

Strategisches Assessment

Grundlage für jede Servicestrategie ist die Kenntnis der eigenen Leistungsfähigkeit. Denn wenn ein Ziel (hier die Umsetzung einer Servicestrategie) erreicht werden soll, dann ist es von entscheidender Bedeutung, nicht nur dieses Ziel, sondern auch den eigenen Standort zu kennen, ansonsten ist der Weg trotz möglicherweise klarer Ziele unklar.

Um am Markt bestehen zu können ist es wichtig zu erkennen, welche Fähigkeiten des Service Providers ein Alleinstellungsmerkmal darstellen können. Die folgenden beispielhaften Fragen sollten bei einem Strategischen Assessment beantwortet werden:

- Welche unserer Services differenzieren uns?
- Welche unserer Services sind die profitabelsten?
- Welche unserer Kunden bzw. Stakeholder sind die zufriedensten?

Zielvorgaben definieren

In Zielen werden die erwarteten Ergebnisse der Strategieumsetzung definiert. Sie dienen als Orientierung für die Organisation des Service Providers und geben den Aktivitäten eine klare Richtung. Sie bilden so die Basis für fundierte Entscheidungen und tragen zur Reduzierung späterer Konflikte aufgrund unklarer Zielsetzungen und somit unscharfer Entscheidungsgrundlagen bei. Zielsetzungen für einen Service Provider leiten sich oft aus den folgenden Faktoren ab:

- Erwartete Lösungen
- Vorgegebene Spezifikationen
- Anforderungen des Kunden
- Nutzen für den Kunden

Erfolgsfaktoren und Wettbewerbsanalyse

Kritische Erfolgsfaktoren (Critical Success Factors, CSF) werden identifiziert und dokumentiert, um festzulegen, welche Faktoren für die Zielerreichung gegeben sein müssen. Die Grundlagen zu CSF werden im Kapitel 5 detailliert beschrieben. Sie werden durch verschiedene Faktoren wie z. B. Kundenanforderungen, Standards und Technologie, Wettbewerb oder regulatorische Vorgaben beeinflusst. Für jeden Markt gibt es CSF, die den Erfolg oder Misserfolg einer Servicestrategie bestimmen. Sie werden im Kontext der Wettbewerbsanalyse häufig auch als Strategic Industry Factors (SIF) bezeichnet und u. a. durch die folgenden Eigenschaften charakterisiert:

- Definiert in Bezug auf Fähigkeiten und Ressourcen
- Etabliert als Erfolgsfaktoren am Markt
- Dynamisch, nicht statisch
- Der Nutzen wird erzeugt durch die Kombination von CSF

Beispiele für CSF sind Kosteneffektivität, Verlässlichkeit der Services oder auch der Umfang des Angebotes bezogen auf den Markt. Da Erfolgsfaktoren in der Regel am Markt etabliert sind, lassen sich Vergleiche mit Wettbewerbern aus der Ausrichtung auf diese Faktoren ableiten. Analysiert werden potentielle Märkte, die eigenen und potentielle Kunden sowie das eigene Service Portfolio im Vergleich zu Wettbewerbern, um mögliche Anpassungen der Servicestrategie abzuleiten.

Geschäftspotential erkennen

Ein wichtiger Teil der strategischen Planung ist die kontinuierliche Analyse der eigenen Präsenz in verschiedenen Marktsegmenten. Nur wenn bekannt ist, welche Märkte bereits besetzt werden und wo sich noch Chancen bieten, kann das Geschäft des Service Providers durch entsprechende Strategieanpassungen entwickelt werden. Neben den mit den aktuellen Service Assets bedienten Marktsegmenten ist es ebenso von Bedeutung zu erkennen, welche Marktsegmente gemieden werden sollten. Warum müssen diese gemieden werden und besteht Handlungsbedarf? Dieser Handlungsbedarf ist durchaus nicht zwingend, denn auch die bewusste Entscheidung, bestimmte Marktsegmente nicht zu bedienen, ist möglich und auch nötig, um einen klaren Fokus der Entwicklung beizubehalten. Um diese Entscheidung treffen zu können, ist es allerdings unerlässlich zu wissen, welche Marktsegmente aktuell nicht oder nur schlecht adressiert werden. Letztlich wird die Entscheidung für oder gegen ein bestimmtes Marktsegment von verschiedenen Faktoren abhängen:

- Welchen strategischen Nutzen bietet ein Service heute und zukünftig?
- Welche Investitionen sind notwendig, um die Services so zu gestalten, dass sie im neuen Marktsegment akzeptiert werden?
- Welche finanziellen Vorgaben und Zielsetzungen stehen den Investitionen gegenüber?
- Welche Risiken birgt die Entwicklung neuer Services für den Service Provider?
- Welche aktuellen Hindernisse sprachen bisher gegen die Besetzung des neuen Marktsegmentes und welche Grenzen ergeben sich aus den vorhandenen Fähigkeiten und Ressourcen?

Die Einordnung eines Services in den Markt hängt in der Regel von mehreren Erfolgsfaktoren ab. Abbildung 3.6 zeigt den Zusammenhang zwischen Erfolgsfaktoren und der Chance eines Service Providers, sich in einem Marktsegment zu etablieren und dort erfolgreich zu sein.

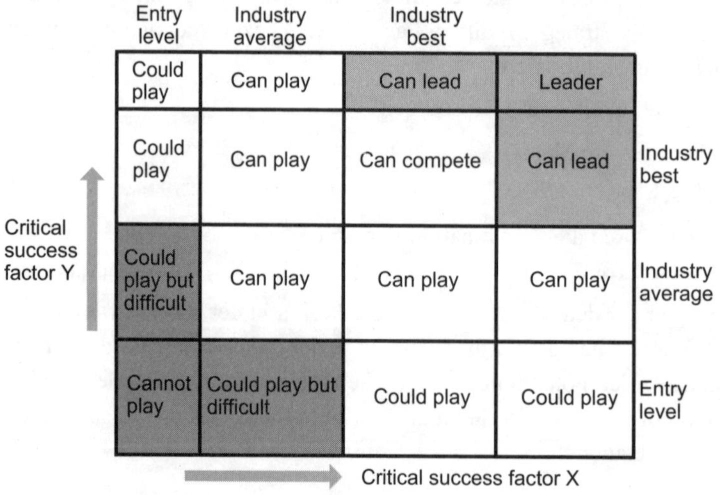

	Entry level	Industry average	Industry best		
	Could play	Can play	Can lead	Leader	
	Could play	Can play	Can compete	Can lead	Industry best
	Could play but difficult	Can play	Can play	Can play	Industry average
	Cannot play	Could play but difficult	Could play	Could play	Entry level

Critical success factor Y ↑
Critical success factor X →

Abbildung 3.6
Erfolgsfaktoren und Marktchancen
(Quelle: Service Strategy, 2007, Fig. 2.23)

Beispiel: Ein Service Provider möchte einen neuen Service am Markt etablieren. CSF x ist es, den Service effizient (und damit zu attraktiven Konditionen) zu erbringen, CSF y beschreibt die Qualität des geplanten Services im Vergleich mit dem Wettbewerb. Je besser es dem Provider gelingt, beide Erfolgsfaktoren zu adressieren, also sowohl profitabel als auch effizient zu arbeiten, desto größer sind die Chancen, den Service am Markt zu etablieren.

3.1.5 Wirtschaftliche Services

In diesem Abschnitt geht es um die wirtschaftliche Gestaltung der Services. Das Buch *Service Strategy* [Service Strategy, 2007] beschreibt dazu die drei Prozesse:

- Financial Management
- Service Portfolio Management
- Demand Management

Im Fokus stehen nicht ausschließlich Kostensenkungen, sondern der sinnvolle Einsatz der vorhandenen Mittel, um die Services optimal auf die Bedürfnisse der Kunden auszurichten. Thomas Huxley, Großvater des Schriftstellers Aldous Huxley, brachte diesen Gedanken schon im 19. Jahrhundert auf den Punkt:

> *„Economy does not lie in sparing money, but in spending it wisely. [Nature, 1887]"*

3.1.5.1 Financial Management

Ziel dieses Prozesses ist es, Business und IT in die Lage zu versetzen, den tatsächlichen Wert der IT-Services und der Service Assets finanziell zu quantifizieren. Diese Quantifizierung spielt in zweierlei Hinsicht eine zentrale Rolle. Zunächst ist es wichtig, dem Kunden den Nutzen der Services darzustellen, um ihm so eine Bewertung des Services bezüglich Kosten und Nutzen zu ermöglichen. Weiterhin spielt die exakte Ermittlung der Kosten für die Serviceerbringung natürlich auch für den Service Provider eine entscheidende Rolle. Denn nur wenn die vollständigen Kosten für die Serviceerbringung bekannt sind, kann der Provider einen wirtschaftlich sinnvollen Preis ermitteln. In der Praxis passiert es durchaus nicht selten, dass Geschäftsbeziehungen zwischen Kunden und Service Provider scheitern, weil der Service Provider bei der Preisverhandlung nicht alle Kosten für die Serviceerbringung kannte oder berücksichtigt hat und schließlich wirtschaftlich nicht in der Lage ist, den vereinbarten Service zu den festgelegten Konditionen über die gesamte Vertragslaufzeit zu erbringen.

Das Financial Management unterstützt also durch finanzielle Vorgaben und Quantifizierung des Aufwandes zur Serviceerbringung bei unternehmenskritischen Entscheidungen bezüglich der Serviceerbringung. Weitere mögliche Vorteile, die sich aus einem funktionierenden Financial Management für das Business ergeben können, sind:

- Beschleunigte Change-Durchführung sowie Verbesserung in der operativen Steuerung durch verlässliche Informationen
- Verbessertes Service Portfolio Management durch Kenntnis der finanziellen Bedingungen der Serviceerbringung
- Financial Management trägt zur Planungssicherheit des Service Providers bei, indem sichergestellt wird, dass adäquate finanzielle Mittel für Erbringung und Verrechnung der Services bereitstehen.

Natürlich hat das Financial Management einen Einfluss auf die Entwicklung der Strategie und somit auch auf das Design neuer oder die Verbesserung der vorhandenen Services. Die durch den Financial-Management-Prozess ermittelten Informationen tragen u. a. zur Beantwortung der folgenden Fragen bei:

- Welche Services erzeugen die höchsten Kosten und warum?
- Entspricht das Budget dem Aufwand, der zur Serviceerbringung notwendig ist?
- Wo liegen unsere größten Ineffizienzen?

Ziel ist es, den Wert eines Services, also letztlich den Servicepreis so zu gestalten, dass er vom Kunden als fair akzeptiert wird und dem Service Provider den Betrieb des Services ermöglicht. Die Basis für die Bewertung der Services ist die Kenntnis des tatsächlichen Wertes dieser Services über den kompletten Lifecycle. Der minimale Wert eines Services (also die reinen Kosten für die Erbringung) ergibt sich aus den folgenden Komponenten:

- Hardware und Software sowie deren Wartung
- Personelle Ressourcen
- Betriebsmittel (Rechenzentren, Gebäude…)
- Steuern, Zinsen
- Kosten für Compliance

Im Accounting (also der Kostenermittlung- und Zuordnung) liefert der Financial-Management-Prozess standardisierte Modelle und Know-how, um die tatsächlichen Kosten eines Services zu ermitteln und zuzuordnen. Nicht immer können Kosten einem Service unmittelbar zugeordnet werden, so dass die Kosten klassifiziert werden in:

- Investitionskosten und Betriebskosten
    - Investitionskosten beinhalten Anschaffungskosten für Komponenten, die zur Serviceerbringung benötigt werden. Sie gehen in das Betriebsvermögen über und erhöhen den Wert des Unternehmens (z. B. Anschaffung eines Druckers).
    - Betriebskosten fallen an, um eine Komponente oder einen Service zu betreiben. Sie fallen normalerweise regelmäßig an (z. B. Tonerkartuschen, Papier, Wartung).
- Direkte und indirekte Kosten
    - Direkte Kosten können einer Komponente oder einem Service direkt zugeordnet werden (z. B. Lizenzkosten, Hardware).
    - Indirekte Kosten können nicht unmittelbar zugeordnet werden und müssen daher über Hilfsmittel wie Verteilschlüssel zugeordnet werden (z. B. Gebäudekosten, Heizung). Diese Kosten werden bei der Ermittlung der Servicekosten oft vernachlässigt und führen so zu falschen Preiskalkulationen.
- Fixe und variable Kosten
    - Fixe Kosten entstehen unabhängig von der Inanspruchnahme der Services durch den Kunden (z. B. Personalkosten). Sie beinhalten ein hohes Risiko bei sinkender Nachfrage, da die Kosten auch bei nicht in Anspruch genommenen Services entstehen.
    - Variable Kosten verändern sich durch veränderte Servicenutzung (z. B. Leitungskosten). Da variable Kosten nur bei Servicenutzung durch den Kunden entstehen, beinhalten sie ein geringeres Risiko, sind allerdings in der Regel schwerer zu kalkulieren.

Anhand der Kosten und der erzielten Einkünfte überprüft das Financial Management regelmäßig die Wirtschaftlichkeit der Serviceerbringung und identifiziert mögliches Verbesserungspotential. Eventuell ist es möglich, den Service anders bereitzustellen (z. B. durch die Verwendung neuer Technologien oder bessere Kenntnis des Kundenbedarfes), um wirtschaftlicher und somit auch konkurrenzfähiger zu sein. Darüber hinaus liefert der Financial-Management-Prozess standardisierte Modelle und Know-how, um den erwarteten Return on Invest (ROI) von Services oder Aktivitäten zu ermitteln.

3.1.5.2 Service Portfolio Management

Eine aus meiner Sicht wichtige Neuerung in ITIL® Version 3 ist die Betrachtung des Service Portfolio bereits auf strategischer Ebene. So kann gewährleistet werden, dass die angebotenen Services sowohl dem Markt als auch der eigenen Leistungsfähigkeit angemessen sind. Ziel des Service Portfolio Management (SPM) ist es, die Investitionen in das Service Management und letztlich die Serviceerbringung dynamisch und bezogen auf den Nutzen für den Kunden zu managen, indem die richtigen Services zur richtigen Zeit angeboten bzw. entwickelt werden. Das Service Portfolio beschreibt die Services im Business-Kontext, also bezogen auf den Nutzen für die Kunden, und liefert die Basis für den Servicekatalog. Allerdings sollen neben dem Nutzen für den Kunden auch die eigenen Fähigkeiten und Ressourcen betrachtet und entwickelt werden, so dass die Services bei maximalem Ertrag mit einem akzeptablen Risiko gestaltet werden können. Das Service Portfolio Management liefert Entscheidungsgrundlagen und beantwortet u. a. die folgenden Fragen:

- Warum sollten unsere Kunden die von uns angebotenen Services kaufen?
- Warum ausgerechnet von uns?
- Wie stellen wir die benötigten Fähigkeiten und Ressourcen bereit?

Bei der Beschreibung der Services wird, um der internen und externen Sichtweise gerecht werden zu können, zwischen Business-Services und IT-Services unterschieden. Business-Services werden in Bezug auf Aktivitäten im Geschäftsprozess des Kunden definiert und werden durch das Business definiert (z. B. Mitarbeiterverwaltung). IT-Services sind technische Services, die keinen direkten Bezug zu den Geschäftsprozessen haben und vom Kunden nicht im Kontext des Business wahrgenommen werden. Sie sind in der Regel Bestandteil der vereinbarten Business-Services (z. B. Backup-Service).

Business Service Management (BSM)

Neben der Gestaltung der Services entsprechend der Anforderungen des Marktes gilt es, die Leistungen des Service Providers in Bezug auf die Business-Services kontinuierlich zu überwachen und die Ergebnisse in Reports zu dokumentieren. Durch einen aktiven Dialog und korrigierende Maßnahmen trägt das BSM dazu bei, die Orientierung an den Business-Zielen sicherzustellen. Basis für die Identifizierung der korrigierenden Maßnahmen sind, neben der Erfassung der aktuellen Leistung, klar formulierte Ziele für die IT. Diese operativen Ziele werden aus denen des Business abgeleitet. Eine mögliche Methode, um Ziele zu operationalisieren, wird in Kapitel 5 im Abschnitt zur Balanced Scorecard beschrieben.

3 ITIL® 3 – Governance-Prozesse

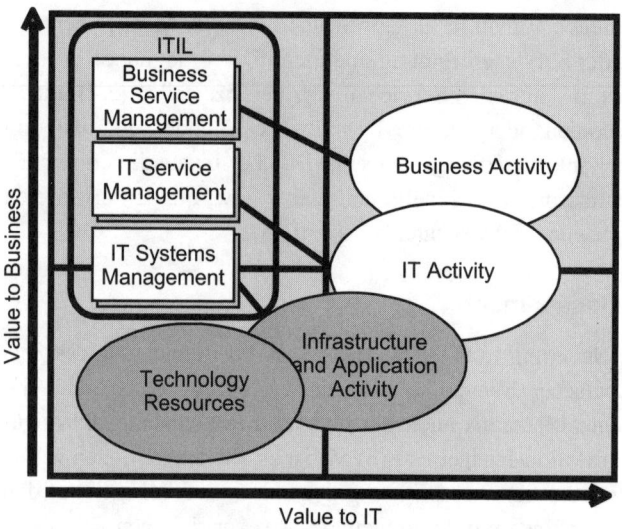

Abbildung 3.7
Ebenen des IT-Management
(Quelle: Service Strategy, 2007, Fig. 5.15)

Abbildung 3.7 zeigt den Zusammenhang zwischen IT-Systems Management, IT-Service Management und Business Service Management. Während beim Management von IT-Systemen der Fokus auf den einzelnen Komponenten und deren Betrieb liegt, fokussiert das IT-Service Management auf die Anforderungen und den Bedarf des Business. Die Informationen über eine funktionierende technische Infrastruktur sind hierbei die Basis, aber nicht ausreichend. Um die vorhandenen technischen Komponenten zur Gestaltung akzeptierter Services zu verwenden, bedarf es darüber hinaus der Kenntnis der Business-Services und der resultierenden Anforderungen und Erwartungen.

Die Komponenten des Service Portfolio

Im Gegensatz zum schon aus ITIL® 2 bekannten Servicekatalog beschreibt das Service Portfolio nicht nur die tatsächlich den Kunden angebotenen Services, sondern darüber hinaus zwei weitere Typen von Komponenten: Service Pipeline und zurückgezogene Services (siehe Abbildung 3.8):

- Die Service Pipeline beinhaltet Services, die geplant sind und zukünftig in den Servicekatalog übernommen werden sollen. Das können auch Services sein, die sich aktuell in der Transition-Phase, also in der Überführung von der Erstellung in den Betrieb, befinden.

- Der Servicekatalog beinhaltet alle aktuell vereinbarten bzw. alle aktuell lieferbaren Services. Der Servicekatalog ist der nach außen sichtbare Teil des Service Portfolio und kann sowohl je Kunde als auch als Gesamtkatalog für alle Kunden definiert sein. (Mehr zum Servicekatalog im Abschnitt 4.1 Service Design)

- Die auslaufenden Services (retired services) werden in Zukunft nicht mehr angeboten und nur so lange weiter betrieben, wie es die aktuellen Vereinbarungen mit den Kunden erfordern. Sie können also in einem kundenbezogenen Servicekatalog durchaus noch enthalten sein, in einem allgemeinen Servicekatalog werden sie jedoch nicht mehr geführt werden.

3.1 Service Strategy

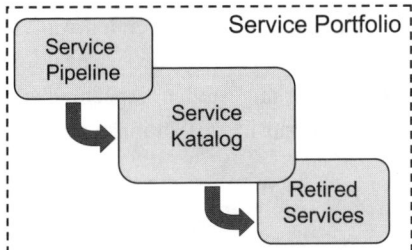

Abbildung 3.8
Komponenten des Service Portfolio

Der Service–Portfolio-Prozess

Der Service-Portfolio-Prozess besteht aus vier Phasen, welche in einem beständigen Zyklus wiederholt werden und so eine permanente Anpassung des Service Portfolio an aktuelle und neue Anforderungen gewährleisten (Abbildung 3.9):

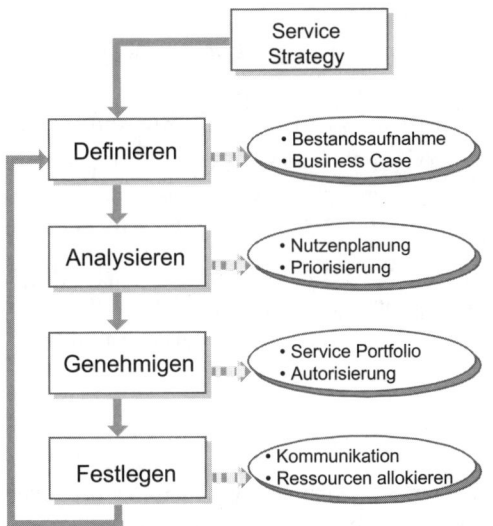

Abbildung 3.9
Service-Portfolio-Prozess
(Quelle: Service Strategy, 2007, Fig. 5.17)

- *Definieren:* Sammeln von Informationen über alle vorhandenen, geplanten und vorgeschlagenen Services und Ableiten, welche Fähigkeiten und Ressourcen dafür benötigt werden und welche davon bereits vorhanden sind. In einem Business-Case je Service werden Aufwand und Nutzen dokumentiert, um anschließend den Wert der Services bestimmen zu können.
- *Analysieren.* In dieser Phase werden die identifizierten Services in Bezug zu den strategischen Zielen des Service Providers (die sich natürlich auch aus den Zielen der Kunden ableiten) bewertet. Welche der Services tragen zur Erreichung dieser Ziele bei und werden daher tatsächlich benötigt?
- *Genehmigen:* In dieser Phase werden die Services für das Service Portfolio festgelegt und freigegeben. Für vorhandene Services sind unterschiedliche Vorgaben möglich (beibehalten, ersetzen, rationalisieren, umgestalten, erneuern, zurückziehen).

■ *Festlegen:* Die Entscheidungen werden kommuniziert und die daraus folgenden Aktivitäten initiiert. Die notwendigen Ressourcen werden allokiert und bei Bedarf nachfolgende Prozesse aus Service Design und Service Transition angestoßen. Anschließend startet der Zyklus bei der erneuten Informationssammlung zur Identifikation möglicher Veränderungen.

3.1.5.3 Demand Management

Das Demand Management befasst sich damit, den aktuellen Bedarf (also die tatsächliche Inanspruchnahme der vereinbarten Services) der Kunden zu erkennen und die Kapazität zur Leistung der angefragten Services entsprechend anzupassen. Ziel ist es, die vorhandenen Ressourcen optimal auszunutzen. Neben einer bedarfsgerechten Planung kann auch die Beeinflussung des Bedarfes (z. B. über Preisstrukturen) ein adäquates Mittel sein. Telefonkonzerne nutzen dieses Mittel bereits seit Jahren, indem freie Ressourcen in den Abend- und Nachtstunden über niedrigere Verbindungspreise und daraus resultierenden Änderungen im Nutzungsverhalten besser ausgelastet werden sollen.

Die Aktivitäten der Kunden beeinflussen die Bedarfsmuster (demand pattern) für die zu liefernden Services und damit die benötigten Ressourcen. Es gilt also für Service Provider, die Muster der Geschäftsaktivitäten der Kunden (Pattern of Business Activity, PBA) zu erkennen. Als Ergebnis kann das Design der Services entsprechend der Demand Pattern angepasst werden und zudem Entscheidungen bezüglich Investitionen in neue oder veränderte Services unterstützt werden. Auch Service Operation kann durch Informationen über das Nutzungsverhalten bei der Planung der Aktivitäten und Ressourcen unterstützt werden.

Die Informationen zum Nutzungsverhalten der Kunden dienen als direkter Input für das Capacity Management, wo die Bereitstellung der Ressourcen den Bedarfsmustern angepasst wird (Details zum Capacity Management in Abschnitt 4.1).

User Profiles

User Profiles dienen der Darstellung der konkreten Beziehungen zwischen identifizierten Patterns of Business Activities (PBA). User Profiles (UP) entstehen durch die Zuordnung eines oder mehrerer PBA zu einer Rolle oder einem System. Sie tragen zu einem besseren Verständnis der Businessanforderungen aus Sicht verschiedener Rolleninhaber oder aus Systemsicht bei. Tabelle 3.2 zeigt eine beispielhafte Zuordnung.

Tabelle 3.2 User Profiles und PBA

User Profile	Zutreffende Patterns of Business Activity
Vorstand	Reisetätigkeit, hochsensible Informationen, keine Verzögerung in Service Requests ...
Außendienst	Reisetätigkeit sensible Informationen, intensiver Kundenkontakt, geringe Verzögerung ...
ERP System	Business System, hoher Durchsatz, transaktionsbezogen, geringe Saisonalität ...

3.2 Continual Service Improvement

3.2.1 Überblick

Um langfristig erfolgreich sein zu können, müssen Service Provider ihre Services beständig neuen Anforderungen anpassen, um die Geschäftsprozesse der Kunden aktuell und zukünftig erfüllen zu können. Alle diese Aktivitäten werden in ITIL® 3 in der Lifecycle-Phase „Continual Service Improvement (CSI)" gebündelt [CSI, 2007]. CSI deckt Möglichkeiten auf, wie Effektivität und Effizienz der für die Serviceerbringung definierten Prozesse und Aktivitäten gesteigert werden können. Ein besonderer Fokus liegt hierbei auf der Messung und der auf den Messergebnissen basierenden Definition gezielter Maßnahmen. Grundsätzlich gilt:

- Man kann nicht steuern, was man nicht kontrolliert.
- Man kann nicht kontrollieren, was man nicht misst.
- Man kann nicht messen, was man nicht definiert.

Jeder Mitarbeiter des Service Providers trägt Verantwortung für den kontinuierlichen Verbesserungsprozess und leistet einen wichtigen Beitrag zum Continual-Service-Improvement-Prozess, indem er aktiv die benötigten Informationen liefert. Ohne die Informationen und Rückmeldungen aus allen Prozessen des Lifecycle kann die kontinuierliche Verbesserung nicht funktionieren, da nur valide und vollständige Daten zu den richtigen Entscheidungen und Maßnahmen führen können.

3.2.2 Ziele, Aufgaben und Nutzen

Continual Service Improvement hat das Ziel, die Effektivität und die Effizienz der IT-Services in Bezug zu den Geschäftsanforderungen kontinuierlich zu verbessern. Um dieses Ziel zu erreichen, müssen verschiedene Voraussetzungen, wie z. B. die nachfolgend beschriebenen, erfüllt sein:

- Die Ergebnisse des Service Level Achievement sind betrachtet und analysiert.
- Benötigte Anpassungen zur Verbesserung der IT-Servicequalität sowie der Prozesseffizienz und -Effektivität sind identifiziert und implementiert.
- Die Balance zwischen wirtschaftlicher Erbringung der IT-Services und Kundenzufriedenheit ist gewährleistet und wird ständig verbessert.

Abbildung 3.10 zeigt die Schnittstellen bei der Gestaltung und Lieferung der Services durch den Service Provider an die Kunden.

An jeder Schnittstelle bei der Serviceerbringung kann potenziell eine Lücke (Gap) entstehen, an der Qualität, Effektivität oder Effizienz verloren geht. Alle diese Lücken gilt es im Rahmen des Continual Service Improvement zu identifizieren und Stück für Stück zu schließen. Ein Beispiel für eine oft vorhandene Lücke ist der Informationsverlust an einer Übergabeschnittstelle (etwa zwischen zwei Prozessen).

3 ITIL® 3 – Governance-Prozesse

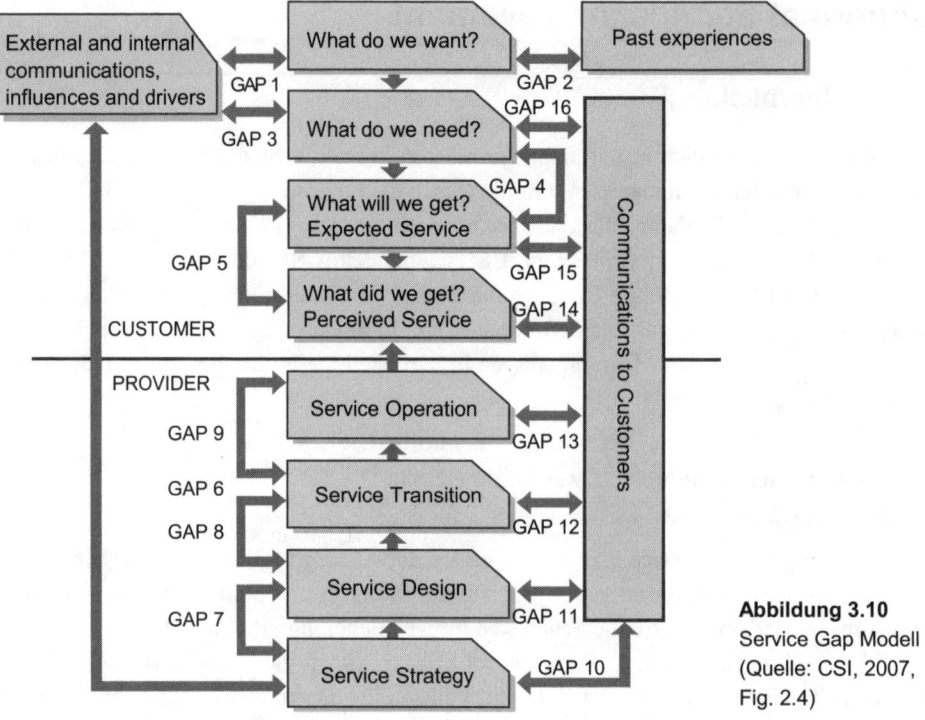

Abbildung 3.10
Service Gap Modell
(Quelle: CSI, 2007, Fig. 2.4)

3.2.3 Begriffe und Grundlagen

Verbesserungen (Improvements)

Improvements beschreiben Ergebnisse, die eine messbare Verbesserung bezüglich einer erwünschten Kennzahl aufzeigen (z. B. 15% Verringerung der fehlgeschlagenen Changes).

Vorteile (Benefits)

Benefits beschreiben Gewinne, die durch die Realisierung von Verbesserungen erzielt wurden. Diese Gewinne müssen nicht ausschließlich monetärer Natur sein (z B. werden durch die Reduzierung fehlgeschlagener Changes €395.000 Ausfallkosten eingespart).

ROI (Return on investment)

ROI beschreibt das Verhältnis zwischen dem erreichten Nutzen und den dazu aufgewendeten Mitteln. Im Prinzip geht es darum, einen möglichst großen (finanziellen) Nutzen mit möglichst geringem (finanziellem) Aufwand zu erzielen (z. B.: €200.000 zur Verbesserung des Change-Prozesses, Einsparungen €395.000, ergibt einen ROI von €195.000 nach einem Jahr, also 97,5%).

VOI (Value on investment)

VOI beschreibt den Wert einer Verbesserung im nicht monetären Bereich und in der Langzeitbetrachtung (z. B. ein Imagegewinn oder ein erzielter Wettbewerbsvorteil).

Baselines

Baselines dokumentieren einen definierten Zustand der IT-Infrastruktur oder von Teilen der Infrastruktur. Sie definieren den Ausgangspunkt für Verbesserungen und bilden eine Vergleichsbasis für spätere Messungen. Baselines sollten auf verschiedenen Ebenen festgelegt werden (z. B. strategische Ziele, Prozessreife, operative Messwerte).

Governance

Governance spielt im IT-Service Management eine zunehmende Rolle, da immer häufiger gesetzliche und andere externe Regularien bei der Gestaltung der Services beachtet werden müssen. Für viele Unternehmen ist die Einhaltung solcher Regularien heute von existenzieller Bedeutung (z. B. Basel II oder SOX). In der ITIL®-Literatur werden ebenso wie in den meisten anderen Quellen drei Arten der Governance unterschieden:

- *Enterprise Governance:* Dient der Fokussierung auf die Erreichung der definierten und messbaren Business-Ziele. Sie stellt sicher, dass die Organisation auf diese Ziele ausgerichtet ist und deren Erreichung überwacht und gesteuert wird. Dabei werden sowohl Aspekte der Corporate Governance als auch der Unternehmensführung betrachtet.
- *Corporate Governance:* Betrachtet Fairness, Transparenz und Verantwortlichkeiten im Unternehmen. Ein sehr bekanntes Beispiel sind die Anforderungen aus dem Sarbanes-Oxley Act (SOX) für Unternehmen, die an den US-Börsen notiert sind.
- *IT-Governance:* Stellt sicher, dass die IT-Organisation die Erreichung der Unternehmensziele unterstützt und deren Erweiterung ermöglicht. IT-Governance ist ein Bestandteil der Enterprise Governance und liegt in der Verantwortung des Managements. Es werden Mitarbeiterführung, organisatorische Strukturen und Prozesse betrachtet und so durch das permanente Bestreben nach verbessertem Nutzen für das Business eine Basis für das Continual Service Improvement geschaffen.

Risk Management

Das Risikomanagement sollte als eigenständiger Prozess im Rahmen der kontinuierlichen Verbesserung etabliert werden. Es nutzt Methoden wie CRAMM oder Risikoprofile und betrachtet Aspekte aus dem Business Continuity Management, dem ITSCM, dem Security Management und aus dem operativen IT-Service Management. Ein definierter Prozess mit klar definierten Aktivitäten stellt eine wirtschaftliche Durchführung des Risikomanagements im Unternehmen sicher.

Deming Cycle (PDCA-Zyklus)

Der Deming Cycle (nach W. Edward Deming), auch PDCA- Zyklus (Plan – Do – Check – Act) genannt, bildet die Grundlage für alle Aktivitäten im kontinuierlichen Verbesserungsprozess. In vier Stufen wird ein Kreislauf beschrieben, an dem die Aktivitäten zur Verbesserung strukturiert werden können (Abbildung 3.11).

- *Plan:* In dieser Phase werden Ziele definiert, Maßnahmenpläne erstellt und Rollen und Verantwortlichkeiten definiert.
- *Do:* In dieser Phase werden die geplanten Maßnahmen umgesetzt und dokumentiert.
- *Check:* In dieser Phase werden Messdaten erhoben und in Reports zusammengefasst.
- *Act:* Identifizierte Abweichungen von der Planung werden bewertet und Korrekturmaßnahmen als Input für eine erneute Planungsphase werden abgeleitet.
- *Control:* Diese Aktivität erstreckt sich über alle Phasen und stellt sicher, dass die definierten Aufgaben durchgeführt und Aktivitäten sowie Ergebnisse dokumentiert werden.

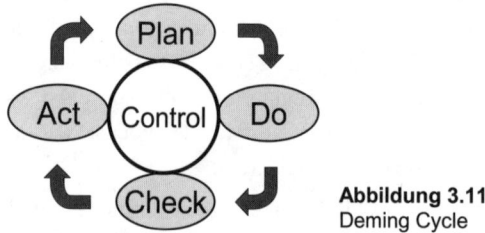

Abbildung 3.11
Deming Cycle

3.2.4 CSI-Improvement-Prozess

Die kontinuierliche Verbesserung der Prozesse und Services steht im Zentrum dieses Prozesses und trägt dazu bei, dass die Leistungsfähigkeit des Service Providers langfristig den Anforderungen der Kunden entspricht.

3.2.4.1 Ziele

Die Ziele des CSI-Improvement-Prozesses sind:

- Die benötigten Messdaten sind definiert und aus den strategischen, taktischen und operationellen Zielen des Unternehmens abgeleitet.
- Messkriterien und Methoden sind definiert und implementiert.
- Entscheidungen können aufgrund der Messergebnisse getroffen werden.

3.2.4.2 Begriffe

Service Improvement Plan (SIP)

Vorgesehene Maßnahmen zur Verbesserung der Serviceleistung werden im Service Improvement Plan dokumentiert. Einen wichtigen Beitrag zum Service Improvement Plan leistet das Service Level Management, denn der SIP ist oft das Ergebnis regelmäßiger Service Review Meetings zwischen Kunden und Service Provider. Er enthält konkrete Maßnahmen zur Adressierung erkannter Schwachstellen.

3.2.4.3 Aktivitäten

Abbildung 3.12 zeigt die Prozessaktivitäten des CSI-Improvement-Prozesses (7-stufiger Verbesserungsprozess).

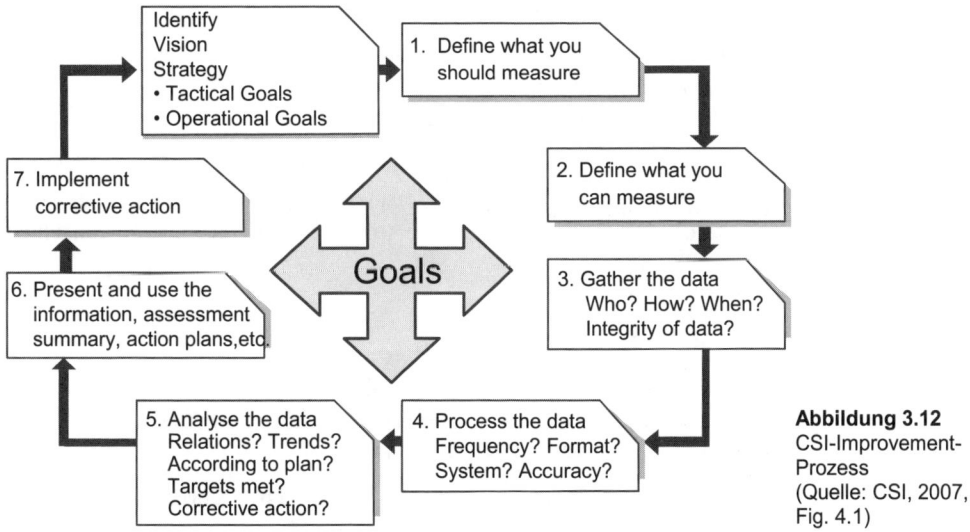

Abbildung 3.12
CSI-Improvement-Prozess
(Quelle: CSI, 2007, Fig. 4.1)

Was sollte gemessen werden? (What should you measure)

Basierend auf den Unternehmenszielen wird in dieser Stufe festgelegt, was gemessen werden muss, um die Erreichung der Ziele überprüfen zu können. Ergebnis dieser Aktivitäten ist eine Liste der benötigten Metriken. Um die Anforderungen an die auszuwählenden Kennzahlen zu definieren, können die folgenden Informationen nützlich sein:

- Vision des Unternehmens und Mission Statements
- Service Level Requirements und Ziele
- Ziele des Unternehmens und der Unternehmensbereiche, IT-Ziele
- Gesetzliche und regulatorische Anforderungen
- Perspektiven der Balanced Scorecard (Kapitel 5)

> **Praxistipp:**
> Wenn Unternehmen über die Auswahl möglicher Kennzahlen nachdenken, dann machen sie häufig den Fehler, zu viele Kennzahlen zu definieren, und verlieren dabei den Fokus auf das Wesentliche. Unterscheiden Sie zwischen Daten und Informationen (DIKW-Modell, Kapitel 4.2.10 Knowledge Management).
> Nicht alles, was gemessen werden kann, ist auch sinnvoll. Überlegen Sie zunächst auf Basis der oben genannten Kriterien, welche Informationen benötigt werden, und erst anschließend, welche Daten dafür erfasst werden müssen.

Was kann gemessen werden? (What can you measure)

Der vorhergehende Schritt liefert eine Liste von Kennzahlen, die erfasst werden sollten, um die Erreichung der definierten Ziele zu überwachen. Häufig können jedoch nicht alle dieser „Wunschkennzahlen" erfasst werden oder der Aufwand für die Erfassung wäre in der aktuellen Situation nicht vertretbar (z. B. regelmäßige manuelle Datenerfassung). Aus dieser Sammlung sollte in diesem Schritt zunächst eine Liste der Kennzahlen erstellt werden, die nicht oder nur mit Abstrichen erfasst werden können. Anschließend wird diese Liste mit der „Wunschliste" verglichen und eine Gap-Analyse erstellt.

Diese Gap-Liste muss mit dem IT-Management und dem Business abgestimmt werden, um bei Bedarf Entscheidungen bezüglich der Kennzahlenauswahl und möglicher Investitionen zu treffen (z. B. könnte die Beschaffung neuer Tools dazu führen, dass die gewünschten Kennzahlen erfasst werden können).

Messen (Gather the data, measure)

In diesem Schritt findet der eigentliche Vorgang des Messens, also der Erfassung der erforderlichen Daten, statt. Das Monitoring erfasst die Effektivität und Effizienz von Services, Prozessen, Tools oder einzelner Configuration Items.

Der Fokus des Monitoring kann sich aus Sicht des CSI im zeitlichen Verlauf ändern. Welche Daten erfasst werden und welche Informationen geliefert werden müssen, hängt von den aktuellen Anforderungen und Verbesserungsaktivitäten ab. Um die Verfügbarkeit der jeweils notwendigen Informationen sicherzustellen, ist eine definierte Schnittstelle zwischen Service Operation und CSI notwendig. Weiterhin muss definiert sein:

- Wer ist verantwortlich für Monitoring und Datenerfassung?
- Wie werden die Daten erfasst?
- Wann und in welcher Frequenz werden die Daten erfasst?
- Wie kann die Datenintegrität sichergestellt werden?

Bei der Erfassung der Daten und der Lieferung von Informationen werden grundsätzlich drei Arten von Metriken unterschieden:

- Technologie-Kennzahlen
    - Komponenten- oder anwendungsbasiert
    - Performance, Verfügbarkeit etc.
- Prozess-Kennzahlen
    - Critical Success Factors (CSF), Key Performance Indicator (KPI)
    - Effektivität, Effizienz, Compliance eines Prozesses
- Service-Kennzahlen
    - End-to-End-Messungen (was kommt beim Kunden an, was geht bei uns raus)

Mehr Details zu den Kennzahlentypen, sowie deren Gestaltung Nutzung und Auswertung werden in Kapitel 5 beschrieben.

Daten aufbereiten (Process data)

Nachdem die benötigten Daten erfasst wurden, dient dieser Schritt der Transformation der Daten in Informationen. Dazu werden die vorhandenen Daten in einen definierten Kontext gesetzt (z. B. logisch gruppiert), um so die benötigten Informationen ableiten zu können. Es werden z. B. die Monitoring-Daten verschiedener einzelner Komponenten wie Server, Anwendungen und Netzwerk analysiert und daraus die Informationen für die Bewertung der End-to-End-Verfügbarkeit aus Kundensicht abgeleitet.

Datenanalyse (Analyze the data)

Im Rahmen der Datenanalyse werden die während der Aufbereitung gewonnenen Informationen ausgewertet. Durch den Vergleich der vorhandenen Informationen mit den definierten Zielen und Vorgaben, wird aus Informationen Wissen bezüglich der Ereignisse, die Einfluss auf die IT-Services nehmen (DIKW-Modell, siehe Kapitel 4). Während der Analyse sollten die folgenden Fragen beantwortet werden:

- Können Trends abgeleitet werden (positiv oder negativ)?
- Entsprechen die Ergebnisse der Planung und werden die Ziele erreicht?
- Sind Korrekturmaßnahmen notwendig?
- Welche Kosten werden durch Abweichungen erzeugt?

Die gewissenhafte Auswertung der gesammelten Informationen nimmt Zeit in Anspruch und erfordert von den beteiligten Mitarbeitern Konzentration, Wissen und Erfahrung. Die Analyse der Informationen kann in der Regel nicht automatisiert durch Tools erfolgen (im Gegensatz zur Aufbereitung). Sind die oben gestellten Fragen beantwortet, sollten weitere Fragen gestellt und beantwortet werden, z. B. danach, ob die Ergebnisse gut oder schlecht für den Service Provider sind oder ob sie den Erwartungen entsprechen oder nicht.

Wird nach diesem Schritt festgestellt, dass entweder alle Ziele erreicht wurden oder die für die erforderlichen Gaps nötigen Korrekturmaßnahmen bereits eingeleitet wurden, startet der CSI–Improvement-Prozess von Neuem mit dem Schritt des Monitoring.

Informationen präsentieren und nutzen (Present and use information)

In diesem Schritt werden die Stakeholder über die Ergebnisse informiert und es werden konkrete Maßnahmen vorgeschlagen, um mögliche Abweichungen zu korrigieren. An dieser Stelle wird im Rahmen des DIKW-Modells aus dem vorhandenen Wissen „Weisheit" oder „Erkenntnis" (Wisdom), d. h., die Organisation ist nun in der Lage, konkrete Handlungsweisen oder Veränderungen aus den Erkenntnissen abzuleiten.

Korrekturmaßnahmen implementieren (Implement corrective action)

Nachdem mögliche Maßnahmen identifiziert und genehmigt wurden, werden diese Korrekturen implementiert bzw. deren Implementierung initiiert (RfC an das Change Management). Auf Basis der bisherigen Baseline und der implementierten Veränderungen wird eine neue Baseline als Ausgangspunkt gesetzt und der Prozess startet von Neuem.

3.2.4.4 Rollen

CSI Manager

Der CSI Manager ist verantwortlich für alle Aktivitäten der kontinuierlichen Verbesserung. Einige der wichtigsten Verantwortungen sind:

- Kommunikation des Nutzens und der Vision des CSI
- Rollendefinition und Zuweisung
- Austausch mit dem jeweiligen Service- und Process Owner bezüglich CSI
- Management der Struktur der Monitoring Tools
- Erstellung und Pflege des Service Improvement Plans (SIP) zusammen mit dem Service Level Management (SLM)
- Sicherstellen der CSI-Aktivitäten über den gesamten Lifecycle
- Review der Analyseergebnisse
- Präsentationen und Reports an das Management
- Priorisierung der Maßnahmen zur Verbesserung

3.2.4.5 Key-Performance-Indikatoren (KPI)

Im Folgenden finden Sie einige Beispiele für mögliche Kennzahlen aus der ITIL®-Literatur, mit deren Hilfe sich die Prozessqualität und der Beitrag zu den IT-Zielen messen lassen:

- Anteil RFC (Request for Change) aufgrund Feedback aus bestehenden Services
- Prozentuale Verbesserung der Kundenzufriedenheit pro Zeiteinheit
- Prozentuale Reduzierung der Kosten pro vereinbarten Service
- Anzahl der Prozessverbesserungen aufgrund von Service Reviews

Es ist jedoch nicht ausreichend, einfach definierte Kennzahlen zu übernehmen. Details zur richtigen Gestaltung von Zielen und Kennzahlen werden in Kapitel 5 beschrieben.

3.2.4.6 Herausforderungen

Entscheidend für einen funktionierenden Continual-Service-Improvement-Prozess ist die Verfügbarkeit aktueller, valider und vollständiger Daten und Informationen aus allen Phasen des Lifecycle. Daher müssen funktionierende Schnittstellen zu allen anderen Prozessen geschaffen und gepflegt werden und die jeweiligen Process- und Service Owner mit in die Verantwortung für CSI genommen werden. Für sie sollten konkrete Ziele bezüglich der kontinuierlichen Verbesserung des von ihnen verantworteten Services oder Prozesses definiert werden.

3.2.5 Service Reporting

3.2.5.1 Ziele

Ziel des Service Reporting ist es, den Nutzen der IT-Services für das Business anhand eines abgestimmten Reportings nachvollziehbar darzustellen. Das Layout, die Inhalte und die Frequenz der Reports werden zwischen Service Provider und Business bzw. Kunden abgestimmt. Der Inhalt der Berichte ist nicht auf einzelne Komponenten, sondern auf die Perspektive der Kunden und die End-to-End-Betrachtung der Services ausgelegt.

3.2.5.2 Begriffe

Service Reporting Framework

Das Service Reporting Framework bildet den Rahmen für alle Regeln und Policies für das Service Reporting. Die Gestaltung des Service Reporting Framework sollte mit dem Service Design und mit dem Business abgestimmt werden. Das Regelwerk sollte so gestaltet werden, dass einzelne Bereiche des Business oder verschiedene Kunden separat betrachtet werden können. So können individuelle Vereinbarungen besser abgebildet werden. Das Service Reporting Framework sollte die folgenden Aspekte beinhalten:

- Zielgruppen und eine Beschreibung ihrer Sicht auf die Services
- Festlegungen, was gemessen und was berichtet werden soll
- Begriffsdefinitionen und Abgrenzungen
- Terminpläne für das Reporting
- Zugangsmöglichkeiten zu Reports und Medien
- Planung von Review Meetings

3.2.5.3 Aktivitäten

Messen (Gather data)

Die für die Berichte benötigten Daten müssen zusammengestellt werden. Zunächst sollte die Frage nach den vom Business benötigten Informationen gestellt werden, um dann die dafür benötigen Daten ableiten zu können. Reports müssen je nach Ziel und der angesprochenen Zielgruppe des Reportings möglicherweise verschieden gestaltet werden. Der Leiter eines Rechenzentrums wird sehr wahrscheinlich andere Erwartungen haben als der Vorstandsvorsitzende eines Lebensmittelkonzerns. Es ist also für den Inhalt wichtig, wofür der Report von den Adressaten genutzt werden soll.

Aufbereiten und verwenden (Process and apply)

Damit die berichteten Informationen Aussagekraft erhalten, müssen sie mit vereinbarten Services in Beziehung gesetzt werden. Die Ergebnisse müssen so formuliert werden, dass auch Nicht-Techniker (das Business) sie verstehen können. Reports bezüglich des Service Achievement (also der tatsächlichen Servicequalität in Bezug zu den Vereinbarungen) sind wichtig, sollten aber nicht alleine stehen. Sie sollten mit Informationen darüber ergänzt werden, welche Incidents aufgetreten sind, was getan wurde, um diese zu beheben, und welche Maßnahmen ergriffen wurden, um eine Wiederholung zu vermeiden.

Informationen veröffentlichen (Publish information)

Reports sollten zielgruppengerecht aufbereitet an die verschiedenen Stakeholder auf allen Ebenen des Unternehmens geliefert werden. Es werden drei grundsätzliche Ebenen der Zielgruppe unterschieden:

- *Business:* Interessiert sich dafür, ob die Services SLA-konform erbracht wurden und welche Maßnahmen ergriffen wurden, damit sich Abweichungen nicht wiederholen.
- *IT-Management:* Interessiert sich für die Erreichung bzw. Einhaltung der vereinbarten CSF und KPI. Häufig erfolgt das Reporting in Form einer Balanced Scorecard.
- *IT-intern:* Interessiert sich für einzelne (auch technische) Kennzahlen, um Verbesserungspotential zu erkennen und entsprechende Maßnahmen abzuleiten.

Abstimmung mit dem Business (Tune the reporting to the business)

Die Reports und die dafür erfassten Daten müssen regelmäßig auf ihren Wert für das Business überprüft werden. Weiterhin sollten bei der Aufbereitung der Reports die Ziele und Vorgaben des Business bedacht werden, damit die Aussage der Präsentation tatsächlich den Erwartungen der Zielgruppe entspricht.

Es sollten regelmäßige Abstimmungen dieser Aspekte zwischen Business und IT erfolgen und das Service Reporting Framework (Abschnitt 3.2.5.2) entsprechend der Ergebnisse angepasst werden.

3.2.5.4 Rollen

Reporting Analyst

Der Reporting Analyst spielt eine wichtige Rolle für das Service Reporting und das komplette CSI. Er arbeitet naturgemäß sehr eng mit den Rolleninhabern des Service Level Management zusammen. Er ist verantwortlich für die Auswertung von Daten und Informationen als Basis für das Service Reporting und die Ableitung möglicher Trends. Wichtige Verantwortlichkeiten sind:

- Sicherstellen der Validität der Reports durch Abstimmung zwischen CSI und SLM
- Datenkonsolidierung
- Trends ableiten und bewerten
- Erstellen von Reports, die den Vereinbarungen in den SLA (Service Level Agreement) und OLA (Operational Agreement) entsprechen.

3.2.5.5 Key-Performance-Indikatoren (KPI)

Im Folgenden finden Sie einige Beispiele für mögliche Kennzahlen aus der ITIL®-Literatur, mit deren Hilfe sich die Prozessqualität und der Beitrag zu den IT-Zielen messen lassen:

- Anteil der Services mit Kundenreports entsprechend SLA
- Anteil fehlerhafter Kundenreports

Es ist jedoch nicht ausreichend, einfach definierte Kennzahlen zu übernehmen. Details zur richtigen Gestaltung von Zielen und Kennzahlen werden in Kapitel 5 beschrieben.

4 ITIL® 3 – Operational-Prozesse

4.1 Service Design

4.1.1 Überblick

Das Buch *Service Design* liefert Anleitungen für das Design und die Erstellung von Services und Service-Management-Prozessen. Neben den neuen Services werden auch größere Veränderungen an bestehenden Services betrachtet. *Service Design* liefert die Methoden für die Umsetzung strategischer Ziele in ein Portfolio aus Services und Service Assets. Das Unternehmen wird bei der Entwicklung der notwendigen Fähigkeiten für das Service Management unterstützt, indem Aufgaben und Ziele klar beschrieben werden.

Der Scope des Service Design erstreckt sich über alle für die Gestaltung der Services und Prozesse notwendigen Methoden und Aktivitäten. Im Einzelnen sind das:

- Planung und Gestaltung neuer und veränderter Services
- Service-Management-Systeme und Tools, wie Service Portfolio und Servicekatalog
- Planung und Gestaltung von Technologie und Architektur
- Planung und Gestaltung der benötigte Prozesse
- Planung und Gestaltung von Messmethoden und Metriken

Die Service-Design-Prozesse im Überblick

- Service Level Management
- Service Catalogue Management
- Capacity Management
- Availability Management
- IT-Service Continuity Management
- Information Security Management
- Supplier Management

4.1.2 Ziele, Aufgaben und Nutzen

Ziel des Service Design ist eine effiziente und effektive IT, deren Business-Lösungen an den Zielen und Anforderungen der Kunden ausgerichtet sind. Um dieses Ziel zu erreichen, gilt es einerseits, die Anforderungen überhaupt zu erkennen. Hierzu leisten die Aktivitäten in Service Strategy einen großen Beitrag. Andererseits müssen die Services entsprechend dieser Anforderungen in angemessener Zeit und zu angemessenen Kosten entwickelt werden. Neben den anforderungsgerecht bereitgestellten Service Assets (Fähigkeiten und Ressourcen) spielt also die Weiterentwicklung der Fertigung von IT-Services von individueller bis hin zur weitgehend industriellen Fertigung eine große Rolle. Um diesen Effizienzanforderungen und gleichzeitig den qualitativen Anforderungen der Kunden gerecht zu werden, sind effiziente und effektive Prozesse für die Entwicklung, die Implementierung, den Betrieb und die kontinuierliche Verbesserung hochwertiger Services notwendig. Den Rahmen für diese Prozesse und die Gestaltung der zu liefernden Services sowie für die Identifizierung und das Management auftretender Risiken bietet das Buch *Service Design*.

In Kapitel 1 habe ich bereits die wichtigen Aspekte des Reifegrades einer IT-Organisation dargestellt (Abbildung 1.2). Diese Darstellung wird hier um einen weiteren Aspekt – die Lieferanten – erweitert, denn dieser Faktor spielt bei der Erbringung von IT-Services eine immer größere Rolle. In kaum einer Vertragssituation zur Serviceerbringung liefert ein Service Provider heute ausnahmslos alle Komponenten der IT-Services, sondern nutzt weitere Service Provider, um Teilaspekte der Services zu erbringen (z. B. WAN-Provider, Drucker-Leasing inkl. Reparaturservice). Ohne Betrachtung der Strategie und der Kultur im Unternehmen ergeben sich aus dieser Sichtweise die vier P des Service Design:

- Personen
- Prozesse
- Produkte/Technologie
- Partner/Lieferanten

Business-Nutzen

Was kann Service Design konkret zum Business beitragen? Eine große Rolle spielt die Reduzierung der Total Cost of Ownership (TCO) für die Serviceerbringung durch die Betrachtung aller Aspekte eines Services bereits in der Phase des Designs. Dadurch wird sichergestellt, dass die Services durchgängig so gestaltet werden, dass sie sowohl den Anforderungen des Kunden entsprechen, als auch durch die IT-Organisation mit vertretbarem Aufwand leistbar sind. Services müssen also nicht bzw. weniger häufig nachträglich verändert und angepasst werden, was neben Kostenvorteilen natürlich auch eine verbesserte Servicequalität zur Folge hat.

Ein direkter Nutzen für das Business ist die durch klar beschriebene und wiederholbare Prozesse sichergestellte, einfachere Integration neuer oder veränderter Services. Neue oder veränderte Business-Anforderungen können so schnell und mit überschaubarem Risiko umgesetzt werden. Das Business erhält zudem zu jeder Zeit aktuelle Informationen über den Beitrag der IT-Services im Unternehmen und somit fundierte Entscheidungsgrundlagen für die Planung der zukünftigen Servicegestaltung.

4.1.3 Begriffe und Grundlagen

4.1.3.1 Sourcing-Optionen

Wie schon weiter oben erwähnt, gibt es heute in der Regel nur noch sehr selten eine eins-zu-eins-Beziehung zwischen Service Provider und Kunden. Die folgenden Optionen für die Zusammenarbeit werden immer wieder genannt und sollen in diesem Überblick kurz erläutert werden:

- *Insourcing:* In allen Bereichen des Service Lifecycle werden interne Ressourcen genutzt. Externe Provider spielen in der Regel keine Rolle.
- *Outsourcing:* Es werden klare Vereinbarungen und Verträge mit externen Providern geschlossen, um externe Ressourcen für die Serviceerbringung zu nutzen.
- *Co-Sourcing:* Insourcing und Outsourcing oder mehrere externe Service Provider werden kombiniert, um die Services zu erbringen. Diese Variante trifft man heute sehr häufig an.
- *Multisourcing:* Es werden formale Vereinbarungen zwischen zwei oder mehreren Unternehmen über die Zusammenarbeit im gesamten Service Lifecycle getroffen.
- *Business Process Outsourcing (BPO):* Es werden komplette Business-Funktionen (Call-Center, Gehaltsabrechnung …) an externe Partner oft in Regionen mit niedrigeren Kosten vergeben.
- *Application Service Provision:* Bestimmte benötigte Applikationen werden von Application Service Providern (ASP) bezogen. Auch Software as a Service (SaaS) gehört zu dieser Kategorie.
- *Knowledge Process Outsourcing (KPO):* Hierbei handelt es sich um eine weitergehende Form des BPO. Der externe Provider übernimmt komplette Unternehmensbereiche inklusive des Business-Know-how und beschränkt sich nicht auf die reine Prozesssicht.

4.1.3.2 Anforderungsgerechte Services

Für die Gestaltung anforderungsgerechter Services ist es von entscheidender Bedeutung, dass die Vorgaben und Ziele des Business bekannt sind. Die Schnittstelle zwischen Service Design und Service Strategy spielt eine zentrale Rolle, indem die benötigten Informationen als Input zur Verfügung gestellt werden. Neben den Vorgaben für Inhalt und Umfang des Service Portfolios müssen detaillierte Informationen zu den konkreten Anforderungen der Kunden an die Services dokumentiert werden. Diese Anforderungen sind in der Regel kein einmaliger Input, sondern werden während der Designphase iterativ immer wieder überprüft und ggf. entsprechend der Kundenvorgaben angepasst. Gemeinsam mit dem Kunden werden Akzeptanzkriterien (Service Acceptance Criteria, SAC) für den neuen Service definiert, um so die Erfüllung der Kundenanforderungen und deren Bestätigung nach der Transition-Phase sicherzustellen. Die zweite Perspektive für die Gestaltung neuer oder veränderter Services ist die der vorhandenen Infrastruktur und vorhandener Services. Wann immer möglich sollen bei der Gestaltung neuer Services die Möglichkeiten der Infrastruktur optimal genutzt und vorhandene Services weiterentwickelt werden, bevor ein komplett neues Design angestrebt wird.

Unter Berücksichtigung dieser Vorgaben werden die Services entsprechend der Anforderungen gestaltet. Diese Gestaltung beinhaltet die für den Service benötigten Komponenten und die Dokumentation der Serviceanforderungen (Service Level Requirements, SLR) als Basis für die Gestaltung der späteren Servicevereinbarung (Service Level Agreement, SLA). In den nun folgenden Schritten der Entwicklung, der Realisierung und des Testens der neuen Services werden alle Phasen des Service Lifecycle, insbesondere Service Transition und Service Operation, bereits einbezogen, bevor der neue Service in die Produktion überführt wird. So können Schwachstellen und Anpassungsbedarf bereits identifiziert und verarbeitet werden, bevor ein neuer Service produktiv ist. Details zur Überführung von Services in die Produktivumgebung werden in Abschnitt 4.2 Service Transition beschrieben. Werden in einer Pilotphase die Akzeptanzkriterien erfüllt und wird der Service gemäß der geplanten Vereinbarungen für den späteren SLA erbracht, dann wird dieser in die Produktivumgebung überführt. Ein definierter Anlaufsupport stellt sicher, dass anfängliche Fehler und Schwachstellen erkannt und adressiert werden. Die hier gesammelten Informationen und Erfahrungen fließen bereits in den kontinuierlichen Verbesserungsprozess (KVP) ein und stellen so die Verbindung zu Continual Service Improvement her.

Die folgenden wichtigen Faktoren sind für die Gestaltung anforderungsgerechter Services von großer Bedeutung:

- *Geschäftsprozesse:* Bedürfnisse, Anforderungen und Ziele des Kunden
- *Personen:* Aktivitäten der in die Serviceerbringung eingebundenen Mitarbeiter
- *Prozesse:* Bereits definierte Prozesse für das Management der IT-Services
- *Tools:* Management- und Support-Tools für den Betrieb der Service-Infrastruktur
- *Technologie:* Bereitstellung von Produkten und Technologie

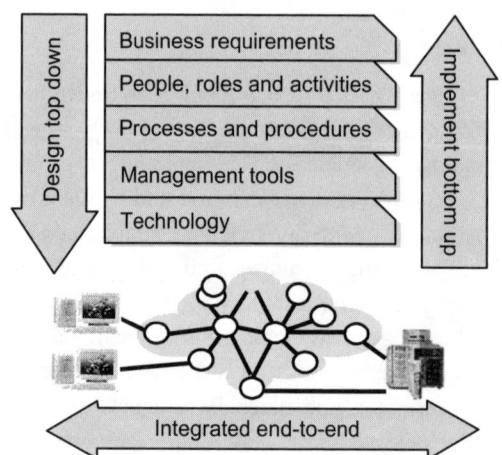

Abbildung 4.1
Anforderungsgerechte Services
(Quelle: Service Design 2007)

Das Design der Services erfolgt in der Regel top-down. So wird sichergestellt, dass alle Aktivitäten und Prozesse an den Anforderungen des Kunden ausgerichtet sind. Die Implementierung der Services erfolgt bottom-up, um die optimale Nutzung der vorhandenen Infrastruktur und Prozesse sicherzustellen (siehe Abbildung 4.1).

4.1.3.3 Service Portfolio

Das Design des Service Portfolios bezieht sich direkt auf die Vorgaben des in Service Strategy beschriebenen Service Portfolio Management. Ausgehend von der Entscheidung, welche Märke mit welchen Services adressiert werden sollen, wird das Portfolio so gestaltet, dass sowohl die Anforderungen der Business-Prozesse erfüllt als auch die Möglichkeiten des Service Providers berücksichtigt werden. Das Service Portfolio enthält Informationen darüber, welche Business-Prozesse durch welche Services unterstützt werden. Außerdem wird beschrieben, welche Infrastrukturkomponenten den Services zu Grunde liegen und welchen Beitrag die Ressourcen des Service Providers und externe Lieferanten leisten müssen (Supporting Services). Diese unterstützenden Services werden in internen Vereinbarungen, also Operational Level Agreements (OLA), und externen Verträgen (Contracts) festgelegt (siehe Abbildung 4.2).

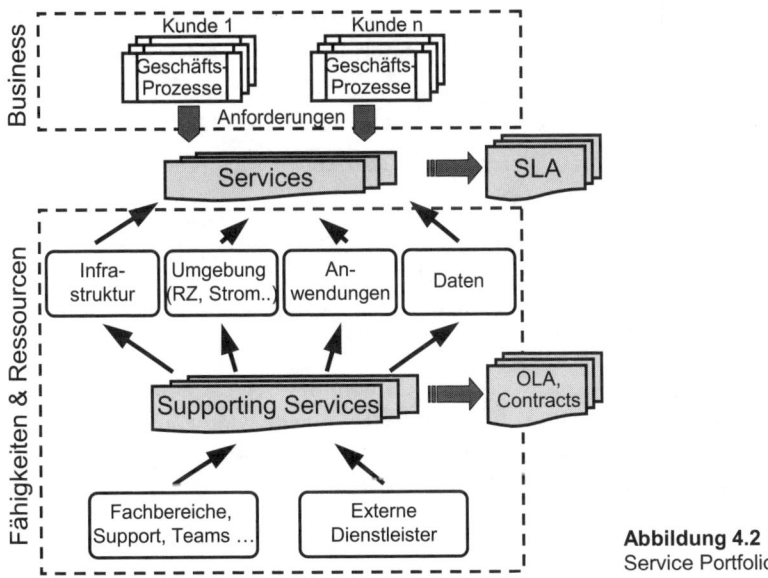

Abbildung 4.2
Service Portfolio

Das Service Portfolio bildet den gesamten Lifecycle der Services von der Entstehung (Service Pipeline) über den Betrieb (Servicekatalog) bis zur Außerbetriebnahme (Retired Services) ab. Es ist das zentrale Management System im Service Design und dient als Grundlage für Entscheidungen bezüglich der Serviceerbringung und sollte bei der Beantwortung der folgenden Fragen unterstützen:

- Warum kaufen Kunden einen Service?
- Warum gerade bei uns?

- Welche Preismodelle werden angeboten?
- Welche Ressourcen und Fähigkeiten (Service Assets) werden zur Serviceerbringung benötigt?

Um diese Fragen zu beantworten ist es wichtig, Services nicht nur aus technischer Sicht, sondern auch aus Kundensicht zu beschreiben. Es kommt also darauf an, dem Kunden den Nutzen der Services für seine Geschäftsprozesse so darzustellen, dass dieser die Möglichkeit hat, den Service zu bewerten. Einer der häufigsten Fehler in der Praxis sind Servicebeschreibungen, die derart kryptisch gestaltet sind, dass nicht klar wird, was eigentlich genau in welcher Qualität und zu welchem Preis geleistet wird. Im Service Portfolio werden die Services mit ihren Attributen detailliert beschrieben. Die folgenden Attribute sollten in der Servicebeschreibung enthalten sein und können nach Bedarf ergänzt werden:

- *Servicename und -beschreibung:* Stellen die eindeutige Identifizierung des Service sicher und beschreiben, was dieser Service leistet.
- *Status:* Beschreibt, in welchem Status sich der Service in der Organisation befindet. Mögliche Status sind „definiert", „genehmigt", „entwickelt", „in Betrieb".
- *Klassifizierung:* Welche Bedeutung hat dieser Service für das Business?
- *Genutzte Applikationen und Daten:* Welche Anwendungen, Systeme und Daten werden für den Service benötigt?
- *Unterstützter Geschäftsprozess:* Zu welchem Geschäftsprozess leistet dieser Service welchen Beitrag?
- *Business Owner, Business User, IT-Owner:* Wer ist verantwortlich für den Service?
- *Zugesicherte Eigenschaften (SLA):* Welche Eigenschaften wie z. B. Verfügbarkeit oder Performance werden dem Kunden zugesichert?
- *Unterstützende Services und Ressourcen:* Welche Ressourcen und welche anderen Services werden benötigt, um diesen Service zu liefern?
- *OLA, Contracts:* Welche Vereinbarungen wurden intern und extern für die Serviceerbringung getroffen?
- *Servicekosten und Servicepreis:* Zu welchem Preis wird der Service erbracht und welche Kosten entstehen dadurch? (Die Kosten werden bei einem externen Provider in der Regel nicht transparent für den Kunden, es besteht allerdings diese Möglichkeit durch Open-Book-Kalkulation.)
- *Metriken:* Welche Messgrößen werden erfasst, wie werden diese erfasst und wie sieht der Report aus?

4.1.3.4 Prozessdesign

Wiederholbare und effektive Prozesse bilden die Grundlage für ein funktionierendes IT-Service Management. Service Design befasst sich neben der Gestaltung der Services auch mit dem Design dieser Prozesse. Ein Prozess beschreibt eine Reihe von Aktivitäten, um ein definiertes Ziel zu erreichen. Dabei werden ein oder mehrere Inputs zu einem definierten Output verarbeitet. Neben Input, Aktivitäten und Output werden auch Rollen, Verantwortungen und benötigte Tools sowie Fähigkeiten und Ressourcen beschrieben (vgl. auch Kapitel 1). Die Definition eines Prozesses in ITIL® 3 lautet:

A process is a set of coordinated activities combining and implementing resources and capabilities in order to produce an outcome, which, directly or indirectly, creates value for an external customer or stakeholder [Service Strategy, 2007].

Sinngemäß übersetzt bedeutet das:

Ein Prozess besteht aus koordinierten Aktivitäten, die Ressourcen und Fähigkeiten nutzen, um ein Ergebnis zu erzeugen, das – direkt oder indirekt – einen Nutzen für Kunden oder Stakeholder erzeugt.

Das generische Prozessmodell in ITIL® 3 beschreibt die Elemente eines Prozesses wie in Abbildung 4.3 dargestellt.

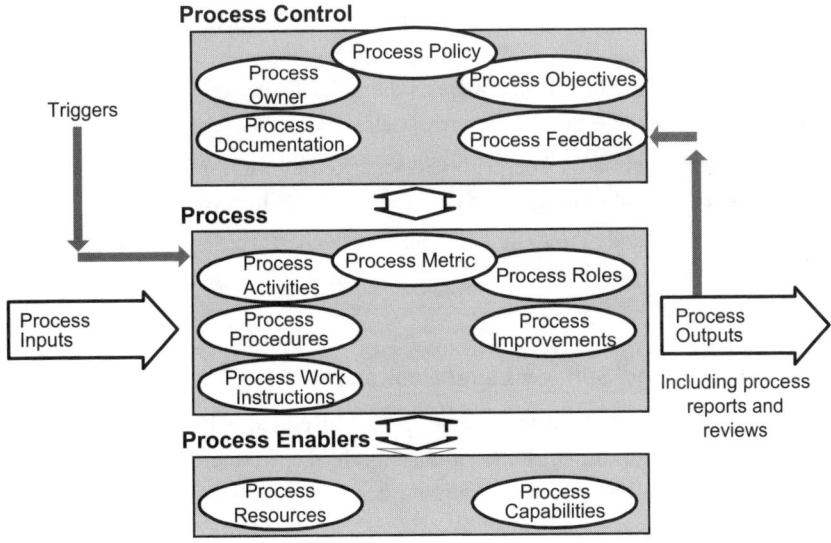

Abbildung 4.3 Generisches Prozessmodell in ITIL® 3 (Quelle: Service Design 2007)

4.1.4 Service Level Management

Der Prozess *Service Level Management* wurde im Vergleich zu bisherigen ITIL®-Versionen derart verändert, dass er sich mehr auf die Kernaktivitäten rund um die Vereinbarung der Services zwischen Kunde und Service Provider fokussiert. Einige Aktivitäten des bisher sehr umfangreichen Prozesses wurden daher in neu gestaltete, eigenständige Prozesse verlagert. Dazu gehört die Pflege des Servicekataloges (Service Catalogue Management) oder das Management externer Lieferanten (Supplier Management).

Service Level Management (SLM) bildet die Schnittstelle zwischen Service Provider und Kunde und trägt so dazu bei, dass die Anforderungen des Kunden erfasst, dokumentiert und schließlich bei der Gestaltung der Services umgesetzt und die SLA-konforme Erbringung der Services dem Kunden nachgewiesen wird.

Der Fokus des SLM liegt sowohl auf der Betrachtung und Verbesserung der bestehenden Services als auch auf der Umsetzung neuer oder veränderter Kundenanforderungen in neue Services. Oft spielen bei dieser Aufgabe, neben den dokumentierten, klaren Anforderungen, auch die Wahrnehmung der Services durch den Kunden und daraus resultierende Erwartungen eine große Rolle. Daher ist es wichtig, diese Erwartungen zu erkennen und bei der Gestaltung der Services zu berücksichtigen. SLM leistet so einen wichtigen Beitrag zur Entwicklung der Beziehung zwischen Kunde und Service Provider.

4.1.4.1 Ziele

Ziel des Service Level Management ist die Definition, Dokumentation und Vereinbarung adäquater Service Level Agreements (SLA). Adäquat sind die SLA dann, wenn sowohl die Erwartungen des Kunden als auch die Fähigkeiten des Service Providers bezüglich der gelieferten Services erkannt, gesteuert und berücksichtigt werden. Als Basis für diese Vereinbarungen besteht ein weiteres Ziel darin, spezifische und messbare Ziele für die vereinbarten Services zu definieren, auf deren Basis die geleisteten Services gemessen, bewertet und die Ergebnisse in Kundenreports bereitgestellt werden. Weitere Ziele:

- Services werden regelmäßig überprüft (Service Review) und Maßnahmen zur Serviceverbesserung abgeleitet (Beitrag zum Continual Service Improvement).
- Beziehungen zum Kunden und die Kundenzufriedenheit werden verbessert.

4.1.4.2 Begriffe

Service Packages und Service Level Packages

Um Services entsprechend der Kundenanforderungen und des Bedarfs flexibel aus dem vorhandenen Portfolio zusammenstellen und abbilden zu können, werden Service Packages definiert. Sie enthalten eine Beschreibung der dem Kunden angebotenen Leistungen. Inhalt eines Service Pakages sind:

- **Core Service Package:** Beschreibt die grundlegenden Bestandteile des angebotenen Services (also bei einem Internetprovider z.B. die Anbindung an das Internet an sich).
- **Supporting Services Package:** Enthält weitere Komponenten des Services, die für den Kunden interessant sein können (also im Beispiel Internet Provider etwa zugestandener Speicherplatz, eine statische IP Adresse oder ein SPAM Filter).
- **Service Level Package:** Beschreibt die messbaren Eigenschaften des angebotenen Services (also z.B. den Datendurchsatz, Verfügbarkeit oder Supportzeiten).

Service Level Requirement (SLR)

In den SLR werden die Anforderungen des Kunden dokumentiert. Sie bilden die Basis für die Definition der SLA und müssen daher sehr gewissenhaft erarbeitet werden. Oft ist der Service Level Manager bei der Erfassung der Anforderungen auch als Berater gefragt, der den Kunden bei der Formulierung seiner konkreten Anforderungen unterstützt.

Service Level Agreement (SLA)

SLA sind eine Vereinbarung zwischen Service Provider und Kunden bezüglich der Servicequalität und -quantität sowie der Ziele für die Serviceerbringung. Sie bilden die Basis für die Beziehung zwischen Service Provider und Kunden. Anhand dieser verbindlichen Vereinbarung können Kunden und deren Mitarbeiter erkennen, welche Services zu erwarten sind, und der Service Provider hat eine eindeutige Grundlage für die Gestaltung und Lieferung der Services. Die nachfolgende Liste zeigt einige mögliche Bestandteile eines Service Level Agreements. Welche Bestandteile tatsächlich in ein SLA aufgenommen werden ist abhängig von den Rahmenbedingungen im jeweiligen Unternehmen sowie von den Anforderungen der Vertragspartner:

- *Vertragspartner und Unterschriften*
- *Beschreibung des Services*
- *Servicezeiten*
- *Serviceverfügbarkeit:* End-to-End-Verfügbarkeit innerhalb der Servicezeiten. Die Angabe erfolgt oft in Prozentsätzen (z. B. 98%).
- *Zuverlässigkeit:* Die maximal zulässige Anzahl von Ausfällen in einer definierten Zeit
- *Support:* Wie werden die Anwender bei der Nutzung der Services unterstützt (Kontaktmöglichkeiten für den Service Desk, Wiederherstellungszeiten usw.).
- *Performance:* z. B. Antwortzeiten
- *Service Continuity:* Bereitstellung des Services im Katastrophenfall
- *Security:* Maßnahmen im Kontext der IT-Sicherheit
- *Rollen und Verantwortlichkeiten*
- *Preise und Verrechnungsmethoden*
- *Reporting*

Welche Bestandteile tatsächlich in ein SLA aufgenommen werden, ist abhängig von den Rahmenbedingungen im jeweiligen Unternehmen sowie von den Anforderungen der Vertragspartner.

Um den Anforderungen in verschiedenen Organisationsstrukturen gerecht zu werden, wird zwischen drei grundlegenden Service-Level-Strukturen unterschieden:

- *Servicebasierende SLA* beschreiben einen Service für alle Kunden oder Kundengruppen, die diesen Service nutzen. Die Vereinbarungen sind für alle Kunden dieses Services gleich. Ein Beispiel ist der unternehmensweite E-Mail Service, der in allen Unternehmensbereichen auf gleiche Weise zur Verfügung steht.
- *Kundenbasierende SLA* beschreiben die individuell durch einen Kunden oder eine Kundengruppe genutzten Services. Es existiert also eine Vereinbarung je Kunde, in der alle relevanten Services beschrieben werden.
- *Multilevel SLA* beschreiben eine Kombination aus Vereinbarungen auf unterschiedlichen Ebenen. In der Regel werden drei Ebenen unterschieden. Die Unternehmensebene beschreibt alle Vereinbarungen, die auf Unternehmensebene (Konzernebene) gelten und den Rahmen der Servicevereinbarung bilden. Sie werden seltener verändert

als einzelne Servicevereinbarungen. Auf der Kundenebene werden alle Vereinbarungen für einen Kunden oder Unternehmensbereich definiert, ohne sich auf einen einzelnen Service zu beziehen. Die Serviceebene beschreibt die spezifischen Parameter für jeden im SLA vereinbarten Service in Bezug zum jeweiligen Kunden bzw. zur Kundengruppe (Unternehmensbereich).

Operational Level Agreement (OLA)

OLA sind interne Vereinbarungen beim Service Provider über die Lieferung von (Teil-)Services als Beitrag zu den mit den Kunden vereinbarten Services. OLA enthalten in der Regel Ziele für die zum Service beitragenden Unternehmensteile des Service Providers und ermöglichen die Messung der Zielerreichung durch konkrete Metriken.

Contracts

Alle Leistungen zur Lieferung eines Services, die nicht durch den Service Provider erbracht werden können oder sollen, werden mit externen Anbietern vertraglich vereinbart und in Verträgen (Contracts) dokumentiert.

4.1.4.3 Aktivitäten

Vereinbarungen zur Serviceerbringung

Eine Kernaufgabe des Service Level Management besteht in der Vereinbarung, Pflege und Überwachung adäquater, den Kundenanforderungen und den Fähigkeiten des Service Providers entsprechender Servicevereinbarungen (SLA). Um das zu erreichen, besteht die erste Aufgabe im Rahmen der Vertragsgestaltung darin, das Geschäft und die Anforderungen des Kunden zu verstehen und in konkret definierten Service Level Requirements (SLR) zu dokumentieren. Basis dieser Aktivitäten ist eine enge Beziehung zur Kundenorganisation sowie die Ergebnisse und Vorgaben aus den Aktivitäten in Service Strategy. Denn Service Level Agreements, die den tatsächlichen Kundenanforderungen entsprechen, sind die Basis für eine erfolgreiche Kundenbeziehung. Je größer die Abweichung zwischen tatsächlichen Kundenanforderungen und vertraglicher Vereinbarung, desto größer die Wahrscheinlichkeit für unzufriedene Kunden trotz vertragskonformer Leistungen des Service Providers.

Sind die korrekten Anforderungen in den SLR dokumentiert, erfolgt im nächsten Schritt die Umsetzung dieser Kundenanforderungen in konkrete Spezifikationen für die Erbringung der Services durch den Service Provider. Der Service Level Manager hat hier die schwierige Aufgabe eines Dolmetschers zwischen Kunden- und IT-Sprache. An dieser Stelle verbirgt sich, nach der Abweichung zwischen tatsächlicher Anforderung und dokumentiertem SLR, ein weiteres Risiko der Abweichung von den Kundenanforderungen. Anhand dieser konkreten Spezifikationen gilt es nun, die Fachbereiche des Service Providers einzubeziehen, indem interne Vereinbarungen bezüglich des jeweiligen Beitrags zur Serviceerbringung getroffen werden. Diese Vereinbarungen enthalten Beschreibungen von Zielen und Aktivitäten für den jeweiligen Fachbereich und werden als Operational Level Agreement (OLA) bezeichnet.

Moderne Service Provider leisten in der Regel nicht den kompletten Service mit eigenen Ressourcen, sondern ziehen für bestimmte Leistungen (z. B. WAN, Telefonie) externe Provider hinzu. Allerdings ist der Service Provider dem Kunden gegenüber für die korrekte Serviceerbringung vollständig verantwortlich, so dass der Beitrag des externen Providers durch entsprechende Servicevereinbarungen abgesichert werden muss. Diese in ITIL® 2 noch „Underpinning Contracts" genannten Verträge werden in ITIL® 3 als „Contracts" bezeichnet.

Sowohl Contracts als auch OLA tragen direkt zu einer effektiven und effizienten Serviceerbringung bei und bilden die Basis für die Vereinbarung realistischer und leistbarer Service Level Agreements, um die Geschäftsprozesse der Kunden optimal zu unterstützen (Abbildung 4.4).

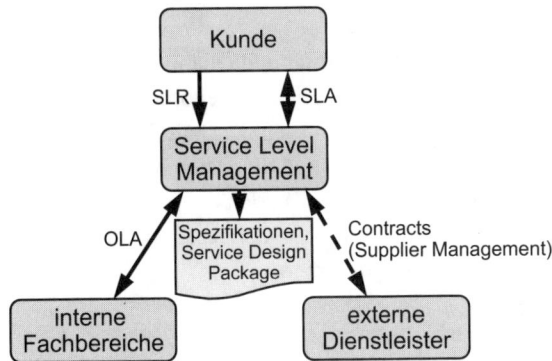

Abbildung 4.4
Vereinbarungen im Service Level Management

Service Review

Für eine gleich bleibende Servicequalität müssen die getroffenen Vereinbarungen kontinuierlich überprüft und bei Bedarf angepasst werden. Der Service Level Manager ist dafür verantwortlich, regelmäßige Service Reviews durchzuführen und zu überprüfen, ob die aktuell vereinbarten Services noch den aktuellen Anforderungen entsprechen und ob sie entsprechend der Vereinbarungen geliefert werden. Stellt er dabei Mängel oder Handlungsbedarf fest, so initiiert er gezielte Maßnahmen zur Korrektur. Diese Maßnahmen erfolgen in der Regel in Projektform mit klaren Zielvorgaben und dienen der kontinuierlichen Verbesserung der Services. Die identifizierten Maßnahmen und daraus resultierenden Projekte werden in einem umfassenden Maßnahmenplan dokumentiert und mit konkreten Zielen versehen. Diese übergreifende Planung der Verbesserungsprojekte wird als Service Improvement Plan (SIP) bezeichnet.

Im Rahmen dieses Reviews werden nicht nur die SLA, sondern auch die unterstützenden OLA und Contracts einer regelmäßigen Überprüfung unterzogen. Zu den definierten Aktivitäten können also neben der Überarbeitung und regelmäßigen Anpassung der SLA auch Anpassungen an OLA oder Contracts (in Abstimmung mit dem Supplier Management, Abschnitt 4.1.10) gehören. So kann sichergestellt werden, dass alle an der Serviceerbringung beteiligten Parteien über ausreichend Informationen zu ihrem jeweiligen Beitrag verfügen und dieser Beitrag in konkreten Vereinbarungen dokumentiert und zugesagt ist.

Messen und berichten

Damit die Kunden den Nutzen der Services erkennen und überprüfen können, ob der Service Provider die Services wie vereinbart liefert, ist ein regelmäßiges Reporting unverzichtbar. Basis dieses Reportings sind natürlich die Messdaten bezüglich der aktuellen Serviceerbringung. Aber was soll eigentlich gemessen werden? An dieser Stelle sind ausreichend detaillierte SLA die Basis. In ihnen wird definiert, welche Eigenschaften der jeweilige Service haben muss und welche dieser Eigenschaften Bestandteil des Kundenreportings sein sollen. In der Regel beinhalten diese Reportings mindestens Informationen zu Performance (z. B. Antwortzeiten) und Verfügbarkeit (z. B. Häufigkeit und Dauer von Serviceausfällen). Die tatsächliche Qualität der Serviceerbringung im Vergleich zu den vereinbarten SLA wird als Service Achievement bezeichnet Die Inhalte des Servicereports sind die Basis für ein intaktes Vertrauensverhältnis zwischen Service Provider und Kunden. Der Service Provider kann nachweisen, in welcher Qualität und Quantität die Services erbracht wurden, und Trends für die Zukunft ableiten. Die Kunden bekommen die Informationen darüber, ob die Services vertragsgemäß erbracht wurden. Deshalb ist es von großer Bedeutung, dass die Servicereports gemeinsam definiert und die Daten transparent und nachvollziehbar erfasst und übermittelt werden. Verlieren die Kunden das Vertrauen in das Servicereporting, so sind Auseinandersetzungen bezüglich der Serviceerbringung je nach Servicemodell und auch der Rechnungsstellung vorprogrammiert.

Kundenzufriedenheit sicherstellen und erhöhen

Die Zufriedenheit der Anwender auf Kundenseite wirkt sich sehr stark darauf aus, wie der Kunde den Service Provider wahrnimmt. Häufig beeinflussen Erwartungen und Erfahrungen aus der Vergangenheit diese Wahrnehmung, so dass die Gleichung *SLA-konforme Services = zufriedene Kunden* leider in vielen Fällen nicht automatisch aufgeht. Aus diesem Grund wird neben der konkreten Service Performance auch die Zufriedenheit der Anwender mit den gelieferten Services gemessen. Diese Messungen sind in der Praxis nur über die Auswertung direkter Befragungen des Kunden möglich.

Praxistipp:
Das Mittel der direkten Befragung sollten Sie nur mit viel Fingerspitzengefühl einsetzen. Wenn Sie die Anwender nach jeder Inanspruchnahme eines bestimmten Services mit der Frage nach ihrer Zufriedenheit „belästigen", so führt das leicht zu verfälschten Ergebnissen, weil die Anwender schlicht genervt sind. Auch freiwillige Befragungen sind nicht ganz unproblematisch. Häufig führen sie zu eher schlechten Ergebnissen, da Sie vor allem von denjenigen Anwendern ein Feedback erhalten werden, die akut unzufrieden mit einer bestimmten Leistung sind. Das Resultat einer Kundenbefragung (z. B. als Schulnote) können Sie also nicht ohne weitere Hinterfragung als Grundlage für Maßnahmen heranziehen. Am besten, Sie bewerten die Rückmeldungen individuell in einem direkten Dialog.

Die Kundenzufriedenheit lässt sich sehr deutlich durch das richtige Management von Reklamationen und Lob beeinflussen. Wenn die Anwender auf Kundenseite erwarten können, dass ihre Rückmeldungen beachtet und die Servicequalität entsprechend angepasst wird, so wird die Akzeptanz der gesamten Serviceorganisation und damit auch die Zufriedenheit mit deren Leistungen steigen.

4.1.4.4 Rollen

Service Level Manager

Der Service Level Manager muss als Prozessmanager für die Erreichung der definierten Ziele im Service-Level–Management-Prozess sorgen. Um das zu erreichen, ist er verantwortlich für die Umsetzung der definierten Prozessaktivitäten durch die Prozessbeteiligten. Eine zentrale Verantwortung des Service Level Managers in Bezug auf die Kundenbeziehung ist die Identifizierung der aktuellen und zukünftigen Serviceanforderungen (SLR) der Kunden sowie deren Umsetzung bei der Gestaltung der Servicevereinbarungen (SLA). Der Fokus liegt also auf der Erkennung von Veränderungen im Business und der adäquaten Reaktion des Service Providers auf diese Veränderungen. Der Service Level Manager ist u. a. verantwortlich für die folgenden Aktivitäten:

- Vereinbarung und Überarbeitung der Service Level Agreements
- Vereinbarung und ggf. Anpassung von OLA und Contracts
- Unterstützung bei der Pflege eines adäquaten Portfolio und des Servicekatalogs sowie bei der Gestaltung von Verfahren zu deren Pflege
- Durchführung regelmäßiger Service Reviews und Bereitstellen eines adäquaten Kundenreporting
- Sicherstellen der adäquaten Reaktion auf SLA-Verletzungen (z. B. Anpassen der OLA, Anpassen der Fähigkeiten und Ressourcen, Konkretisierung der SLA)
- Kommunikation und Beziehungspflege mit Kunden und Stakeholdern
- Management von Beschwerden und Lob (Dokumentation, Kommunikation, Maßnahmen)

IT-Planer

Der IT-Planer ist verantwortlich für die Erstellung und Koordination von IT-Plänen zur Umsetzung der Geschäftsanforderungen. Der IT-Planer spielt im Service Level Management eine wichtig Rolle, da Entscheidungen bezüglich IT-Standards, Policies und Pläne zur Umsetzung der Unternehmensstrategie des Service Providers dort getroffen werden. Es besteht also ein direkter Bezug zwischen den Vorgaben des IT-Planers und der Gestaltung der SLA und der für die Serviceerbringung benötigten Fähigkeiten und Ressourcen. Die wichtigsten Verantwortlichkeiten des IT-Planers in diesem Kontext sind:

- Erstellung und Pflege von IT-Standards, Policies und Plänen
- Überwachung der IT-Kosten in Bezug zum Budget in Verbindung mit dem Financial Management
- Planung und Koordination der IT-Systeme und Services (Überprüfung, Analyse, Spezifizierung, Design, Entwicklung, Test, Wartung, Upgrade, Transition, Betrieb) in Verbindung mit den Prozessen des Service Lifecycle

- Identifizieren interner und externer Einflussfaktoren, Ableitung zukünftiger Anforderungen
- Überwachen der IT-Performance und Ableiten möglicher Verbesserungsmaßnahmen
- Priorisierung und Planung der Implementierung neuer oder veränderter Services

4.1.4.5 Key-Performance-Indikatoren (KPI)

Im Folgenden finden Sie einige Beispiele für mögliche Kennzahlen im Service Level Management, mit deren Hilfe sich die Prozessqualität und der Beitrag zu den IT-Zielen messen lassen:

- *Anteil nicht erfüllter SLA*: Anhand des Reportings kann hier festgestellt werden, wie oft SLA verletzt werden und es lassen sich Trends ableiten.
- *Prozentuale Verbesserung der Kundenzufriedenheit durch Zufriedenheitsanalysen*: Das Management der Kundenzufriedenheit gehört zu den Aufgaben des Service Level Management. Unschärfen bei Befragungen stellen jedoch ein Risiko für die Bewertung dar.
- *Prozentuale Reduzierung der Kosten zur Serviceerbringung*: Sie lässt Rückschlüsse zu, wie effizient die vorhandenen Fähigkeiten und Ressourcen bei der Gestaltung der SLA berücksichtigt wurden.
- *Prozentuale Reduzierung der Kosten für Monitoring und Reporting*: Sie lässt darauf schließen, wie effizient die Verfahren für Monitoring und Reporting gestaltet sind und inwieweit die vereinbarten Reports den vorhandenen Möglichkeiten entsprechen.
- *Anteil der Services mit SLA* : Ziel des Service Level Management ist die Vereinbarung von SLA für alle gelieferten Services.
- *Prozentuale Reduzierung der Zeit zur Erfassung und Realisierung neuer Serviceanforderungen*: Diese Kennzahl spielt in der Praxis eine sehr große Rolle, da hier gemessen werden kann, wie schnell und flexibel der Service Provider in der Lage ist, auf veränderte oder neue Anforderungen zu reagieren.

Es ist jedoch nicht ausreichend, einfach definierte Kennzahlen zu übernehmen. Details zur richtigen Gestaltung von Zielen und Kennzahlen werden in Kapitel 5 beschrieben.

4.1.4.6 Herausforderungen

Häufig führen fehlende Erfahrungswerte bei der Vereinbarung von SLA zu Unsicherheit bei der Gestaltung der Services. Nicht selten passiert es, dass aus Angst vor Fehlern keine klaren Vereinbarungen getroffen werden. Auf Kundenseite bestehen die Vorbehalte oft in der Befürchtung, dass Services nicht vollständig beschrieben werden und unternehmenskritische Anforderungen im Zweifel nicht mehr erfüllt werden. Auch der Verlust von Flexibilität und Kundenorientierung wird oft als Risiko gesehen. Auf Seiten des Service Providers bestehen die Bedenken in der Regel darin, dass nicht klar ist, ob die Services in der vereinbarten Qualität dauerhaft geliefert werden können und was die Konsequenzen aus SLA-Verletzungen sind.

Um diesen Ängsten und Bedenken zu begegnen, kann es sinnvoll sein, eine Übergangs- oder Startphase zu vereinbaren, nach deren Ablauf die Services von beiden Vertragspartnern neu bewertet und bei Bedarf angepasst werden. Typischerweise werden Vereinbarungen über mögliche Bonus-/Malus-Regelungen in dieser Phase noch nicht wirksam.

Die Basis für anforderungsgerechte Services ist die Identifizierung der richtigen Ansprechpartner für die Abstimmung der SLA auf der Kundenseite. Neben der Kompetenz, Vereinbarungen zu treffen, ist eine genau Kenntnis der Geschäftsprozesse und der daraus resultierenden Anforderungen notwendig. Mindestens ebenso wichtig wie die Identifizierung der richtigen Ansprechpartner ist es, die Kommunikation auf Kundenseite sicherzustellen. Häufig führen nicht oder nur teilweise kommunizierte Servicevereinbarungen zu Unzufriedenheit bei den Anwendern, da die vereinbarten und gelieferten Services nicht mit deren Erwartungshaltung übereinstimmen. Dieser Aspekt wird verstärkt durch häufig unterschiedliche Erwartungshaltungen bezüglich der Kosten und Qualität auf Kundenseite, so dass hier neben gelieferter Servicequalität und Konditionen auch das Management der Erwartungen eine wichtige Rolle spielt.

4.1.5 Service Catalogue Management

4.1.5.1 Ziele

Das Hauptziel des Service Catalogue Management ist die Bereitstellung eines aktuellen Servicekataloges als definierte Quelle für konsistente Informationen bezüglich aller vereinbarten Services. Das Service Catalogue Management ist verantwortlich für die Bereitstellung, Pflege und die Vollständigkeit des Servicekataloges und für die Kommunikation der Inhalte sowohl an den Kunden als auch an alle Beteiligten beim Service Provider selbst.

Der Servicekatalog ist so zu gestalten, dass er als Basis für die Definition neuer Services genutzt werden kann. Der Detaillierungsgrad muss also so gewählt werden, dass er den Anforderungen für die Gestaltung der Services entspricht. Die im Servicekatalog definierten Services leiten sich aus dem Service Portfolio ab. Es gilt also, die Vorgaben aus dem Service Portfolio Management umzusetzen.

4.1.5.2 Begriffe

Servicekatalog

Der Servicekatalog ist ein Ausschnitt aus dem Service Portfolio und beinhaltet die aktuell den Kunden angebotenen bzw. vereinbarten Services. Der Servicekatalog liefert eine klare Struktur der gelieferten Services und trägt so zu mehr Transparenz der Services bei. Für eine strukturierte Darstellung der Services werden zwei unterschiedliche Perspektiven gewählt.

- Die Business-Perspektive beschreibt die Services aus Sicht des Kunden und in direktem Bezug zu den entsprechenden Geschäftsprozessen.
- Die technische Perspektive zeigt, aus welchen Komponenten und unterstützenden Services sich ein definierter Business Service zusammensetzt.

4 ITIL® 3 – Operational-Prozesse

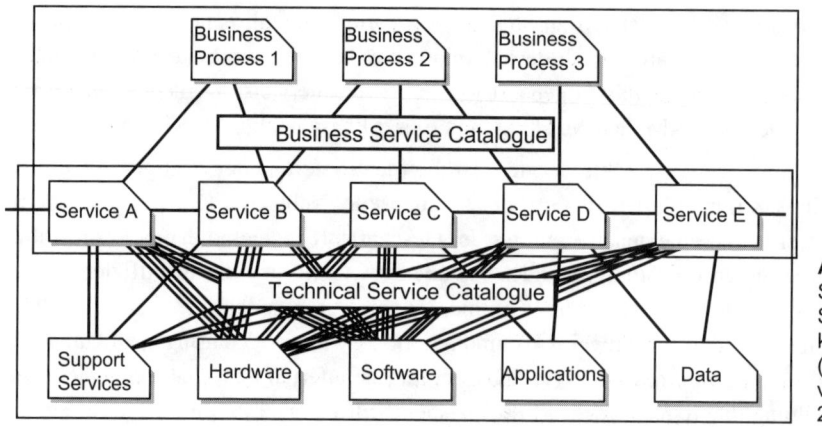

Abbildung 4.5
Struktur des Servicekataloges (Quelle: Service Design 2007)

Der Servicekatalog wird daher häufig strukturiert in Business-Servicekatalog und Technical Servicekatalog. Abbildung 4.5 zeigt den entsprechenden Aufbau eines Servicekataloges.

Neben der klaren Strukturierung der Services unterstützt ein aktueller und detaillierter Servicekatalog bei der Vereinbarung neuer Services und der dafür notwendigen Identifizierung der Anforderungen. Die im Servicekatalog beschriebenen Business Services dienen hier als Vorlage, die den Kunden bei der Formulierung seiner Anforderungen unterstützt. Werden neue Service Level Agreements direkt aus dem Servicekatalog abgeleitet, wird auch die Gestaltung der Services von technischer Seite (Spezifikation) durch die im Technical Servicekatalog dokumentierten Informationen deutlich vereinfacht und kann so das Service Level Management konkret unterstützen. Abbildung 4.6 zeigt die möglichen Vereinfachungen bei der Vereinbarung neuer Services.

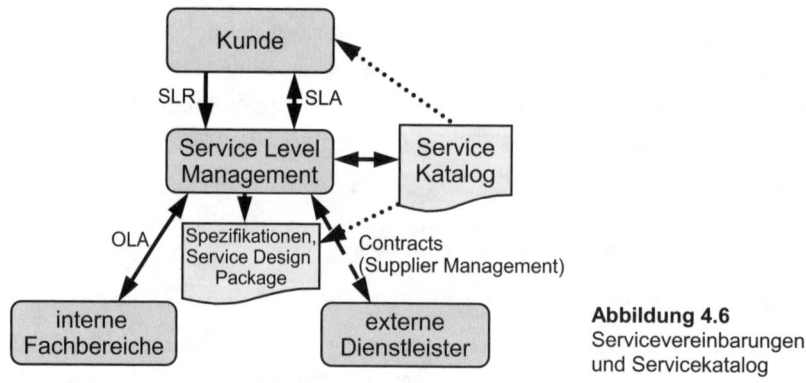

Abbildung 4.6
Servicevereinbarungen und Servicekatalog

4.1.5.3 Aktivitäten

Das Service Catalogue Management beschreibt alle notwendigen Aktivitäten zur Gestaltung und Pflege des Servicekataloges. Die Basis des Servicekataloges bilden die Definitionen der einzelnen Services. Diese Servicedefinitionen müssen durch das Service Catalogue Management mit allen Beteiligten abgestimmt werden. Für die Abstimmung mit dem Service Portfolio Management und mit den für die Erbringung der Services verantwortlichen Fachbereiche des Service Providers werden Policies definiert. Diese Policies beinhalten beispielsweise Vorgaben für die Verbindung zum Service Portfolio, die zu dokumentierenden Servicedetails oder Verantwortlichkeiten für die Services.

4.1.5.4 Rollen

Service Catalogue Manager

Der Service Catalogue Manager ist verantwortlich für die Erstellung und Pflege des Servicekataloges und trägt hierzu die Verantwortung für folgende Aktivitäten:

- Sicherstellen der Dokumentation aller betriebenen Services im Servicekatalog (inklusive adäquater Schutzmaßnahmen und Backups)
- Sicherstellen der Richtigkeit und Aktualität der Informationen im Servicekatalog
- Sicherstellen, dass die dokumentierten Services den Vorgaben aus dem Service Portfolio entsprechen

4.1.5.5 Key-Performance-Indikatoren (KPI)

Im Folgenden finden Sie einige Beispiele für mögliche Kennzahlen aus der ITIL®-Literatur, mit deren Hilfe sich die Prozessqualität und der Beitrag zu den IT-Zielen messen lassen:

- Anteil der im Servicekatalog dokumentierten Services an den insgesamt vereinbarten Services
- Anzahl der Abweichungen in den Servicedefinitionen im Servicekatalog bezogen auf die tatsächlich gelieferten Services
- Bekanntheitsgrad des Servicekataloges (Bekanntheitsgrad des Technical Servicekataloges beim IT-Personal, Bekanntheitsgrad des Business-Servicekataloges auf Kundenseite)

Es ist jedoch nicht ausreichend, einfach definierte Kennzahlen zu übernehmen. Details zur richtigen Gestaltung von Zielen und Kennzahlen werden in Kapitel 5 beschrieben.

4.1.5.6 Herausforderungen

Oft wird der Nutzen des Servicekataloges in den operativen Bereichen des Service Providers nicht erkannt und folglich der Servicekatalog als Basis für die Servicegestaltung nicht oder nur bedingt akzeptiert. Der Service Catalogue Manager ist hier gefragt, den Bekanntheitsgrad des Servicekataloges in der IT-Organisation zu erhöhen und den Nutzen klar zu kommunizieren. Nur wenn alle Beteiligten einen Beitrag zur Pflege und Aktualisierung des Servicekataloges leisten, kann dieser den Anforderungen gerecht werden.

Ein aktueller und funktionierender Servicekatalog setzt korrekte Informationen vom Business und Service Portfolio Management voraus. Nur wenn diese Informationen verlässlich sind und regelmäßig aktualisiert werden, kann der Servicekatalog den Vorgaben langfristig entsprechen. Fehlende oder falsche Vorgaben führen zu Ungenauigkeiten und Lücken im Servicekatalog und damit zu schlechterer Akzeptanz.

Der Servicekatalog wird in der Regel sehr häufig verändert und verliert so an Genauigkeit. Um trotz der hohen Änderungsfrequenz die notwendige Genauigkeit sicherzustellen, ist ein funktionierendes Management dieser Veränderungen sehr wichtig. Der Servicekatalog unterliegt daher dem Change-Management-Prozess (Details zum Change Management finden Sie in Abschnitt 4.2).

Neben einem zu niedrigen kann auch ein zu hoch gewählter Detaillierungsgrad bei der Beschreibung der Services zu Ungenauigkeiten durch einen zu hohen und somit nur schwer zu leistenden Pflegeaufwand führen. Der Detaillierungsgrad im Servicekatalog sollte daher dem im Configuration Management System (CMS) und im Service Knowledge Management System (SKMS) entsprechen (Details zu CMS und SKMS in Abschnitt 4.2).

4.1.6 Capacity Management

4.1.6.1 Ziele

Ziel des Capacity Management ist es, die richtige Kapazität entsprechend aktueller und zukünftiger Anforderungen zur richtigen Zeit bereitzustellen. Ein besonderer Fokus bei der Bereitstellung der Ressourcen liegt dabei auf der Wirtschaftlichkeit. Es gilt also nicht nur ausreichend Kapazität bereitzustellen, sondern auch unnötige Überkapazitäten zu vermeiden bei optimaler Nutzung von vorhandenen Fähigkeiten und Ressourcen. Capacity Management dient als zentraler Kontakt für alle Belange der Kapazität und Performance von Services und der benötigten Fähigkeiten und Ressourcen.

4.1.6.2 Begriffe

Capacity Management Information System (CMIS)

Im CMIS werden alle Daten und Informationen im Kontext des Capacity Management konsolidiert gespeichert und bilden die Grundlage für Entscheidungen bezüglich Kapazität und Performance. Beispiele für gespeicherte Daten sind:

- Anforderungen des Business
- Informationen aus dem Demand Management (Bedarf)
- Ergebnisse des Monitoring von Auslastung und Performance
- Informationen zu aktuellen Infrastruktur
- Technologieinformationen

Das Capacity Management Information System ist Bestandteil des Service Knowledge Management System (SKMS, siehe Abschnitt 4.2) und kann aus verschiedenen, logisch verknüpften physikalischen Speicherorten bestehen.

Capacity-Plan

Der Capacity-Plan wird ebenfalls im CMIS gespeichert und dient als Planungsgrundlage für die Gestaltung der IT-Infrastruktur in Bezug auf die richtige Kapazität und Performance entsprechend der Geschäftsanforderungen. Neben den Informationen zur aktuellen

Auslastung der vorhandenen Services enthält der Capacity-Plan vor allem Optimierungsansätze, Kostenpläne und Empfehlungen für zukünftige Optimierungen.

4.1.6.3 Aktivitäten

Capacity Management nimmt Einfluss auf alle Phasen des Lifecycle. Eine Kernaufgabe ist die Herstellung der Balance zwischen Kosten und Ressourcen sowie zwischen Angebot und Bedarf. Vorhandene Ressourcen sollen effizient genutzt und neue Ressourcen nur dann beschafft werden, wenn dies wirtschaftlich sinnvoll ist. Andererseits ist es von großer Bedeutung, dass mit Hilfe der bereitgestellten Ressourcen die Anforderungen des Business aktuell und zukünftig erfüllt werden können. Der Fokus liegt also nicht nur auf der Reaktion auf aktuellen Bedarf, sondern auch auf der Planung der Ressourcen bezüglich neuer oder veränderter zukünftiger Anforderungen. Konkrete Aufgaben im Capacity Management sind:

- Bereitstellung und Pflege des Capacity-Plans
- Unterstützung der Serviceorganisation bezüglich Kapazität und Performance
- Management der Kapazität und Performance entsprechend der Geschäftsanforderungen
- Unterstützung der Diagnose und Beseitigung kapazitätsbedingter Incidents
- Bewertung der Auswirkung von Changes auf den Capacity-Plan
- Identifizierung proaktiver Maßnahmen zur Performanceverbesserung

Die Prozessaktivitäten des Capacity Management bestehen aus einem wiederkehrenden Zyklus von vier Hauptaktivitäten. Zunächst werden die aktuelle Kapazität und deren Nutzung sowie die Service Performance regelmäßig in einem iterativen Zyklus überwacht und optimiert sowie die Ergebnisse im CMIS dokumentiert. Der Zyklus besteht aus:

- Monitoring der aktuellen Auslastung und Performance-Daten
- Analyse der gesammelten Informationen in Bezug zu Zielvorgaben aus SLA und SLR
- Identifizierung möglicher Maßnahmen zur Optimierung
- Implementierung der identifizierten Optimierungsmaßnahmen (Change Management beachten!)
- Dieser iterative Zyklus zieht sich durch den kompletten Capacity-Management-Prozess. Er kann, was die Veränderungen betrifft, sowohl auf kleinere Tuning Maßnahmen zur kurzfristigen Reaktion auf Engpässe als auch auf größere Anpassungen aufgrund neuer Anforderungen bzw. geändertem Bedarf bezogen werden.
- Die zweite Hauptaktivität nach der Überwachung und Überprüfung von Performance und Kapazität ist die Anpassung der aktuellen Services und Komponenten an neue Anforderungen sowie deren Dokumentation. Nach der Auswertung der erfassten Information und der zur Optimierung notwendigen Maßnahmen werden daraus resultierende neue Anforderungen an die Kapazität im CMIS dokumentiert. Aus diesen Informationen lassen sich Forecasts bezüglich Performance-Bedarf und bereitzustellender Kapazität ableiten. Im letzten Schritt wird die benötigte Kapazität neu geplant und im Capacity-Plan dokumentiert und so in die Planung zukünftiger Anpassungen integriert (Abbildung 4.7).

4 ITIL® 3 – Operational-Prozesse

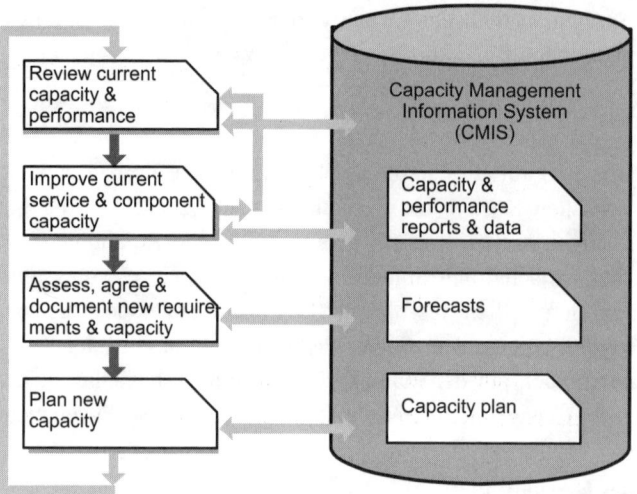

Abbildung 4.7
Capacity-Management-Prozess
(Quelle: Service Design 2007)

- Die Aktivitäten des Capacity Management gliedern sich in die drei Subprozesse Business Capacity Management, Service Capacity Management und Component Capacity Management
- *Business Capacity Management* befasst sich mit der Identifikation der Geschäftsanforderungen und deren Übersetzung in konkrete Anforderungen an die IT-Services und die Infrastruktur.
- *Service Capacity Management* betrachtet die End-to-End-Service Performance und ist verantwortlich für das Management und die Steuerung der Service Performance sowie für Prognosen bezüglich zukünftiger Veränderungen.
- *Component Capacity Management* ist verantwortlich für Monitoring und Messung der Auslastung und Kapazität von IT-Komponenten sowie deren Management.

4.1.6.4 Rollen

Capacity Manager

Der Capacity Manager ist verantwortlich für die Zielerreichung im Capacity Management und hat im Einzelnen u. a. folgende Aufgaben:

- Sicherstellen adäquater Kapazität entsprechend der Geschäftsanforderungen
- Identifizieren der Anforderungen an die Kapazität aus den SLR (Abstimmung mit Service Level Management)
- Sizing der Komponenten für neue und veränderte Services
- Erstellen von Kapazitätsprognosen
- Erstellung und Pflege des Capacity-Plans
- Verantwortlich für Monitoring, Analyse und Tuning
- Bewertung neuer Technologien und deren Relevanz
- Ansprechpartner für alle Fragen zu Kapazität und Performance

4.1.6.5 Key-Performance-Indikatoren (KPI)

Im Folgenden finden Sie einige Beispiele für mögliche Kennzahlen aus der ITIL®-Literatur, mit deren Hilfe sich die Prozessqualität und der Beitrag zu den IT-Zielen messen lassen:

- Prozentualer Anteil der korrekten Vorhersagen
- Zeitnaher Einsatz neuer Technologien entsprechend der Geschäftsanforderungen
- Verhältnis vorhandener zu genutzter Kapazität
- Prozentuale Reduzierung von Überkapazitäten
- Reduzierung kapazitätsbedingter Serviceunterbrechungen
- Reduzierung Performance-bedingter Serviceunterbrechungen
- Reduzierung von „Panikkäufen" aufgrund unvorhergesehenem Kapazitätsbedarfs

Es ist jedoch nicht ausreichend, einfach definierte Kennzahlen zu übernehmen. Details zur richtigen Gestaltung von Zielen und Kennzahlen werden in Kapitel 5 beschrieben.

4.1.6.6 Herausforderungen

Zwingende Voraussetzung für ein funktionierendes Capacity Management sind verlässliche Informationen aus dem Business bezüglich der Anforderungen an die Services und des aktuellen und zukünftigen Bedarfs. Während interne Service Provider in der Regel frühzeitig Kenntnis über mögliche Veränderungen erhalten, ist die Situation bei externen Providern oft weniger komfortabel. Nur die wenigsten Unternehmen werden einen Service Provider frühzeitig über geplante Veränderungen wie z. B. die Übernahme eines Konkurrenten oder die Reduzierung des Personals unterrichten. Das bedingt eine grundsätzliche Unschärfe in den Kapazitätsplanungen, die bei der Gestaltung der Service Assets berücksichtigt werden muss.

Eine weitere Herausforderung im Capacity Management ist es, die vorhandenen Informationen bezüglich Services und Ressourcen so zu erfassen und aufzubereiten, dass sie als Basis für Entscheidungen herangezogen werden können. Oft stellt die Konsolidierung der Daten aus einer Vielzahl von Monitoring-Tools eine hohe Hürde dar, die für ein funktionierendes Capacity Management überwunden werden muss. Neben dem Prozess spielt hier also die Auswahl der passenden Tools, insbesondere für die Erfassung und Konsolidierung der Mess- und Monitoringdaten, eine wichtige Rolle.

4.1.7 Availability Management

4.1.7.1 Ziele

Ziel des Availability Management ist ein den aktuellen Geschäftsanforderungen entsprechendes Verfügbarkeitsniveau aller vereinbarten Services. Der Fokus liegt dabei sowohl auf den aktuellen Services als auch auf der Planung der Realisierung zukünftiger Anforderungen. Wie auch im Capacity Management ist hier ein weiteres Ziel, das vereinbarte Verfügbarkeitsniveau effizient, also wirtschaftlich und unter optimalem Einsatz vorhandener Infrastruktur bereitzustellen. Availability Management dient als zentraler Kontakt für alle Belange der Verfügbarkeit und unterstützt die mit der Serviceerbringung befassten Fachbereiche bei der entsprechenden Gestaltung der Services.

4.1.7.2 Begriffe

Availability Management Information System (AMIS)

Im AMIS werden alle Daten und Informationen im Kontext des Availability Management konsolidiert gespeichert und bilden die Grundlage für Availability Reports und die Ableitung von Trends als Basis für Optimierungsmaßnahmen.

Das Availability Management Information System ist Bestandteil des Service Knowledge Management System (SKMS, siehe Abschnitt 4.2) und kann aus verschiedenen, logisch verknüpften physikalischen Speicherorten bestehen.

Availability Plan

Im Availability Plan werden ausgehend von der aktuellen Situation Ziele für die Gestaltung der Verfügbarkeit in Bezug zu den Geschäftsanforderungen sowie konkrete Maßnahmen definiert. Der Availability Plan sollte sowohl technische Aspekte als auch beteiligte Personen und Prozesse im Fokus haben. Mögliche Inhalte des Availability Plan sind:

- Vereinbarte Verfügbarkeit im Vergleich zur tatsächlichen aktuellen Verfügbarkeit
- Vorgeschlagene und geplante Maßnahmen zur Verbesserung der Verfügbarkeit inklusive Entscheidungsvorlagen bezüglich Kosten und Nutzen
- Bewertung erwarteter Änderungen der Anforderungen und resultierende Maßnahmen
- Auswirkungen geplanter neuer Services auf Verfügbarkeit und resultierende Maßnahmen
- Hinweise auf neue Technologien und deren Kosten und Nutzen für die zukünftige Servicegestaltung

Der Zeithorizont des Planes sollte je nach Komplexität ein bis zwei Jahre betragen, wobei die jeweils nächsten drei bis sechs Monate detailliert gestaltet und die folgenden Monate als Grobplanung konzipiert werden sollten.

Erweiterter Incident Lifecycle

Eine wichtige Aufgabe des Availability Management ist es, die Auswirkungen von Incidents auf die Services gemeinsam mit dem Incident Management (Details zum Incident Management in Abschnitt 4.3) zu minimieren. Der erweiterte Incident Lifecycle stellt die Zusammenhänge zwischen Incidents und der Serviceverfügbarkeit dar (Abbildung 4.8).

- *MTBF*: Mean Time Between Failures, oft auch „Uptime" genannt, beschreibt die durchschnittliche Zeit, in der ein Service verfügbar ist.
- *MTRS*: Meantime To Restore Service („Downtime"), beschreibt die durchschnittliche Zeit, in der ein Service nicht zur Verfügung steht inklusive Reaktionszeit, Lösungsfindung, Reparatur und Wiederherstellung (MTRS wird in ITIL2 und in der Grafik auch als MTTR – Mean Time to Repair – bezeichnet).

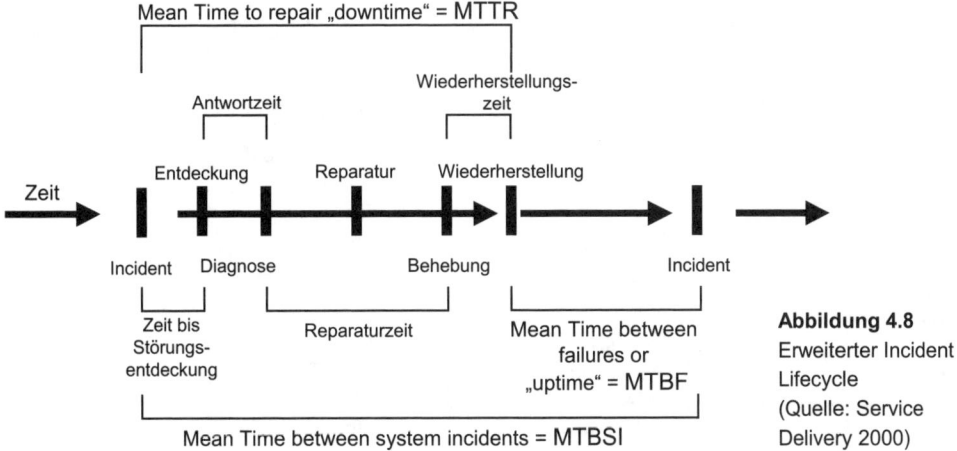

Abbildung 4.8
Erweiterter Incident Lifecycle
(Quelle: Service Delivery 2000)

- *MTBSI*: Mean Time Between System Incidents, beschreibt die durchschnittliche Zeit zwischen dem Auftreten zweier Incidents, ohne Betrachtung der Reparatur und Wiederherstellungszeiten.

Wartbarkeit (Maintainability)

Wartbarkeit beschreibt, wie groß der Aufwand ist, eine Komponente oder einen Service zu betreiben. Das beinhaltet sowohl den Aufwand für Wartung als auch die Effektivität und Effizienz der Wiederherstellung nach einer Störung.

Zuverlässigkeit (Reliability)

Beschreibt die Fähigkeit eines Services oder einer Komponente, eine vereinbarte Funktion ohne Unterbrechung zu liefern. Diesen Wert für jede Komponente zu kennen ist wichtig, um die Verfügbarkeit eines daraus bestehenden Services berechnen zu können

Servicefähigkeit (Serviceability)

Sie beschreibt die Fähigkeit eines externen Providers, die vertraglich vereinbarten Leistungen für die bereitgestellten Services oder Komponenten erbringen zu können. Diese Fähigkeit zu prüfen ist von großer Bedeutung für den Service Provider, da er letztlich gegenüber des Kunden für Ausfälle selbst verantwortlich ist.

4.1.7.3 Aktivitäten

Die Aktivitäten des Availability Management gliedern sich in reaktive und proaktive Tätigkeiten (Abbildung 4.9).

Zu den proaktiven Tätigkeiten gehören alle planerischen und Risiko-Management-Aktivitäten sowie regelmäßige Reviews. Ausgangspunkt für die Aktivitäten des Availability Ma-nagement sind die Geschäftsanforderungen der Kunden. Nicht in jedem Fall ist es einfach, die tatsächlichen Anforderungen an die Serviceverfügbarkeit zu ermitteln, da auch

4 ITIL® 3 – Operational-Prozesse

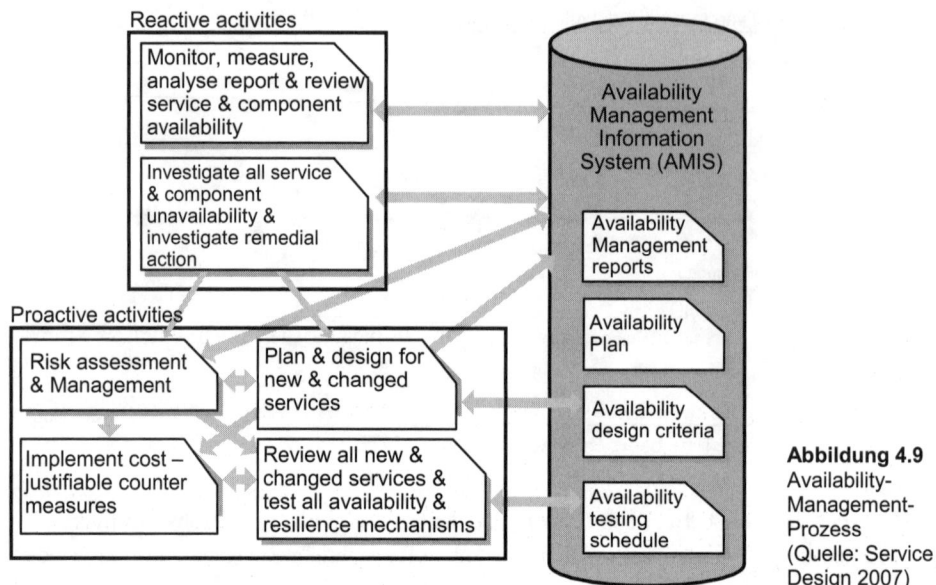

Abbildung 4.9
Availability-Management-Prozess
(Quelle: Service Design 2007)

auf Kundenseite oft nicht ausreichend Klarheit über das notwendige Verfügbarkeitsniveau besteht. Aus diesem Grunde gilt es, zunächst die Basis für die Bewertung der Services zu schaffen, indem gemeinsam mit den Kunden die vitalen Business-Funktionen (VBF), also die unternehmenskritischen Geschäftsprozesse bestimmt werden. Je kritischer ein Geschäftsprozess für das Geschäft des Kunden ist, desto höher werden die Verfügbarkeitsanforderungen an unterstützende IT-Services sein.

Schließlich werden aus diesen Anforderungen Kriterien für das Design der Services und konkrete Ziele für die Verfügbarkeit, Zuverlässigkeit und Wartbarkeit abgeleitet. Unterschiedliche mögliche Auswirkungen des Ausfalls verschiedener VBF (vitale Business Funktionen) bedingen eine differenzierte Planung der Verfügbarkeit. Hierbei werden die folgenden vier Abstufungen unterschieden:

- *High Availability*: Die Auswirkungen von Komponentenfehler auf den Service werden durch Redundanzen reduziert.
- *Fault Tolerance*: Die Fähigkeit eines Services zur korrekten Funktion trotz eines Komponentenausfalles
- *Continuous Operations*: Es werden gezielte Maßnahmen getroffen, die geplante Downtime eines Service trotz notwendiger Wartung zu reduzieren.
- *Continuous Availability*: Ein Ansatz zur Annäherung an eine 100%-Verfügbarkeit durch die Kombination unterschiedlicher Maßnahmen und Technologien.

Zu den *reaktiven Tätigkeiten* des Availability Management gehört das Monitoring der aktuellen Verfügbarkeit von Services und Komponenten sowie die Analyse der Messdaten und die Durchführung entsprechender Reviews. Erkannte Serviceunterbrechungen werden untersucht und bewertet, sowie entsprechende Maßnahmen initiiert. Alle Ergebnisse des Monitoring, der Analyse und die initiierten Maßnahmen werden im AMIS dokumentiert und dienen als Basis für die zukünftige Gestaltung von Services und als Informationsquelle für den Availability-Plan.

Wichtige Aktivitäten des Availability Management im Überblick:

- Planung und Management der Verfügbarkeit, um die geschäftlichen Anforderungen zu erfüllen
- Monitoring und Analyse der aktuellen Verfügbarkeit
- Unterstützung bei der Diagnose von Incidents und Problems, die sich aufgrund mangelnder Verfügbarkeit ergeben
- Bereitstellung eines adäquaten Availability-Plans mit aktuellen und zukünftigen Anforderungen
- Durchführung proaktiver Maßnahmen zur Verbesserung der Serviceverfügbarkeit entsprechend den Kundenanforderungen

4.1.7.4 Rollen

Availability Manager

Der Availability Manager trägt die Prozessverantwortung im Availability Management und ist ergebnisverantwortlich für die Verfügbarkeit der einzelnen Services. Er trägt weiterhin u. a. die folgende Verantwortung:

- Sicherstellen der vereinbarten Serviceverfügbarkeit
- Planung der Verfügbarkeit neuer und veränderter Services entsprechend der Anforderungen und Möglichkeiten
- Unterstützung bei der Diagnose aller auf Verfügbarkeit basierenden Incidents und Probleme
- Bestimmen der Anforderungen an neue Komponenten bezüglich Zuverlässigkeit, Wartbarkeit und Servicefähigkeit
- Verantwortlich für das Monitoring der aktuellen Verfügbarkeit

4.1.7.5 Key-Performance-Indikatoren (KPI)

Im Folgenden finden Sie einige Beispiele für mögliche Kennzahlen aus der ITIL®-Literatur, mit deren Hilfe sich die Prozessqualität und der Beitrag zu den IT-Zielen messen lassen:

- Prozentuale Verfügbarkeit je Service
- Dauer und Häufigkeit der Nichtverfügbarkeit
- Differenz zwischen geplantem und erreichtem Verfügbarkeitsniveau
- Verringerung der MTRS (Wiederherstellungszeit)
- Prozentuale Reduzierung der Kosten aufgrund Nichtverfügbarkeit
- Zeitgerechte Lieferung von Management Reports

Es ist jedoch nicht ausreichend, einfach definierte Kennzahlen zu übernehmen. Details zur richtigen Gestaltung von Zielen und Kennzahlen werden in Kapitel 5 beschrieben.

4.1.7.6 Herausforderungen

Um ein bedarfsgerechtes und wirtschaftliches Maß an Verfügbarkeit gestalten zu können, sind Informationen über die tatsächlichen Geschäftsanforderungen und die Auswirkungen etwaiger Nichtverfügbarkeit von großer Wichtigkeit. Fehlen diese konkreten Informationen, müssen sie gemeinsam mit dem Kunden identifiziert und dokumentiert werden.

An der Bereitstellung der vereinbarten Services sind oft viele verschiedene Fachbereiche beteiligt. Häufig gehen die Manager davon aus, für die spezifischen, auf ihren Fachbereich bezogenen Belange endverantwortlich zu sein und es fehlt die Gesamtabstimmung. Hier gilt es, das Bewusstsein für die Aufgaben und Verantwortungen des Availability Managers zu schärfen und entsprechende Maßnahmen zur Abstimmung zu etablieren.

Unklare Definitionen des Begriffes „Verfügbarkeit" führen häufig zu Missverständnissen bezüglich Einhaltung oder Verletzung von Service Level Agreements. Für ein gemeinsames Verständnis sollte im SLA auch immer eine Definition des Begriffes „Verfügbarkeit" enthalten sein. Diese Definition sollte mindestens die folgenden Fragen beantworten:

- Welche Funktion muss ein Service erfüllen, um als verfügbar zu gelten?
- Welche Antwortzeiten eines Services sind nötig, um als verfügbar zu gelten?
- Wo und wie werden Verfügbarkeit und Performance gemessen?
- Gibt es eine partielle Nichtverfügbarkeit und wenn ja, wie ist diese definiert (z. B. wenn nur ein Standort betroffen ist)?

4.1.8 IT-Service Continuity Management

4.1.8.1 Ziele

Die konkreten Ziele des IT-Service Continuity Management (ITSCM) bezüglich der vereinbarten Services leiten sich direkt aus dem Business Continuity Management des Kunden ab und orientieren sich an den geschäftlichen Zielvorgaben. ITSCM stellt sicher, dass der Kunde im Katastrophenfall mit einem definierten Minimum an Services arbeiten kann. Zudem gilt es, die Fähigkeiten und Ressourcen so zu gestalten, dass die Services zur Unterstützung der Geschäftsprozesse nach einer Katastrophe in der vorgegebenen Zeit wiederhergestellt werden können.

4.1.8.2 Begriffe

IT-Service Continuity Plan

Der ITSCM-Plan soll immer ein Bestandteil des Business Continuity Plan des Unternehmens sein, da Ziele und Vorgaben für das ITSCM stets von dort abgeleitet werden. Inhalte des ITSCM-Plans sind vor allem Schritte zur Wiederherstellung der Services. Zusätzlich wird definiert, wann der Plan aktiv, d. h. zur Anwendung kommt, und welche Personen, Ressourcen und Prozesse von den Maßnahmen betroffen sind oder einen Beitrag leisten und wie die Inhalte des Plans kommuniziert werden.

4.1.8.3 Aktivitäten

Die Aktivitäten des ITSCM gliedern sich in vier Phasen:

- Initiierung (Initiation)
- Anforderungen und Strategie (Requirements & Strategy)
- Implementierung (Imlementation)
- Operativer Betrieb (Ongoing operation)

Phase 1: Initiierung (Initiation)

Zu Beginn dieser Phase werden Policies für das ITSCM definiert. Diese Policies sollten die Ziele für den Prozess enthalten und definieren, wer im Unternehmen auf welche Weise am ITSCM beteiligt oder durch Aktivitäten aus dem ITSCM beeinflusst wird. Wichtiger Bestandteil ist die Definition von Kriterien für die Bewertung einer Katastrophe, denn nur im Katastrophenfall sind die Maßnahmen im ITSCM relevant. Normale Betriebsunterbrechungen werden im Rahmen des Availability Management behandelt. Der Scope des ITSCM ergibt sich aus den Vorgaben des Business Continuity Management bezüglich der vitalen Business-Funktionen (VBF). Aus diesen Vorgaben werden Schwerpunkte für die zu definierenden Maßnahmen und entsprechende Schwerpunkte bei deren Gestaltung abgeleitet.

Ist der Anwendungsbereich und damit der Rahmen für die notwendigen Aktivitäten definiert, müssen die benötigten Ressourcen zur Verfügung gestellt werden. Ressourcen können dabei sowohl Personen als auch Technologie oder finanzielle Mittel sein. Die Einführung und Gestaltung des ITSCM ist in der Regel ein komplexes Projekt und bedarf einer klar strukturierten Projektorganisation.

Phase 2: Anforderungen und Strategie (Requirements & Strategy)

Diese Phase gliedert sich in drei Hauptaktivitäten, um die Anforderungen zu erkennen und die Strategie zu gestalten:

- Business-Impact-Analysis
- Risk Assessment
- IT-Service Continuity Strategy

Anhand der Business-Impact-Analyse werden in dieser Phase die Abhängigkeiten der Geschäftsprozesse von den einzelnen IT-Services und die potentiellen Auswirkungen eines Serviceausfalls betrachtet. Auswirkungen können sowohl klar messbare Faktoren wie finanzielle Einbußen oder Verlust von Kunden als auch weiche Faktoren wie Imageverlust sein. Ergebnis dieser Auswertung ist eine Gewichtung der gelieferten Services entsprechend ihrer Wichtigkeit für das Unternehmen. Diese Einordnung der Services bildet die Grundlage für die spätere Gestaltung der IT-Service Continuity Strategy. Unterschiedliche Arten von Schäden bedürfen unterschiedlicher Maßnahmen. Tritt der Schaden für den Kunden sofort nach Eintreten der Katastrophe ein, so sind präventive Maßnahmen notwendig, um Schaden vom Kunden abzuwenden (risk reduction). Tritt der Schaden erst mit zunehmender Dauer ein, so sind auch reaktive Maßnahmen (recovery) denkbar (Abbildung 4.10).

4 ITIL® 3 – Operational-Prozesse

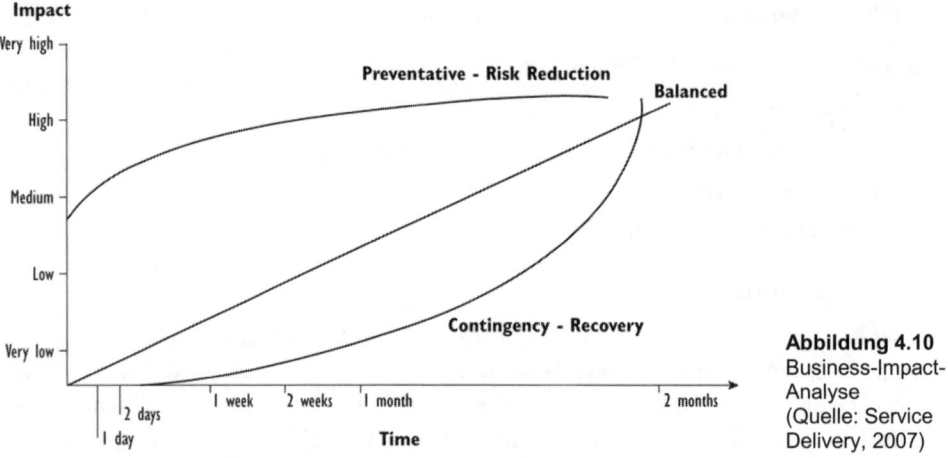

Abbildung 4.10
Business-Impact-Analyse
(Quelle: Service Delivery, 2007)

Im Rahmen eines Risk Assessment wird das konkrete Risiko für die einzelnen Geschäftsprozesse bewertet und in Risikostufen eingeordnet. Je höher das Risiko, dass ein definiertes Katastrophenszenario tatsächlich eintritt, desto wichtiger ist die Definition adäquater Maßnahmen für das Geschäft des Kunden. Für die Bewertung der Risiken sollten Standardmethoden wie M_o_R oder CRAMM eingesetzt werden:

- *M_o_R (Management of Risk)*: Beschreibt vier grundlegende Schritte zur Risikokontrolle. Zunächst werden Risiken identifiziert, anschließend werden die Effekte bei Eintreten bewertet. Der nächste Schritt ist die Festlegung von Maßnahmen, um den Bedrohungen zu begegnen. Im vierten Schritt werden die abgeleiteten Maßnahmen implementiert und deren Wirkung beobachtet, um ggf. korrigierend zu reagieren. Im Rahmen dieser Methode werden die folgenden Dokumente regelmäßig gepflegt, kommuniziert und gelebt:
  - Risikomanagement-Policy
  - Prozesshandbuch
  - Risikomanagement-Pläne
  - Verzeichnis der Risiken
  - Issue Logs
- *CRAMM (CCTA Risk Analysis and Management Method)*: Betrachtet die für die Geschäftsprozesse benötigten Assets in Verbindung mit den identifizierten Bedrohungen und den Schwachstellen, die sich in Bezug auf die Geschäftsprozesse ergeben. Aus dieser Betrachtung wird das Risiko für den jeweiligen Geschäftsprozess abgeleitet und entsprechende Gegenmaßnahmen definiert.

Entsprechend der identifizierten Risiken und deren Auswirkungen wird eine IT-Service Continuity Strategy entwickelt und dokumentiert. Ziel dieser Strategie ist es, die optimale Balance zwischen vorbeugenden Maßnahmen und solchen zur Wiederherstellung der Services zu finden und entsprechende Aktivitäten zu definieren. Um den identifizierten Bedrohungen zu begegnen, werden verschiedene Recovery-Optionen genutzt:

- *Manuelle Workarounds:* Die einfachste Methode, um einer Bedrohung durch den Ausfall eines IT-Services zu begegnen, ist eine manuelle Ausweichlösung. Statt eine Reiseroute mit Hilfe eines elektronischen Routenplaners zu planen, greift man auf die gute alte Landkarte zurück. In vielen Fällen kann diese kostengünstige Variante durchaus eine Alternative zu teuren technischen Lösungen sein.
- *Gegenseitige Vereinbarungen (Reciprocal arrangements):* Unternehmen, die ähnliche IT-Systeme nutzen, sagen sich die Nutzung der Ressourcen des jeweilgen Vertragspartners im Katastrophenfall zu. Diese Variante spielt in modernen IT-Umgebungen eine immer kleinere Rolle, da u. a. Sicherheitsaspekte dagegen sprechen.
- *Allmähliche Wiederherstellung (Gradual recovery oder cold standby):* Diese Option ist für Services geeignet, für die eine Verzögerung der Wiederherstellung von mehreren Tagen oder gar Wochen akzeptabel ist. In der Regel handelt es sich um vollständig mit Infrastruktur wie Gebäude, Strom, LAN, WAN, Telefonanschlüssen usw. ausgestattete Ausweichlokationen, die bei Bedarf mit eigenem bzw. neu beschafftem IT-Equipment ausgestattet werden. Oft werden diese Lokationen von externen Providern angeboten und bereitgestellt. Die Ausstattung mit IT-Equipment muss in dieser Variante geplant werden und bei Bedarf die Verfügbarkeit der Komponenten mit dem Lieferanten abgestimmt werden.
- *Zügige Wiederherstellung (Intermediate recovery oder warm standby):* Die Wiederherstellung des Services erfolgt in einer in der Regel während der Business-Impact-Analyse definierten Zeit (in der bisherigen ITIL®-Literatur ist von einer Zeitspanne von 24 bis 72 Stunden die Rede). Auch in dieser Option wird häufig auf externe Provider zurückgegriffen, die Lokationen sind allerdings mit dem notwendigen IT-Equipment bereits ausgestattet, so dass nach Rücksicherung der Daten der Service zügig wiederhergestellt werden kann. Alternative zu festen externen Lokationen sind in dieser Variante oft mobile Devices (LKW, Container), die bei Bedarf zur Verfügung gestellt werden. Auch dieses Verfahren ist aus Gründen der IT-Sicherheit für viele Unternehmen nur bedingt eine Option.
- *Schnelle Wiederherstellung (Fast recovery):* Eine erweiterte Variante der zügigen Wiederherstellung, bei der in der alternativen Lokation Systeme installiert werden, die durch einen regelmäßigen Datenabgleich mit den Produktivsystemen eine schnellere Wiederherstellung des Service ermöglichen. In dieser Variante sind die jeweiligen Services in der Regel in weniger als 24 Stunden wieder verfügbar.
- *Sofortige Wiederherstellung (Immediate recovery oder hot standby):* Bei dieser Option wird der Service ohne Unterbrechung sofort wiederhergestellt. Es steht eine vollständige Ausweichlokation mit einer komplett gespiegelten Produktivumgebung innerhalb des Unternehmens zur Verfügung und übernimmt im Katastrophenfall direkt alle für den Betrieb der jeweiligen Services benötigten Funktionen.

Phase 3: Implementierung (Implementation)

In dieser Phase werden die geplanten Maßnahmen in der Produktivumgebung implementiert und etabliert und der ITSCM-Plan mit Informationen zu den kritischen Systemen,

Services und Assets erstellt und kommuniziert. Je nach Bedarf werden weitere Pläne erstellt und etabliert. Häufig genutzte Pläne sind:

- Notfall-Kommunikationsplan
- Schadensermittlungs- und -bewertungsplan
- Bergungs- und Rettungsplan
- Beschaffungsplan für die wichtigsten Daten
- Krisenmanagement- und Public-Relations-Plan
- Planung der IT-Sicherheit in Haupt- und Ausweichlokation

Auch die organisatorische Verankerung der Aktivitäten des ITSCM wird in dieser Phase etabliert und es werden verschiedene Rollen definiert, denen Aktivitäten im Katastrophenfall zugeordnet werden:

- Executive Board (inklusive Senior Management)
- Koordinationsstelle (verantwortlich, unterhalb der Executive-Gruppe)
- Wiederherstellungsteams (Business Recovery und Service Recovery)

Den Abschluss dieser Phase bilden initiale Tests zur Überprüfung der Wirksamkeit der implementierten Maßnahmen. In der Praxis sind fehlende Tests der Wiederherstellungsmaßnahmen eine häufige Ursache für unkalkulierte Ausfälle im Katastrophenfall, die zu erheblichen Mehrkosten bis hin zur existentiellen Bedrohung für das Unternehmen führen können.

Phase 4: Operativer Betrieb (Ongoing operation)

Nachdem alle Maßnahmen implementiert und initial getestet sind, gilt es, den Prozess im Unternehmen zu etablieren, Änderungen in die Planungen zu integrieren und das Bewusstsein der Beteiligten für die Belange des ITSCM zu schärfen. Dazu dienen folgende Aktivitäten:

- *Ausbildung und Training:* Sicherstellen, dass alle beteiligten Mitarbeiter die Maßnahmen im Katastrophenfall kennen und diese als Teil ihrer normalen Arbeit verstehen. Wiederherstellungsteams sollten regelmäßig ihre Aufgaben trainieren, um im Katastrophenfall einen reibungslosen Ablauf sicherzustellen.
- *Regelmäßige Reviews:* Bewerten, ob die aktuelle implementierten Maßnahmen noch den aktuellen Anforderungen entsprechen und bei Bedarf korrigierende Maßnahmen ableiten
- *Tests:* Nur wenn die implementierten Maßnahmen regelmäßigen Tests unterzogen werden, können Schwachstellen ermittelt und Verhaltenswiesen unter realen Bedingungen trainiert und verbessert werden. Diese Tests sollten mindestens jährlich stattfinden.
- *Change Management:* Sowohl die Infrastruktur als auch die Notfallaktivitäten unterliegen ständigen Veränderungen. Um das Funktionieren der Maßnahmen im Katastrophenfall zu gewährleisten, müssen diese Veränderungen in den zukünftigen Planungen berücksichtigt werden. Eine funktionierende Schnittstelle zum Change Management (Details zum Change Management in Abschnitt 4.2.5) sichert ausreichende und zeitnahe Informationen bezüglich Änderungen der Infrastruktur.

4.1.8.4 Rollen

IT-Service Continuity Manager

Der IT-Service Continuity Manager ist verantwortlich für die Zielerreichung im ITSCM und für die Gestaltung und Überwachung des Prozesses. Er trägt weiterhin die folgende Verantwortung:

- Implementieren des ITSCM-Prozesses entsprechend der Vorgaben aus dem Business Continuity Management (BCM)
- Risikomanagement, um den Auswirkungen von Katastrophen vorzubeugen
- Business-Impact-Analyse für jeden neuen oder veränderten Service
- Entwicklung einer Continuity Strategy für das Unternehmen
- Management des IT-Service Continuity Plan
- Assessment und Anpassung der Continuity-Planung nach größeren Changes

4.1.8.5 Key-Performance-Indikatoren (KPI)

Im Folgenden finden Sie einige Beispiele für mögliche Kennzahlen aus der ITIL®-Literatur, mit deren Hilfe sich die Prozessqualität und der Beitrag zu den IT-Zielen messen lassen:

- Anzahl der (in Tests festgestellten) Mängel im Wiederherstellungsplan
- Anteil erfolgreicher Tests
- Anteil der in SLA dokumentierten Zielen für die Servicewiederherstellung
- Planmäßigkeit der durchgeführten Tests

Es ist jedoch nicht ausreichend, einfach definierte Kennzahlen zu übernehmen. Details zur richtigen Gestaltung von Zielen und Kennzahlen werden in Kapitel 5 beschrieben.

4.1.8.6 Herausforderungen

Oft sind die Anforderungen aus dem Business Continuity Management nicht ausreichend konkret formuliert oder es existiert keine solche Planung. In diesem Fall ist es für den Service Provider sehr schwer, die richtigen Maßnahmen zu treffen, da er über die Vorgaben nur Vermutungen anstellen kann. Hier empfiehlt es sich, gemeinsam mit dem Business die konkreten Vorgaben für das ITSCM zu definieren.

4.1.9 Information Security Management

4.1.9.1 Ziele

Ziel des Information Security Management (ISM) ist die Ausrichtung des Niveaus der IT-Sicherheit an den Anforderungen des Business. Risiken bezüglich der Informationssicherheit sollen identifiziert und adäquate Maßnahmen zum Management dieser Risiken etabliert werden. Die zentralen Ziele des ISM lassen sich unter drei Schlagworten zusammenfassen:

- *Verfügbarkeit (Availability):* Informationen sind verfügbar und nutzbar, wenn sie benötigt werden.
- *Vertraulichkeit (Confidentiality):* Informationen sind vor unautorisiertem Zugriff geschützt.
- *Integrität (Integrity):* Informationen sind vor Manipulationen geschützt.

4.1.9.2 Begriffe

Information Security Policy

Die Grundlage für alle Aktivitäten des Information Security Management bildet eine übergreifende Information Security Policy. Sie enthält die aus den Geschäftsanforderungen abgeleiteten Zielvorgaben für das ISM und bedarf einer klaren Unterstützung des Managements. Für die Regelung spezifischer Themen wird die allgemeine Policy ergänzt durch eine Reihe spezifischer Policies. Beispiele für spezifische Policies sind:

- Policy für Zugriffsrechte und Umgang mit Passwörtern
- E-Mail Policy
- Internet und Remote Access Policy
- Antivirus Policy
- Policy zur Klassifizierung von Informationen
- Policy für Lieferanten und Provider

Neben der Unterstützung durch das Management ist die Kommunikation dieser Policy die Basis für ein funktionierendes Security Management. Um die Aktualität der Informationen in den Policies zu gewährleisten, sollten diese regelmäßig (mindestens jährlich) einem Review unterzogen und bei Bedarf angepasst werden.

Information Security Management System (ISMS)

Das Information Security Management System (ISMS) ist Teil des SKMS und beinhaltet neben den genutzten Standards die Beschreibung von Prozessen und Prozeduren sowie Hinweise zur Kommunikation und Nutzung der Security Policy. Das ISMS liefert den Rahmen für die Gestaltung des Information Security Management und strukturiert die Aktivitäten zur Erfüllung der Kundenanforderungen bezüglich IT-Sicherheit in fünf Elemente als Basis eines kontinuierlichen Zyklus (Abbildung 4.12).

4.1.9.3 Aktivitäten

Die Aktivitäten im ISM orientieren sich an etablierten Standards wie der ISO 27001 und beziehen sich auf die fünf Elemente des im ISMS beschriebenen Security Management Frameworks: Steuerung, Planung, Implementierung, Evaluieren und Pflege (Abbildung 4.11).

4.1 Service Design

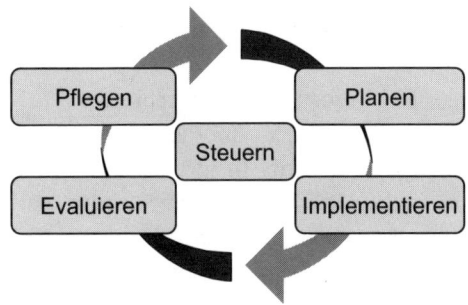

Abbildung 4.11
Security Management Framework
(Quelle: Service Design 2007)

Steuern (Control)

Im Rahmen der Steuerung werden zunächst die organisatorischen Strukturen für das ISM etabliert und die Rollen und Verantwortlichkeiten im Rahmen des Prozesses zugeordnet. Anschließend wird das hier beschriebene Security Management Framework etabliert und die beschriebenen Aktivitäten zur Sicherstellung einer anforderungsgerechten Information Security kontinuierlich überwacht und gesteuert.

Eine weitere Aktivität in diesem Bereich ist die Dokumentation der Prozesse und Vorgaben sowie aller Aktivitäten im ISM und der Ergebnisse aus Planung, Implementierung, Evaluierung und Pflege.

Planen (Plan)

In der Planungsphase geht es zunächst darum, die Anforderungen der Kunden an die IT-Sicherheit zu erkennen. Eine wichtige Quelle kann hier die Security Section der Service Level Agreements sein, in der alle für die vereinbarten Services betreffenden Aspekte bezüglich der IT-Sicherheit beschrieben sind. Ebenso dienen etablierte Standards wie die BS 7799, ISO/IEC 17799, die daraus hervor gegangene ISO/IEC 27001 oder auch das BSI-Grundschutzhandbuch als nützliche Quellen für die Gestaltung der IT-Sicherheit.

Aus diesen Anforderungen werden im Anschluss unter Berücksichtigung eventueller gesetzlicher Vorgaben Empfehlungen für adäquate Maßnahmen zu deren Erfüllung erarbeitet und diese Maßnahmen in Abstimmung mit dem Management entwickelt. Die vereinbarten Maßnahmen werden in der Information Security Policy dokumentiert bzw. aktualisiert und beschreiben den Umgang des Unternehmens mit dem Thema IT-Sicherheit.

Implementieren (Implement)

Voraussetzung für eine erfolgreiche Implementierung sind eine aktuelle und den Anforderungen entsprechende Information Security Policy und die deutliche und verlässliche Unterstützung durch das Management.

Die zuvor definierten Maßnahmen werden in dieser Phase implementiert und die Mitarbeiter mit diesen Maßnahmen vertraut gemacht sowie bei Bedarf ausgebildet. Ein funktionierendes Marketing ist für Maßnahmen innerhalb der IT-Sicherheit von besonderer Bedeutung, da mehr Sicherheit häufig auch eine Einbuße von Komfort bedeutet. Mitarbeiter müssen also vom Nutzen der Maßnahmen überzeugt werden, damit diese akzeptiert und verlässlich umgesetzt werden.

Im Rahmen der Implementierung muss sichergestellt werden, dass die geplanten Maßnahmen, Prozesse und Tools funktionieren und entsprechend der Anforderungen aus der Information Security Policy arbeiten. Die Erkennung von Security Incidents spielt für die Wirksamkeit der definierten Maßnahmen eine besondere Rolle. Nur wenn Security Incidents durch das Incident Management auch als solche erkannt und klassifiziert werden, können die im Information Security Management definierten Maßnahmen greifen.

Evaluieren (Evaluate)

Diese Phase befasst sich mit der Überwachung der Maßnahmen bezüglich der Compliance zur Information Security Policy sowie den Anforderungen in SLA/OLA. Diese Überwachungsmaßnahmen können je nach Bedarf unterschiedlicher Natur sein. Die einfachste Variante ist ein Self Assessment zur Identifizierung von Schwachstellen in den definierten Maßnahmen. Im nächsten Schritt können interne Audits, z. B. durch die Revision, oder auch externe Audits die Konformität zu Anforderungen, Normen und gesetzlichen Vorgaben sicherstellen.

Eine weitere, sehr effektive Möglichkeit der Evaluierung von Maßnahmen zur IT-Sicherheit ist die Analyse auftretender Security Incidents. Anhand der Häufigkeit und der Art der Security Incidents lassen sich oft schnell und gezielt Hinweise auf Schwachstellen ableiten. Um Security Incidents zuverlässig erkennen zu können, gehört es zu den Aufgaben des ISM, die Definition klarer Kriterien und deren Bereitstellung an die Support-Organisation (z. B. den Service Desk).

Pflegen (Maintain)

Im Rahmen eines kontinuierlichen Verbesserungszyklus werden in dieser Phase die Maßnahmen entsprechend der Anforderungen überprüft, weiterentwickelt und ggf. neuen Anforderungen angepasst. Ein Ergebnis der kontinuierlichen Verbesserung kann neben der Anpassung der Maßnahmen auch die Weiterentwicklung der Vereinbarungen bezüglich IT-Sicherheit in den SLA und OLA sein.

Als Rahmen für den kontinuierlichen Verbesserungsprozess kann der Deming Cycle (in der ISO 20000 auch PDCA-Zyklus genannt) genutzt werden. In einem kontinuierlichen Kreislauf werden Ziele überprüft und Maßnahmen geplant (Plan), neue Maßnahmen implementiert bzw. bestehende überarbeitet (Do), die Wirksamkeit überprüft (Check) und anschließend Optimierungsmaßnahmen entwickelt (Act). Anschließend startet der nächste Durchlauf mit einer neuen Planungsphase (Abbildung 4.12).

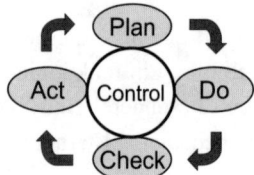

Abbildung 4.12
Deming Cycle

4.1.9.4 Rollen

Der Information Security Manager ist verantwortlich für die Zielerreichung im Information Security Management. Er trägt weiterhin die folgende Verantwortung:

- Entwicklung, Pflege, Kommunikation und Durchsetzung der Policies
- Security-Risiko-Analysen und Risikomanagement
- Monitoring und Management sicherheitsrelevanter Vorfälle
- Verantwortlich für die Durchführung von Security-Tests
- Verantwortlich für Vertraulichkeit, Integrität und Verfügbarkeit der Services
- Zentraler Ansprechpartner für alle Fragen der Information Security

4.1.9.5 Key-Performance-Indikatoren (KPI)

Im Folgenden finden Sie einige Beispiele für mögliche Kennzahlen aus der ITIL®-Literatur, mit deren Hilfe sich die Prozessqualität und der Beitrag zu den IT-Zielen messen lassen:

- Anteil der Security Incidents an der Gesamtzahl der Incidents
- Anzahl der Fehler nach Audits
- Anteil der SLA, OLA und UC mit Sicherheitsabschnitt
- Prozentuale Reduzierung der Auswirkungen von Security Incidents

Es ist jedoch nicht ausreichend, einfach definierte Kennzahlen zu übernehmen. Details zur richtigen Gestaltung von Zielen und Kennzahlen werden in Kapitel 5 beschrieben.

4.1.9.6 Herausforderungen

Ein bekannter Ausspruch zum Thema IT-Sicherheit lautet „Security hurts", also in etwa „Sicherheit schmerzt". Maßnahmen zur Verbesserung der IT-Sicherheit werden von den Mitarbeitern häufig als lästig und als unnötige Erschwerung der Arbeit wahrgenommen. Daher ist eine klare Stellungnahme des Managements von ebenso großer Wichtigkeit wie ein funktionierendes Marketing. Das Bewusstsein für die Notwendigkeit und die klare Aussage des Managements, dass es keine Alternative gibt, werden zur weitgehenden Einhaltung der Maßnahmen beitragen.

Verbreitet gilt die Sichtweise, dass IT-Sicherheit vor allem mit technischen Mitteln wie Firewalls, Virenschutzsoftware usw. erreicht werden kann. Diese technischen Mittel spielen sicherlich eine wichtige Rolle, werden ohne klare Zielvorgaben und die Mitwirkung der Mitarbeiter aber weitgehend wirkungslos bleiben. Funktionierendes Information Security Management muss also immer verschiedene Perspektiven berücksichtigen:

- Technologische Sicherheit (Firewall, Antivirus-Software, IDS, Verschlüsselung usw.)
- Organisatorische Sicherheit (Policies, Verhaltensweisen, Regeln, Berechtigungen usw.)
- Physische Sicherheit (Zugangsschutz, Kontrollen usw.)

4.1.10 Supplier Management

4.1.10.1 Ziele

Ziel des Supplier Management ist, externe Lieferanten und die durch sie gelieferten Komponenten und Services entsprechend der Anforderungen zu steuern. Die gelieferten Services sollen sich nahtlos in die an den Kunden gelieferten Services einfügen und so einen optimalen Beitrag zur Erfüllung der Service Level Agreements leisten. Für diese Zielsetzung ist oft eine enge Abstimmung mit dem Service Level Management notwendig, um die Anforderungen mit den Leistungen der externen Provider in Einklang zu bringen.

Natürlich ist es ebenso von großer Bedeutung sicherzustellen, dass die gelieferten Leistungen tatsächlich dem Gegenwert der Bezahlung entsprechen, dass Leistungen also zu einem angemessenen Preis eingekauft werden.

Der Supplier-Management-Prozess stellt sicher, dass externe Provider die Bedingungen, Konditionen und Ziele der vereinbarten Verträge erfüllen.

4.1.10.2 Begriffe

Supplier & Contracts Database (SCD)

Alle Beziehungen und Verträge mit externen Providern werden in der Supplier & Contracts DB (SCD) gepflegt. Die SCD enthält die wichtigsten Inhalte aller Verträge und ist ein Bestandteil des Service Knowledge Management System (SKMS). Im Folgenden einige Beispiele für in der SCD gespeicherte Informationen:

- Kategorisierung der Lieferanten (nach Leistungsfähigkeit, Portfolio ...)
- Informationen zur Pflege der Vereinbarungen (neue Anforderungen, neue Services ...)
- Evaluierungsdaten (Ergebnisse der Bewertung externer Provider)
- Laufzeiten und Veränderungen in Verträgen

4.1.10.3 Aktivitäten

Neben der Beziehungspflege zu den externen Lieferanten und der Erstellung und Pflege einer Strategie zum Umgang mit externen Providern lassen sich die regelmäßigen Aktivitäten des Supplier Management in fünf Schritte gliedern:

- Evaluierung neuer externer Provider und Verträge
- Einführen neuer externer Provider und Erstellen neuer Verträge
- Management der vorhandenen externen Provider und Verträge
- Erneuern und Beenden bestehender Verträge
- Kategorisierung der externen Provider und Pflege der SCD

Evaluierung neuer externer Provider und Verträge

Nachdem die Anforderungen an den externen Provider und die zu vereinbarenden Verträge definiert und durch Business und IT freigegeben sind, gilt es, mögliche Provider und angebotene Verträge entsprechend zu evaluieren. In die Bewertung der Provider fließen sehr unterschiedliche Faktoren wie Erfahrungen mit dem Provider, Fähigkeiten, Referenzen oder der finanzielle Status mit ein. Darüber hinaus werden Entscheidungen bezüglich der Sourcing-Strategie getroffen. Sollen alle Leistungen von einem Provider bezogen werden? Sollen die Verträge bewusst auf mehrere Provider verteilt werden?

Werden vertragliche Vereinbarungen und partnerschaftliche Beziehungen mit einem externen Provider eingegangen, sollten die folgenden Faktoren Grundlage für die Zusammenarbeit sein:

- Strategisches Alignment (Abgleich von Kultur, Werten, Zielen und Strategie)
- Prozessintegration (Schnittstellen der Prozesse für die Zusammenarbeit definieren)
- Informationsfluss (gute Kommunikation auf allen Ebenen sichert Verständnis)
- Gegenseitiges Vertrauen
- Offenheit (besonders bei Reports, Performance, Kosten und Risikoeinschätzungen)
- Gemeinsame Verantwortung (Teams beider Partner tragen gemeinsam Verantwortung)
- Verteilung von Risiko und Erlösen (z. B. veränderliche Hardwarekosten innerhalb der Vertragslaufzeit)

Einführen neuer externer Provider und Erstellen neuer Verträge

Werden neue externe Provider oder neue Verträge in die SCD aufgenommen, so werden die Auswirkungen dieser Veränderung mit Hilfe des Change Management (Abschnitt 4.2.5) bewertet. Bei der Bewertung werden Kriterien wie das Marktimage des Providers, Marktposition, mögliche Auswirkungen einer Zusammenarbeit auf das Geschäft und die Kundenzufriedenheit sowie wirtschaftliche Rahmenbedingungen betrachtet.

Unerlässlich für jede neue Vertragssituation oder Partnerschaft ist eine substantielle Risikobewertung der möglichen Zusammenarbeit. Ausgehend von dieser Erstbewertung sollte die Zusammenarbeit bei bestehenden Partnerschaften regelmäßig einer Neubewertung unterzogen werden, insbesondere bei Veränderungen der Anforderungen, des Marktes oder der operativen Rahmenbedingungen.

Nach Beendigung dieser Aktivitäten werden die Informationen zum neuen Provider und zum Vertrag in der SCD gespeichert. Wichtig sind klare Ansprechpartner und Kommunikationsschnittstellen auf beiden Seiten. Regelmäßig vereinbarte Review Meetings dienen der Bewertung und ggf. Anpassung der Servicequalität und bei Bedarf der Überarbeitung der Verträge. Die Integration eines neuen externen Providers sollte als Major Change im Change-Management-Prozess (Details in Abschnitt 4.2.5) durchgeführt werden, um die verlässliche Implementierung aller Schnittstellen und deren Bekanntheit sicherzustellen.

Management der vorhandenen externen Provider und Verträge

Handelt es sich bei den vereinbarten Services um operative, sind gemeinsame Prozesse für den Betrieb und das Management der gelieferten Leistungen die Basis für eine erfolgreiche Zusammenarbeit. Insbesondere die operativen Prozesse wie z. B. Incident Management,

Problem Management (Details in Abschnitt 4.3.5) oder Change Management (Abschnitt 4.2.5) müssen gemeinsam gestaltet oder zumindest mit klaren Schnittstellen und Regeln versehen werden (Wer nutzt welche Tools? Wie werden Informationen gespeichert und übermittelt?). Beide Vertragspartner müssen sich jederzeit ihrer jeweiligen Rolle und Verantwortung bewusst sein und Eskalationswege müssen kommuniziert sein. Um regelmäßig zu überprüfen, ob diese Rahmenbedingungen und Vereinbarungen weiterhin den Anforderungen entsprechen, werden alle Vertragssituationen regelmäßigen Überprüfungen unterzogen. Diese Überprüfungen werden aus zwei Perspektiven gestaltet:

Performance-Reviews vergleichen die Leistung des Providers mit den vereinbarten Verträgen, während Vertrags-Reviews überprüfen, ob die vereinbarten Leistungen weiterhin den Anforderungen und Rahmenbedingungen entsprechen.

Erneuern und Beenden bestehender Verträge

Auf Basis der regelmäßigen Vertrags-Reviews wird bewertet, ob bestehende Verträge weiterhin die Anforderungen des Geschäftes erfüllen und ob sie beibehalten, verändert oder beendet werden sollten. Die folgenden Fragen spielen bei der Bewertung eine Rolle:

- Funktioniert die Zusammenarbeit?
- Welche Bedeutung haben der Vertrag und die Partnerschaft in Zukunft?
- Welche Veränderungen sind notwendig?
- Wie wirtschaftlich sinnvoll ist der Vertrag?

Bei der Bewertung der bestehenden Verträge können Benchmarks eine nützliche Hilfe sein. In vielen Vertragssituationen werden die Leistungen regelmäßig einem Benchmark unterzogen und die Konditionen und/oder Leistungen entsprechend der Marktsituation angepasst.

Kategorisierung der externen Provider und Pflege der SCD

Um die Effektivität des Supplier Management zu optimieren, sollte mehr Zeit auf das Management wichtiger als auf jenes weniger wichtiger Vertragspartner gelegt werden. Um das zu ermöglichen, ist eine Kategorisierung der externen Provider notwendig. Mögliche Kategorien für externe Provider sind:

- *Strategisch*: Langfristige und partnerschaftliche Zusammenarbeit auf der Ebene des oberen Management, Entwicklung einer gemeinsamen Strategie und resultierenden Zielen
- *Taktisch*: Intensive Zusammenarbeit auf der Ebene des mittleren Management, regelmäßige Aktivitäten zur weiteren Verbesserung der Zusammenarbeit
- *Operativ*: Regelmäßige Lieferung von Produkten oder Services, Management auf der Ebene der operativen Steuerung
- *Commodity*: Lieferung austauschbarer Standardprodukte, jederzeit durch andere Lieferanten ersetzbar

4.1.10.4 Rollen

Der Supplier Manager ist verantwortlich für die Zielerreichung im Supplier Management. Er trägt weiterhin die folgende Verantwortung:

- Unterstützung bei Entwicklung und Review von SLA und Contracts
- Sicherstellen der Leistung der Provider entsprechend ihrer Bezahlung
- Pflege und Review der SCD (Supplier and Contracts Database)
- Sicherstellen des Business-Nutzen von Contracts, Vereinbarungen oder SLA
- Umgang mit Vertragsstreitigkeiten

4.1.10.5 Key-Performance-Indikatoren (KPI)

Im Folgenden finden Sie einige Beispiele für mögliche Kennzahlen aus der ITIL®-Literatur, mit deren Hilfe sich die Prozessqualität und der Beitrag zu den IT-Zielen messen lassen:

- Anteil der externen Lieferanten, deren Leistungen den vereinbarten Zielen entsprechen
- Anteil der durch externe Provider verursachten Serviceunterbrechungen
- Anteil der Verträge mit einem dedizierten Vertragsverantwortlichen

Es ist jedoch nicht ausreichend, einfach definierte Kennzahlen zu übernehmen. Details zur richtigen Gestaltung von Zielen und Kennzahlen werden in Kapitel 5 beschrieben.

4.1.10.6 Herausforderungen

Die Basis eines funktionierenden Supplier Management sind klar formulierte Verträge mit externen Providern. Nur wenn allen Beteiligten die Leistungen des externen Providers transparent sind, können die an den Kunden gelieferten Service optimal unterstützt werden. Die Verträge sollten dennoch die notwendige Flexibilität ermöglichen, um auf veränderte Anforderungen von Seiten des Kunden adäquat reagieren zu können.

Werden Benchmarks zur Bewertung bestehender Verträge herangezogen, so besteht das Risiko verfälschter Ergebnisse aufgrund falscher oder unklar definierter Vergleichsgruppen oder -kriterien. Für ein sinnvolles Benchmarking sollten sowohl die Kriterien der Bewertung und deren Berechnungsgrundlage als auch die gewählten Vergleichsgruppen einer sehr kritischen Prüfung unterzogen werden. Bei der Beauftragung externer Partner für ein Benchmark sollte darauf bestanden werden, alle Berechnungsgrundlagen offen zu legen.

4.2 Service Transition

4.2.1 Überblick

Veränderungen, egal ob technischer oder organisatorischer Art, sind eine der häufigsten Fehlerquellen bei der Lieferung hochwertiger Services. Wohl jeder wird den Spruch „never change a running system" kennen. Diese Aussage ist nicht nur einer der ältesten Aussprüche in der IT, er hat durchaus auch heute seine Berechtigung, denn verschiedene Untersuchungen gehen davon aus, dass mehr als 60% aller Störungen im IT-Betrieb durch Veränderungen hervorgerufen werden. Service Transition unterstützt bei der Entwicklung und der kontinuierlichen Verbesserung der Fähigkeiten zur Übernahme neuer und veränderter Services in den operativen Betrieb.

Jede Bearbeitung einer Serviceveränderung bedeutet zunächst eine Erhöhung der Komplexität im Betrieb. Die gelieferten Services langfristig auf einem den Kundenanforderungen entsprechenden Niveau zu halten, ist ein Balanceakt. Auf der einen Seite sollen unerwünschte Auswirkungen von Veränderungen vermieden werden, um stabile Services zu gewährleisten. Auf der anderen Seite müssen notwendige Innovationen – also Veränderungen – ermöglicht und unterstützt werden. Service Transition trägt zu diesem Balanceakt bei, indem Anleitungen, Methoden und Tools für den Übergang der Services von der Planungs- und Entwicklungsphase in die Betriebsphase sowie für die Kontrolle möglicher Fehler- und Ausfallrisiken geliefert werden.

Die Service-Transition-Prozesse im Überblick

- Transition Planning and Support
- Change Management
- Service Asset and Configuration Management
- Release and Deployment Management
- Service Validation and Testing
- Evaluation
- Knowledge Management

4.2.2 Ziele, Aufgaben und Nutzen

Die Prozesse und Aktivitäten in Service Transition stellen die Ausrichtung neuer oder geänderter Services an den Geschäftsanforderungen des Kunden sicher. Aus Sicht der Kunden bedeutet das, dass die gelieferten Services so verwendet werden können, dass der optimale Nutzen für die Geschäftsprozesse erzielt wird, dass also ein echter Beitrag zur Wertschöpfung geliefert wird. Auch das Management von Serviceübergängen, also die notwendigen Aktivitäten bei Betriebsübernahmen, wird im Buch *Service Transition* betrachtet.

Aus Sicht des Service Providers wird sichergestellt, dass die notwendigen Fähigkeiten entwickelt sind, um auf Marktentwicklungen und neue Anforderungen zu reagieren. Risiken werden erkannt und während der Transition Phase berücksichtigt. Die wichtigsten Aufgaben und Ziele im Überblick:

- Erkennen und Steuern der Kundenerwartungen bezüglich neuer und geänderter Services
- Übereinstimmung neuer oder geänderter Services mit den in den Service Requirements spezifizierten Anforderungen und Sachzwängen
- Integration neuer oder geänderter Services in den Business-Prozess des Kunden

- Veränderungen in Service und Business sind aufeinander abgestimmt.
- Serviceveränderungen werden in Bezug auf Kosten, Zeit und Qualität überwacht und gesteuert
- Die effektive Umsetzung der definierten Servicestrategie in den Betrieb der Services ist sichergestellt.

4.2.3 Begriffe und Grundlagen

Interne und externe Sicht

Bei dem Betrieb von Services führen unterschiedliche Sichtweisen bei Kunde und Service Provider häufig zu Missverständnissen und Problemen bei der Definition der Services und der Bewertung der Serviceleistung. Aus diesem Grund ist es für Service Provider von großer Bedeutung, die verschiedenen Sichtweisen zu kennen und bei der Servicegestaltung zu berücksichtigen.

In der oft von Seiten des Service Providers bzw. der mit der Serviceerbringung befassten, eher technisch orientierten Mitarbeiter eingenommenen internen Sichtweise werden vornehmlich Details zu einzelnen Komponenten, Systemen oder auch zu den Skills des Personals betrachtet. Der Service sowie sein Beitrag zu den Geschäftsprozessen und zur Wertschöpfung des Kunden werden hier nur bedingt betrachtet.

Bei der häufig von Kundenseite eingenommenen externen Sicht steht die Performance der Services in Bezug zu den Geschäftsprozessen im Vordergrund. Die Details der Serviceerbringung stehen hier im Hintergrund. Bei einer ausschließlich externen Betrachtung der Services besteht also das Risiko, dass die nötigen Grundlagen aus technischer Sicht nicht erfüllt werden. Für einen funktionierenden Service müssen also beide Seiten betrachtet werden: Die externe Sicht, um die Anforderungen und die Wahrnehmung des Services zu kennen, und die interne Sicht, um die für den Service notwendigen Service Assets zu gestalten.

4.2.4 Transition Planning and Support

4.2.4.1 Ziele

Der Prozess *Transition Planning and Support* hat das Ziel, die Transition-Teams und die beteiligten Personen bei der Überführung von Services in den Betrieb optimal zu unterstützen. In jeder Transition-Phase wird die Integrität der Service Assets und Customer Assets sichergestellt, indem alle Aktivitäten im Rahmen des Transition-Projektes koordiniert werden, so dass die in Service Strategy definierten und in Service Design umgesetzten Anforderungen bzw. die daraus resultierenden Services effektiv realisiert werden.

Risiken sollen identifiziert und bei der Implementierung betrachtet werden, so dass Fehler und Serviceunterbrechungen minimiert werden können. Für eine strukturierte Vorgehensweise wird sichergestellt, dass alle Beteiligten definierte und wiederholbare Prozesse bei der Implementierung neuer oder veränderter Services nutzen.

4.2.4.2 Begriffe

Service Design Package (SDP)

Service Design Packages werden für jeden neuen Service, jeden Major Change und jede Außerbetriebnahme eines Services erstellt bzw. aktualisiert. Die Inhalte des SDP werden in Abstimmung mit den Kunden, internen und externen Providern sowie den relevanten Stakeholdern erarbeitet.

Das Service Design Package beinhaltet alle für die Realisierung eines Services benötigten Informationen. Außerdem werden die Anforderungen an den Service für jede Phase des Service Lifecycle definiert. Typische Inhalte eines Service Design Package sind:

- Servicespezifikationen
- Benötigte Architektur zur Lieferung des neuen oder veränderten Services
- Definition der einzelnen Release-Pakete
- Release- und Deployment-Pläne
- Akzeptanzkriterien für die Abnahme des Services bei Inbetriebnahme (Service Acceptance Criteria, SAC)

Release-Typen

Release-Typen helfen bei der Steuerung der Erwartungshaltung auf der Kundenseite und bei der Wahrnehmung der Veränderungen bei den Stakeholdern. Wie die Release-Typen definiert werden sollen, wird in ITIL® lediglich vorgeschlagen. Letztlich müssen diese passend zur Organisation, zur Kundensituation und zur Art der typischen Veränderungen in der jeweiligen Umgebung definiert werden. Klassische Release-Typen sind:

- *Major Releases:* Beschreiben weitreichende Veränderungen bzw. neue Funktionalitäten und beinhalten in der Regel alle vorherigen Minor Releases, Upgrades und Fixes
- *Minor Releases:* Beschreiben kleinere bis mittlere Verbesserungen und Fixes. Beinhalten in der Regel bisherige Emergency Fixes
- *Emergency Releases:* Beschreiben kleiner Korrekturen für bestimmte Fehler und zum Teil auch besondere Anpassungen aufgrund spezieller Geschäftsanforderungen

Release Policy

Die Release Policy bildet den Rahmen für alle durchzuführenden Rollouts und beinhaltet Vorgaben und Rahmenbedingungen für die Überführung der Services in den Betrieb. In der Regel wird eine Release Policy für mehrere oder alle Services definiert, je nach Bedarf können aber auch Policies für Servicegruppen oder der einzelne Services erstellt werden. Typische Inhalte einer Release Policy sind:

- Namens- und Nummerierungskonventionen für die definierten Release-Typen
- Rollen und Verantwortlichkeiten während des Release-Prozesses
- Die vorgesehene Häufigkeit für die einzelnen Release-Typen (z. B. quartalsweise, halbjährlich …)

- Übergabekriterien für alle Phasen der Service Transition
- Kriterien für die Beendigung des Early Life Support

4.2.4.3 Aktivitäten

Die Aktivitäten in gliedern sich in drei Hauptphasen, die die Grundlage für jede Transition bilden. Diese Phasen sind:

- Bereitstellung einer Transition-Strategie
- Vorbereitung der Service Transition
- Planung und Koordinierung

Bereitstellung einer Transition-Strategie

Die Service-Transition-Strategie legt fest, welche grundlegenden Richtlinien für die Organisation der Service Transition gelten. Die Festlegung ist abhängig von Komplexität und Anzahl der zu erbringenden Services, der benötigten Anzahl und Häufigkeit der Releases und der Anforderungen der Kunden. Die Inhalte einer Service-Transition-Strategie können je nach Rahmenbedingungen vielfältig sein und müssen individuell gestaltet werden. Mögliche Inhalte einer Transition-Strategie sind:

- Ziele und Zweck von Service Transition
- Scope
- Relevante Standards, Vereinbarungen, gesetzliche oder regulatorische Vorgaben
- Involvierte Parteien
  - Externe Provider, strategische Partner, Lieferanten
  - Kunden und Anwender
  - Transition-Organisation (Rollen, Verantwortungen, Struktur, Projekte)
- Kriterien für Phasenübergänge während der Service Transition
- Vorgehensmodell für die Service Transition
  - Definition der Transition-Phasen
  - Vorgaben für die Bewertung von Veränderungen, Kosten- und Ressourcenplanung
  - Maßnahmen zur Vorbereitung der Service Transition
  - Maßnahmen zur Evaluierung neuer Services
  - Vorgaben für Zusammenstellung, Verteilung und Early Life Support
  - Vorgeben zum Umgang mit Fehlern
  - Vorgaben für Monitoring und Prozessmanagement
- Liste der Ergebnisse aus Service Transition
  - Transition-Pläne, Change- und Configuration-Management-Pläne
  - Release Policy
  - Pläne und Reports für Tests, Evaluierung und Verteilung

Vorbereitung der Service Transition

Zur Vorbereitung werden zunächst die notwendigen Inputs wie z. B. Service Design Packages (SDP), Service Acceptance Criteria (SAC) oder Evaluation Reports (mit Risikoprofilen und Empfehlungen) überprüft. Um einen klaren Ausgangspunkt für die anstehenden Veränderungen sicherzustellen, werden die in der CMDB definierten Configuration Baselines überprüft, bevor mit der Transition begonnen wird. Dieser klare Ausgangspunkt wird benötigt, wenn nach einem Change das Delta dargestellt werden soll oder eine vorherige Konfiguration wieder hergestellt werden muss.

Planung und Koordinierung

Zur Planung der Aktivitäten für Release und Deployment eines Services wird ein Service-Transition-Plan erstellt. Dieser Plan enthält alle Aktivitäten für die Überführung des Services über die Testumgebung in die Produktivumgebung. Im Einzelnen enthält der Transition-Plan Informationen zum Umfeld der geplanten Änderung, Zeitplanungen und Meilensteine, Aktivitätenlisten, Informationen zu benötigten Service Assets und zu betrachtende Risiken.

Die für die Umsetzung der Veränderungen benötigte Projektstruktur wird in dieser Phase etabliert. Gerade in komplexen Umgebungen mit einer großen Anzahl von Veränderungen ist über das Management der einzelnen Projekte hinaus auch ein Programm-Management, also die Steuerung mehrerer paralleler Projekte, insbesondere bezüglich der benötigten Ressourcen notwendig.

Abschließend werden die erstellten Pläne und definierten Aktivitäten vor dem Start der Transition einem Review bezüglich Aktualität, Akzeptanz, Termine, Kosten und Risiken unterzogen und bei Bedarf erneut angepasst.

4.2.4.4 Rollen

Service Transition Manager

Der Service Transition Manager ist verantwortlich für die Zielerreichung über die gesamte Service-Transition-Phase. Er überwacht kontinuierlich die Service-Transition-Teams und deren Aktivitäten. Er trägt weiterhin die folgende Verantwortung:

- Übergreifende Planung und Steuerung der Service Transition und Identifizierung von Verbesserungspotential
- Finanzplanung für die Aktivitäten und Ressourcen während der Transition-Phase
- Eskalationsinstanz und Schnittstelle zum Management
- Einhaltung von Vorgaben und Prozessen des Unternehmens während der Transition-Phase
- Sicherstellen eines den Kundenanforderungen und den Spezifikationen aus Service Design entsprechenden Ergebnisses

4.2.4.5 Key-Performance-Indikatoren (KPI)

Im Folgenden finden Sie einige Beispiele für mögliche Kennzahlen aus der ITIL®-Literatur, mit deren Hilfe sich die Prozessqualität und der Beitrag zu den IT-Zielen messen lassen:

- Anteil der implementierten Changes, die den Kundenanforderungen bezüglich Kosten, Qualität und Termintreue entsprechen
- Reduzierung der Abweichungen von Planung und Realisierung (Scope, Kosten, Zeit)
- Verbesserung der Zufriedenheit der Kunden mit der Durchführung von Veränderungen
- Reduzierung der Fehler aufgrund inadäquater Planung
- Reduzierung des Aufwandes zur Planung (Zeit und Ressourcen)

Es ist jedoch nicht ausreichend, einfach definierte Kennzahlen zu übernehmen. Details zur richtigen Gestaltung von Zielen und Kennzahlen werden in Kapitel 5 beschrieben.

4.2.5 Change Management

4.2.5.1 Ziele

Change Management kontrolliert alle Veränderungen an vorhandenen Services, das Hinzufügen neuer Services und die Außerbetriebnahme von Services. Ziel des Change Management ist die effiziente und effektive Durchführung von Changes und die Minimierung der negativen Auswirkungen von Veränderungen auf die Geschäftsprozesse der Kunden. Störungen und Serviceunterbrechungen aufgrund von Changes sollen also reduziert und unnötige Nacharbeiten minimiert werden.

Gleichzeitig muss sichergestellt sein, dass die Anforderungen aus Business und IT zur Ausrichtung der Services auf die Geschäftsanforderungen erfüllt werden können. Changes müssen in angemessener, also für das Geschäft akzeptabler Zeit durchführbar sein.

4.2.5.2 Begriffe

Service Change

Die Definition des Begriffes „Service Change" lautet:

> *Hinzufügen, Verändern oder Entfernen von autorisierten, geplanten oder unterstützten Services oder Service-Komponenten und ihrer zugehörigen Dokumentation. [Service Transition, 2007]*

Im Scope des Change Management sind alle Änderungen an Service Assets und Configuration Items über den gesamten Lifecycle eines Services. Nicht im Scope sind dagegen Änderungen mit erheblichen, übergreifenden Auswirkungen, wie zum Beispiel strategische Business-Entscheidungen oder Änderungen der Organisationsstruktur. Diese Maßnahmen und Entscheidungen bedingen allerdings Veränderungsbedarf, der bei der Realisierung in Requests for Change formuliert und dann als Service Change bearbeitet wird.

Request for Change (RFC)

Ein RFC ist ein Antrag zur Durchführung eines Service Change. Welche Informationen im RFC enthalten sein müssen, wird vom Change Manager definiert. Der RFC bildet die Basis für die Bewertung, Planung und Genehmigung des Changes. RFC-Formulare werden in der Regel in elektronischer Form bereitgestellt. Sie können u. a. die folgenden Informationen enthalten.

- Eindeutige RFC-ID
- Datum des RFC
- Grund für den Change
- Beschreibung der Änderung
- Betroffene Configuration Items
- Zieltermin
- Priorität
- Mögliche Auswirkungen (bei Durchführung und Nicht-Durchführung)
- Benötigte Ressourcen
- Risiken
- Kosten (und falls vorhanden Kostenträger)

Standard Change

Für einen funktionierenden Change-Prozess ist es wichtig, dass die Ressourcen nicht durch unnötige Bürokratie bei der Bearbeitung von Changes gebunden werden. Für einfache, häufig wiederkehrende Changes mit überschaubarem Risiko (z. B. Umzug eines Systems) werden daher Standard Changes definiert und dokumentiert. Der Standard Change beinhaltet eine detaillierte Beschreibung der für die Durchführung nötigen Aktivitäten sowie der Bedingungen für die Auslösung. Er wird durch das Change Management bewertet und einmalig vorab genehmigt, um dann ohne erneute Genehmigung von definierten Personen oder Gruppen (z. B. Service Desk) durchgeführt zu werden. Die Kriterien für einen Standard Change im Überblick:

- Definiertes Starterereignis (Trigger)
- Aufgaben sind bekannt und bewährt.
- Änderung ist vorab genehmigt.
- Finanzielle Freigabe ist im Voraus erteilt oder liegt im Verantwortungsbereich des Antragstellers.
- Risiko ist normalerweise niedrig und immer bekannt.

Change Schedule (CS)

Im Change Schedule werden alle genehmigten Changes inklusive des geplanten Datums der Implementierung dokumentiert. Er dient insbesondere der Planung weiterer Changes und bewertet die Auswirkungen der Change -Durchführung auf bestehende Services.

Post Implementation Review (PIR)

PIR bezeichnet einen Review, der nach der Implementierung von Changes oder dem Abschluss von Projekten durchgeführt wird. Es wird bewertet, ob die Change-Implementierung oder die Projektrealisierung erfolgreich war und welches Verbesserungspotential sich ableiten lässt.

4.2.5.3 Aktivitäten

Die Aktivitäten des Change Management beziehen sich auf die Steuerung der durchzuführenden Changes. Die Aufgaben des Change Management sind:

- Planung und Steuerung der Changes
- Zeitplanung für die Change-Durchführung
- Kommunikation mit den Beteiligten
- Bewertung der Changes bezüglich Risiken und Auswirkungen
- Autorisierung der Changes
- Erstellen von Management Reports

Abbildung 4.13 zeigt beispielhaft den schematischen Ablauf bei der Bearbeitung eines Changes. Abhängig von Art und Umfang des jeweiligen Changes ist es durchaus möglich, unterschiedliche Modelle für die Bearbeitung zu definieren.

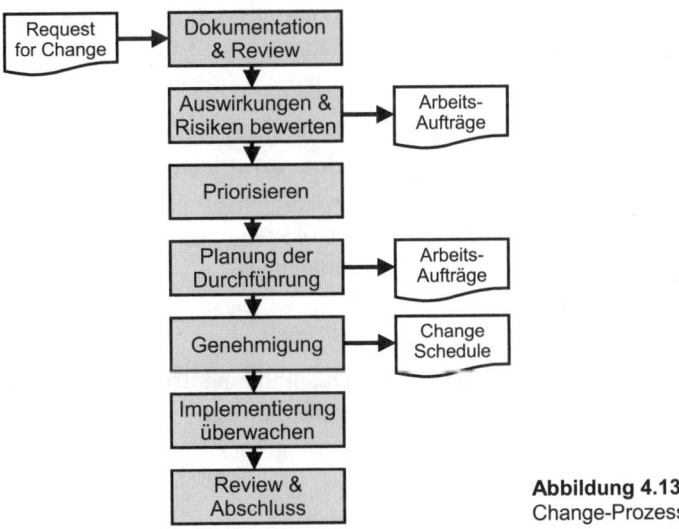

Abbildung 4.13
Change-Prozess

Change-Dokumentation und Review (Record RfC, review change)

Wenn Changes aus dem Business oder der IT beantragt werden, so wird zunächst ein Change Record in einem definierten Change-Management-Tool angelegt. Die Inhalte des Change Records orientieren sich an denen des RFC, können aber um weitere Felder, wie z. B. Vermerke zur Bewertung oder Freigabe ergänzt werden.

Der Change Record dient der Verfolgung des Fortschrittes bei der Change-Durchführung durch alle Phasen des Change-Management-Prozesses. Er muss eindeutig identifizierbar sein (RFC-ID). Anhand der Dokumentation sollen jederzeit der Status (z. B. eingegangen, akzeptiert, genehmigt …) und erfolgte Maßnahmen nachvollzogen werden können.

Anschließend werden die RFC einem Review unterzogen. Es wird geprüft, ob die Durchführung möglich ist, ob evtl. gleichartige Changes bereits durchgeführt werden oder schon abgelehnt wurden oder ob die Angaben im RFC ausreichend sind. Wird ein RFC nach dieser Prüfung abgelehnt, so wird der Antragsteller darüber informiert und ggf. Hinweise gegeben, welche Änderungen notwendig sind.

Bewertung von Auswirkungen und Risken (Assess and evaluate)

Im zweiten Schritt werden die Auswirkungen und Risiken des Change bewertet. Für diese Bewertung können die folgenden Fragen hilfreich sein:

- Wer hat den Change beantragt?
- Warum soll der Change durchgeführt werden und was ist der Business-Nutzen?
- Welche Risiken sind vorhanden?
- Welche Ressourcen werden benötigt und welche sind vorhanden?
- Wer ist verantwortlich für Erstellen, Testen und Implementieren des Change?
- Werden andere Changes beeinflusst?

Häufig werden die Auswirkungen von Changes anhand einer direkt in das Change-Management-Tool integrierten Matrix bewertet. Ein Beispiel für eine solche Matrix wird im Praxisteil vorgestellt.

Von besonderer Bedeutung für die Bewertung eines Change ist das Risiko für das Business bei der Change-Durchführung. Das Risiko ergibt sich aus den Auswirkungen auf das Business und der Eintrittswahrscheinlichkeit. Ist sowohl die Auswirkung als auch die Eintrittswahrscheinlichkeit hoch, so besteht ein erhebliches Risiko, das bei der späteren Entscheidung über die Genehmigung des Change berücksichtigt werden muss.

Priorisierung (Allocation of priorities)

Die Priorisierung bestimmt die Reihenfolge der Change-Durchführung. Die Priorität leitet sich aus der Auswirkung und der Dringlichkeit eines Change ab. Der Antragsteller wird diesbezüglich seine Vorstellungen und Wünsche äußern, welche im Rahmen des Change-Prozesses bewertet und bei Bedarf angepasst werden.

Die Auswirkung beschreibt den Grad der Beeinflussung des Business, also z. B. den möglichen Schaden, die Kosten oder die Anzahl der betroffenen Mitarbeiter. Die Dringlichkeit beschreibt die zeitliche Komponente, also wie lange eine Verzögerung ohne weitere Auswirkungen möglich ist. Oft sind zeitliche Vorgaben in den Service Level Agreements definiert.

Planung der Durchführung (Planning and scheduling)

Bei der Planung der Changes gilt es, verschiedene Aspekte zu berücksichtigen. Zunächst ist es wichtig, dass Changes entsprechend der Anforderungen und Zwänge des Business geplant werden. Weiterhin gilt es, die Schnittstellen zwischen dem Change Management Prozess und anderen Prozessen und Projekten sowie die Verteilung der Aktivitäten klar zu definieren, so dass alle Beteiligten ihre Aufgaben kennen.

Um die negativen Auswirkungen auf die Kunden so gering wie möglich zu gestalten, werden ähnliche Changes oder Changes innerhalb eines gemeinsamen Umfeldes oft gebündelt und gemeinsam implementiert. In diesem Fall müssen Abhängigkeiten und eventuelle gegenseitige Beeinträchtigungen bereits in der Testphase berücksichtigt werden.

Ein wichtiger Aspekt für die Planung der Changes ist die Nutzung vereinbarter Wartungsfenster, in denen eine mögliche Serviceunterbrechung mit dem Kunden vereinbart ist und die Changes so mit kleinstmöglichen Auswirkungen durchgeführt werden können.

Alle genehmigten und zur Implementierung geplanten Changes werden im Change Schedule (CS), die resultierenden Auswirkungen auf Performance und Verfügbarkeit in der Projected Service Outage (PSO) dokumentiert und veröffentlicht. Der Change Schedule ermöglicht es dem Change Management, bei der Planung neuer Changes, die bereits vorgesehenen Veränderungen zu berücksichtigen. Aber auch andere Prozesse und Funktionen können vom CS und PSO profitieren, indem z. B. die Anwender durch den Service Desk über bevorstehende Veränderungen informiert werden und so am Tag des Changes Nachfragen bezüglich Beeinträchtigungen reduziert werden können.

Genehmigung (Authorizing the change)

Eine zentrale Aufgabe des Change Management ist die formale Freigabe der Changes zur Implementierung. Als Grundsatz gilt, dass kein Change ohne Genehmigung implementiert werden darf. Wer einen Change genehmigen darf, hängt von der Größe und den identifizierten Auswirkungen der geplanten Änderung ab. Die Hierarchie für die Berechtigung zur Genehmigung ist die Basis für einen funktionierenden Genehmigungsprozess und muss daher für jedes Unternehmen individuell und exakt definiert werden. Kleinere Changes mit geringen, lokalen Auswirkungen können beispielsweise durch den Change Manager genehmigt werden, während mittlere Changes mit regional eingegrenzten Auswirkungen durch das CAB und Changes mit großen Auswirkungen auf mehrere Standorte oder das gesamte Unternehmen durch das IT-Management Board bzw. durch das Business Management genehmigt werden müssen.

Überwachen der Implementierung (Coordinating change implementation)

Nachdem die Genehmigung für die Implementierung erteilt wurde, wird der RFC zur Bearbeitung weitergeleitet, um den Change zu erstellen. Die Erstellung der Changes im Detail erfolgt im Rahmen des Prozesses *Release and Deployment Management* (Abschnitt 4.2.7) durch entsprechende technische Spezialisten. Die Implementierung unterliegt jedoch der Überwachung des Change Management, das die zeitgerechte Realisierung entsprechend der Planung sicherstellt.

Change Management überwacht dabei auch die Testphase der der neuen oder veränderten Services und den Early-Life-Betrieb, der Hinweise auf möglicherweise notwendige Korrekturmaßnahmen liefert und die Basisinformationen für zukünftige Verbesserungen bei der Change-Implementierung liefert.

Review und Abschluss (Review and close change record)

Nach der Fertigstellung der Implementierung werden die Ergebnisse dokumentiert und auftretende Fehler analysiert (z. B. im Rahmen des Post Implementation Review). Rückmeldungen der Stakeholder und der Kunden werden eingeholt und dienen der Überprüfung der Zielerreichung bezüglich Qualität, Zeit, Kosten und Ressourcennutzung. Aus den Ergebnissen der Überprüfung können Schlüsse auf die Zufriedenheit der Kunden, unerwartete Nebeneffekte und letztlich auch Rückschlüsse für die Verbesserung zukünftiger Changes (Lessons Learned) abgeleitet werden. Nach Abschluss dieses Reviews und der Feststellung, dass die Ziele erreicht wurden, wird der Change Record formal abgeschlossen. Dieser Review kann im Rahmen eines Post Implementation Review (PIR) erfolgen.

Die Review-Aktivitäten können bei Bedarf aus einem Review direkt nach der Implementierung und einem weiteren Review nach einer definierten Zeit bestehen. Die langfristigen Reviews sind oft übergreifender Natur und werden in der Regel durch das CAB verantwortet.

4.2.5.4 Rollen

Change Manager

Der Change Manager ist verantwortlich für die Zielerreichung des Change-Management-Prozesses. Er trägt weiterhin die folgende Verantwortung:

- Annahme, Filtern, Dokumentation und Priorisierung der RFC
- Einberufen des CAB/ECAB und Vorlage der relevanten Changes
- Autorisieren der Changes, ggf. nach Abstimmung mit dem CAB
- Bereitstellen der Change-Planung
- Koordinieren der Change-Erstellung, der Tests und der Implementierung
- Review aller implementierten Changes
- Schließen der RFC nach Abschluss der Implementierung und des Review
- Bereitstellen des Management Reporting

Change Advisory Board (CAB) und Emergency CAB (ECAB)

Das Change Advisory Board unterstützt das Change Management bei der Bewertung, Planung und Genehmigung von Changes. Das CAB sollte sowohl die technische als auch die Business-Sicht vertreten und in der Lage sein, die Changes zu bewerten. Die Verantwortung für die Zusammenstellung obliegt dem Change-Manager. Mitglieder das CAB können z. B. Kundenvertreter, Spezialisten (Entwickler, Techniker), Lieferanten oder Anwendervertreter sein. Der Change Manager und der jeweilige Service Owner sind in jedem Fall Mitglied des CAB.

Im Fall von Emergency Changes, also bei besonders zeitkritischen Changes mit in der Regel hohen Auswirkungen, ist es nicht immer möglich, das CAB einzuberufen. In diesem Fall sollte ein Emergency CAB (ECAB) definiert sein, das kurzfristig erreichbar ist und die Autorität für notwendige Entscheidungen besitzt. Emergency Changes sollten allerdings die Ausnahme sein und nicht zur Beschleunigung einfacher Changes missbraucht werden.

4.2.5.5 Key-Performance-Indikatoren (KPI)

Im Folgenden finden Sie einige Beispiele für mögliche Kennzahlen aus der ITIL®-Literatur, mit deren Hilfe sich die Prozessqualität und der Beitrag zu den IT-Zielen messen lassen:

- Wert einer Verbesserung für das Business, verglichen mit den Change-Kosten
- Anzahl der Incidents aufgrund von Changes
- Anteil fehlgeschlagener Changes
- Anteil der Changes in Budget
- Anteil der Changes in Time

Es ist jedoch nicht ausreichend, einfach definierte Kennzahlen zu übernehmen. Details zur richtigen Gestaltung von Zielen und Kennzahlen werden in Kapitel 5 beschrieben.

4.2.5.6 Herausforderungen

Der Change-Management-Prozess hat einerseits das Ziel, die Auswirkungen von Changes zu minimieren, andererseits soll die Innovationsfähigkeit erhalten bleiben. Es gilt also, den Prozess so zu gestalten, dass die Balance zwischen Stabilität und Flexibilität sichergestellt wird. Eine sehr pragmatische Vorgehensweise ermöglicht zwar eine sehr schnelle Change-Umsetzung und damit eine hohe Flexibilität, erhöht aber auch das Risiko fehlgeschlagener Changes oder unerwünschter Nebeneffekte. Eine sehr bürokratische Vorgehensweise dagegen stellt eine hohe Zuverlässigkeit sicher, kostet allerdings viel Zeit und Ressourcen, so dass das Change Management gerade kurz nach einer Neueinführung oft zu einem Flaschenhals wird.

4.2.6 Service Asset and Configuration Management

4.2.6.1 Ziele

Service Asset and Configuration Management (SACM) hat das Ziel, aktuelle und konsistente Informationen zur Konfiguration der IT-Infrastruktur und allen zur Serviceerbringung benötigten Komponenten bereitzustellen. Entscheidungen bezüglich des IT-Service Management können so in allen ITSM-Prozessen auf Basis konkreter und verlässlicher Informationen getroffen werden. Zu diesem Zweck werden sowohl aktuelle und historische Konfigurationsdaten als auch Planungsdaten im Configuration Management System (CMS) gepflegt.

SACM stellt sicher, dass alle Assets und Configuration Items identifiziert, überwacht und dokumentiert werden und die aktuelle Datenbasis regelmäßig konkreten Überprüfungen zur Sicherstellung der Übereinstimmung mit der tatsächlichen Konfiguration unterzogen wird. Sowohl das IT-Management als auch die Kunden werden so in die Lage versetzt, ihre Kontrollziele bezüglich der IT-Infrastruktur zu erreichen. Kontrollziele sind unter anderem die Nachvollziehbarkeit des Status von CI, die Vollständigkeit der Informationen oder deren Korrektheit.

Die Erreichung der genannten Ziele stellt weiterhin sicher, dass Vorfälle, in denen falsche Konfigurationen von Services oder Komponenten zu Mängeln in der Qualität oder bei der Einhaltung gesetzlicher oder anderer Bestimmungen führen, vermieden werden.

4.2.6.2 Begriffe

Configuration Item (CI)

Ein CI ist ein Asset, eine Servicekomponente oder ein sonstiges Objekt, das unter der Kontrolle des Configuration Management steht oder stehen wird. Configuration Items sind also Elemente der IT-Infrastruktur, bei denen es sich um IT-Services, Hardware, Software, Gebäude oder auch Prozessdokumentationen und Verträge wie SLA handeln kann. CI unterliegen der Kontrolle des Change Management, dürfen also nur anhand eines formalen Change verändert werden. Häufig werden auch Personen als CI ins Gespräch gebracht, was allerdings aus meiner Sicht nicht notwendig und zudem zu verschiedenen Seltsamkeiten führen kann. Muss die Heirat eines Mitarbeiters – also möglicherweise seine oder ihre Namensänderung – nun vom CAB genehmigt werden? Will man Personen einem CI zuordnen, so ist es völlig ausreichend, das als entsprechendes Attribut des CI zu realisieren. Mögliche Attribute eines Configuration Item sind:

- Eindeutige Bezeichnung
- CI-Typ
- Name
- Beschreibung
- Version
- Hersteller
- Status (in Betrieb, defekt, …)
- Beziehungen zu anderen CI
- Owner

Configuration Model

Die Beziehungen zwischen den CI, also z. B. die Darstellung, welche Software auf welchem System läuft oder aus welchen Einzelkomponenten ein vereinbarter Service besteht, werden in einem logischen Modell (Configuration Model) abgebildet. Die Kenntnis dieser Beziehungen zwischen CI ist wichtig für viele verschiedene Aktivitäten des Service Management. Change Management kann erkennen, wie eine zur Änderung vorgesehene Komponente andere Komponenten oder Services beeinflusst, Availability Management kann die Abhängigkeiten der Services von verschiedenen Komponenten und deren Redundanzen ablesen und auch die anderen Prozesse profitieren von diesem Modell (Abbildung 4.14 zeigt ein Beispiel).

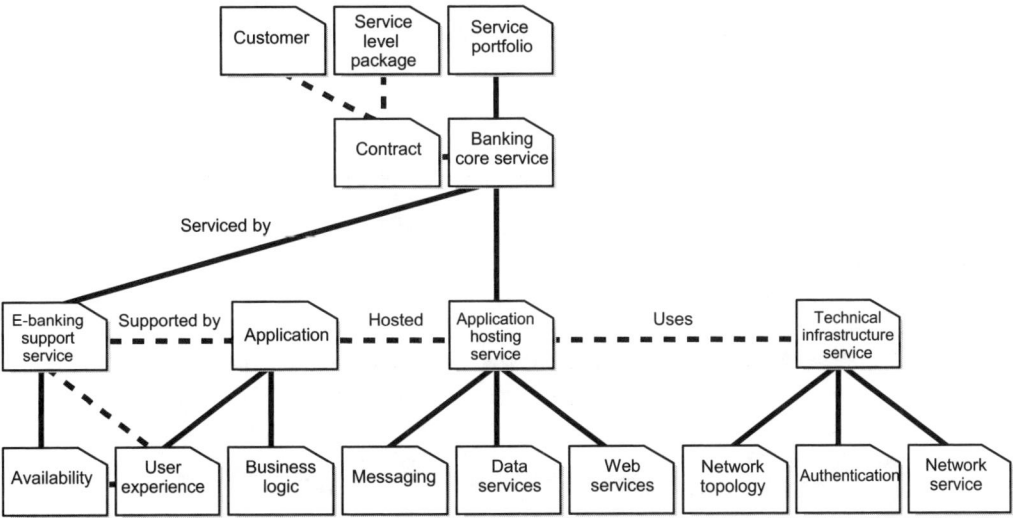

Abbildung 4.14 Configuration Model (Quelle: Service Transition 2007)

Definitive Media Library (DML)

In der DML werden alle geprüften und freigegebenen Medien-CI als Masterkopien sicher aufbewahrt und geschützt. Die DML besteht in der Praxis aus verschiedenen Medien, wie geschütztem Speicherplatz (getrennt von der Entwicklungs-, Test- und Produktivumgebung) oder auch Aufbewahrungsorten für Medien-CDs (z. B. ein feuerfester Safe).

In die DML werden ausschließlich durch das SACM autorisierte Medien aufgenommen. Sie bilden die Basis für die Arbeit des Release and Deployment Management (Abschnitt 4.2.7).

Die Steuerung und Überwachung von Veränderungen (Hinzufügen, Ändern oder Entfernen von Objekten) in der DML erfolgt – wie alle Änderungen an der Infrastruktur – durch den Prozess Change Management (Abschnitt 4.2.5).

Configuration Management System (CMS)

Für die Abbildung und Bereitstellung der komplexen Informationen zu Services, Komponenten und Infrastruktur benötigt SACM ein zentrales System: Das Configuration Management System (CMS). Das CMS enthält also alle Informationen zu den identifizierten CI und bildet deren gegenseitige Beziehungen auf Basis des Configuration Models ab. Es enthält sowohl Informationen zu den Services, deren Standorten und Komponenten als auch zu in Beziehung stehenden Incidents, Problems, Known Errors oder Informationen zu Skills, Lieferanten, Kunden und Anwendern.

Die Inhalte des CMS werden entsprechend des DIKW-Modell (Abschnitt 4.2.10.2) aggregiert und setzen sich aus Daten verschiedener Quellen zusammen. Eine wichtige Quelle sind eine oder mehrere physikalische CMDB (Configuration Management Databases), die Informationen zu CI und deren Beziehungen über deren gesamten Lifecycle enthalten. Die Daten in den CMDBs sollten weitgehend automatisiert erfasst werden. Weitere Datenquellen sind Projektdokumentationen, die Definitive Media Library, Scan- und Überwachungstools oder Schnittstellen zu Unternehmensapplikationen (SAP u. Ä,). Abbildung 4.15 zeigt die prinzipielle Struktur des CMS.

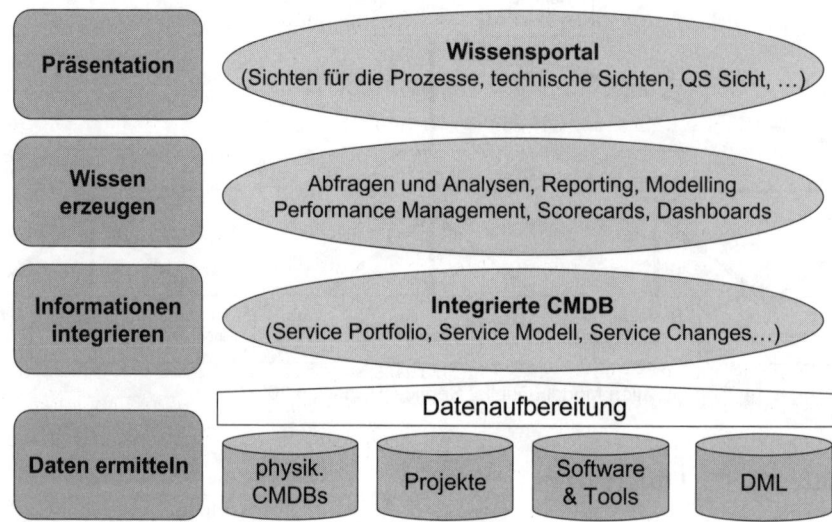

Abbildung 4.15 Prinzip eines CMS

Configuration Baseline

Die Configuration Baseline oder Ausgangskonfiguration ist eine Aufzeichnung über die Konfiguration eines Produkts oder Services, wie es zu einem definierten Zeitpunkt erstellt wurde. Sie erfasst sowohl die Struktur als auch die Einzelheiten der Konfiguration. Baselines werden als Ausgangspunkt für zukünftige Arbeiten (z. B. ein Desktop bei Eingang ins Warenlager), als Fixpunkte zum Nachvollziehen erfolgter Changes oder als Rückfallpunkte bei misslungenen Veränderungen definiert.

4.2.6.3 Aktivitäten

Management und Planung (Management and planning)

Die Rahmenbedingungen und der Scope des SACM werden definiert und es wird festgelegt, wie ausgeprägt das SACM betrieben werden soll. Als Basis für das SACM werden in dieser Phase die Rollen und Verantwortlichkeiten definiert, die grundlegenden Prozesse definiert und festgelegt, welche Tools für die definierten Aktivitäten genutzt werden sollen.

Das SACM ist geprägt durch den Umgang mit zahlreichen Schnittstellen zur Datenerfassung und Verarbeitung. Diese Schnittstellen zu anderen Prozessen (insbesondere dem Change Management), zu Projekten, Entwicklungsabteilung und internen Support-Teams, sowie zu externen Lieferanten müssen in dieser Phase etabliert werden.

Alle Vorgaben und Festlegungen werden im Configuration-Management-Plan dokumentiert und bilden die Basis für alle weiteren Aktivitäten des SACM.

Konfigurationsidentifizierung (Configuration identification)

Zunächst werden in dieser Phase Kriterien definiert, nach denen Assets und Configuration Items identifiziert und gruppiert werden sollen, um eine klare Struktur und damit ausreichende Übersichtlichkeit zu gewährleisten. Anhand der definierten Kriterien werden die einzelnen CI identifiziert, eingeordnet und eindeutig benannt. Anschließend werden alle spezifischen Eigenschaften der CI identifiziert, und es wird festgelegt, welche Attribute für jeden Typ CI benötigt werden (ein Software-CI wird andere Attribute haben als ein CI für eine Dokumentation).

Für den sinnvollen Betrieb in der Praxis ist die richtige Erfassungstiefe, also der Detaillierungsgrad der Erfassung, sehr wichtig. Werden zu viele Details erfasst, so führt das schnell zu einer nur noch schwer zu pflegenden Datenmenge, werden andererseits zu wenige Detailinformationen erfasst, so können wichtige Informationen während des Service Lifecycle fehlen. Als Faustformel gilt hier als akzeptable Erfassungstiefe die Ebene des kleinsten unabhängig durchführbaren Changes. Hat ein Unternehmen beispielsweise den kompletten Client-Betrieb ausgelagert und werden defekte PCs einfach durch einen Lieferanten komplett ausgetauscht, so ist der komplette PC als unterer CI-Level ausreichend. Werden die PCs dagegen selber betreut und auch einmal eine Festplatte oder eine CPU einzeln getauscht, so gelten diese Komponenten als notwendiger unterer CI-Level. Die definierten CI-Level sollten regelmäßigen Überprüfungen unterzogen und bei Bedarf angepasst werden.

Neben den einzelnen CI werden in dieser Phase ihre Beziehungen untereinander betrachtet und ihre Dokumentation festgelegt. Beziehungen beschreiben beispielsweise, aus welchen Komponenten ein Service besteht oder wie sich CI gegenseitig beeinflussen können. Die Abbildung dieser Beziehungen macht einen der größten Unterschiede zwischen einem CMS und einer einfachen Asset-Datenbank aus. Beispiele für Beziehungen sind:

- Ist Bestandteil von (eine Festplatte in einem Computer)
- Ist verbunden mit (ein System mit einem Netzwerk)
- Setzt sich zusammen aus (ein Service besteht aus einzelnen Komponenten)

Konfigurationssteuerung (Configuration control)

In dieser Phase wird sichergestellt, dass alle CI während des kompletten Lifecycle einer adäquaten Kontrolle unterliegen. Mögliche Veränderungen werden erfasst und die dokumentierten CI aktualisiert. Funktioniert diese Steuerung der Erfassung von Änderungen nicht, so wird sehr schnell eine große Diskrepanz zwischen Dokumentation und Realität entstehen. Jeder Change muss also nach den Vorgaben dieser Phase des SACM dokumentiert und erfasst werden, um ein aktuelles CMS zu gewährleisten.

Statusnachweis und Reporting (Status Accounting and reporting)

Configuration Items können verschiedene Status annehmen. Abhängig von den Auswirkungen auf die Serviceerbringung müssen diese Status auch in der Dokumentation des CI erfasst werden, damit deutlich wird, welche Services oder Komponenten zum aktuellen Zeitpunkt ggf. beeinträchtigt werden. Beispiele für den Status:

- In Planung
- In Entwicklung
- Freigegeben
- Auf Lager
- In Betrieb
- In Reparatur
- Zurückgezogen

Neben den Status wird in dieser Phase definiert, wie der Wechsel zwischen den Phasen erfolgt und wer die Verantwortung für die Freigabe des Wechsels trägt.

Das Reporting beinhaltet die Erfassung und Bereitstellung von Informationen bezüglich der Configuration Items im Verlauf des kompletten Lifecycle. Reports können sich sowohl auf einzelne CI als auch auf einen kompletten Service oder das gesamte Service Portfolio beziehen. Sie beinhalten Informationen zur Konfiguration, zum aktuellen Status, zur Veränderungshistorie, zu unautorisierten CI oder zu aktuell definierten Configuration Baselines.

Verifizieren und Auditieren (Verification and audit)

Regelmäßige Überprüfungen der dokumentierten Informationen zu den CI und deren Konfiguration stellen sicher, dass die erfassten Daten der Realität entsprechen und so eine sinnvolle Basis für Entscheidungen und geplante Aktivitäten bilden. Für die Durchführung dieser Audits bieten sich verschiedene Vorgehensweisen, wie Stichproben oder Inventuren an. Alle Maßnahmen sollten nach Möglichkeit automatisiert erfolgen. Häufig kommen hier die am Markt inzwischen etablierten Scan- und Inventarisierungstools zum Einsatz.

Die Durchführung der Audits sollte sowohl in regelmäßigen Intervallen als auch unregelmäßig erfolgen, besonders bei bestehendem „Anfangsverdacht" einer Abweichung. Beispiele für so einen Anfangsverdacht sind häufige Support-Anfragen am Service Desk zu nicht genehmigter Software oder ein Ressourcenbedarf weit jenseits der Erwartungen des Capacity Management.

4.2.6.4 Rollen

Configuration Manager

Der Configuration Manager ist verantwortlich für die Vereinbarung von Scope und Zielen mit dem IT-Management und für die Definition sowie die Einhaltung der Aktivitäten im Configuration-Management-Prozess. Zu den Verantwortlichkeiten zählen:

- Planung und Überwachung der Aktivitäten im Configuration Management und Pflege des Asset- and Configuration-Management-Planes
- Definition eindeutiger Konventionen für Configuration Items (z. B. Namenskonventionen, CI-Typen, Versionen, Templates)
- Definition und Pflege von Schnittstellen zu anderen Prozessen (insbesondere Change Management)
- Tool-Evaluierung und Auswahl für das CMS
- Pflege und Aktualisierung des CMS
- Reporting an andere Prozesse und an das Management

Configuration Administrator/Librarian

Inhaber dieser Rolle sind verantwortlich für die Durchführung der Pflegeaktivitäten im Service Asset and Configuration Management sowie für die Bereitstellung der Informationen und des Status der gespeicherten CI. Sie unterstützen den Configuration Manager bei der Pflege des Service-Asset- and-Configuration-Management-Planes und bei der Identifizierung von Assets bzw. CI.

CMS/Tools Administrator

Ein den Anforderungen entsprechendes und funktionierendes Tool ist die Basis für die adäquate Pflege des CMS mit einem vertretbaren Aufwand. Der CMS/Tools Administrator ist verantwortlich für die Funktionsfähigkeit und die anforderungsgerechte Konfiguration der eingesetzten Tools.

4.2.6.5 Key-Performance-Indikatoren (KPI)

Im Folgenden finden Sie einige Beispiele für mögliche Kennzahlen aus der ITIL®-Literatur, mit deren Hilfe sich die Prozessqualität und der Beitrag zu den IT-Zielen messen lassen:

- Anteil erfolglose RFC aufgrund falscher oder fehlender Informationen aus dem CMS
- Reduzierung der Anzahl nicht genehmigter CI im Betrieb
- Quote genutzter Lizenzen in Bezug zu gekauften Lizenzen
- Reduzierung der Abweichungen in Audits (erfasste CI/vorhandene CI)

Es ist jedoch nicht ausreichend, einfach definierte Kennzahlen zu übernehmen. Details zur richtigen Gestaltung von Zielen und Kennzahlen werden in Kapitel 5 beschrieben.

4.2.6.6 Herausforderungen

Basis für eine erfolgreiche Einführung des SACM ist die klare Unterstützung des Managements und die ausreichende Bereitstellung der benötigten Ressourcen und finanziellen Mittel. Hier hat das SACM häufig ein Imageproblem, da es zwar ohne Zweifel einen großen Nutzen für alle Service-Management-Prozesse liefert, dieser Nutzen aber indirekter Natur und nicht so leicht zu greifen ist, wie z. B. beim Service Level Management oder beim Incident Management. Dazu kommt, dass die geplanten Mittel oft nicht ausreichend sind, da bei der Implementierung des komplexen SACM-Prozesses die Fehlerwahrscheinlichkeit sehr hoch ist.

Einer der am weitesten verbreitete Fehler bei der Implementierung des SACM ist wohl die falsche oder fehlende Festlegung des Detaillierungsgrades. Statt sich Gedanken über den tatsächlich im Service Management benötigten Informationsbedarf zu machen und daraus abzuleiten, welche Daten für diese Informationen erfasst und aufbereitet werden müssen, werden alle vorhandenen Datenquellen durchforstet und die gefundenen Daten vollständig verarbeitet. Diese Vorgehensweise führt gerade bei der Neueinführung in der Regel zu nicht kontrollierbaren Datenmengen, die schnell zu Fehlern und schließlich zur Demotivierung der Mitarbeiter und Beteiligten führen können.

Um die ganze Komplexität, alle Schnittstellen und möglichen Aufwände für den Betrieb des SACM-Prozesses zu erkennen, bietet sich eine schrittweise Vorgehensweise an. Zunächst werden einige einfache Services in den Scope aufgenommen und die Konfigurationsdaten anhand der definierten Prozesse gepflegt. Funktionieren die Prozesse für diese einfachen Services, können dann sukzessive weitere komplexere Services in den Scope aufgenommen werden.

4.2.7 Release and Deployment Management

4.2.7.1 Ziele

Ziel des Release and Deployment Management ist die erfolgreiche Integration von Releases in die geplante Zielumgebung unter Einhaltung der vorgegebenen Zeitplanung. Neue und geänderte Services werden unter diesen Bedingungen entsprechend der Serviceanforderungen in die Produktivumgebung implementiert. Unvorhergesehene Auswirkungen auf bestehende Services, den Betrieb und auf die Support-Organisation werden vermieden.

Ziel ist auch die Bereitstellung adäquater Verfahren und Ergebnistypen wie Benutzerhandbücher, Schulungen und Kommunikationspläne, die den Anforderungen von Kunden, Anwendern und Service Management entsprechen. Zur Abstimmung und Zusammenarbeit mit dem Change Management und Veränderungsprojekten werden verständliche Release- und Deployment-Pläne erstellt und verfügbar gemacht.

Entsprechend der unterschiedlichen Anforderungen aus verschiedenen Releases und deren Inhalten wird das passende Release Design festgelegt und die Releases entsprechend implementiert. Klassische Alternativen für das Release Design sind Push- oder Pull- Mechanismen, automatische oder manuelle Methoden, „Big Bang" oder stufenweise Implementierung.

4.2.7.2 Begriffe

Release Unit

Die Release Unit ist der Teil eines Services bzw. der IT-Infrastruktur der in der Regel während eines Releases gemeinsam getestet und ausgerollt wird. Ziel ist es, den geeigneten

Release Unit Level für die vorhandenen Service Assets je nach deren Einfluss auf die Geschäftsprozesse zu definieren. Beispielsweise kann bei geschäftskritischen Applikationen definiert werden, dass die Release Unit grundsätzlich die gesamte Applikation umfasst, um in Tests alle möglichen Auswirkungen zu identifizieren.

Release Package

Ein Release Package beinhaltet die notwendigen Veränderungen, um Services von einer vorhandenen Baseline auf eine neue, geplante Baseline zu verändern. Geplante Changes bedingen oft weitere Veränderungen (wie z. B. ein Hardware-Upgrade aufgrund einer Softwareaktualisierung), die im Rahmen des Release Package gemeinsam betrachtet werden. Auch neue Handbücher, Systemdokumentationen oder Vorgehensweisen können Inhalt eines Release Package sein.

Release Packages können aus einer oder mehreren Release Units bestehen. Sie sollten wenn möglich so gestaltet werden, dass die Möglichkeit besteht, einzelne Release Units bei Bedarf (z. B. aufgrund entsprechender Testergebnisse) aus dem Package zu entfernen.

Release- und Deployment-Modelle

Release- und Deployment-Modelle sind vordefinierte Modelle, die bei der Verteilung von Releases unterstützen und einen Rahmen für Rollouts schaffen. Diese Modelle enthalten Informationen zur Release-Struktur (Gestaltung des Release Package und Informationen zur Zielumgebung), Kriterien für Start und Ende eines Releases. Für die Durchführung werden die Entwicklungs- und Testumgebungen, Rollen, Zeitpläne, Templates und Vorgaben für die Dokumentation sowie Übergabe- und Abnahmekriterien beschrieben. Die bereits oben genannten Release-Optionen sind:

- *Big Bang:* Alle Komponenten eines Releases werden gleichzeitig in die Betriebsumgebung eingeführt. Dieser Ansatz verkürzt die Dauer und fasst die Einschränkungen des Betriebes durch den Rollout zusammen, birgt jedoch ein höheres Risiko für erhebliche Beeinträchtigungen des Betriebs.
- *Phased:* In dieser Variante findet der Rollout phasenweise, z. B. nach Standort oder Funktionalität statt. Dieser Ansatz mindert das Risiko für weitreichende Beeinträchtigungen, und Erfahrungen aus den ersten Phasen können für die folgenden verwendet werden. Es besteht allerdings die Gefahr einer erheblichen zeitlichen Ausdehnung der Behinderungen durch die Rollouts.
- *Push:* Der Service Provider verteilt das Release aktiv und implementiert es entweder manuell oder automatisiert (z. B. Softwareverteilung) in der Betriebsumgebung
- *Pull:* Der Service Provider stellt das Release bereit und der Kunde bzw. die Anwender rufen dieses Release ab, wenn sie die Implementierung vornehmen wollen.

Eine weitere Entscheidung ist die zwischen automatisiertem oder manuellem Rollout. Allerdings hängt diese Entscheidung oft vom Inhalt der Releases ab. Eine Prozessimplementierung zum Beispiel kann in der Regel nicht einfach automatisiert ausgerollt werden.

4.2.7.3 Aktivitäten

Release-Planung (Planning)

In dieser Phase wird in Bezug zum Service-Transition-Plan ein Release-and-Deployment-Plan erstellt, in dem Richtlinien für die Verteilung des jeweiligen Release in die Produktivumgebung definiert werden. Die folgenden Aspekte sollten in dem Release-and-Deployment-Plan betrachtet werden:

- Scope und Inhalt des Releases
- Risikobetrachtung und -management
- Betroffene Unternehmensbereiche/Stakeholder
- Verantwortlichkeiten während des Release
- Benötigte Ressourcen
- Verteilungsstrategie
- Abnahmekriterien

Zu den Aktivitäten dieser Phase gehören auch die Vorbereitung der Umgebung für die Erstellung, der Test und die Verteilung des geplanten Releases. Dazu zählen u. a. Planungen auf Basis der vorliegenden SDP, Planung der notwendigen Aktivitäten, Zuweisung der benötigten Ressourcen, Rollen und Verantwortlichkeiten.

Gegebenenfalls vorgesehene Pilotphasen werden ebenso in dieser Phase geplant und vorbereitet. Piloten sind sinnvoll, um die geplanten Änderungen in einer überschaubaren Umgebung zu testen, Feedback von eingebundenen Anwendern, Lieferanten und Kundenvertretern einzuholen und ggf. notwendige Anpassungen vor dem Hauptrollout vorzunehmen.

Vorbereitungsmaßnahmen (Preparations for build, test and deployment)

Bevor die Phase der eigentlichen Release-Erstellung und des Testens beginnt, werden die Inhalte des Release und die geplanten Aktivitäten auf ihren Beitrag zu den Anforderungen an den neuen oder veränderten Service überprüft. Die Überprüfung erfolgt mit direktem Feedback zwischen Service Transition und Service Design und fokussiert auf alle für die Veränderung relevanten Aktivitäten, Ressourcen und Fähigkeiten. Informationsquellen für die Bewertung sind u. a. Service Design Packages (SDP), Risikobewertungen oder im CMS dokumentierte, von der Veränderung betroffene Service Assets. Zusätzlich wird in dieser Phase bewertet, ob die notwendigen Aktivitäten in der vorgesehenen Zeit durchgeführt werden können, und es wird ein Validierungsreport mit den wichtigen Kriterien für eine erfolgreiche, die Anforderungen erfüllende Durchführung der Änderungen erzeugt. Dieser Validierungsreport dient später als Basis für eine detaillierte Servicevalidierung (Service Validation and Testing, Abschnitt 4.2.8).

Neben technischen und servicebezogenen Planungen erfordert die Durchführung von Veränderungen spezifische Fähigkeiten der beteiligten Mitarbeiter. Betroffen sind in der Regel die Teams für Release-Erstellung, Test und Verteilung sowie das Support-Personal. Die Anforderungen an die Skills der Mitarbeiter werden in dieser Phase identifiziert und mit den aktuellen Fähigkeiten verglichen. Als Ergebnis werden dann notwendige, allgemeine oder individuelle Trainingsmaßnahmen dokumentiert und geplant.

Release-Erstellung und Test (Build and test)

In dieser Phase erfolgt die eigentliche Realisierung des geplanten Release. Zunächst wird sichergestellt, dass alle benötigten Komponenten vorhanden sind und den Anforderungen aus der geplanten Veränderung entsprechen. Zu diesem Zweck wird die Qualität aller Configuration Items und benötigten Services überprüft, während der Realisierung überwacht und dokumentiert. Die Überprüfung bezieht sich auf alle Eigenschaften der benötigten Komponenten, wie z. B.:

- Klare Namens- und Bezeichnungskonventionen
- Dokumentation in der Definite Media Library (DML)
- Erfüllung definierter Qualitätskriterien
- Risikobewertung bezüglich bedrohlicher Komponenten (Viren, Trojaner...)

Anschließend erfolgt die Zusammenstellung des Releases entsprechend der Vorgaben aus dem Service Design Package (SDP) als Release Package. Wichtig für die spätere Nachvollziehbarkeit ist die Definition klarer Prozesse für eine standardisierte, kontrollierte und wiederholbare Release-Erstellung. Ergebnis dieser strukturierten Aktivitäten ist die Erstellung des jeweiligen Release Packages. Die Aktivitäten für die Erstellung des Release Package sind:

- Zusammenstellung der benötigten Komponenten
- Erstellen der Release-Dokumentation (Realisierungspläne, Arbeitsanweisungen, Maßnahmen zur Qualitätssicherung, Verteilungsmechanismen)
- Installieren und Verifizieren der Funktionalität
- Information der Stakeholder
- Release-Package-Test

Voraussetzung für die Erstellung der Releases entsprechend der Vorgaben ist die Verfügbarkeit einer adäquaten Testumgebung. Diese Testumgebung muss aktiv überwacht und gesteuert werden, um sicherzustellen, dass die durchgeführten Tests langfristig relevant für die spätere Verwendung der Releases in der Produktivumgebung sind. Neben den technischen Voraussetzungen in der Testumgebung ist eine klar definierte und zuverlässige Kommunikation der Release-Erstellung eine zentrale Komponente. Nur wenn die Kommunikation insbesondere zwischen Projekt- und Betriebspersonal funktioniert, ist ein reibungsloser Übergang in den Betrieb sichergestellt.

Test und Pilotierung (Service testing and pilots)

Die Aktivitäten zum Testen der geplanten Serviceänderungen werden detailliert im Prozess *Service Validation and Testing* (Abschnitt 4.2.8) beschrieben. Es werden grundsätzlich drei Ausprägungen der Tests unterschieden.

Der Service-Release-Test stellt sicher, dass die Komponenten funktionieren und in der Zielumgebung korrekt installierbar sind.

Der Service-Operation-Readiness-Test (SORT) überprüft, ob die zugrunde liegenden Technologien (Applikationen, Infrastruktur) strukturiert transferiert werden können und den Service Level Requirements (SLR) entsprechen. Der Service-Operation-Readiness-Test besteht aus verschiedenen Einzeltests wie z. B.

- *Deployment-Readiness-Test:* stellt sicher, dass alle Deployment Prozesse und Systeme die Fähigkeit besitzen, die reelase Packages, also die neuen oder veränderten Services in die Produktivumgebung zu übertragen.
- *Service Management Test:* stellt sicher, dass die Service Performance erfasst, überwacht und berichtet werden kann.
- *Service Operations Test:* stellt sicher, dass die Service Organisation in der Lage ist, die neuen oder veränderten Services zu betreiben.
- *Service Level Test:* stellt sicher, dass die neuen oder veränderten Services den Anforderungen aus den Service Level Requirements entsprechen.
- *User Test:* stellt sicher, dass die Anwender die neuen und veränderten services wie vereinbart nutzen können.
- *Service Provider Interface (SPI) Test:* stellt sicher, dass die Schnittstellen des Service (zwischen Service Provider und Kunden) funktionieren.
- *Deployment verification Test:* stellt sicher, dass die neuen oder veränderten Services für alle geplanten Zielgruppen und Umgebungen bereitgestellt wurden.

Die dritte Ausprägung ist die Durchführung von Piloten in einem eingegrenzten Umfeld. Piloten dienen als eine Art Generalprobe vor der Implementierung und sollen möglicherweise in den Tests übersehene Schwachstellen aufzeigen helfen, ohne dass Auswirkungen auf die Kundenorganisation über den definierten und informierten Teilnehmerkreis hinaus auftreten und die Akzeptanz der neuen oder veränderten Services gefährden. Direktes Feedback der am Pilot beteiligten Anwender kann zudem zu einem weiteren Feintuning vor

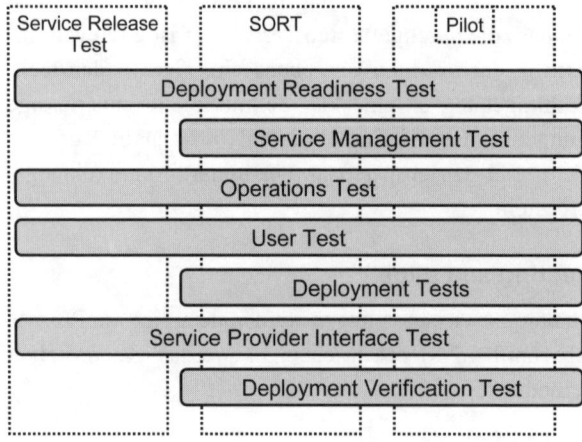

Abbildung 4.16
Testausprägungen im Zusammenhang

vor der Implementierung beitragen. Abbildung 4.16 zeigt den Zusammenhang der verschiedenen Testausprägungen im Überblick.

Planung und Vorbereitung der Einführung (Plan and prepare for deployment)

Nachdem die Testkriterien in den verschiedenen Testausprägungen erfüllt und das Release entsprechend der Anforderungen fertig gestellt ist, erfolgt in dieser Phase die Planung und Vorbereitung des Rollout. Diese Phase dient der Vorbereitung der am Rollout beteiligten Mitarbeiter der Serviceorganisation und der von den Veränderungen betroffenen Anwender. Auch ggf. notwendige organisatorische Veränderungen werden in dieser Phase betrachtet und die Organisation entsprechend vorbereitet. Auf Seiten des Serviceproviders sollten neben der Planung der Rollout-Aktivitäten auch die Vorbereitungen für einen Early Life Support während einer definierten Übergangsphase vorbereitet werden.

In einem detaillierten Rollout-Plan werden die konkreten Maßnahmen zur Durchführung des Rollouts geplant. Diese Maßnahmen beinhalten die genaue Zeitplanung, die Vorbereitung der Umgebung (Räume, Lieferungen, Peripherie) und die Zuordnung der Aufgaben zu den entsprechenden Mitarbeitern und Gruppen. Zu den Aktivitäten, die in dieser Phase geplant, werden gehören:

- Maßnahmen zur Risikoreduzierung
- Entwicklung von Betriebsplänen (Rollout, Upgrade, Außerbetriebnahme)
- Logistische Planung für den Rollout
- Anpassung von Prozessen und Know-how sowie Planung der Kommunikation
- Notwendige Anpassungen in Notfallplänen
- Vorbereitung und Einführung des Personals für den Servicebetrieb
- Vorbereitung der Anwender auf die Nutzung der neuen Services

Einführung und Außerbetriebnahme
(Perform transfer, deployment and retirement)

In dieser Phase werden die geplanten Aktivitäten durchgeführt und der neue oder veränderte Service in den Betrieb überführt. Zu den Änderungen in einem Service kann auch dessen Außerbetriebnahme gehören:

- Anpassungen in der Budgetplanung
- Mögliche Veränderungen für Geschäftsprozesse und Organisation
- Veränderungen in Prozessen, Vorgehensweisen und Arbeitsanweisungen
- Verteilung von Know-how
- Anpassung der IT-Service-Management-Fähigkeiten
- Verteilung neuer und veränderter Services (bzw. Außerbetriebnahme)
  - Anwendungen
  - Daten und Informationen
  - Infrastruktur

Bestätigen des korrekten Rollout (Verify deployment)

Nach Abschluss des Rollouts muss überprüft werden, ob alle Aktivitäten korrekt durchgeführt wurden und die Services dem Kunden entsprechend der Anforderungen zur Verfügung stehen und genutzt werden können. Wichtige Kriterien für diesen Test sind:

- Services sind gemäß Planung nutzbar.
- In Bezug stehende Dokumentationen sind aktualisiert (z. B. Service Katalog, SLA, Betriebshandbücher, Schulungsunterlagen).
- Zuordnung von Rollen und Verantwortungen ist erfolgt bzw. aktualisiert.
- Anwender sind in der Lage die Service zu nutzen und können auf notwendige Informationen zugreifen.
- Methoden und Tools für die Messung der Service Performance und das Reporting sind etabliert.

Nach Abschluss dieser Phase ist es nützlich, ein entsprechendes Feedback der betroffenen Anwender und der am Rollout beteiligten Mitarbeiter einzufordern. Die so erlangten Informationen sind eine nützliche Hilfe bei der Gestaltung zukünftiger Rollouts.

Early Life Support (ELS)

Für jeden neuen oder veränderten Service sollte während einer definierten Einführungsphase die Unterstützung des Support-Personals aus Service Operations durch die an der Entwicklung und Verteilung des jeweiligen Servicemitarbeiters erfolgen. So können Erfahrungswerte übertragen werden und das Support-Personal kann diese Zeit nutzen, um neue oder geänderte Services kennen zu lernen und neue Verfahrensweisen zu vertiefen. Auf diese Weise wird auch während der Startphase eines neuen Service sichergestellt, dass die Geschäftsprozesse des Kunden optimal unterstützt werden.

Review und Abschluss
(Review and close a deployment/Service Transition)

Sind die neuen oder veränderten Services in Betrieb, so werden abschließend die erfolgten Maßnahmen und Ergebnisse bewertet. Diese Bewertung erfolgt in der Regel im Rahmen eines Post Implementation Review, ausgehend vom Change Management. Neben der Sammlung von Erfahrungen und Eindrücken aller beteiligten Parteien werden insbesondere eventuell nicht erfüllte Qualitätskriterien betrachtet und dokumentiert sowie entsprechende Korrekturmaßnahmen abgeleitet. Zusätzlich werden alle während des Rollouts aufgetretenen Problems und Known Errors und daraus resultierende Workarounds (Details zu den Begriffen in Abschnitt 4.3.7) dokumentiert und deren Akzeptanz sichergestellt.

Abschließend wird überprüft, welche Informationen relevant für den kontinuierlichen Verbesserungsprozess sind und an die Prozesse des Continual Service Improvement weitergeleitet. Beispiele für solche Informationen sind dokumentierte Fehler während der Implementierung oder auch Situationen, in denen ein Fehler nur durch besondere Maßnahmen verhindert werden konnte.

Das Deployment eines Services endet mit der Übergabe der Support-Aktivitäten an Service Operations und der Erstellung eines Transition Reports, der alle Ergebnisse zusammenfasst. In abschließenden Workshops können auf Basis dieser Ergebnisse Erkenntnisse für zukünftige Verhaltens- und Vorgehensweisen gewonnen werden. (Lessons Learned).

4.2.7.4 Rollen

Release and Deployment Manager

Der Release and Deployment Manager ist verantwortlich für die Steuerung aller Aspekte des kompletten Release-Prozesses und ist weiterhin für die folgenden spezifischen Aspekte verantwortlich:

- Aktualisierung von SKMS und CMS bei der Implementierung
- Gestaltung und Betrieb der Testumgebung
- Rollout-Planung
- Einhaltung von Richtlinien und Release-Prozessen
- Design, Erstellung und Konfiguration der Releases
- Testdurchführung und Erfüllung der Akzeptanzkriterien
- Freigabe für die Implementierung
- Kommunikation während des Rollout

Release Packaging and Build Manager

Der Release Packaging and Build Manager ist verantwortlich für die Zusammenstellung und die Funktion eines Releases. Er verantwortet die finalen Tests eines Releases, dokumentiert die Ereignisse sowie ggf. Known Errors und Workarrounds innerhalb des Releases und liefert Informationen für die Release-Freigabe.

4.2.7.5 Key-Performance-Indikatoren (KPI)

Im Folgenden finden Sie einige Beispiele für mögliche Kennzahlen aus der ITIL®-Literatur, mit deren Hilfe sich die Prozessqualität und der Beitrag zu den IT-Zielen messen lassen:

- Verbesserung der Kundenzufriedenheit bezüglich der gelieferten Services
- Verbesserte Termintreue bei der Implementierung neuer Services
- Reduzierung von Serviceunterbrechungen aufgrund von Releases
- Reduzierung der Fehler bei der Release-Planung

Es ist jedoch nicht ausreichend, einfach definierte Kennzahlen zu übernehmen. Details zur richtigen Gestaltung von Zielen und Kennzahlen werden in Kapitel 5 beschrieben.

4.2.7.6 Herausforderungen

Die größte Herausforderung im Release and Deployment Management ist im Prinzip die Schnittstelle zum Change Management. Wenn nicht klar definiert ist, was eigentlich das

Ziel des Rollouts ist und welche Erwartungen der Kunde hat, dann kann kein noch so perfekt gestalteter Release-Management-Prozess einen Service ausrollen, der den Kunden letztlich zufrieden stellt.

Praxistipp:

Bevor Sie mit den Aktivitäten des Release Management beginnen, stellen Sie sicher, dass der oder die umzusetzenden Changes tatsächlich das Ergebnis liefern, das der Kunde erwartet (bzw. das vereinbart ist). Der während des Release Management und in den nachfolgend beschriebenen unterstützenden Prozessen immer wieder durchgeführte Abgleich mit Erwartungen und Akzeptanzkriterien bezieht sich auf diese klare Definition der Erwartungen und Zielsetzungen bereits im Change Management.

4.2.8 Service Validation and Testing

4.2.8.1 Ziele

Service Validation and Testing befasst sich im Wesentlichen mit der Sicherstellung der vereinbarten Qualität neuer oder veränderter Services. Die Servicequalität leitet sich aus dem definierten Nutzen für den Kunden ab und wird durch zwei Komponenten definiert:

- *Utility (Service ist „fit for purpose")*: Der Service liefert den erwarteten Nutzen.
- *Warranty (Service ist „fit for use")*: Der Service wird entsprechend der Spezifikationen zuverlässig geliefert (z. B. Verfügbarkeit).

Man benötigt diesen strukturierten Test- und Validierungsprozess, um prüfen und nachweisen zu können, dass die gelieferten Services den definierten Anforderungen entsprechen. Service Validation and Testing trägt also dazu bei, dass den Kunden der erwartete Nutzen der Services tatsächlich zur Verfügung gestellt wird. Dieses Ziel wird erreicht durch die nachfolgenden Aktivitäten:

- Identifizieren, Untersuchen und Behandeln der während der Service Transition auftretenden Fehler und Risiken
- Sicherstellen, dass Releases die erwarteten Ergebnisse liefern und diese den Anforderungen entsprechen (fit for purpose, fit for use)
- Frühzeitige Identifikation von Fehlern und Abweichungen in den Anforderungen der Kunden und Stakeholder und ggf. Initiieren der Korrektur

4.2.8.2 Begriffe

Service Quality Policy

Der Begriff „Service Quality" muss durch das Management definiert werden. Diese Definition erfolgt in der Service Quality Policy. Über die Erfüllung der Service-Level-Anforderungen und die Gestaltung der Services entsprechend der geforderten „Utility" und „Warranty" hinaus werden folgende Aspekte betrachtet:

- *Level of Excellence:* Wo sind unsere Leistungen hervorragend, wo gibt es Verbesserungspotential und was ist unser Ziel? Wie erreichen wir unser Ziel?
- *Value for Money:* Wie ist das Verhältnis zwischen Kosten und Nutzen? Welche Qualität kann und soll mit den verfügbaren Mitteln erreicht werden?
- *Konformität zu Spezifikationen:* Wie genau treffen unsere Services die Spezifikationen und wo gibt es Verbesserungspotential? Welcher Grad an Genauigkeit ist wirtschaftlich sinnvoll?
- *Umgang mit Erwartungen:* Wo erfüllen wir die Erwartungen und wo nicht? Wo übertreffen wir sie? Was ist unser Ziel und wie erreichen wir dieses Ziel?

Mindestens eine, meistens mehrere dieser Perspektiven beeinflussen, wie die Qualität der Services bewertet wird und welche Maßnahmen zur Qualitätssicherung geplant werden. Die Vorgaben aus der Service Quality Policy haben eine große Auswirkung auf den Service Lifecycle. Sie bestimmen, wie Services vereinbart, geplant, gestaltet und implementiert werden.

Risiko-Policy

In der Risiko-Policy wird definiert, welche Risiken für den Service Provider und für die Kunden akzeptabel sind. Die Anforderungen können hier sehr unterschiedlich sein und das akzeptierte Risiko hat ebenso wie die Qualitätsanforderungen eine direkte Auswirkung auf die Services und insbesondere auf den Umgang mit Veränderungen (Service Transition). Je niedriger das akzeptierte Risikoniveau, desto ausgeprägter müssen die Kontrollmechanismen bei der Bewertung der Veränderungen und beim Release sein.

Teststrategie

Die Teststrategie legt fest, wie die durchzuführenden Tests organisiert und wie die benötigten Ressourcen zugeordnet werden. Eine Teststrategie kann sowohl als allgemeiner Rahmen für das gesamte Unternehmen als auch für einzelne Services oder Servicegruppen definiert werden. Im Rahmen einer Teststrategie sollen die folgenden Aspekte betrachtet werden:

- Ziele der Testdurchführung
- Zu beachtende Standards, gesetzliche und regulatorische Vorgaben
- In Beziehung stehende Verträge und Vereinbarungen
- Gestaltung des Testprozesses
- Messgrößen und Maßnahmen bezüglich des KVP
- Identifizierung der Testobjekte
- Betrachtung der Schnittstellen
- Vorgaben für Kriterien (pass/fail)
- Anforderungen an Mitarbeiter und Skills
- Gestaltung der Testumgebung
- Inhalt, Dokumentation und Bereitstellung der Testergebnisse

4 ITIL® 3 – Operational-Prozesse

Testmodelle und das Service V-Modell

Die Anforderungen für die Durchführung von Tests, insbesondere die Testkriterien, leiten sich direkt von den Kriterien des Service Design ab. Einfach ausgedrückt: Für jede Funktionalität eines neuen Releases muss ein Testkriterium definiert werden.

Ein geeignetes und verbreitetes Testmodell ist das Service V-Modell. Es beschreibt fünf Stufen der Definition und Entwicklung eines neuen Services und setzt diese Stufen in einen direkten Bezug zu verschiedenen Stufen im Testprozess. Die Kriterien und Vorgaben für die einzelnen Testtypen leiten sich so direkt aus den Designkriterien ab. Abbildung 4.17 zeigt das Prinzip des Service V-Modells.

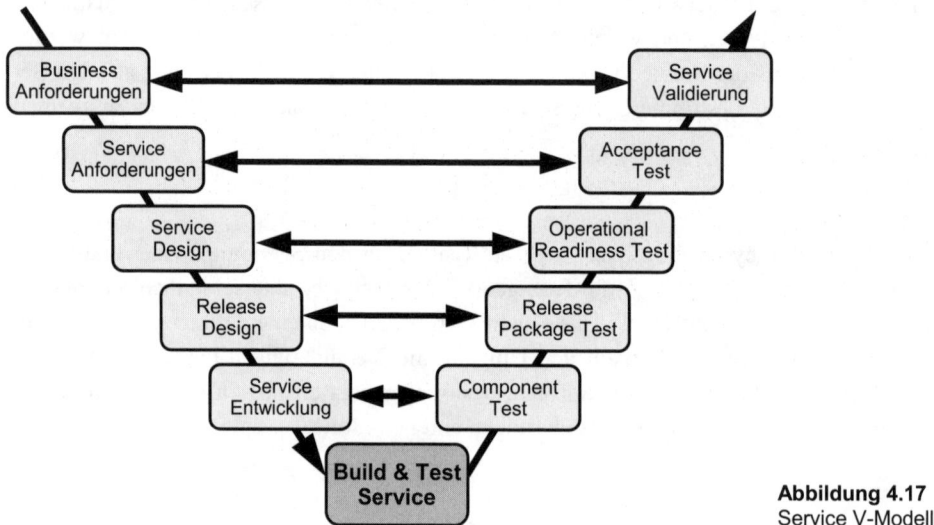

Abbildung 4.17
Service V-Modell

4.2.8.3 Aktivitäten

Abbildung 4.18 zeigt die Aktivitäten des Prozesses im Überblick. Sie müssen nicht zwingend in der dargestellten Reihenfolge durchgeführt werden und können auch teilweise parallelisiert werden oder sich überlappen.

Testmanagement (Validation and test management)

Das Testmanagement befasst sich mit der Planung und Steuerung der Aktivitäten im Testprozess während der gesamten Transition-Phase. Ergebnisse werden dokumentiert und die vereinbarten Reports abgeleitet. Die durchzuführenden Aktivitäten beinhalten beispielsweise:

- Planung der benötigten Ressourcen
- Priorisierung und Zeitplanung für die Testdurchführung
- Umgang mit Incidents, Problems und Fehlern während des Testprozesses
- Überwachung des Testfortschrittes und Reporting
- Einbeziehen von Configuration Baselines
- Sammeln, Analysieren und Bewerten der Testergebnisse und Ableiten von Aktivitäten

4.2 Service Transition

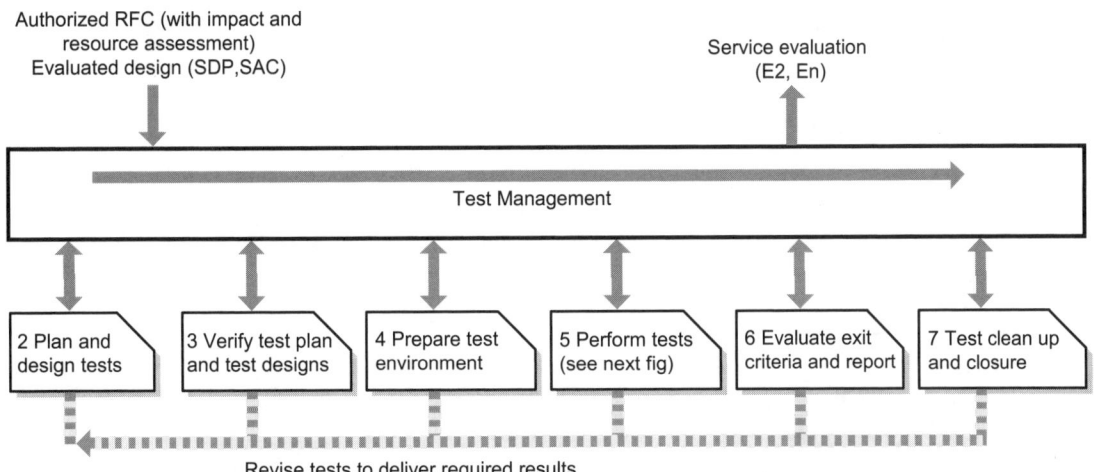

Abbildung 4.18 Prozessaktivitäten Service Validation and Testing (Quelle: Service Transition 2007)

Ergeben sich aufgrund der Testergebnisse notwendige Veränderungen am Testobjekt, so kann das zu Verzögerungen in der Implementierung und zur Beeinflussung anderer Services führen. Diese Auswirkungen müssen proaktiv behandelt und mit anderen Serviceprozessen (z. B. Change Management) abgestimmt werden.

Testplanung und -gestaltung (Plan and design test)

In dieser Phase werden die Tests auf Basis der vorhandenen Vorgaben im Detail geplant. Diese Planung bezieht sich sowohl auf die notwendigen Ressourcen wie Hardware, Software oder Mitarbeiter und deren Skills, als auch auf einen möglichen Beitrag des Kunden.

Weitere Aktivitäten in dieser Phase sind:

- Planung unterstützender Services wie z. B. Kommunikationsmittel oder Sicherheitsmaßnahmen
- Planung von Meilensteinen und Lieferterminen
- Planung von Übergabepunkten und Abnahmen
- Budgetierung für den Testprozess

Testplanung und -gestaltung prüfen (Verify test plan and test design)

In dieser Phase wird überprüft, ob die definierten Testaktivitäten tatsächlich alle Anforderungen aus dem Service Design unterstützen und die erkannten Risiken vollständig abgedeckt werden. Ebenso wird geprüft, ob die Schnittstellen für die Integration der Services in den Tests berücksichtigt wurden.

Testumgebung vorbereiten (Prepare test environment)

Die Testumgebung wird in dieser Phase entsprechend der Planung vorbereitet und alle benötigten Ressourcen werden allokiert. Es wird eine Configuration Baseline der Ausgangssituation in der Testumgebung erfasst, um spätere Veränderungen oder Auswirkungen der Tests nachvollziehen zu können.

Testdurchführung (Perform test)

In dieser Phase werden die geplanten Tests durchgeführt und die Ergebnisse erfasst und dokumentiert. Werden Fehler bei der Testdurchführung identifiziert, so müssen diese vollständig dokumentiert werden. Abbildung 4.19 zeigt ein schematisiertes Beispiel für einen Testablauf.

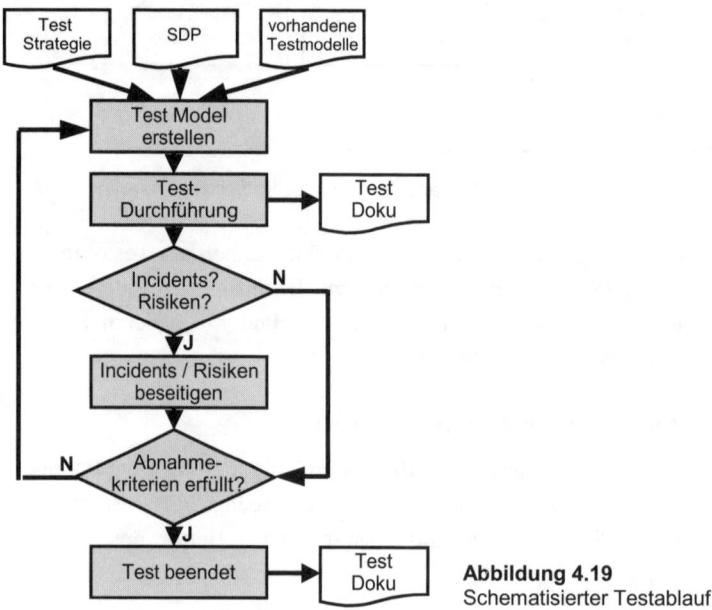

Abbildung 4.19
Schematisierter Testablauf

Abnahmekriterien prüfen und Reporting (Evaluate exit criteria and report)

Nach der Durchführung und Dokumentation der geplanten Tests werden in dieser Phase die Ergebnisse betrachtet. Die tatsächlichen Ergebnisse werden mit den definierten Erwartungen verglichen. Es folgt die Entscheidung, ob ein Test erfolgreich war oder nicht, und eine Bewertung der verbleibenden Risiken für Service Provider und Kunden. Die Ergebnisse werden dokumentiert und dienen als Basis für die Entscheidung über mögliche Korrekturmaßnahmen.

Testabschluss (Test clean up und closure)

Abschließend werden die Testumgebungen in den Ursprungszustand oder einen anderen definierten Zustand zurückversetzt und es erfolgt eine Bewertung des Testverlaufes. Die Erkenntnisse werden dokumentiert und für die kontinuierliche Verbesserung des Prozesses und der vorhandenen Policies genutzt.

4.2.8.4 Rollen

Service Test Manager

Der Service Test Manager verantwortet die Aktivitäten des Prozesses *Service Validation and Testing* und dessen kontinuierliche Anpassung und Verbesserung basierend auf den Erkenntnissen aus dem Prozessverlauf. Er richtet seine Reports an den Service Transition Manager und den Release and Deployment Manager.

4.2.8.5 Key-Performance-Indikatoren (KPI)

Im Folgenden finden Sie einige Beispiele für mögliche Kennzahlen aus der ITIL®-Literatur, mit deren Hilfe sich die Prozessqualität und der Beitrag zu den IT-Zielen messen lassen:

- Zeitpunkt von Korrekturen aufgrund der Testergebnisse (je früher, desto besser)
- Reduzierung der Anzahl der Incidents aufgrund neuer oder veränderter Services
- Reduzierung der Testkosten
- Reduzierung der Durchlaufzeit des Testprozesses

Es ist jedoch nicht ausreichend, einfach definierte Kennzahlen zu übernehmen. Details zur richtigen Gestaltung von Zielen und Kennzahlen werden in Kapitel 5 beschrieben.

4.2.8.6 Herausforderungen

Eine große Herausforderung im Kontext der Testdurchführung ist das oft fehlende Verständnis für die Wichtigkeit adäquater Tests vor der Implementierung. Die Gründe dafür können sehr unterschiedlich sein. Oft fehlt einfach die Zeit, weil Termine eingehalten werden müssen oder ein großer Druck von Kundenseite besteht. Der häufigste Grund ist jedoch in der Regel ein anderer: Tests und Testumgebungen kosten Geld.

Praxistipp:
Je näher sich eine Testumgebung der Produktionsumgebung annähert und je mehr Vorgaben aus den Release und Testprozessen umgesetzt werden müssen, desto höher die Kosten. Oft werden in Testumgebungen Kompromisse zum Zweck der Kostenminimierung eingegangen, die allerdings die Risiken für falsche oder unklare Testergebnisse erhöhen. Überlegen Sie sich vor der Gestaltung der Testumgebung genau, welches Risiko Sie bereit sind einzugehen und welche Mittel Sie für die Gestaltung investieren wollen oder können.

4.2.9 Evaluation

4.2.9.1 Ziele

Der Evaluation-Prozess dient dazu, festzustellen, ob ein neuer oder veränderter Service die erwartete Performance liefert und ob die Kosten diesen Nutzen rechtfertigen. Der Prozess liefert ein konsistentes und standardisiertes Vorgehen für die Bewertung von Service Changes und vergleicht die aktuelle mit der nach einem Service Change erwartete Performance.

Ziel ist, einerseits die Erwartungen des Kunden zu steuern und andererseits dem Change Management zuverlässige Informationen für die Bewertung der Service Changes zu liefern. Das bedeutet im Einzelnen:

- Bewertung der beabsichtigen Auswirkungen eines Service Changes
- Bewertung möglichst vieler unbeabsichtigter und erkannter Auswirkungen
- Lieferung einer zuverlässigen Entscheidungsbasis für das Change Management

4.2.9.2 Begriffe

Evaluation Report

Der Evaluation Report ist das Ergebnisdokument nach jeder durchgeführten Bewertung. Er sollte mindestens die folgenden Inhalte haben:

- *Risikoprofil:* Welche Risiken sind identifiziert und welche dieser Risiken verbleiben trotz Gegenmaßnahmen?
- *Abweichungsbericht:* Welche Abweichungen zwischen erwarteter und tatsächlicher Performance wurden identifiziert?
- *Empfehlungen:* Welche Empfehlung wird an das Change Management bezüglich Annahme oder Ablehnung des Service Changes ausgesprochen?

Grundsätze

Die folgenden Grundsätze gelten für den Evaluation-Prozess:

- Service Changes werden grundsätzlich vor der Transition evaluiert.
- Abweichungen vom erwarteten Ergebnis werden gemeinsam mit den Kunden bewertet. Sie werden entweder akzeptiert oder es werden entsprechende Maßnahmen eingeleitet. Mögliche Entscheidungen sind:
    - Der Change wird abgelehnt.
    - Es wird ein neuer Change mit veränderter Zielperformance initiiert.
- Kunden werden bei der Evaluation einbezogen.

4.2.9.3 Aktivitäten

Planung der Bewertung

Die benötigten Informationen werden erfasst und notwendige Maßnahmen für die Bewertung werden geplant. Quellen für die Informationen sind u. a. der RFC, das Service Design Package oder Testpläne inklusive vorhandener Ergebnisse.

Bewertung der erwarteten Performance

Entspricht die durch die Veränderung erwartete Steigerung der Performance tatsächlich den Anforderungen aus den Vorgaben des Kunden (Service Acceptance Criteria)? Ist das nicht der Fall, so wird lediglich ein vorläufiger Report erstellt und weitere Schritte mit dem Change Management abgestimmt.

Bewertung der tatsächlichen Performance und Evaluation Report

Entspricht die erwartete Performance den Vorgaben, so erfolgt in diesem Schritt die Bewertung der tatsächlich durch den Service Change erzielten Performance. Stimmen erwartete und tatsächliche Performance nicht überein, so wird wiederum ein vorläufiger Report erstellt und mögliche Maßnahmen abgestimmt. Bei Übereinstimmung erfolgt die Erstellung des Evaluation Reports für das Change Management.

4.2.9.4 Rollen

Performance and Risk Evaluation Manager

Der Performance and Risk Evaluation Manager ist verantwortlich für den Evaluation-Prozess und hat u. a. die folgenden Verantwortlichkeiten:

- Entwicklung eines Evaluation-Planes auf Basis der SDP und der Release Packages
- Erkennung und Dokumentation vorhandener Risiken (z. B. in Risikoworkshops)
- Erstellung des Evaluation Reports und Lieferung an das Change Management

4.2.9.5 Key-Performance-Indikatoren (KPI)

Im Folgenden finden Sie einige Beispiele für mögliche Kennzahlen aus der ITIL®-Literatur, mit deren Hilfe sich die Prozessqualität und der Beitrag zu den IT-Zielen messen lassen:

- Reduzierung der Abweichung von der erwarteten Service Performance
- Reduzierung der Incidents mit Bezug auf die bewerteten Services
- Reduzierung der nicht den Erwartungen ausgerollten Services (Ziel kann hier nur NULL sein!)
- Reduzierung der Dauer eines Evaluierungszyklus

Es ist jedoch nicht ausreichend, einfach definierte Kennzahlen zu übernehmen. Details zur richtigen Gestaltung von Zielen und Kennzahlen werden in Kapitel 5 beschrieben.

4.2.10 Knowledge Management

4.2.10.1 Ziele

Ziel des Knowledge Management ist die Bereitstellung der richtigen Informationen am richtigen Ort für die richtigen Personen zur richtigen Zeit, um Entscheidungen basierend auf verlässlichem Wissen zu ermöglichen. Das bedeutet im Einzelnen:

- Zuverlässige Informationen geben dem Service Provider Aufschluss, in welchem Maß Effizienz und Servicequalität erhöht sowie Servicekosten gesenkt werden können.
- Mitarbeiter kennen und verstehen den Zusammenhang zwischen dem Nutzen der Services für den Kunden und ihrem Beitrag.

- Mitarbeiter wissen,
    - wer die angebotenen Services derzeit nutzt,
    - wie hoch die derzeitige Last durch Servicenutzung ist,
    - welche Hindernisse bei der Lieferung der Services bestehen.

4.2.10.2 Begriffe

Service Knowledge Management System (SKMS)

Das Service Knowledge Management System ist die Basis für das Wissen des Unternehmens bezüglich der Servicegestaltung und -erbringung. Die Informationen aus verschiedenen Datenquellen wie dem Configuration Management System (CMS) oder einzelnen Configuration Management Databases (CMDB) werden im SKMS zu nutzbarem Wissen zusammengeführt und dienen als Basis für Entscheidungen. In die Aufbereitung der Informationen werden auch nicht direkt messbare Informationen, wie Erfahrungswerte, Anwenderverhalten oder die vorhandenen bzw. erwarteten Skills der Anwender einbezogen. Abbildung 4.20 zeigt den Zusammenhang zwischen CMDB, CMS und SKMS.

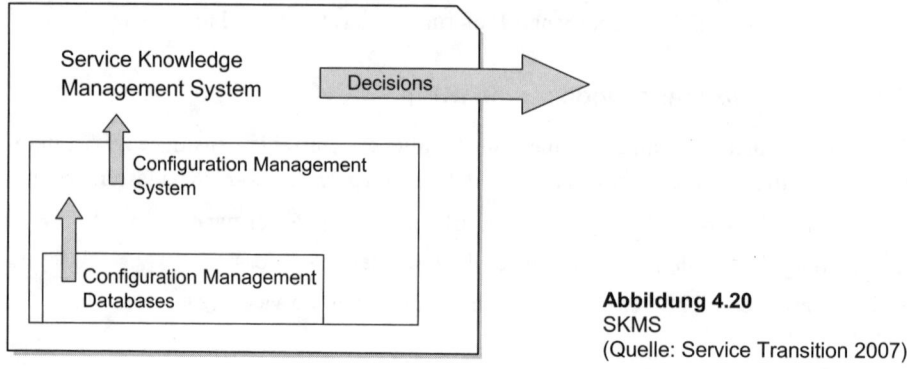

Abbildung 4.20
SKMS
(Quelle: Service Transition 2007)

DIKW-Modell

Für die Aufbereitung von Wissen – als Basis für Entscheidungen im Rahmen der Serviceerbringung – müssen erfasste Daten aggregiert werden. Die verschiedenen Stufen der Aggregation werden im DIKW-Modell (Data-Information-Knowledge-Wisdom) dargestellt. Das DIKW-Modell liefert die Basis und Struktur für das Configuration Management System (CMS):

- *Daten (Data):* Die unterste Stufe der Aggregation sind die Daten, also einfache Fakten über den Zustand der Infrastruktur, der Services oder erkannter Ereignisse (Incidents). Basis für korrekte und vollständige Daten sind entsprechende Methoden zur Messung und Erfassung und zur Erkennung (z. B. Ereignisse, Alarme ...).
- *Informationen (Information):* Informationen entstehen, wenn Daten analysiert bzw. kombiniert und so in einen konkreten Kontext gesetzt werden. Informationen werden in Dokumenten wie z. B. Reports oder E-Mails gespeichert und zur Verfügung gestellt.

- *Wissen (Knowledge):* Werden die vorhandenen Daten verarbeitet, entsteht Wissen. Die Verarbeitung der Daten erfolgt mit Hilfe von Erfahrungen, Ideen und individuellen Entscheidungen. Ergebnisse sind dynamisch und abhängig vom Kontext und den persönlichen Fähigkeiten der Verarbeiter.
- *Weisheit, Erkenntnis (Wisdom):* „Weisheit" oder auch „Erkenntnis" beschreibt die höchste Aggregationsstufe im Rahmen des DIKW-Modells und ermöglicht Einsicht und die Verbesserung des Urteilsvermögens. Sie ist die Basis für die Fähigkeit, vernünftige Entscheidungen zu treffen.

4.2.10.3 Aktivitäten

Wissensmanagement-Strategie

Eine übergreifende Strategie für den Umgang mit dem Wissen im Unternehmen ist für strukturiertes und zielorientiertes Knowledge Management unabdingbar. Oft sind in einzelnen Breichen des Unternehmens bereits Mittel für das Wissensmanagement etabliert, die in die Strategie integriert werden müssen. Nur so ist ein klares und ganzheitliches Bild des Wissensstandes und Wissensbedarfes im Unternehmen abzubilden. Eine solche Strategie befasst sich mit Themen wie Rollen und Verantwortlichkeiten, Budgets, der Planung von Prozessen und Ressourcen für das Knowledge Management sowie notwendigen Systemen und Tools.

Die Strategie ermöglicht zu erkennen, welches Wissen benötigt wird, und daraus die für die Abstraktion dieses Wissens notwendigen Daten und Informationen abzuleiten entsprechend des DIKW-Modells. Wichtige Aktivitäten bei der Wissensidentifizierung und -pflege sind:

- Gestaltung von Prozessen zur Gewinnung, Speicherung und Präsentation der Informationen
- Identifizierung und Ableitung neuen Wissens mit Hilfe verfügbarer Daten und Informationen
- Übernahme und Anpassung vorhandenen Wissens aus externen Quellen

Wissenstransfer

Neben der Identifizierung von neuem und der Pflege des vorhandenen Wissens spielt der Transfer an die Mitarbeiter eine entscheidende Rolle für den Erfolg. Kaum etwas ist weniger nützlich als vorhandenes Wissen, über das niemand oder nur wenige verfügen. Der Wissenstransfer an definierten Stellen des Lifecycle stellt sicher, dass alle Rolleninhaber über die für ihre jeweilige Aufgabe notwendigen Informationen verfügen. Die Art der Übermittlung muss hierbei so gewählt werden, dass die Empfänger die übermittelten Informationen auf einfache Weise verarbeiten und nutzen können.

Um zu identifizieren, welche Informationen an welcher Stelle benötigt werden und welcher zusätzliche Informationsbedarf besteht, wird eine Gap-Analyse durchgeführt. Das Ergebnis ist die Basis für die Verbesserung der Kommunikation von Informationen und Wissen.

Der klassische Weg für den Wissenstransfer sind Trainings oder die Übermittlung von Informationen an ausgewählte Mitarbeiter zur weiteren Verbreitung innerhalb ihrer Teams. Die folgenden Aspekte können beim Wissenstransfer eine Rolle spielen:

- *Lerntypen:* Verschiedene Menschen bevorzugen verschiedene Lernmethoden abhängig u. a. von Erfahrungen, vom Alter oder von der Einstellung. Viele Menschen bevorzugen die Vermittlung mit einem hohen Praxisanteil, wie sie in Workshops stattfindet.
- *Wissensvisualisierung:* Oft können visuelle Mittel beim Wissenstransfer unterstützen. Häufig werden dafür Diagramme, Fotos oder Bilder, auf Papier oder elektronisch, eingesetzt. Auch die Verwendung kleiner Wissenssammlungen in Form von Pocket Guides findet oft guten Anklang.
- *Unterstützung bei Rollenaktivitäten:* Ein sehr effizienter Weg der Wissensvermittlung ist die Übermittlung der benötigten Informationen während der täglichen Arbeit. Mitarbeiter werden in die Lage versetzt, ihre Aufgaben effektiv und effizient zu bewältigen und eignen sich automatisch weiteres Wissen an. Ein Beispiel hierfür sind Fragebäume mit Entscheidungshilfen und Lösungsansätzen im Service Desk.
- *Seminare und Webinare:* Bei jeder Art von Veränderungsprojekten können Veranstaltungen oder Seminare zur Wissensvermittlung eine Art „Kickoff-Charakter" bekommen und so nicht nur zum Wissenstransfer, sondern auch zum Projekterfolg beitragen. Neben den klassischen Seminaren finden insbesondere bei der Vermittlung wenig komplexer Informationen (z. B. die Anwendung eines Office-Produktes) so genannte Webinare immer mehr Eingang in die tägliche Praxis der Unternehmen. Auch bei Trainings für Mitarbeiter an unterschiedlichen Standorten kann eine webgestützte Wissensvermittlung die Effizienz erheblich steigern.
- *Flyer und Newsletter:* Bereits etablierte Kommunikationskanäle wie regelmäßige Newsletter sind ein effizienter und effektiver Weg für die Verbreitung einfacher Informationen.

Daten- und Informationsmanagement

Wissen ist abhängig von den zugrunde liegenden Daten und Informationen. Um diese notwendigen Daten und Informationen erkennen zu können, sollten die folgenden Fragen beantwortet werden:

- Welches Wissen (und damit auch Informationen) benötigt die Organisation für welche Art von Entscheidungen?
- Welche Daten stehen zur Verfügung? Welche werden benötigt und ist es wirtschaftlich, diese Daten zu ermitteln?
- Welche internen Richtlinien, gesetzliche oder regulatorische Vorgaben müssen berücksichtigt werden (Datenschutz, Sicherheit, …)?

Oft werden Daten erfasst und gepflegt, ohne genau zu wissen, ob und wofür diese verwendet werden sollen. Das führt zu einem unüberschaubaren Aufwand bei der Datenpflege.

Praxistipp:
Bevor Sie sich Gedanken darüber machen, welche Daten Sie erfassen wollen, überlegen Sie genau, welche Informationen Sie tatsächlich benötigen. Leiten Sie konkrete Auswahlkriterien für Informationen ab. Je weniger Daten erfasst und gepflegt werden müssen, desto größer ist die Chance auf eine langfristig hohe Qualität der Daten und Informationen in Ihrem SKMS.

Ein wichtiger Bestandteil des Knowledge Management ist die Definition klarer Prozesse und Prozeduren für die Erfassung und Pflege von Daten und Informationen. Die folgenden Schritte spielen hier eine zentrale Rolle:

- Identifizieren der benötigten Daten und Informationen
- Pflege der erfassten Daten und Informationen
- Bereitstellung entsprechend der jeweiligen Zielgruppe
- Vergabe von Berechtigungen und Zugriffsregeln
- Sicherstellen der zuverlässigen Datensicherung und Wiederherstellung

4.2.10.4 Rollen

Service Knowledge Manager

Der Service Knowledge Manager übernimmt die definierten Aufgaben und Verantwortlichkeiten eines Process Owner. Weitere Verantwortung:

- Sicherstellen der Compliance des Prozesses bezüglich der Prozesse und Richtlinien des Unternehmens
- Identifikation, Erfassung und Pflege des Wissens
- Bereitstellung des Wissens für berechtigte Personen am richtigen Ort zur richtigen Zeit
- Sicherstellen der Integrität des Wissens im SKMS
- Unterstützen der Mitarbeiter und Kunden in Fragen des Wissensmanagements

4.2.10.5 Key-Performance-Indikatoren (KPI)

Im Folgenden finden Sie einige Beispiele für mögliche Kennzahlen aus der ITIL®-Literatur, mit deren Hilfe sich die Prozessqualität und der Beitrag zu den IT-Zielen messen lassen:

- Reduzierung der Incidents aufgrund fehlenden Wissens oder Informationen
- Erhöhung der Erfolgsquote bei der Beantwortung von Anfragen an das SKMS
- Reduzierung des Aufwandes für Support aufgrund verbesserten Wissens
- Reduzierung des Aufwandes bei der Suche nach Informationen für die Bearbeitung von Incidents oder Problems

Es ist jedoch nicht ausreichend, einfach definierte Kennzahlen zu übernehmen. Details zur richtigen Gestaltung von Zielen und Kennzahlen werden in Kapitel 5 beschrieben.

4.3 Service Operation

4.3.1 Überblick

Service Operation liefert Anleitungen, Methoden und Tools zur Sicherstellung von Effektivität und Effizienz bei der Lieferung und Unterstützung von IT-Services. Service Operation befasst sich also mit dem Management der vereinbarten Services und stellt sicher, dass der erwartete Nutzen der Services tatsächlich realisiert wird. Zum Management der Services gehören verschiedene Aspekte wie zum Beispiel:

- Monitoring und Reporting zur optimierten Entscheidungsfindung beim Steuern von Verfügbarkeit, Nachfrage, Kapazität und allen weiteren Belangen des Betriebs
- Sammeln und Bereitstellen von Informationen, Rückmeldungen und Ideen als Basis für den kontinuierlichen Verbesserungsprozess
- Sicherstellen der Verfügbarkeit und Stabilität der Services
- Bearbeiten und Beseitigen von Incidents und Problems
- Management und Weiterentwicklung des Know-how der Mitarbeiter und deren optimaler Einsatz
- Management und Weiterentwicklung der eingesetzten Technologie

Während der täglichen Bearbeitung der Aufgaben und insbesondere beim Management der Aktivitäten und Prozesse werden sowohl reaktive als auch proaktive Sichtweisen betrachtet. Die reaktive Sichtweise betrachtet den Umgang mit auftretenden Ereignissen und deren Management durch konkrete Aktivitäten und Maßnahmen. Die proaktive Sichtweise befasst sich mit der Gestaltung von Aktivitäten zur Verhinderung von Ereignissen mit negativen Auswirkungen auf die Services. Beide Sichtweisen werden während des Betriebes benötigt und Service Operation ist verantwortlich für die Balance.

Die Service-Operation-Prozesse im Überblick

Um die genannten Aufgaben leisten zu können, werden im Buch *Service Operation* die folgenden Prozesse definiert:

- Incident Management
- Event Management
- Request Fulfilment
- Problem Management
- Access Management

Einige dieser Prozesse werden Ihnen bereits aus der vorherigen ITIL®-Version bekannt sein, aber auch die neuen Prozesse (Event Management, Request Fulfilment und Access Management) beinhalten Aktivitäten, die bereits bisher im Rahmen der vorhandenen Prozesse (insbesondere im Incident Management) und Funktionen (Service Desk) wahrgenommen wurden.

Funktionen

Neben den genannten Prozessen werden im Buch *Service Operation* auch Funktionen beschrieben. Funktionen sind logische Einheiten, die sich auf Personen und Organisationseinheiten, die einen bestimmten Prozess oder eine bestimmte Aktivität ausführen, beziehen.

Die Funktionen im Überblick:

- Service Desk
- Technical Management
- IT-Operations Management
- Application Management

4.3.2 Ziele, Aufgaben und Nutzen

Das Ziel von Service Operation ist die Realisierung der strategischen Ziele des Unternehmens während der Betriebsphase der IT-Services. Service Operation beinhaltet die Planung und Ausführung aller Aktivitäten zur Erbringung und Unterstützung dieser IT-Services gemäß den getroffenen Vereinbarungen und betrachtet dabei die folgenden Aspekte:

- Services
- Service-Management-Prozesse
- Technologie
- Mitarbeiter

Aus Kundensicht ist Service Operation der Bereich, in dem der Mehrwert wahrgenommen wird. Jedoch wird die Sicht der Kunden durch die jeweilige Erwartungshaltung beeinflusst, die es bei der Bereitstellung der jeweiligen Services (basierend auf den Definitionen der vorhergehenden Phasen des Lifecycle) zu berücksichtigen gilt. Kunden erwarten, dass die IT-Services direkt zur Erreichung der vorgegebenen Ziele beitragen. Auf Basis dieser Ziele wurden die Services definiert, und es gilt in Service Operation, diese Planung zu realisieren sowie kontinuierlich zu überprüfen, ob diese Ziele erreicht werden oder ob Anpassungs- bzw. Kommunikationsbedarf besteht.

4.3.3 Begriffe und Grundlagen

4.3.3.1 Kommunikation

Kommunikation spielt eine entscheidende Rolle in allen Phasen des IT-Service Management. Bereits während der Planungsphase von Services und Prozessen ist ein regelmäßiger Austausch von Informationen zwischen den Beteiligten von zentraler Bedeutung. Kommunikation ist nicht als eigenständiger Prozess definiert, es gelten jedoch klare Regeln für den effektiven und effizienten Austausch von Informationen.

- Kommunikation ist wichtig. Dennoch sollte unnötige Kommunikation vermieden werden, um die Informationsmenge nicht unnötig zu erhöhen. Daher sollte jede Art von Kommunikation der Anlass für eine konkrete, sich ergebende Aktion sein.

- Informationen werden nur kommuniziert, wenn die Empfänger verfügbar sind, die Art der Übermittlung vorher geklärt worden ist und festgelegt wurde, was mit der Information getan wird.
- Es muss sichergestellt sein, dass kommunizierte Informationen tatsächlich empfangen und bestätigt wurden.
- Jede Art von Kommunikation kann genutzt werden, solange die Beteiligten verstehen, wie und wann die Kommunikation stattfindet, und über die entsprechenden Kommunikationsmittel verfügen.
- Verschiedene Arten von Meetings sollten genutzt werden, die unterschiedlich in Aufbau und Teilnehmerkreis sind. Mögliche Meetings:
  - Operations Meeting
  - Abteilungs-, Gruppen-, Teammeetings
  - Kundenmeetings

4.3.3.2 Sichten auf den Service

Die Funktionen, Prozesse und Aktivitäten in Service Operation zielen auf die wiederholte und permanente Lieferung vereinbarter Services ab. Allerdings ändern sich Umwelt und Rahmenbedingungen für die Serviceerbringung während der Betriebsphase fortlaufend. Aufgrund dieser kontinuierlichen Veränderungen ergeben sich während des Betriebes verschiedene Spannungsfelder:

- Interne Technologiesicht versus externe Business-Sicht
- Stabilität versus Reaktionsfreudigkeit (Flexibilität)
- Servicequalität versus Servicekosten
- Reaktives versus proaktives Verhalten

Interne Technologiesicht versus externe Business-Sicht

Die interne Technologiesicht beschreibt die Eigensicht der IT-Organisation. Diese definiert sich oft über technologische Kompetenz und strebt die optimierte Bereitstellung technologischer Komponenten an, die von verschiedenen Spezialistenteams gesteuert und verantwortet werden.

Das Business, also der Kunde, sieht die IT vornehmlich als eine Gruppierung von IT-Services, die zum Unternehmenserfolg beitragen. Der Fokus liegt hier auf der zuverlässigen Lieferung der Services. Wie die Technik hinter den Services zu betreiben ist, interessiert in den meisten Fällen nicht.

Praxistipp:
Gerade in gewachsenen Umgebungen mit integrierten internen Service Providern neigen Kunden dazu, sehr viele Details der Serviceerbringung, wie z. B. Hersteller von Komponenten, vorzugeben. Natürlich steht es dem Kunden frei, Vorgaben zu machen. Er beraubt sich so jedoch der Chance, das Potential des Service Providers wirklich zu nutzen. Sie sollten in Gesprächen zwischen Kunde und Service Provider klären, welche Aufgabe welcher Vertragspartner übernimmt. Trifft der Kunde alle technischen Detailentscheidungen selber, so kann der

> Service Provider nur schwer die Verantwortung für die Services übernehmen. Grundsätzlich gilt: Wer verantwortlich ist, trifft auch die Entscheidungen. Ziele, Vorgaben und Anforderungen müssen die Businessziele unterstützen und werden daher vom Business definiert. Der Service Provider ist verantwortlich für effektive und effiziente Services und sollte daher auch über deren Gestaltung (entsprechend der funktionellen Vorgaben) entscheiden.

Das auf diese Sichten bezogene Konfliktpotential hängt von mehreren Variablen, wie dem Reifegrad des Unternehmens oder der Management-Kultur ab. Für die Bereitstellung sowohl effizienter als auch effektiver Services ist die richtige Balance zwischen diesen beiden Sichten notwendig. IT-Organisationen, die sich ausschließlich auf die Business-Anforderungen konzentrieren, dabei jedoch die IT-Komponenten und das notwendige technische Know-how vernachlässigen, gehen unter Umständen Verpflichtungen zur Serviceerbringung ein, die zwar den Anforderungen des Kunden genau entsprechen, zu deren Erbringung sie aber nicht in der Lage sind. IT-Organisationen, deren Fokus ausschließlich auf den IT-Komponenten und technischen Fähigkeiten liegt, werden unter Umständen den tatsächlichen Bedarf der Kunden nicht vollständig erkennen und liefern dann teure Services mit wenig Wert für das Business.

Die Gestaltung einer ausbalancierten Service Operation muss wie jede organisatorische Veränderung langfristig erfolgen und soll alle Phasen des IT-Service Lifecycle berücksichtigen. Für die Gestaltung sollten die folgenden Voraussetzungen geschaffen werden:

- Der Service Provider sollte verstehen, warum Services durch das Business bezogen und genutzt werden, um den eigenen Beitrag verstehen zu können.
- Der Service Provider sollte die relative Bedeutung der einzelnen Services für das Business und die unterstützenden Geschäftsprozesse kennen (z. B. um richtig priorisieren zu können).
- Der Serviceprovider muss über ausreichend technisches Know-how verfügen, um aus den zu erbringenden Services ableiten zu können, welche technologischen Komponenten zur Servicegestaltung sinnvoll sind.
- Die Erfahrungen und Erkenntnisse aus Service Operation sollten in Projekten der kontinuierlichen Verbesserung (Continual Service Improvement) von Servicequalität und Servicequantität und/oder Kostensenkung berücksichtigt werden.

Stabilität versus Reaktionsfreudigkeit (Flexibilität)

Eine der wohl größten Herausforderungen für IT-Service Provider ist es, die richtige Balance zwischen Stabilität und Flexibilität der IT-Services zu finden. Die IT muss sicherstellen, dass Anforderungen an Verfügbarkeit und Stabilität der IT-Services erfüllt werden, und gleichzeitig den Änderungsbedarf seitens des Business und auch innerhalb der IT wahrnehmen und gegebenenfalls umsetzen. Dieser Änderungsbedarf kann sich sowohl evolutionär als auch ad hoc und unter hohem Druck ergeben. Je flexibler die Services gestaltet werden und je schneller Änderungen umgesetzt werden, desto höher wird das Risiko für Serviceausfälle oder zumindest für eine Qualitätsminderung.

Viele Service Provider sind nicht in der Lage, die notwendige Balance zu finden, und konzentrieren sich entweder vornehmlich auf die Stabilität der Infrastruktur oder die Fähigkeit, schnell auf Änderungsbedarf zu reagieren. In beiden Fällen ist es eine Frage der Zeit, bis der Kunde die Services nicht mehr akzeptiert: Entweder weil sie unzuverlässig bereitgestellt werden (Fokus zu sehr auf Flexibilität) oder weil sie nicht mehr den tatsächlichen Anforderungen entsprechen (Fokus zu sehr auf Stabilität). Um das Verhältnis zwischen Flexibilität und Stabilität angemessen gestalten zu können, bedarf es verschiedener Maßnahmen, wie z. B.:

- Gestaltung zielorientierter, aber flexibler Prozesse, wie zum Beispiel bedarfsgerechte Change-Modelle oder ein Capacity Management mit direktem Bezug zum Business
- Gestaltung eines umfassenden Service Level Management
    - Einfluss auf die Gestaltung der Vereinbarungen über den gesamten Lifecycle
    - Vermeidung informeller Vereinbarungen
    - Sicherstellung der frühestmöglichen Einbindung der IT in Business Changes
- Investition in adaptive und skalierbare Technologie, wie z. B. virtuelle Serversysteme im Rechenzentrum

Servicequalität versus Servicekosten

Die Qualität der IT-Services steht in der Regel in direktem Zusammenhang mit den Servicekosten. Eine Steigerung der Qualität geht oft mit einer proportionalen Steigerung der Kosten einher. Ist die aktuelle Servicequalität noch gering oder schon sehr hoch, verursachen Qualitätssteigerungen oft über- oder unterproportionale Kostensteigerungen. Die jährliche Verfügbarkeit eines Services von 80% auf 90% zu steigern, wird deutlich kostengünstiger sein als die Steigerung der Verfügbarkeit von 98% auf 99,5%.

Kunden erwarten ein ausgewogenes Verhältnis zwischen Kosten und Servicequalität. Dieses Verhältnis entsprechend der Kundenerwartungen zu gestalten, ist eine der wichtigen Aufgaben des ITSM. Welche Balance hier angemessen ist, wird bereits während der Phasen Service Strategy und Service Design festgelegt und in Service Operation realisiert. Ein wichtiger Beitrag von Service Operation zur Balance kann die Identifizierung und Umsetzung von Optimierungspotential sein. Werden Prozesse und Abläufe oder die Nutzung technischer Mittel optimiert, können oft die Kosten bei gleich bleibender oder steigender Qualität gesenkt werden. Zur Erreichung eines ausgewogenen Verhältnisses von Servicequalität und Servicekosten tragen z. B. die folgenden Faktoren bei:

- Ein Financial Management, das die Kosten der Bereitstellung von IT-Services unter der Annahme verschiedener Szenarien berechnen kann. Beispiel: Berechnung der Servicekosten bei einer Verfügbarkeit von 98%, 99% und 99,5%
- Adäquate Tools zur Unterstützung der Gestaltung verschiedener Servicemodelle werden eingesetzt
- Entscheidungen hinsichtlich Kosten und Nutzen werden bereits während der Phasen Service Strategy und Service Design von Rolleninhabern getroffen, die auch den Wert für das Business berücksichtigen. Diese Fähigkeit findet sich häufig nur bedingt bei technischem Betriebspersonal.

Reaktives Verhalten versus proaktives Verhalten

Auf die Auseinandersetzung über proaktives versus reaktives Verhalten treffe ich in jeder Beratungssituation. Eine typische Aussage von IT-Service Providern ist: „Wir haben so viel im Tagesgeschäft zu tun, wir haben keine Zeit, etwas zu verändern". Vielleicht kommt Ihnen diese Aussage bekannt vor. Mich erinnert sie an eine Karikatur, die ich vor langer Zeit gesehen habe und die ich Ihnen nicht vorenthalten möchte (Abbildung 4.21).

Abbildung 4.21
Wir ändern nichts!

Reaktiv ausgerichtete Service Provider handeln erst dann, wenn ein externer Anstoß zum Handeln zwingt. Proaktive Organisationen suchen ständig Wege zur Verbesserung der momentanen Situation. Beide Sichtweisen beinhalten natürlich Gefahren, wenn die Ausprägung zu stark in die eine oder die andere Richtung erfolgt. Ist ein Service Provider zu proaktiv eingestellt, wird unter Umständen mehr getan als notwendig, wodurch unnötig hohe Kosten entstehen können. Ist ein Service Provider dagegen zu reaktiv eingestellt und unterdrückt sogar proaktives Handeln der Mitarbeiter, erhöhen sich Kosten für die reaktiven Maßnahmen, während gleichzeitig die Stabilität und Konsistenz der IT-Services gefährdet werden. Es ist also auch hier eine optimale Balance zwischen proaktiven und reaktiven Maßnahmen notwendig, um gute Ergebnisse erzielen zu können. Bei der Gestaltung einer proaktiven IT-Organisation sind folgende Variablen von Bedeutung:

- *Reifegrad*: Je länger die Organisation schon Services anbietet, desto höher ist die Wahrscheinlichkeit, dass sie die Beziehung zwischen IT und Business versteht und daraus Hinweise für proaktives Handeln ableiten kann.
- *Kultur*: Je deutlicher ein Service Provider auf Innovation statt auf Beibehaltung des Status quo ausgerichtet ist, desto größer die Fähigkeiten für proaktives Handeln.
- *Bisherige Rolle der IT*: Gestaltet die IT mit und ist der IT-Leiter Mitglied der Geschäftsleitung oder wird die IT als administrativer Overhead wahrgenommen?
- *Knowledge Management*: Der Reifegrad und Umfang des Knowledge Management im Unternehmen spielt eine wichtige Rolle als Entscheidungsgrundlage für proaktives Handeln.

Grundsätzlich ist proaktives Handeln für Service Provider erstrebenswert. Allerdings müssen ausreichend Ressourcen für das reaktive Handeln reserviert werden. Die Rolle von Service Operation ist es, die richtige Balance zu finden. Um diese Balance anforderungsgerecht gestalten zu können, spielen u. a. die folgenden Faktoren eine Rolle:

- Standardisierte und etablierte Prozesse für Incident Management und Problem Management
- Integration und klar definierte Schnittstellen zwischen Service Operation und Continual Service Improvement
- Eine sinnvolle Priorisierung unter Berücksichtigung der betroffenen Geschäftsprozesse ist entscheidend für eine effektive Zuordnung vorhandener Service Assets. Die Fähigkeit, korrekte Prioritäten zu vergeben, ist sehr wichtig für proaktiv ausgerichtete Service Provider.
- Valide Informationen aus dem Service Asset and Configuration Management müssen bei Bedarf verfügbar sein.
- Das Service Level Management ist fortlaufend in die Aufgaben von Service Operation eingebunden, um Erfahrungen, Rückmeldungen und Ideen erfassen und verarbeiten zu können.

4.3.4 Event Management

4.3.4.1 Ziele

Zunächst vorab zur Sicherheit: Beim Event Management handelt es sich nicht, wie in meinen Seminaren immer wieder mehr oder weniger ernsthaft vermutet wird, um Themen wie die Gestaltung der nächsten Betriebsfeier.

Event Management hat zum Ziel, auftretende Ereignisse in der IT-Infrastruktur festzustellen sowie angemessene und koordinierte Maßnahmen einzuleiten. Bei einem Event handelt es sich um ein für die Services relevantes Ereignis. Die folgenden Ziele lassen sich daraus ableiten:

- Die Fähigkeit, Events zu entdecken, zu verstehen und angemessen (also entsprechend bestehender SLA) zu handeln, ist vorhanden.
- Routineaufgaben des Operations Management sind wenn möglich automatisiert.
- Eine verlässliche Basis für das Reporting und das Continual Service Improvement ist vorhanden.

4.3.4.2 Begriffe

Event

Ein Event ist definiert als

- ein Ereignis, das Bedeutung für das Management der Infrastruktur oder die Serviceerbringung hat,
- eine Statusänderung eines CI mit Auswirkungen auf dessen Steuerung oder auf die IT-Services.

Typischerweise handelt es sich bei Events um Benachrichtigungen, die von einem Service, einem Configuration Item oder einem Monitoring-Tool generiert und zur Verfügung gestellt wurden. Events können verschiedene Aktivitäten, wie z. B. die Eröffnung eines Incident Tickets, auslösen. Im Rahmen des Event-Management-Prozesses muss sichergestellt werden, dass die Benachrichtigungen zu Events nicht nur gesendet, sondern auch zuverlässig empfangen werden.

Event-Typen

Je nach Typ eines Events und dessen Auswirkung auf die Services müssen verschiedene Maßnahmen ergriffen werden. Zur Differenzierung bei der Entscheidung über diese Maßnahmen können die folgenden drei Event-Typen definiert werden:

- *Information (Information):* Events, die einen gewünschten Ablauf bestätigen und in der Regel keine weiteren Aktivitäten erfordern (z. B. Ende eines Druckjobs, E-Mail-Empfangsbestätigung etc.).
- *Warnung (Warning):* Events, die ein ungewöhnliches Verhalten anzeigen, das noch nicht zwingend ein Eingreifen notwendig macht, aber oft eine genaueres Monitoring oder definierte Aktivitäten in der Zukunft erfordert (z. B. ein Anstieg der Antwortzeiten einer Anwendung oder Annäherung an definierte Schwellwerte etc.)
- *Ausnahme (Exception):* Events, die auf eine nicht akzeptable Situation hinweisen und normalerweise konkrete Maßnahmen bedingen (z. B. wiederholte Falscheingabe von Kennwörtern, Schwellwertverletzungen etc.).

Eine klare Definition der Event-Typen und eindeutige Kriterien für die Bewertung der Events also z. B. für die genannten Typen „Information", „Warnung" oder „Ausnahme" ist für einen funktionierenden Prozess entscheidend.

4.3.4.3 Aktivitäten

Das Event Management befasst sich mit der automatisierten Verarbeitung von Ereignissen und der Erzeugung entsprechender Reaktionen. Abbildung 4.22 auf der nächsten Seite zeigt einen schematischen Event-Management-Prozess im Überblick.

Event Notifikation (Event notification)

Nachdem ein Event stattgefunden hat, muss es zunächst einmal als solches identifiziert und erfasst werden. Dafür ist es wichtig, dass alle an der Entwicklung der Services beteiligten Parteien berücksichtigen, welche Events von Bedeutung für den Betrieb sind und wie diese erkannt werden können.

Event Management nutzt die Fähigkeit vieler Configuration Items, Informationen über den eigenen Status oder bestimmte Ereignisse zu kommunizieren. Grundsätzlich werden zwei Arten der Informationssammlung unterschieden:

- Überwachung der Configuration Items durch ein Management, welches definierte Informationen sammelt.
- Ein Configuration Item erzeugt eigenständig einen Report, wenn bestimmte Ereignisse auftreten oder Bedingungen erfüllt sind.

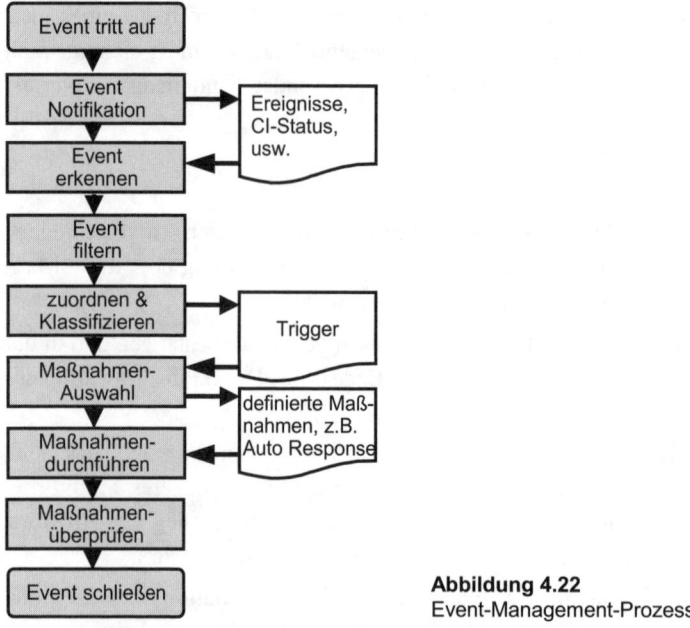

Abbildung 4.22
Event-Management-Prozess

Event erkennen (Event detection)

Nachdem im vorherigen Schritt die relevanten Events erfasst und dokumentiert wurden, muss definiert werden, wie neue oder veränderte Events und deren Bedeutung erkannt und verarbeitet werden. Die Erfassung der Informationen und deren Einordnung erfolgt in der Regel durch entsprechend definierte Management-Tools oder Agenten, die bestimmte Configuration Items untersuchen.

Event filtern (Event filtering)

Zunächst wird entschieden, ob ein Event überhaupt von Bedeutung ist und an die entsprechenden Management-Tools kommuniziert wird oder ob es ignoriert werden kann. Der Grund, warum diese Entscheidung hier erneut getroffen wird, ist die Möglichkeit, Events trotz der Erkennung durch eine automatisierte „event notification" zu ignorieren, wenn es sinnvoll erscheint.

Event zuordnen und klassifizieren (Event correlation, significance of events)

In diesem Schritt werden die als relevant erkannten Events entsprechend ihrer Signifikanz klassifiziert, um die geeigneten Reaktionen ableiten zu können. Welche Kategorien definiert werden, hängt von der Art der Services und den Anforderungen an deren Betrieb ab. Jedes Unternehmen sollte sich hier genau überlegen, welche Abstufungen sinnvoll sind. Als Anhaltspunkt können die in Abschnitt 4.3.4.2 beschriebenen Event-Typen dienen:

- Information (Information)
- Warnung (Warning)

- Ausnahme (Exception)
- Die Festlegung der Signifikanz erfolgt normalerweise automatisiert durch so genannte „correlation engines". Diese leiten aus definierten Kriterien eine Entscheidung über die Signifikanz der aufgetretenen und relevanten Events ab. Mögliche Aspekte für die Gestaltung und Konfiguration sind:
- Anzahl identischer Events
- Anzahl unterschiedlicher CI, die identische oder ähnliche Events erzeugen
- Art und Zuordnung definierter Schwellwerte
- Eventkategorien
- Priorisierung der Events

Trigger (Trigger)

Um auf die erkannten Events zu reagieren, werden entsprechende Maßnahmen definiert und müssen realisiert werden. Die Auslöser für diese Maßnahmen werden Trigger genannt. Trigger können sehr unterschiedlich gestaltet werden. Nachfolgend einige Möglichkeiten:

- *Incident Trigger:* Erzeugen ein Incident Ticket, wenn ein Event entsprechende Kriterien erfüllt, und stoßen so den Incident-Management-Prozess an.
- *Change Trigger:* Erzeugen bei Bedarf einen Request for Change (RfC) und initiieren so den Change-Management-Prozess.
- *Pager oder SMS-Dienste:* Informieren verantwortliche Personen oder Teams, um manuelle Maßnahmen zu ergreifen.

Maßnahmenauswahl (Response selection)

In diesem Schritt werden die geeigneten Maßnahmen ausgewählt und durchgeführt. Auch hier gilt natürlich wieder, dass unterschiedliche Unternehmen auch unterschiedliche Maßnahmen definieren werden. Typische Maßnahmen sind:

- *Event Logging:* Grundsätzlich sollen alle Events erfasst werden, egal ob weitere Maßnahmen erfolgen oder nicht. Bei Events vom Typ „Information" ist das Logging oft die einzige Maßnahme.
- *Auto Reponse:* Wenn möglich sollte eine Maßnahme automatisiert sein, um den Aufwand zu minimieren und gleichzeitig die Geschwindigkeit zu erhöhen. Beispiele für Auto Responses sind:
  - Restart eines Systems oder einer Komponente
  - Batch Job auslösen
  - Automatische Konfigurationsanpassung
- *Alarm und manueller Eingriff:* Wenn keine automatische Reaktion möglich ist, dann müssen manuelle Aktivitäten durchgeführt werden. Der Alarm muss an eine Person oder das Team mit der notwendigen Kompetenz gerichtet sein und alle zur Bearbeitung notwendigen Informationen enthalten.

- *RfC auslösen:* Ist für die adäquate Reaktion auf ein Event ein Change notwendig, so wird ein RfC an das Change Management vorgeschlagen.
- *Incident erstellen:* Stellt ein Event eine tatsächliche oder potentielle Serviceunterbrechung dar, so wird ein Incident Ticket eröffnet.
- *Verlinken eines Problems:* Kann ein Event oder ein resultierender Incident zu einem bereits bestehenden Problem Ticket zugeordnet werden, so können entsprechende Incident Tickets mit dem Problem verlinkt werden.

Maßnahmen überprüfen (Review action)

Nach Abschluss der Maßnahmen werden alle wichtigen Events und Ausnahmen (exceptions) darauf überprüft, ob adäquat reagiert wurde. Wie alle Reviews wird auch dieser als Informationsquelle für den Continual-Service-Improvement-Prozess genutzt.

Event schließen (Close event)

Events lassen sich nicht so exakt einem Status „open" oder „closed" zuordnen wie beispielsweise Incidents. Events des Typs „Information" werden oft einfach erfasst und es folgen keinerlei Aktivitäten. Einen Status „open" kann es in diesem Fall schwerlich geben.

Erzeugt ein Event ein Incident oder einen Change, so sollte der Abschluss des Events mit dem Link zum entsprechenden Ticket im jeweiligen Prozess erfolgen.

4.3.4.4 Rollen

Normalerweise wird dem Prozess kein „Event Manager" zugeordnet. Es muss allerdings ein Process Owner festgelegt werden. Das kann z. B. der Incident Manager oder ein verantwortlicher Mitarbeiter aus einer der in Abschnitt 4.3.9 beschriebenen Funktionen „Technical Management", „Application Management" oder „IT-Operations Management" sein. Die notwendigen Definitionen und Aktivitäten erfolgen ebenso in der Verantwortung der beschriebenen Funktionen.

Um dem Prinzip der rollenbasierenden Zuordnung von Aufgaben und Verantwortungen gerecht zu werden, sollten sie im Event Management definiert und dokumentiert werden, um daraus entsprechende Rollenbeschreibungen abzuleiten.

4.3.4.5 Key-Performance-Indikatoren (KPI)

Im Folgenden finden Sie einige Beispiele für mögliche Kennzahlen aus der ITIL®-Literatur, mit deren Hilfe sich die Prozessqualität und der Beitrag zu den IT-Zielen messen lassen:

- Anzahl der Events je Signifikanz bzw. Kategorie
- Anteil der Events, bei denen ein manueller Eingriff erforderlich war
- Anteil der Events, aus denen ein Incident oder Change entstanden ist
- Quote der Anzahl Events in Bezug zur Anzahl der Incidents
- Anteil der sich wiederholenden Events an der Gesamtzahl der Events

Es ist jedoch nicht ausreichend, einfach definierte Kennzahlen zu übernehmen. Details zur richtigen Gestaltung von Zielen und Kennzahlen werden in Kapitel 5 beschrieben.

4.3.4.6 Herausforderungen

- Zunächst besteht bei der Gestaltung des Event-Management-Prozesses die Hürde der Mittelbeschaffung für die benötigen Überwachungs- und Bewertungstools. Wie in vielen anderen Fällen gilt es hier, einen definierten Business Case zu schaffen und die Vorteile des automatisierten Event Management darzustellen. Vorteile, die sich direkt als Nutzen präsentieren lassen, können sein:
- Erhöhung der Servicequalität durch Entlastung des Service Desk und des Incident Management
- Verbesserung der Kundenzufriedenheit durch schnelle Reaktionen auf Ereignisse, ohne dass ein Anwender eine Störungsmeldung liefern muss
- Erhöhung der Effizienz des technischen Personals von Routineaufgaben durch Automatisierung einfacher Events und Konzentration auf Aufgaben, für die tatsächlich ein manuelles Eingreifen nötig ist
- Eine weitere Herausforderung ist die Definition der richtigen Filter für die Verarbeitung von Events. Fehler können entweder zu einer nicht überschaubaren Flut einfacher Events oder zum Übersehen signifikanter Events führen. Um den richtigen Level zu finden, sind verschiedene Faktoren von Bedeutung, wie z. B. klar definierte Servicespezifikationen oder die Kenntnis der Auswirkungen von Events auf diese Services.

Praxistipp:
Integrieren Sie das Event Management innerhalb der ITSM-Prozesse wo immer möglich, um relevante Events bezüglich dieser Prozesse zu erkennen. Denken Sie bei der Definition neuer Services von Beginn an über mögliche Funktionen für das Event Management nach. Dadurch lassen sich die Aktivitäten „notification" und „detection" später deutlich einfacher gestalten. Nachdem Sie die Filterregeln definiert haben, prüfen Sie im Rahmen einer Einführungsphase, wie diese Filter funktionieren und greifen Sie bei Bedarf korrigierend ein.

4.3.5 Incident Management

4.3.5.1 Ziele

Incident Management befasst sich mit allen Ereignissen, die einen Service stören oder beeinflussen können und ist verantwortlich für den gesamten Lebenszyklus aller Incidents.

Wichtigstes Ziel des Incident Management ist die schnellstmögliche Wiederherstellung des SLA-konformen Servicebetriebs und die Minimierung negativer Auswirkungen auf die Geschäftsprozesse. Dadurch werden die folgenden Ziele unterstützt:

- Steigerung der Produktivität der Anwender
- Verringerung der Auswirkungen von Störungen auf die Geschäftsprozesse
- Einhaltung bestmöglicher Servicequalität und Verfügbarkeit

Die Minimierung der Auswirkungen auf die Geschäftsprozesse kann auf unterschiedliche Weise erreicht werden. Neben der schnellen Wiederherstellung der Services spielt die Auswahl der richtigen Reihenfolge der Wiederherstellung bei begrenzten Ressourcen eine entscheidende Rolle. Wichtig dafür ist eine Priorisierung der Incidents (Erläuterung des Begriffes in Abschnitt 4.3.5.2) unter Berücksichtigung der Auswirkungen auf die betroffenen Geschäftsprozesse.

4.3.5.2 Begriffe

Incident

Ein Incident ist eine ungeplante Unterbrechung oder Reduktion der Qualität eines IT-Services. Auch Ausfälle von Configuration Items, die noch keine Auswirkung auf einen Service haben, sind Incidents, wie z. B. der Ausfall einer Festplatte in einem RAID5-System (potentielle Auswirkungen). Eine aus meiner Sicht noch griffigere Definition eines Incidents ist die folgende, die sich an ITIL® 2 anlehnt:

> *Jedes Ereignis, das den SLA-konformen Betrieb eines Services beeinflusst und eine Unterbrechung oder Beeinträchtigung der Qualität dieses Services verursacht oder verursachen könnte.*

Incidents können in verschiedenen Situationen entstehen und können auf unterschiedlichem Weg zum Service Provider gelangen. Nachfolgend einige Möglichkeiten:

- Fehler/Störungen
- Fragen seitens der Anwender
- Meldungen seitens der IT-Mitarbeiter
- Events, welche von Monitoring-Tools entdeckt und gemeldet werden

Workaround

Ein Workaround ist eine Maßnahme zur Reduzierung der Auswirkungen eines Incidents, solange keine endgültige Lösung zur Beseitigung des Incidents verfügbar ist. Ein Beispiel für einen Workaround ist die Umleitung einer Druckwarteschlange auf einen anderen Drucker, während das ursprüngliche Gerät untersucht und repariert wird. Viele Workarounds werden dem Incident-Management-Prozess über die Known Error Database als Teil dokumentierter Known Errors durch den Problem-Management-Prozess bereitgestellt. Die Begriffe „Known Error Database" und „Known Error" werden in Abschnitt 4.3.7.2 beschrieben.

Timescales

Basierend auf den vereinbarten SLA werden für jeden Bearbeitungsschritt von Incidents Zeiten definiert und vereinbart. Diese Vereinbarungen werden als Ziele in OLA (interne Vereinbarungen) und Contracts (Verträge mit Dienstleistern) festgehalten.

Incident Models

Incident Models sind vordefinierte Verfahrensweisen, die es erlauben, bei ähnlichen oder gleichen Incidents auf definierte Art und Weise zu reagieren. Incident Models enthalten Aktivitäten, zeitliche Abläufe und Eskalationsprozeduren bezogen auf den jeweiligen Incident-Typ und werden wenn möglich als vordefinierte Abläufe in den verwendeten Tools abgebildet.

Major Incidents

Major Incidents haben besonders große Auswirkungen auf die Geschäftsprozesse und bedingen dadurch besondere Maßnahmen bei der Servicewiederherstellung. Die Kriterien für die Identifizierung eines Major Incidents müssen in der Definition des Incident-Management-Prozesses bzw. der vereinbarten Services festgelegt werden. Für sie gelten in der Regel kürzere Zeiten und andere Prozeduren (diese können zum Beispiel in einem entsprechenden Incident Model definiert werden).

> **Praxistipp:**
> Beachten Sie, dass ein Incident immer ein Incident bleibt. Kein Incident, also auch kein Major Incident wird jemals zu einem Problem. Während Incidents sich auf die Symptome und die Auswirkungen fokussieren, werden im Rahmen eines Problems die zugrunde liegenden Ursachen betrachtet. Eine Verbindung besteht lediglich durch die Verlinkung von Incidents zu Problems, um bei Bedarf die zugrunde liegende Ursache zuzuordnen.

4.3.5.3 Aktivitäten

Abbildung 4.23 auf der nächsten Seite zeigt ein schematisches Beispiel für die Definition eines Incident-Management-Prozesses.

> **Praxistipp:**
> Der Prozess zur Bearbeitung von Incidents kann in verschiedenen Unternehmen sehr unterschiedlich sein. Er hängt sehr stark von den jeweiligen Rahmenbedingungen und Anforderungen ab. Nutzen Sie die hier beschriebenen Aktivitäten als Inspiration und Rahmen für die Gestaltung Ihres individuellen Prozesses. Ein Beispiel für einen in der Praxis ausgestalteten Incident-Management-Prozess finden Sie in Kapitel 8.

Incident-Identifizierung (Incident identification)

Im Rahmen dieser Aktivität werden Incidents als solche identifiziert. Der einfachste Weg ist die Meldung durch einen Anwender an den Service Desk. Es wird jedoch angestrebt, Incidents bereits zu erkennen, bevor sie eine Auswirkung auf den Anwender haben. Bei dieser Aufgabe kann z. B. die Verarbeitung von Ereignissen im Event Management nützlich sein.

4 ITIL® 3 – Operational-Prozesse

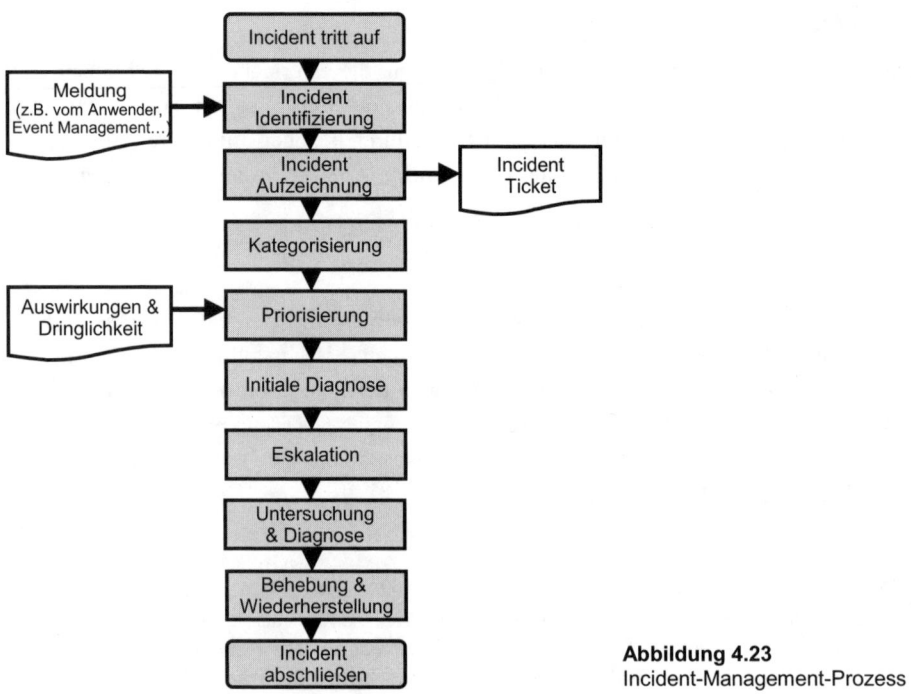

Abbildung 4.23
Incident-Management-Prozess

Incident-Aufzeichnung (Incident logging)

Eine wichtige Aufgabe des Incident-Management-Prozesses ist die vollständige Erfassung aller Incidents inklusive eines Zeitstempels. Diese vollständige Erfassung dient als Basis für zentrale Faktoren in der Gestaltung des Prozesses und für den Nachweis der Prozessperformance. Beispiele hierfür sind:

- Planung des Prozesses und Allokation der benötigten Ressourcen
- Messen der Durchlaufzeiten und des Aufwandes zur Incidentbearbeitung
- Nachweis der SLA-Konformität

Im Incident Ticket werden alle relevanten Informationen für die Bearbeitung des jeweiligen Incident erfasst. Das Ticket wird anschließend während des gesamten Incident Lifecycle mit entstehenden Informationen und dokumentierten Maßnahmen aktualisiert. Incident Tickets sollten die folgenden Informationen enthalten:

- Eindeutige Incident-ID
- Kategorie
- Dringlichkeit und Auswirkung
- Priorität
- Erfassungsdatum
- Name/Abteilung des Erfassers
- Art der Incident-Meldung (Telefon, E-mail, …)

- Anwender (Name und Kontaktdaten)
- Mögliche/gewünschte Art der Rückmeldung
- Incident Beschreibung (Symptome)
- Status (aktiv, wartet, abgeschlossen…)
- Betroffene Configuration Items
- Support-Team/-Rolle, welcher der Incident zur Bearbeitung zugeordnet wurde
- Verlinkte Problems oder Known Errors
- Durchgeführte Maßnahmen zur Behebung
- Zeit und Datum der Behebung
- Kategorie bei Abschluss
- Zeit und Datum des Abschlusses

Incident-Kategorisierung (Incident categorization)

Die Kategorie beinhaltet in der Regel die fachliche Einordnung eines Incidents. Sie ist die Basis für die korrekte Zuordnung der Incidents zu den vorhandenen Support-Gruppen. Wird ein Incident falsch oder nicht kategorisiert, so kann das zu erheblichem Mehraufwand bei der späteren Bearbeitung z. B. durch unnötige Weiterleitungen führen. Eine typische Struktur ist eine fachbezogene Hierarchie innerhalb des Kategorienbaumes, also etwa „Hardware -> Server -> Komponente". Auch der Aufbau des Kategorienbaumes entsprechend der angebotenen Services ist eine mögliche Variante.

Die Kategorien müssen in jedem Unternehmen individuell entsprechend der vorhandenen Komponenten und Services erarbeitet werden. Die folgenden Stichpunkte beschreiben eine einfache Vorgehensweise zur Identifikation der benötigten Kategorien:

- Gemeinsam mit Vertretern aus den Support-Teams und dem Service Desk sowie dem Problem Manager und dem Incident Manager wird ein erster Entwurf der Kategorien abgestimmt. Auch eine Kategorie „Sonstiges" sollte in dieser Phase vorhanden sein.
- Auf Basis des Entwurfes werden in einer Pilotphase die jeweiligen Kategorien im Betrieb erfasst und genutzt.
- Die Kategorien werden ausgewertet und je nach Zuordnung wird über die Beibehaltung oder Abschaffung oder über die Schaffung möglicher Unterkategorien entschieden. Die Kategorie „Sonstiges" wird detailliert ausgewertet und mögliche neue Kategorien abgeleitet.
- Nach einer möglichen weiteren Testphase werden die Incidents in den einzelnen Kategorien betrachtet und weitere Unterkategorien abgeleitet.
- Nach einer längeren Testphase über mehrere Monate werden diese Maßnahmen wiederholt und bei Bedarf weitere Anpassungen vorgenommen
- Der Prozessschritt der Kategorisierung wird auch dazu genutzt, zwischen Incidents und Service Requests zu unterscheiden. Wird ein Incident als Service Request (also z. B. Informationsanfragen, Passwort zurücksetzen etc.) identifiziert, so erfolgt die weitere Bearbeitung im Request Fulfilment.

Incident-Priorisierung (Incident priorization)

Die Priorisierung dient der Bearbeitung der auftretenden Incidents in der richtigen zeitlichen Abfolge. Die Priorität basiert auf den Auswirkungen (Impact) und der Dringlichkeit (Urgency) der Störungsbeseitigung.

- *Auswirkung (Impact):* Beschreibt die Auswirkungen eines Incidents auf das Business des Kunden (z. B. Anzahl der betroffenen Anwender oder Höhe des entstehenden finanziellen Schadens).
- *Dringlichkeit (Urgency):* Beschreibt, wie schnell ein Service wiederhergestellt werden muss, um die Anforderungen des Business zu erfüllen (z. B. Wiederherstellungszeit). In der Regel lässt sich die Dringlichkeit direkt aus den Service Level Agreements ablesen.

Die Beurteilung der Auswirkungen und der Dringlichkeit sind für die Auswahl der richtigen Priorität entscheidend. Daher sollten den beteiligten Mitarbeitern klare Richtlinien und Praxisbeispiele für die Ermittlung insbesondere bzgl. der Auswirkungen zur Verfügung gestellt werden. Abbildung 4.24 zeigt eine einfache Matrix zur Ableitung der Kategorie aus Auswirkungen und Dringlichkeit. Die meisten modernen Ticket-Tools unterstützen eine derartige Implementierung bereits (natürlich auch deutlich detaillierter).

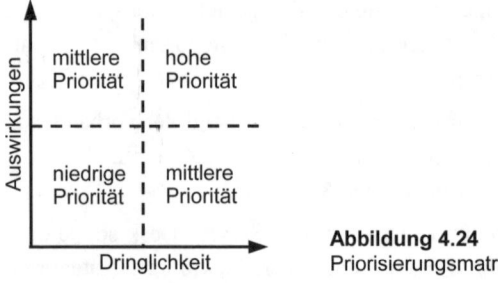

Abbildung 4.24 Priorisierungsmatrix

Praxistipp:

Die Priorisierung legt lediglich die Reihenfolge der Abarbeitung fest. Auch Tickets der Priorität drei müssen innerhalb definierter Zeiten bearbeitet werden. Wenn Sie feststellen, dass nur noch Tickets der Priorität 1 bearbeitet werden können, überprüfen Sie die Verteilung der Prioritäten auf die Tickets. Oft ist eine Priorität überproportional vertreten und führt dazu, dass Tickets niedrigerer Prioritäten nicht mehr oder nur noch unzureichend bearbeitet werden. Bei der Gestaltung der Prioritäten sollten Sie auch den Fall eines Major Incidents mit höchster Priorität berücksichtigen.

Initiale Diagnose (Initial diagnosis)

Nachdem die Symptome erfasst wurden, wird zunächst versucht, eine schnelle Lösung – bestenfalls noch während der Anwender am Telefon ist – zu identifizieren. In dieser Phase werden typischerweise Tools wie Fragenbäume, Wissensdatenbanken oder Informationen zu Workarounds aus der Known Error Database genutzt.

Ist die Lösungssuche erfolgreich und wird vom Anwender akzeptiert, so kann der Incident bereits hier gelöst und durch den Bearbeiter (z. B. durch den Service-Desk-Mitarbeiter) abgeschlossen werden.

Eskalation (Incident escalation)

Der Begriff „Eskalation" ist besonders im deutschsprachigen Raum häufig negativ besetzt. Er steht bei vielen sogar für „anschwärzen" oder Ähnliches. Dabei geht es bei der Eskalation eigentlich einfach um eine Weiterleitung eines Vorganges an eine andere Instanz, damit dort weitere Aktivitäten durchgeführt werden können. Es wird grundsätzlich zwischen zwei Arten der Eskalation, unterschieden: Funktionale Eskalation und hierarchische Eskalation.

- *Funktionale Eskalation:* Funktional wird dann eskaliert, wenn aufgrund mangelnden Wissens oder Fähigkeiten weitere Wissensträger hinzugezogen werden müssen. Im Incident-Management-Prozess handelt es sich hier um die Weiterleitung eines Tickets an die nachgelagerten internen oder auch externen Support-Teams mit den Rollen des 2nd, 3rd oder n-Line Support. Sobald der Mitarbeiter im 1st Line Support feststellt, dass er keine Lösung zur Verfügung stellen kann, wird er umgehend funktional eskalieren und das Ticket entsprechend der Kategorie an die zugeordneten Support-Teams weiterleiten. Die Verantwortung für die Verfolgung des Tickets und die Lösung verbleibt in jedem Fall beim 1st Line Support, also wenn vorhanden beim Service Desk.
- *Hierarchische Eskalation:* Sachverhalte werden entweder zur Information (z. B. Major Incidents) oder zur Einleitung weiterer Maßnahmen (z. B. Überschreitung der vorgesehenen Lösungszeit) an übergeordnete Manager weitergeleitet. Die hierarchische Eskalation innerhalb eines Prozesses erfolgt in der Regel zunächst über den Prozessmanager und den Process Owner.

In seiner Verantwortung als Incident Owner sollte der Service Desk die betroffenen Anwender über erfolgte Eskalationsmaßnahmen und über mögliche Konsequenzen für die Bearbeitung informieren. Die Regeln für die Eskalation werden in entsprechenden OLA mit den internen Support-Teams oder in Contracts mit externen Partnern (Dienstleister oder Hersteller) vereinbart. Abbildung 4.25 auf der nächsten Seite zeigt schematisch die funktionale Eskalation im Rahmen der Incident-Bearbeitung.

Untersuchung und Diagnose (Investigation and diagnosis)

In dieser Phase werden alle vorhandenen Informationen und Anwenderangaben zur Störung bewertet und mögliche Ereignisse identifiziert, die den Incident ausgelöst haben könnten. Weiterhin werden die tatsächlichen Auswirkungen des Incidents erneut bewertet und gegebenenfalls der angenommene Grad der Auswirkungen korrigiert. Das kann auch Auswirkungen auf die Priorität haben. Alle Maßnahmen und Erkenntnisse werden vollständig im Incident Ticket dokumentiert.

Je nach Art des Incidents werden diese Aktivitäten an verschiedenen Stellen durchgeführt. Einfache Incidents können in der Regel bereits im 1st Line Support durch den Service-Desk-

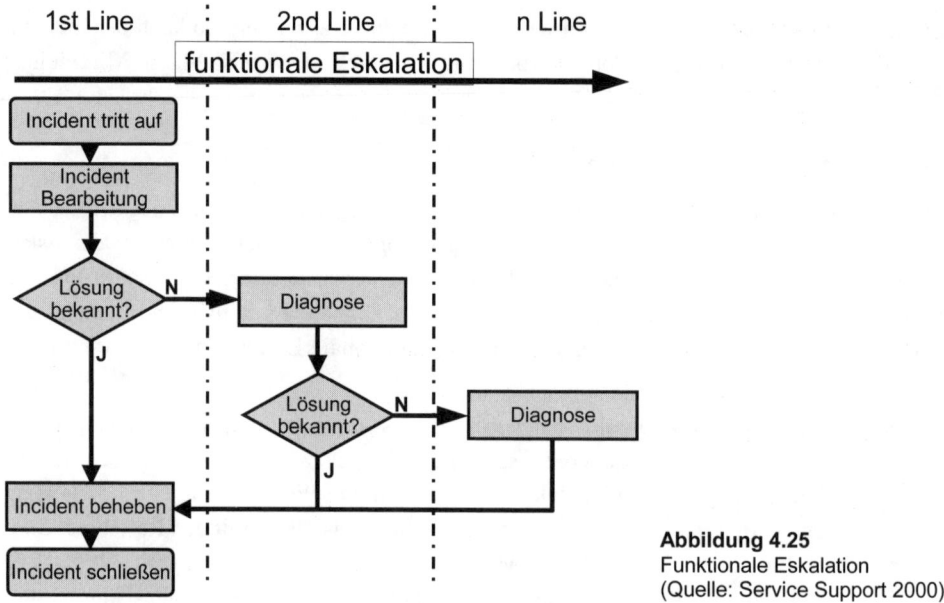

Abbildung 4.25
Funktionale Eskalation
(Quelle: Service Support 2000)

Mitarbeiter diagnostiziert werden. Werden Incidents funktional eskaliert, so erfolgt ein Teil dieser Untersuchung natürlich in den entsprechenden Support-Teams.

Reparatur und Wiederherstellung (Resolution and recovery)

Diese Aktivität befasst sich mit der Durchführung konkreter Maßnahmen zur Wiederherstellung des Service. Nachdem eine potentielle Lösung identifiziert wurde, wird diese implementiert und getestet. Die Realisierung der Lösung kann auf verschiedene Weise erfolgen. Mögliche Wege der Implementierung sind:

- Der Anwender implementiert eine bereitgestellte Lösung selbst.
- Der Service Desk implementiert die Lösung.
- Interne Support-Teams werden mit der Implementierung beauftragt.
- Externe Lieferanten werden beauftragt.

Nach der Durchführung muss das entsprechende Incident Ticket aktualisiert und an den 1st Line Support bzw. wenn vorhanden den Service Desk zurückverwiesen werden, damit es abgeschlossen werden kann.

Incident abschließen (Incident closure)

Bevor ein Incident abgeschlossen werden kann, überprüft der Service Desk, ob wirklich alle gemeldeten Fehler behoben wurden, und stellt sicher, dass der Anwender diese Lösung akzeptiert.

Praxistipp:
Die notwendige Zustimmung durch den Anwender führt in der Praxis immer wieder zu Unstimmigkeiten. Was tun, wenn der Anwender sich nicht mehr meldet? Wie in diesem Fall die Bearbeitungszeiten messen und nachweisen? Etablieren Sie bei der Prozessdefinition entsprechende Maßnahmen. Mögliche Varianten sind ein Zwischenstatus wie „technisch abgeschlossen", der später für die Messung herangezogen werden kann. Eine verbreitete Variante ist auch, dass der Anwender eine Mail geschickt bekommt, in der er nur bei Unzufriedenheit antworten muss. Keine Antwort wird in diesem Fall als Zustimmung gewertet. Bitte beachten Sie, dass diese und andere Praxislösungen gemeinsam mit dem Kunden vereinbart und nicht einseitig durch die IT festgelegt werden.

Weitere mögliche Aktivitäten im Rahmen des Incident-Abschlusses sind:

- Sicherstellen der Vollständigkeit der Dokumentation
- Anwenderzufriedenheit abfragen (gut dosiert einsetzen, um Unmut zu vermeiden!)
- Prüfen der Kategorie bei Abschluss und Korrektur, falls nötig
- Bei Bedarf Meldung über Notwendigkeit präventiver Maßnahmen an das Problem Management
- Formaler Abschluss des Incident

4.3.5.4 Rollen

Incident Manager

Der Incident Manager ist verantwortlich für einen funktionierenden Prozess und stellt sicher, dass die Aktivitäten innerhalb dieses Prozesses effektiv und effizient erfolgen. Weitere Aufgaben des Incident Managers sind:

- Erstellung und Weiterentwicklung des Incident-Management-Prozesses
- Verantwortung für Auswahl und Integration benötigter Werkzeuge
- Management Reporting
- Steuerung des Beitrages der am Incident-Management-Prozess beteiligten Support-Teams (1st Line, 2nd Line...)
- Überwachung der Effektivität des Prozesses und Ableiten von Vorschlägen zur kontinuierlichen Verbesserung
- Steuerung der Durchführung von Major Incidents
- Eskalationsinstanz für die beteiligten Mitarbeiter

1st Line Support/Service–Desk-Mitarbeiter

Diese Rolle ist verantwortlich für die Bereitstellung des 1st Line Support durch die Annahme und Bearbeitung von Anrufen und Meldungen entsprechend der in den Prozessen *Incident Management* und *Request Fulfilment* definierten Aktivitäten.

2nd Line Support

Die Spezialisten und Teams der Fachgruppen, die über ausgeprägte Fachkenntnisse zu einem bestimmten Thema verfügen, übernehmen die Rolle des 2nd Line Support und sind die Adressaten der ersten Stufe einer funktionalen Eskalation. Sie bearbeiten die weitergeleiteten Tickets gemäß entsprechender Vereinbarungen in Operational Level Agreements.

Praxistipp:
Sie brauchen in der Regel (trotz des entsprechenden Hinweises in der ITIL®-Literatur) keine Abteilung oder Gruppe namens 2nd Line oder ähnliches zu gestalten. Der Begriff „2nd Line Support" beschreibt lediglich eine Rolle, die von den für Support-Aktivitäten in Frage kommenden Spezialisten wahrgenommen wird. Diese Spezialisten sind klassischerweise die Serveradministratoren, Netzwerker, Operatoren oder Ähnliches. Tickets können also nicht einfach an den 2nd Line Support weitergeleitet werden, sondern es bedarf einer korrekten Kategorisierung, um das entsprechende Support-Team auswählen zu können, oder einer koordinierenden Rolle.

3rd Line Support

Auf der Ebene des 3rd Line Support werden weiter spezialisierte Teams zur Bearbeitung der Tickets hinzugezogen. Je nach Aufbau der Organisation und Gestaltung des 2nd Line Support können das Fachteams aus den Funktionen Technical- und Application Management sein. In den meisten Unternehmen wird der 3rd Line Support jedoch bereits durch externe Dienstleister oder den jeweiligen Hersteller durchgeführt.

4.3.5.5 Key-Performance-Indikatoren (KPI)

Im Folgenden finden Sie einige Beispiele für mögliche Kennzahlen aus der ITIL®-Literatur, mit deren Hilfe sich die Prozessqualität und der Beitrag zu den IT-Zielen messen lassen:

- Incidents je Arbeitsschritt (erfasst, in Arbeit, geschlossen)
- Größe des aktuellen Backlogs (absolut oder prozentual)
- Anzahl Major Incidents/Anzahl Incidents
- Anteil der Störungen, die innerhalb der SLAs behoben wurden
- Durchschnittliche Kosten je Incident
- Anteil der Incidents, die erneut geöffnet wurden
- Anteil falsch kategorisierter oder falsch zugewiesener Incidents
- Erstlösungsrate
- Anteil der Incidents, die remote behoben werden konnten
- Aufschlüsselung der Incidents nach Arbeitszeiten

Es ist jedoch nicht ausreichend, einfach definierte Kennzahlen zu übernehmen. Details zur richtigen Gestaltung von Zielen und Kennzahlen werden in Kapitel 5 beschrieben.

4.3.5.6 Herausforderungen

Die Fähigkeit, Incidents so früh wie möglich zu entdecken, ist ein wichtiger Faktor für ein erfolgreiches Incident Management. Je früher Incidents entdeckt werden können, desto schneller können Störungen beseitigt werden. Oft sogar bevor Anwender die Störung wahrnehmen. Um das zu erreichen, reicht natürlich der Service Desk als Eingang für Incidents nicht aus. Ein funktionierender Event-Management-Prozess, der Ereignisse filtert und mögliche Incidents identifiziert und eine gut funktionierende Schnittstelle zwischen Event Management und Incident Management sind hier Erfolgsfaktoren.

Für die Effektivität und die Effizienz des Incident-Management-Prozesses ist es von großer Bedeutung, dass Informationen aus dem Problem Management, insbesondere zu Known Errors und Workarounds zur Verfügung stehen. Diese Informationen ermöglichen den Support-Mitarbeitern aus vergangenen Incidents zu lernen und vorhandene Workarounds sinnvoll einzusetzen.

Um die Erfassung und Bearbeitung der Incidents sowie deren Kategorisierung und Priorisierung zu verbessern ist die Einbindung des Configuration Management Systems nützlich. Es zeigt auf, welche Configuration Items zu welchem Service gehören und welche Beziehungen zwischen den CI bestehen. Incidents können zudem Personen und Bereichen zugeordnet werden, was für die Priorisierung von Bedeutung sein kann (Auswirkungen auf die Geschäftsprozesse). Wichtig für die Priorisierung ist ebenso die Kenntnis der vorhandenen SLA, um die Vorgaben bezüglich Bearbeitungszeit zu kennen, die auch Einfluss auf die Priorität haben können (Dringlichkeit).

4.3.6 Request Fulfilment

4.3.6.1 Ziele

Request Fulfilment befasst sich mit dem Management von Anwenderanfragen. Diese Anfragen können unterschiedlicher Natur sein. Einige Beispiele sind:

- Umzüge von Anwendersystemen oder Anfragen bezüglich zusätzlicher Funktionen („kleine" Changes mit geringem Risiko, häufigem Vorkommen, geringen Kosten etc.)
- Fragen nach Informationen
- Passwort zurücksetzen
- Unterstützung bei der Nutzung von Services (z. B. „Wie kann ich in meiner Tabellenkalkulation eine Formel einfügen?")

Die Ziele des Request Fulfilment sind:

- Ein Kanal für Bestellung und Bezug von „Standardleistungen" ist bereitgestellt.
- Informationen über beziehbare Leistungen und über den Bezugsweg sind bereitgestellt.
- Der Bezug und die Auslieferung von Komponenten, die zu den Standard-Services gehören (z. B. Lizenzen und Software), ist gewährleistet.

- Beschwerden werden entgegengenommen und generelle Informationen bereitgestellt und verarbeitet.
- Für die bereitgestellten Standardleistungen existieren definierte Genehmigungswege und Prozesse.

4.3.6.2 Begriffe

Service Request

Ein Service Request ist eine Anfrage eines Anwenders nach Informationen, Beratung, Support, einem Standard Change oder nach Zugriff auf einen IT-Service. Service Requests werden häufig direkt im Service Desk bearbeitet.

Request Model

Wie auch im Incident-Management-Prozess sollten im Request Fulfilment Abläufe definiert werden, die dann für verschiedene Arten von Requests genutzt werden. So wird vor allem für häufig wiederkehrende Service Requests eine effiziente und konsistente Bearbeitung sichergestellt.

4.3.6.3 Aktivitäten

Einleitend sei gesagt, dass wie auch bei der Bearbeitung von Incidents die Verantwortung für Service Requests in jedem Fall beim Service Desk verbleibt, der die Erfüllung überwacht sowie bei Bedarf Aufträge vergibt und eskaliert. Der Prozess besteht aus den im Folgenden beschriebenen Aktivitäten.

Menüauswahl (Menue selection)

Im Rahmen des Request-Fulfilment-Prozesses wird den Anwendern die Möglichkeit gegeben, die gewünschten Leistungen anhand einer definierten Menüauswahl abzurufen. Es bietet sich an, diese Menüs innerhalb der Servicemanagement-Tools abzubilden und so die selbsttätige Auswahl der gewünschten Leitung jederzeit zu ermöglichen. Alternativ können entsprechende Leistungen bei Fehlen eines solchen Tools auch aus einem Katalog ausgewählt und über den Service Desk angefordert werden.

Finanzielle Freigabe (Financial approval)

Da in der Regel bei Service Requests keine weitere Freigabe (z. B. durch das Change Management) erfolgt, muss sichergestellt sein, dass die angeforderte Leistung auch bezahlt wird. Die finanzielle Freigabe (z. B. durch den Linienvorgesetzten im Rahmen eines Workflows) stellt sicher, dass die Kosten für den Request übernommen werden.

Weitere Freigaben (Other approval)

Bei einigen Service Requests können weitere Freigaben erforderlich sein. Für neue Applikationen könnte z. B. die Freigabe der nötigen Lizenzen separat durch einen Lizenzmanager erfolgen oder es müssen bestimmte Compliance-Bedingungen erfüllt sein. Diese Freigaben erfolgen wie auch die finanzielle Freigabe im Rahmen eines im entsprechenden Request Model definierten Workflows.

Ausführung (Fulfilment)

Nach der Freigabe wird der Service Request in diesem Schritt bearbeitet und die entsprechenden Aktivitäten durchgeführt. Häufig erfolgt die Durchführung direkt durch einen Service-Desk-Mitarbeiter, es können aber je nach Art des Requests auch weitere Personen und Rollen einbezogen werden. (z. B. das Facility Management für Umzüge)

Abschluss (Closure)

Nach Beendigung der Aktivitäten zur Bearbeitung des Requests wird dieser durch den Service Desk abgeschlossen. Für den Abschluss sollten die gleichen Aspekte wie beim Abschluss eines Incident Tickets beachtet werden (Abschnitt 4.3.5.3).

4.3.6.4 Rollen

Service-Desk-Mitarbeiter

Nehmen die initiale Bearbeitung vor und führen einfache Service Requests direkt innerhalb des Service Desk durch.

Service-Operation-Teams und externe Lieferanten

Erfordern die Service Requests weitere Aktivitäten wie z. B. die Lieferung oder den Umzug von Komponenten, so werden diese durch entsprechende interne Teams oder beauftragte Dienstleister durchgeführt.

Facility Management, Einkauf und weitere Abteilungen

Sie werden bei der Erfüllung der Service Requests eingebunden und unterstützten bei Bedarf durch die Übernahme von Aktivitäten oder Freigaben.

Dedizierte Support-Teams

Sind in Ausnahmefällen angebracht, wenn eine hohe Anzahl an Service Requests abgearbeitet werden muss oder die Anfragen von kritischer Bedeutung sind.

4.3.6.5 Key-Performance-Indikatoren (KPI)

Im Folgenden finden Sie einige Beispiele für mögliche Kennzahlen aus der ITIL®-Literatur, mit deren Hilfe sich die Prozessqualität und der Beitrag zu den IT-Zielen messen lassen:

- Gesamtzahl der Service Requests
- Anteil offener Service Requests, die auf Bearbeitung warten
- Durchschnittliche Zeit für die Bearbeitung je Request Model

- Anteil der in der vorgesehenen Zeit abgeschlossenen Service Requests
- Durchschnittliche Kosten für die Durchführung je Request Model

Es ist jedoch nicht ausreichend, einfach definierte Kennzahlen zu übernehmen. Details zur richtigen Gestaltung von Zielen und Kennzahlen werden in Kapitel 5 beschrieben.

4.3.6.6 Herausforderungen

Für einen erfolgreichen Request-Fulfilment-Prozess muss sichergestellt sein, dass alle Anfragen bezüglich Service Requests tatsächlich über diesen Prozess erfolgen. Dafür muss zunächst bei der Kategorisierung der Incidents ein Service Request als solcher erkannt werden. Hierfür sind klare Kriterien zu definieren.

Häufig gibt es gerade bei der Anforderung neuer Komponenten oder deren Umzug viele verschiedene Insellösungen, die „schon immer so gemacht wurden". Diese Inseln gilt es zu identifizieren und nach und nach durch die Prozesse des Request Fulfilment zu ersetzen.

4.3.7 Problem Management

4.3.7.1 Ziele

Ziel des Problem-Management-Prozesses ist die Vermeidung von Incidents (z. B. Vermeidung wiederholt auftretender Incidents) und die Minimierung der Auswirkungen von Incidents, denen nicht vorgebeugt werden kann.

Diese Ziele werden erreicht, indem die zugrunde liegenden Ursachen von Incidents, sowie Schwachstellen in der Servicelandschaft identifiziert und deren Beseitigung initiiert wird.

4.3.7.2 Begriffe

Problem

Ein Problem ist die unbekannte Ursache eines oder mehrerer Incidents.

Known Error

Ein Known Error beschreibt ein Problem, dessen Ursache identifiziert wurde und für das ein Workaround definiert wurde. Known Error Records sind in der Known-Error-Datenbank zu speichern und dadurch dem Service Desk zur Verfügung zu stellen, um eine schnelle Diagnose und Behebung von Störungen sicherzustellen.

Known Error Database

Die Known Error Database wird durch den Problem-Management-Prozess verantwortet und beinhaltet alle dokumentierten Known Errors sowie die zugehörigen Workarounds. Diese Informationen stehen auf diese Weise den anderen Prozessen (z. B. dem Incident Management) zur Verfügung. Die Known Error Database ist ein Bestandteil des SKMS.

Workaround

Ein Workaround ist eine Maßnahme zur Reduzierung der Auswirkungen eines Incidents, solange keine endgültige Lösung zur Behebung verfügbar ist. Ein einfaches Beispiel für einen Workaround ist die Umleitung einer Druckwarteschlange auf einen anderen Drucker, während das ursprüngliche Gerät untersucht und repariert wird. Workarounds werden dem Incident-Management-Prozess über die Known Error Database (als Teil dokumentierter Known Errors) durch den Problem-Management-Prozess zur Verfügung gestellt, damit dort das Ziel der schnellstmöglichen Wiederherstellung verfolgt werden kann.

Problem Models

Wie auch im Incident-Management-Prozess können im Problem Management vordefinierte Abläufe festgelegt werden, die dann für verschiedene Problemtypen genutzt werden, um die Effizienz zu erhöhen. Da sich Problems naturgemäß nicht so häufig wiederholen wie Incidents oder Service Requests, wird der positive Effekt in der Praxis deutlich kleiner ausfallen als in den genannten Prozessen.

Methoden im Problem Management

Insbesondere für die Untersuchung und Diagnose von Problems können im Problem Management verschiedene etablierte Methoden verwendet werden. Die folgende Aufzählung nennt einige Beispiele:

- *Chronologische Analyse:* Eine einfache Methode, um den chronologischen Verlauf eines Problems zu dokumentieren und daraus konkrete Schlüsse zu ziehen. Es wird festgestellt, was wann passiert ist, und abgeleitet, welche Ereignisse ursächlich waren und welche „nur" ausgelöst wurden.
- *Pain Value Analysis („Schmerz-Wert"-Analyse zur Priorisierung):* Es wird neben der Anzahl der ausgelösten Incidents betrachtet, welcher „Schmerz" tatsächlich verursacht wird (Anzahl der betroffenen Anwender, Dauer der Downtime, Kosten für das Business), und daraus abgeleitet, was mit welcher Priorität bearbeitet werden soll.
- *Kepner and Tregoe (www.kepner-tregoe.com):* Diese Methode bietet einen definierten Weg zur strukturierten Problemanalyse und beinhaltet verschiedene Einzelschritte wie:
  - Problemdefinition (Defining the problem)
  - Problembeschreibung (Describing the problem)
  - Mögliche Ursachen erkennen (Establishing possible causes)
  - Testen der wahrscheinlichsten Ursache (Testing the most probable cause)
  - Ursache Verifizieren (Verifying the true cause)
- *Pareto-Analyse:* Eine Methode, um wichtige von weniger wichtigen Problemaspekten zu unterscheiden. Die Methode basiert auf der Annahme, dass die meisten Probleme (80%) auf nur wenige Ursachen zurückzuführen sind (20%), und der Folgerung, dass die Beseitigung lediglich der wichtigsten Ursachen einen überproportionalen Teil der Probleme beseitigt.

4 ITIL® 3 – Operational-Prozesse

Weitere mögliche Methoden sind z. B. ein einfaches Brainstorming mit Beteiligung der entsprechenden Spezialisten oder die Nutzung eines Ishikava-Diagramms, in dem alle Einflussfaktoren auf eine bestimmte Auswirkung betrachtet werden.

Keine dieser Methoden ist zwingend zur Problemanalyse vorgeschrieben. Sie bieten lediglich Hilfsmittel, die je nach Bedarf ausgewählt werden können.

4.3.7.3 Aktivitäten

Das Problem Management besteht grundsätzlich aus zwei wesentlichen Prozessbereichen:

- *Proaktives Problem Management:* Befasst sich mit der Identifikation von Schwachstellen und der Vermeidung möglicher zukünftiger Probleme und Störungen. Das proaktive Problem Management wird zwar in Service Operation initiiert, die Maßnahmen sind allerdings oft Teil des Continual Service Improvement.
- *Reaktives Problem Management:* Befasst sich mit der Identifikation, Analyse und Beseitigung von Problemen. Diese Aktivitäten erfolgen in Service Operation und sind daher Bestandteil der folgenden Prozessaktivitäten.

Abbildung 4.26 zeigt beispielhaft die wesentlichen Aktivitäten im reaktiven Problem Management.

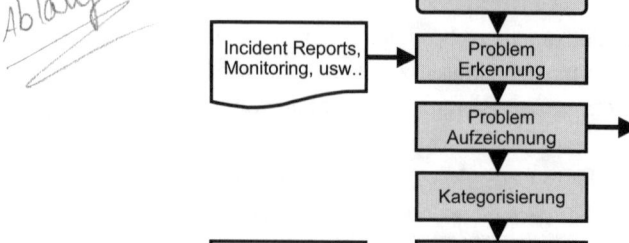

Abbildung 4.26
Problem-Management-Prozess

Problem-Erkennung (Problem detection)

Für einen erfolgreichen Problem-Management-Prozess müssen die Probleme zunächst als solche erkannt werden. Probleme können auf verschiedenen Wegen identifiziert werden. Hier einige Beispiele:

- Nutzung des Service Desk und seiner Erfahrungen bei der Bearbeitung von Incidents. Er kann z. B. Rückmeldungen bezüglich sich wiederholender Incidents oder über Häufungen liefern.
- Nachgelagerte Analysen von Incidents durch spezialisierte Support-Teams und Nutzung von entsprechenden Hinweisen auf mögliche unbekannte Ursachen (Problems).
- Überwachung des automatisierten Monitoring der Infrastruktur und Betrachten ausgelöster Incidents (z. B. aus dem Event Management) bezüglich möglicher Ursachen.
- Hinweise von externen Dienstleistern oder Herstellern (Known Errors, Patches!).
- Nutzung von Informationen aus Anwendergruppen im Internet oder sonstigen Quellen.
- Die regelmäßige Analyse der Informationen aus dem Incident Management (z. B. Incident Reports) ist ein fester Bestandteil des reaktiven Problem-Management-Prozesses.

Praxistipp:
In vielen Unternehmen wird dieser Aufgabe zu wenig Bedeutung beigemessen. Ich habe in meiner Beraterpraxis schon Unternehmen erlebt, die bei einem ihrer Meinung nach etablierten Problem-Management-Prozess gerade drei Problems in einem Jahr identifiziert haben. Schenken Sie also der Erkennung von Problemen schon bei der Prozessdefinition ausreichend Aufmerksamkeit und nutzen Sie verschiedene Wege der Erkennung (z. B. die in diesem Abschnitt genannten).

Problem-Aufzeichnung (Problem logging)

Alle für die Bearbeitung des Problems relevanten Daten werden im Problem Record erfasst und während der Bearbeitung regelmäßig aktualisiert. Im Ticketsystem wird ein Bezug zwischen dem Problem-Record und den Incidents, dessen Ursache es ist, erstellt.

Kategorisierung (Problem categorization)

Um die Problems adäquat bearbeiten zu können und Mitarbeiter mit dem entsprechenden Know-how für die Bearbeitung auswählen zu können, müssen diese ähnlich wie die Incidents kategorisiert werden.

Priorisierung (problem priorization)

Ähnlich dem Incident-Management-Prozess werden Problems priorisiert, um die Reihenfolge und Geschwindigkeit der Bearbeitung entsprechend der erwarteten Auswirkungen und der Dringlichkeit zu steuern. Insbesondere für die Bewertung der Auswirkungen von Problems spielen die Häufigkeit und die Auswirkungen der betroffenen Incidents eine wichtige Rolle.

Untersuchung und Diagnose (Investigation and diagnosis)

In diesem Prozessschritt werden die entsprechend der Kategorie und der Priorität benötigten Fähigkeiten und Ressourcen zusammengestellt und die Ursache für das betrachtete Problem (oft auch „root cause" genannt) diagnostiziert. In dieser Phase können je nach Anforderung die in Abschnitt 4.3.7.2 vorgestellten Methoden zum Einsatz kommen. Ein nützliches Hilfsmittel für die Diagnose ist das CMS, aus dem sich die Zusammenhänge zwischen Services und Configuration Items sowie die Abhängigkeiten der Services untereinander ablesen lassen.

Oft finden sich während der Diagnose von Problems Hinweise auf Möglichkeiten zur Vermeidung von Auswirkungen der auf dem behandelten Problem basierenden Incidents. Diese Workarounds werden erfasst, definiert und im Problem Record sowie anschließend in der Known Error Database dokumentiert.

Known Error dokumentieren (Raising a known error)

Wird während der Diagnose ein Workaround identifiziert, so wird dieser in der Known Error Database dokumentiert und steht anderen Prozessen wie dem Incident Management zur Verfügung. Der Workaround kann als vorübergehende Lösung genutzt werden, solange noch keine Lösung zur Behebung des Problems gefunden ist.

Praxistipp:
In vielen Fällen ist die Known Error Database keine eigenständige Datenbank, sondern wird über das vorhandene Ticketsystem mit Hilfe eines Status „Known Error" für den jeweiligen Problem Record realisiert. Moderne Tickettools arbeiten wie Datenbanken und erlauben es, Known Errors über den Status der Problem Records zu identifizieren und anderen Prozessen (insbesondere dem Incident Management) zur Verfügung zu stellen.

Problemlösung (Problem resolution)

Die identifizierten Ursachen werden in dieser Phase bewertet und es wird nach passenden Lösungen zur Beseitigung des Problems gesucht. Nachdem eine adäquate Lösung festgelegt wurde, kann diese implementiert werden. Es ist allerdings wichtig zu betrachten, ob die gefundene Lösung gegebenenfalls andere Services beeinträchtigt und ob beispielsweise ausreichend Ressourcen zur Verfügung stehen. Aus diesem Grund gilt auch hier, dass die angestrebte Lösung in einem Request for Change (RfC) formuliert und durch den Change-Management-Prozess genehmigt wird.

Problem abschließen (Problem closure)

Nachdem alle Aktivitäten abgeschlossen sind und die Lösung (bei Bedarf über das Change Management) implementiert wurde, wird der Problem Record aktualisiert und formal abgeschlossen. Verlinkte Incident Tickets können zu diesem Zeitpunkt ebenso geschlossen werden und der Known Error Record wird aktualisiert.

Major Problem Review

Für Major Problems (also Problems mit hoher Priorität) wird nach Abschluss der Aktivitäten ein Review durchgeführt. Welche Problems diesem Review unterzogen werden, muss im Rahmen der Prozessdefinition festgelegt werden. Der Review sollte die folgenden Fragen beantworten:

- Was hat wie geplant funktioniert?
- Was hat nicht oder nur teilweise funktioniert?
- Was kann für die Zukunft verbessert werden?
- Wie kann ein Wiederauftreten der Fehler vermieden werden?
- Wo wurde externe Unterstützung in Anspruch genommen?
- Welche nachfolgenden Aktivitäten sind noch offen?

4.3.7.4 Rollen

Problem Manager

Der Problem Manager ist verantwortlich für einen funktionierenden Prozess und stellt sicher, dass die Aktivitäten innerhalb dieses Prozesses effektiv und effizient erfolgen. Weitere Aufgaben des Problem Managers sind:

- Management Reporting
- Pflege der Known Error Database
- Formaler Abschluss der Problem Records
- Verbindung zu externen Partnern in Bezug auf die Lösung von Problemen
- Zusammenstellung der Problem Solving Groups

Problem Solving Groups

Problem Solving Groups werden in Bezug zum jeweiligen Problem vom Problem Manager zusammengestellt. Sie bestehen aus Spezialisten, welche die Diagnose und die Lösungssuche durchführen. Die Gruppe kann für verschiedene Problems unterschiedlich zusammengesetzt sein und aus internen sowie aus externen Spezialisten bestehen.

4.3.7.5 Key-Performance-Indikatoren (KPI)

Im Folgenden finden Sie einige Beispiele für mögliche Kennzahlen aus der ITIL®-Literatur, mit deren Hilfe sich die Prozessqualität und der Beitrag zu den IT-Zielen messen lassen:

- Anzahl der identifizierten Problems
- Anteil der Problems, die in der vorgesehenen Zeit gelöst wurden
- Anteil offener Problem Records, die auf Bearbeitung warten
- Durchschnittliche Kosten je Problem (ggf. auch je Kategorie)
- Anteil erfolgreicher Major Problem Reviews

- Anteil der Problems, für die ein Known Error dokumentiert wurde
- Reduzierung der Anzahl der Incidents

Es ist jedoch nicht ausreichend, einfach definierte Kennzahlen zu übernehmen. Details zur richtigen Gestaltung von Zielen und Kennzahlen werden in Kapitel 5 beschrieben.

4.3.7.6 Herausforderungen

Insbesondere für die Identifizierung von Problems, aber auch für die Bereitstellung von Workarounds ist es unerlässlich, dass die Schnittstellen zwischen Incident Management und Problem Management definiert sind und funktionieren. Nach Möglichkeit sollten die Tools so ausgewählt und konfiguriert werden, dass sie gemeinsam genutzt werden können. Weiterhin sollten die verwendeten Kategorien zwischen beiden Prozessen abgestimmt werden und die gleichen Vorgaben und Mittel zur Priorisierung verwendet werden.

Praxistipp:
Wenn Sie in Ihrem Unternehmen eigene Software entwickeln oder diese pflegen, beziehen Sie bei der Identifizierung von Problems und vor allem bei der Dokumentation von Known Errors und der Pflege der Known Error Database die Entwicklungsabteilung mit ein. Häufig werden beim Release neuer Applikationsversionen Fehler akzeptiert und in späteren Patches behoben. Wenn diese Fehler nicht in die Known Error Database aufgenommen werden, kommt es vor, dass sich Problem Management mit der Suche nach einer Ursache beschäftigt, die der Entwicklungsabteilung längst bekannt ist.

4.3.8 Access Management

4.3.8.1 Ziele

Das Access Management ist verantwortlich für die Verwaltung der Zugriffsrechte. Das setzt die Fähigkeit voraus, autorisierte Anwender korrekt zu identifizieren und den Zugriff während der Betriebszugehörigkeit zu regeln. In vielen Organisationen heißt dieser Prozess auch Identity oder Rights Management. Ziele des Access Management sind:

- Anwender können Services oder Servicegruppen nutzen, wenn sie dazu berechtigt sind.
- Die in Information Security und Availability Management definierten Policies und Handlungsanweisungen werden umgesetzt bzw. berücksichtigt.

4.3.8.2 Begriffe

Zugriff (Access)

Der Begriff beschreibt das Niveau und Ausmaß der Befugnis eines Anwenders zur Nutzung eines Services und den Zugriff auf Daten.

Identität (Identity)

Die Identität eines Anwenders bezieht sich auf die Informationen und Eigenschaften, die ihn als Individuum ausweisen und seinen Status innerhalb der Organisation verifizieren.

Die Identität eines Anwenders kann die folgenden Informationen beinhalten

- Name
- Adresse
- Kontaktdaten
- Personalnummer
- Biometrische Informationen (Fingerabdrücke, Iris Scans, …)
- Ablaufdatum (z. B. bei befristeten Arbeitsverhältnissen)

Rechte (Rights, privileges)

Rechte beschreiben den tatsächlichen Grad, in dem ein Anwender oder eine Gruppe auf bestimmte Services und Daten im Detail zugreifen dürfen (lesen, schreiben, löschen, ändern, ausführen etc.).

Services oder Servicegruppen (Services or service groups)

Die Vergabe von Zugriffen und Rechten auf der Ebene von zusammengefassten Servicegruppen ist oftmals effizienter als die Vergabe von Zugriffen und Rechten auf Basis einzelner Services.

4.3.8.3 Aktivitäten

Zugriff anfordern (Requesting access)

Die Anforderung kann auf verschiedenen Wegen erfolgen wie z. B. durch einen RfC aus dem Request Fulfilment oder direkt durch den Anwender über ein Tool im Intranet.

Verifizierung (Verification)

Bevor die angeforderten Rechte vergeben werden können, wird zunächst die Identität des Anwenders verifiziert. Grundsätzlich müssen zwei Fragen beantwortet werden:

- Ist der Anwender tatsächlich der, der er vorgibt zu sein?
- Hat er tatsächlich einen Anspruch, die angeforderten Berechtigungen zu erhalten?

Die erste Frage wird in der Regel durch entsprechende Zugangsmechanismen wie Benutzername/Passwort oder je nach Security Policy durch weitergehende Maßnahmen wie z. B. Smart Cards beantwortet.

Für die Beantwortung der zweiten Frage müssen die Rolle des Anwenders im Unternehmen und die daraus resultierenden Berechtigungen betrachtet werden. Mögliche Indikatoren sind:

- Information der Personalabteilung bezüglich neuer Mitarbeiter oder veränderter Rollen bestehender Mitarbeiter

- Freigabe durch einen Prozessmanager
- Freigaben im Rahmen der Unternehmensrichtlinien

Rechte vergeben (Providing rights)

In diesem Schritt wird autorisierten Benutzern der Zugriff auf entsprechende Services oder Daten gewährleistet. Access Management entscheidet nicht über die Gewährung von Berechtigungen, sondern setzt Vorgaben aus Service Strategy und Service Design basierend auf den Anforderungen des Unternehmens um.

Überwachen des Identitätsstatus (Monitoring identity status)

Eine wichtige Aufgabe in Bezug auf die Richtigkeit und Konsistenz der vergebenen Berechtigungen ist die Überwachung des jeweilig aktuellen Status eines Anwenders. Diese Aktivität dient der Überwachung möglicher Veränderungen in den Aufgaben und Rollen des Anwenders und daraus resultierender Auswirkungen auf die Vergabe von Berechtigungen. Die Gründe für diese Veränderungen können unterschiedlicher Natur sein, wie z. B.:

- Veränderte Aufgaben im Unternehmen
- Beförderungen
- Ausscheiden des Mitarbeiters
- Disziplinarische Maßnahmen

Protokollieren und Überwachen (Logging and tracking access)

Access Management reagiert nicht nur auf Anfragen, sondern überwacht aktiv die vergebenen Rechte und deren Nutzung. Bei Missbrauch oder identifizierten Veränderungen im Status oder in den Policies können Berechtigungen entzogen oder angepasst werden.

Rechte entfernen oder einschränken (Removing or restricting rights)

Neben der Vergabe von Berechtigungen ist das Access Management auch für deren Entfernung oder Einschränkung verantwortlich. Gründe können Anfragen von Anwendern sein oder auch die schon im Abschnitt „Überwachen des Identitätsstatus" beschriebenen Veränderungen sein.

4.3.8.4 Rollen

Der Prozess und die damit verbundenen Richtlinien werden vom Information Security Management definiert und gepflegt.

Service Desk

Der Service Desk nimmt die Anfragen entgegen, prüft sie gemäß der Vorgaben und Policies, richtet bei Bedarf die Berechtigungen ein und informiert den Antragsteller.

Technical / Application Management und IT-Operations Management

Im Rahmen dieser Funktionen werden Ausbildung und notwendiges Training des Service Desk geplant und umgesetzt, falls Aufgaben des Access Management an das Service Desk delegiert werden sollen.

4.3.8.5 Key-Performance-Indikatoren (KPI)

Im Folgenden finden Sie einige Beispiele für mögliche Kennzahlen aus der ITIL®-Literatur, mit deren Hilfe sich die Prozessqualität und der Beitrag zu den IT-Zielen messen lassen:

- Anzahl der Anfragen zur Vergabe von Rechten
- Anzahl der Anpassungen aufgrund identifizierter Rollenänderungen
- Anzahl der Incidents aufgrund veränderter Berechtigungen

Es ist jedoch nicht ausreichend, einfach definierte Kennzahlen zu übernehmen. Details zur richtigen Gestaltung von Zielen und Kennzahlen werden in Kapitel 5 beschrieben.

4.3.9 Funktionen

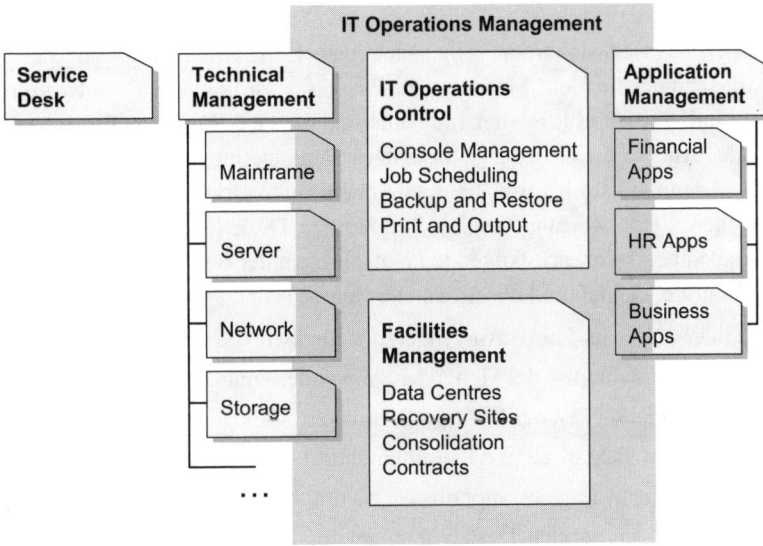

Abbildung 4.27 Funktionen im Überblick (Quelle: Service Operation 2007)

4.3.9.1 Service Desk

Ziele, Aufgaben und Nutzen

Das primäre Ziel des Service Desk ist die schnellstmögliche Wiederherstellung der Services. Der Begriff „schnellstmögliche Wiederherstellung" umfasst in diesem Fall sowohl den Teilbereich aus dem Incident-Management-Prozess, als auch Abhandlung von Requests, das Beantworten von Nachfragen etc.

Der Service Desk dient als Single Point of Contact (SPOC), also als singulärer Kontaktpunkt (siehe Abbildung 4.28). Er ist die erste Anlaufstelle für alle Anwender und stellt eine Art Schaufenster der IT dar, indem er deren Leistungsfähigkeit nach außen darstellt.

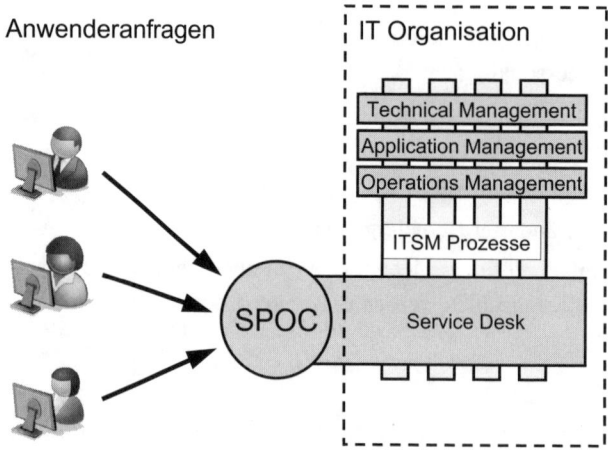

Abbildung 4.28
SPOC

Der Service Desk spielt sicherlich seine wichtigste Rolle in der Erfüllung der 1st-Line-Support-Aufgaben des Incident-Management-Prozesses. Er trägt die Verantwortung für die Bearbeitung und den Abschluss aller Incidents und Service Requests, für die sein Know-how ausreicht. Auch die aktive (also die aktive Bereitstellung relevanter Informationen) und passive Kommunikation (also die Reaktionen auf Anfragen) zum Anwender gehört zum klassischen Verantwortungsbereich des Service Desk (z. B. Bearbeitungsfortschritt mitteilen, Fragen beantworten). Folgenden Nutzen kann der Service Desk für die IT-Organisation und für die Kunden und die Anwender liefern:

- Verbesserter Service und hohe Anwenderzufriedenheit
- Verbesserte Wahrnehmung der IT bei den Anwendern und Kunden
- Verbesserte Erreichbarkeit der IT-Organisation
- Verbesserte Zusammenarbeit und Kommunikation
- Verbesserte Einbeziehung der Support-Teams und Nutzung der Ressourcen

Seine Funktion hat der Service Desk vor allem im Rahmen des Incident-Management-Prozesses, aber auch in allen anderen Prozesse des Service Lifecycle. Die Aufgaben sind Grund vielfältig und abhängig von den Aktivitäten, die in den zu unterstützenden Prozessen beschrieben sind. Einige Beispiele sind:

- Incident Management
    - Annahme und Dokumentation der Incident und Service Requests
    - Zuordnen der Priorität und Kategorie
    - 1st-Line-Untersuchung und Diagnose

- Kommunikation mit den Anwendern (SPOC)
- Schließen der Tickets und vereinbarte Rückfragen
- Update des Configuration Management Systems (CMS)

■ Change Management
- Kommunikation des Change Schedule (Forward Schedule of Changes)
- Information der Anwender bezüglich möglicher Serviceeinschränkungen

■ Service Level Management / Service Catalogue Management
- Durchführung von Zufriedenheitsbefragungen
- Kommunikation des Servicekataloges

■ Access Management
- Bearbeiten von Requests zur Vergabe von Zugriffsrechten

■ Request Fulfilment
- Requests entgegennehmen
- Requests bearbeiten und überwachen

Organisation des Service Desk

Für die Organisation des Service Desk bieten sich je nach Anforderungen verschiedene Varianten an. Je nach Bedarf können diese Varianten kombiniert werden, indem z. B. regionale Service Desks eingerichtet werden.

■ *Lokaler Service Desk:* Der Service Desk wird lokal an den einzelnen Standorten des Kunden eingerichtet. Der Service Desk befindet sich am selben Standort wie die Anwender und kennt daher in der Regel sehr gut die regionalen Gegebenheiten. Nachteile ergeben sich jedoch beim Informationsaustausch zwischen den Standorten. Zudem ist diese Variante sehr ressourcenintensiv, da das Personal an jedem Standort benötigt wird.

■ *Zentraler Service Desk:* Es existiert ein zentraler Service Desk, der von allen Anwendern in allen Standorten genutzt wird. Vorteil ist die zentrale Datenhaltung und die Optimierung der Ressourcennutzung durch die Konzentration auf einen Standort. Nachteil ist die fehlende Nähe zu den Anwendern in anderen Standorten und evtl. auch unterschiedliche Arbeitszeiten in den Standorten, die zu Schichtdiensten führen können. In internationalen Unternehmen können auch sprachliche oder kulturelle Probleme eine Rolle spielen.

■ *Virtueller Service Desk:* Es gibt mehrere Service-Desk-Standorte und die Anwender werden je nach Verfügbarkeit und Auslastung mit einem verbunden. Mit dieser Variante lässt sich in international agierenden Unternehmen ein Follow-the-Sun-Prinzip realisieren, bei dem der Anwender je nach Zeit der Anfrage an den jeweils verfügbaren Service Desk weitergeleitet wird, während die jeweiligen Service Desks (z. B. in New York, Singapur und in Berlin) jeweils nur zu den Regelarbeitszeiten besetzt sind.

■ Unabhängig von der gewählten Organisationsform ist für einen funktionierenden Service Desk die richtige Ausstattung mit anforderungsgerecht ausgebildetem Personal von essentieller Bedeutung,. Aufgrund des häufig volatilen Incident-Aufkommens ist dieser Bedarf oft schwer zu planen und hängt sehr stark davon ab, wie genau die Kenntnis bezüglich des Business ist. Um den Bedarf richtig einzuschätzen und Spitzenzeiten zu erkennen, ist daher eine detaillierte Planung und Abstimmung erforderlich.

Praxistipp:
Nützliche Rechenmodelle für die Planung des Personals für den Service Desk entsprechend des zu erwartenden Aufkommens an Anrufen finden Sie unter: www.erlangc.de

Skill Level

Je nach den vorhandenen Skills der Mitarbeiter kann der Service Desk in unterschiedlichen Ausprägungen gestaltet werden. Die möglichen Varianten reichen von einem erfassenden Service Desk (call logging), der lediglich die eingehenden Anfragen annimmt und weiterleitet, bis hin zu einem lösenden Service Desk (technical service desk), der eine hohe Erstlösungsquote ermöglicht.

Oft werden Service Desks auch zweistufig durch Mitarbeiter mit Rollen aus 1st und 2nd Line besetzt, so dass auch innerhalb des Service Desk eine Weiterleitung entsprechend fachlicher Qualifikationen erfolgen kann. In der Praxis werden dort oft „Frontoffice Teams" für die Annahme der Anrufe und schnelle Lösungen und „Backoffice Teams" für die weitere Bearbeitung nach Fachthemen eingerichtet. Die Entscheidung für einen Skill Level hängt von den Zielen und Anforderungen des Business ab. Auch bei niedrigem Skill Level ist durch Diagnose-Skripts, Wissensdatenbank und ähnliche Maßnahmen und Tools eine zumindest akzeptable Erstlösungsquote möglich.

Training

Service-Desk-Personal muss adäquat ausgebildet werden, um die erforderlichen Aktivitäten zu kennen und zu beherrschen. Neben den fachlichen Skills gehören auch Soft Skills wie richtiges Verhalten am Telefon, Schulungen im Umgang mit Menschen und die persönliche Entwicklung zu den zentralen Themen der Ausbildung. Eine einmalige Ausbildung zu Beginn der Tätigkeit ist nicht ausreichend. Da sich sowohl die Aufgaben als auch die Rahmenbedingungen in der Regel kontinuierlich verändern, muss das Know-how durch regelmäßiges Training aktuell gehalten werden (neue Entwicklungen, neue Services usw.).

Neuen Mitarbeitern sollte zu Beginn ihrer Tätigkeit über einen definierten Zeitraum ein „Mentor" zugeordnet werden, der bei Bedarf unterstützt und aufkommende Fragen beantwortet.

Key-Performance-Indikatoren (KPI)

Im Folgenden finden Sie einige Beispiele für mögliche Kennzahlen aus der ITIL®-Literatur, mit deren Hilfe sich die Prozessqualität und der Beitrag zu den IT-Zielen messen lassen:

- Erstlösungsquote
- Durchschnittliche Zeit zur Incident-Bearbeitung
- Durchschnittliche Kosten im SD je Incident
- Durchschnittliche Zeit für das Überprüfen und Schließen gelöster Tickets
- Anwenderzufriedenheit (Customer Satisfaction Index)

Es ist jedoch nicht ausreichend, einfach definierte Kennzahlen zu übernehmen. Details zur richtigen Gestaltung von Zielen und Kennzahlen werden in Kapitel 5 beschrieben.

4.3.9.2 Technical Management

Das Technical Management stellt das technische Fachwissen für die Unterstützung der IT-Services und den Betrieb der IT-Infrastruktur bereit. Es ist so etwas wie der „Hüter" des technischen Wissens und der Erfahrungen bezüglich der IT-Infrastruktur. Das Technical Management stellt sicher, dass erkannt wird, welches Wissen erforderlich ist, und dass dieses Wissen weiterentwickelt und verfeinert wird. Die Funktion Technical Management

- stellt Ressourcen zur Unterstützung des ITSM-Lifecycle bereit,
- berät in technischen Fragen, insbesondere während des Service Design,
- stellt sicher, dass Ressourcen effektiv ausgebildet sind und sinnvoll im Service Lifecycle einsetzt werden,
- stellt sicher, dass der Zugriff auf die Ressourcen im Bereich der Technologie sinnvoll gesteuert wird.

Ziele

- Ziel ist, eine stabile technische Infrastruktur zur Unterstützung der Unternehmensprozesse sicherzustellen. Dieses Ziel wird erreicht durch:
- Unterstützung bei Planung und Betrieb der Infrastruktur
- Anforderungsgerechte, wirtschaftliche und belastbar gestaltete technische Topologie
- Nutzung adäquater technischer Fähigkeiten, zur Erhaltung der technischen Infrastruktur auf hohem Niveau
- Geschickter Einsatz der technischen Fähigkeiten, um technische Fehler schnell zu diagnostizieren und zu beheben

Organisation

- Das Technical Management besteht in der Regel nicht aus einer einzelnen Abteilung oder Gruppe, sondern ist entsprechend der technischen Skills in mehrere Teams gegliedert (Abbildung 4.27). Die Funktion setzt sich also aus Ressourcen verschiedener Bereiche zusammen, um den Support für die komplette IT-Infrastruktur zu liefern.

4.3.9.3 IT-Operations Management

- Das IT-Operations Management ist verantwortlich für den regulären Betrieb der technischen Infrastruktur, das laufende Management und die Wartung. Es trägt so zur vereinbarungsgemäßen Lieferung der Services bei.
- *Operations Control:* Befasst sich mit Durchführung und Monitoring der operativen Aktivitäten und Ereignisse. Die Aktivitäten werden oft in einer Operations Bridge (Steuerung der Überwachung an einer zentralen Stelle) oder einem Network Operation Center zusammengefasst.
- *Facilities Management:* Befasst sich mit der physischen IT-Umgebung (z. B. Rechenzentren und Serverräume) und ist verantwortlich für die Verträge bezüglich extern bereitgestellter Facilities (z. B. Rechenzentrums Outsourcing).
- Die Rolle des IT Operations Management ist zweigeteilt. Es ist verantwortlich für die Stabilität der technischen Infrastruktur durch das Ausführen der in Service Design und Service Transition definierten Aktivitäten. Gleichzeitig ist es Teil des „Value Network" (Service Strategy) und leistet einen Beitrag zur Anpassung der Serviceerbringung an die Business Anforderungen und den aktuellen Bedarf. IT-Operations Management ist verantwortlich für einen großen Teil der in 4.3.10 beschriebenen Aktivitäten.

Ziele

Die wichtigsten Ziele des IT-Operations Management sind:

- Sicherung des Status quo und der Stabilität der laufenden Prozesse und Aktivitäten der IT-Organisation
- Verbesserte Services zu reduzierten Kosten bei gleich bleibender Stabilität durch regelmäßige Überprüfungen und Verbesserungen
- Schneller und zielgerichteter Einsatz der technischen Skills an der richtigen Stelle für Diagnose und Beseitigung technischer Fehler

Organisation

- Die Aktivitäten des IT-Operations Management werden in vielen Fällen durch Mitarbeiter aus dem Technical Management und dem Application Management durchgeführt (vgl. Abbildung 4.27). Das IT-Operations Management kann unterschiedlich strukturiert werden. Möglichkeiten sind:
- Organisation entsprechend technischer Qualifikation
- Organisation entsprechend Aktivitäten
- Organisation entsprechend geografischer Einordnung

4.3.9.4 Application Management

Analog zum Technical Management ist das Application Management der „Hüter" des technischen Wissens und der Erfahrungen bzgl der Applikationen. Es stellt sicher, dass dieses

Wissen kontinuierlich identifiziert, entwickelt und verfeinert wird, und stellt die nötigen Ressourcen zur Unterstützung des Service Lifecycle.

Das Application Management unterstützt insbesondere in der Phase des Service Design, es nimmt dort beispielsweise Einfluss auf die Frage, ob gekauft oder selbst entwickelt wird (make or buy).

Ziele

- Die wichtigsten Ziele des Application Management sind:
- Unterstützung der Unternehmensprozesse durch Hilfe bei der Identifikation von funktionalen und anderen Anforderungen an Applikationen
- Unterstützung bei Design und Verteilung der Applikation und dem nachfolgenden Support sowie der kontinuierlichen Verbesserung
- Diese Ziele werden erreicht durch:
- Anforderungsgerechte, wirtschaftliche und belastbar gestaltete Applikationen
- Sicherstellen der für die Erfüllung der geschäftlichen Anforderungen notwendigen Funktionalitäten
- Organisation und Planung adäquater technischer Fähigkeiten, Wartung der Applikationen
- Geschickter Einsatz technischer Fähigkeiten, um Fehler schnell zu diagnostizieren und zu beheben

Organisation

- Die Verantwortlichkeiten von Application Management und Application Development vermischen sich zunehmend. Während die Entwicklungsabteilungen immer mehr Verantwortung für den Betrieb übernehmen, liefert das Application Management immer mehr Informationen und Beiträge für die Entwicklung. Folgende Änderungen im Vergleich zu klassischen Organisationen werden also u. a. nötig:

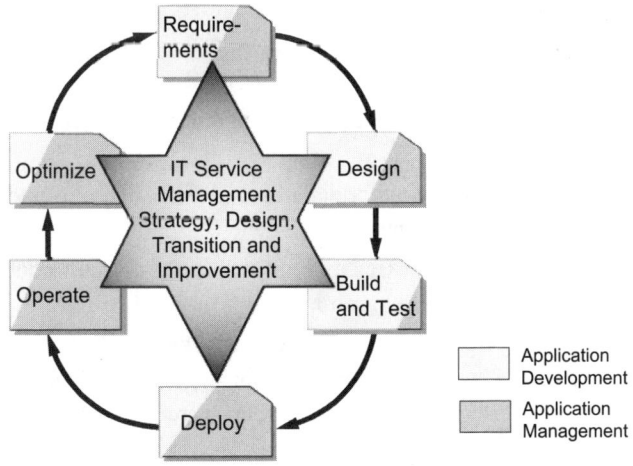

Abbildung 4.29
Application Management Lifecycle
(Quelle: Service Operation 2007)

- Schaffung einer gemeinsamen Schnittstelle zum Business
- Anpassung der Ziele und Metriken für beide Funktionen
- Mapping der Management- und Development-Aktivitäten im Application Management Lifecycle (siehe Abbildung 4.29)

4.3.10 Standardaktivitäten in Service Operation

Neben den bisher beschriebenen Aktivitäten befasst sich Service Operation mit einer Reihe wiederkehrender Standardaufgaben, die ich in diesem Abschnitt nur kurz vorstellen möchte, da eine ausführliche Behandlung den Rahmen dieses Buches sprengen würde.

Standardaktivitäten des Service Operation:

- Monitoring und Steuerung (monitoring and control)
- IT-Betrieb (IT-Operations)
- Mainframe Management
- Servermanagement und Support (server management and support)
- Netzwerkmanagement (network management)
- Speicherung und Archivierung (storage and archieve)
- Datenbankadministration (database administration)
- Directory Services Management
- Desktop Support
- Middleware Management
- Internet/Web Management
- Management von Anlagen und Rechenzentren (facilities and data centre management)
- Information Security Management and Service Operation
- Verbesserung der Betriebsaktivitäten (improvement of operational activities)

Monitoring und Steuerung

Diese Aktivität befasst sich mit der regelmäßigen Überwachung, dem Reporting und der Identifikation möglicher Maßnahmen zur Steuerung:

- *Monitoring:* Befasst sich mit der Überwachung eines Zustandes und der Erkennung von Veränderungen
- *Reporting:* Befasst sich mit der Analyse der Monitoringdaten und der Ableitung und Verteilung konkreter Berichte bezüglich überwachter Aktivitäten
- *Steuerung (Control):* Befasst sich mit der Einflussnahme auf ein Gerät, System oder Service, basierend auf den Erkenntnissen aus dem Monitoring

Ein weitverbreitetes Modell für diesen Überwachungs- und Steuerungszyklus sind Monitoring Control Loops (Abbildung 4.30 zeigt ein Beispiel für einen solchen Regelkreis), auf deren Basis die Aktivitäten in einem definierten Rahmen durchgeführt werden können.

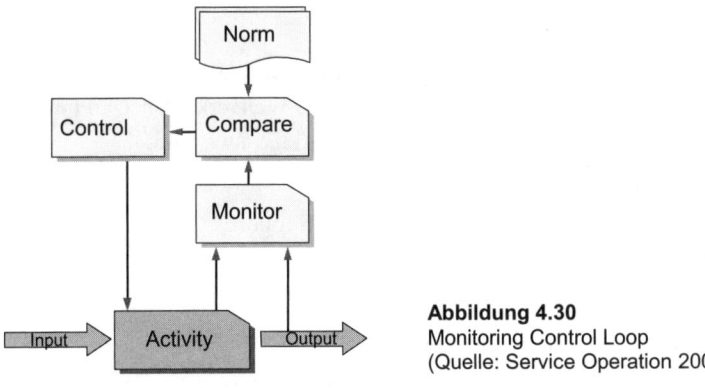

Abbildung 4.30
Monitoring Control Loop
(Quelle: Service Operation 2007)

IT-Betrieb (IT-Operations)

Diese Aktivität befasst sich mit dem täglichen Management der technischen Infrastruktur. Im Einzelnen gehören zu dieser Aktivität die folgenden Aufgaben, die normalerweise durch das IT-Operations Management durchgeführt werden:

- *Job scheduling:* Befasst sich mit dem Management von Batch Jobs oder Scripts
- *Backup and restore:* Alle Belange der Datensicherung und Wiederherstellung
- *Print and output management:* Steuerung von Druckjobs oder der Lieferung anderer Outputs wie Reports oder Transaktionen

Mainframe Management

In vielen Unternehmen werden auch heute noch Mainframes eingesetzt und es existieren in der Regel ausgereifte Vorgehensweisen zu deren Management. Sie beinhalten typischerweise die folgenden Aktivitäten:

- Wartung und Support des Mainframe-Betriebssystems
- Bereitstellung von Ressourcen für den 2nd bzw. 3rd Line Support
- Entwicklung von Batches und Job Scripts
- Systemprogrammierung
- Schnittstellen zu anderen Bereichen wie Hardware-Support oder Capacity Management

Servermanagement und Support

Der Support und die Wartung der Serversysteme ist eine klassische Betriebsaufgabe in jeder IT-Organisation. Die Teams für diese Aktivitäten sind oft entsprechend der betreuten Systeme aufgestellt (Unix, Windows, …). Typische Aktivitäten sind:

- Betriebssystemsupport und Wartung
- Bereitstellung von Ressourcen für den 2nd bzw. 3rd Line Support
- Technische Beratung
- Systemsicherheit
- Steuerung der Kapazität und Performance (Schnittstelle zu Capacity Management)

Netzwerkmanagement

Das Netzwerkmanagement verantwortet den Betrieb und die Wartung der Netzwerkinfrastruktur. Der Fokus liegt dabei auf lokalen Netzwerken (LAN), Weitverkehrsnetzen (WAN) und auf der Steuerung externer Netzwerkprovider. Typische Aktivitäten sind:

- Netzwerkplanung und Wartung
- Bereitstellung von Ressourcen für den 2nd bzw. 3rd Line Support
- Technische Beratung
- Netzwerkmonitoring
- Netzwerksicherheit (Kommunikationssicherheit)

Speicherung und Archivierung

Diese Aktivität befasst sich mit dem Management und der Wartung aller im Unternehmen eingesetzten Speichertechnologien und -systeme. Je nach Komplexität kann hier der Einsatz separater Storage Teams (strukturiert im Technical Management) sinnvoll sein.

Datenbankadministration

Das Management der Datenbanksysteme befasst sich mit der Administration aller im Unternehmen verwendeten Datenbanksysteme. Aufgrund häufig komplexer Anforderungen bezüglich Funktionalität und Schnittstellen ist eine enge Bindung zum Application Management wichtig.

Directory Services Management

Werden im Unternehmen Directory Services (wie z. B. Micrsofot Active Directory) eingesetzt, so werden diese im Rahmen dieser Aktivität gepflegt und weiterentwickelt. Directory Services nutzen Standards wie LDAP und verfügen oft über komplexe Schnittstellen zu Systemen und Services. Typische Aktivitäten sind:

- Unterstützung Service Design und Service Transition
- Ressourcen identifizieren, zuordnen und deren Status überwachen
- Management von Berechtigungen (Access Management)
- Wartung und Pflege der für die Directory Services genutzten Systeme

Desktop Support

Liefert den Support für alle Client-Systeme und trägt die Verantwortung für Desktops, Notebooks, Client-Software und Peripherie. Desktop Support stellt Standardprozeduren und Mittel für den Betrieb bereit (z. B. Images) und Ressourcen für den 2nd bzw. 3rd Line Support zur Verfügung.

Middleware Management

Wird Middleware zur Nutzung von Informationen und Applikationen verschiedener Systeme im gesamten Unternehmen eingesetzt, so muss diese überwacht, gepflegt und konfiguriert werden. Middleware Management wird entweder dem Application Management oder dem Technical Management zugeordnet.

Internet/Web Management

Das Internet gewinnt immer mehr Bedeutung für die täglichen Aktivitäten der Anwender und für die Geschäftsprozesse. Internet/Web Management stellt sowohl den Betrieb der Unternehmenswebsite als auch den zuverlässigen Zugriff auf Funktionalitäten im Internet sicher. Typische Aktivitäten sind:

- Bereitstellung von Ressourcen für den 2nd bzw. 3rd Line Support
- Design der Internet/Web Architektur im Unternehmen
- Etablieren von Standards
- Design, Test, Implementierung und Pflege von Websites
- Schnittstelle zu externen Providern

Management von Anlagen und Rechenzentren

Hinter diesem Begriff (engl. „facilities and data centre management") verbirgt sich die Verwaltung der kompletten physikalischen Umgebung des IT-Operations. Das Facilities Management ist Teil der Funktion „IT-Operations". Typische Aufgaben sind:

- Gebäudemanagement
- Hosting des Equipments
- Management der Energieversorgung und Klimasteuerung
- Arbeitssicherheit
- Physikalischer Zugangsschutz

Information Security Management and Service Operation

Der Prozess *Information Security Management* ist Teil des Buches *Service Design* und wird in Abschnitt 4.1 beschrieben. Es liefert Vorgaben, Standards und Prozeduren zum Umgang mit dem Thema IT-Sicherheit. In Service Operations werden diese verarbeitet und in der Praxis realisiert.

Verbesserung der Betriebsaktivitäten

Alle Mitarbeiter im Betrieb leisten einen wichtigen Beitrag zum Continual Service Improvement, indem sie aktiv Verbesserungspotential identifizieren, dokumentieren und kommunizieren.

5 Leistung und Qualität messen

5.1 IT-Kennzahlen

In den vorhergehenden Kapiteln habe ich Ihnen nahegelegt, Ihre Ziele messbar zu gestalten. Aber wie genau kann die Leistung einer IT-Organisation konkret gemessen werden? Da letztlich die Zielerreichung gemessen werden soll, müssen diese Ziele durch klar messbare Kennzahlen quantifizierbar gemacht werden. „Das ist leicht", werden Sie jetzt vielleicht denken. Nur rate ich zur Vorsicht, denn kaum eine Aufgabe in der IT wird derart häufig unterschätzt wie die Auswahl, die Beschreibung und die Nutzung der richtigen Kennzahlen.

Wie in vielen anderen Bereichen der Industrie spielt auch in der IT die Standardisierung der Serviceerbringung eine immer größere Rolle. Je standardisierter die Erstellung der IT-Services gestaltet ist, desto wichtiger ist die Messung des Erfolges, denn nur was gemessen werden kann, kann auch gesteuert werden. Der amerikanische Ökonom Peter Drucker sagte dazu:

> *„If you can't measure it, you can't manage it"* [Peter Drucker Website]

Übersetzt: Was du nicht messen kannst, kannst du nicht lenken. Neben der Definition der richtigen Kennzahlen spielen auch die Anzahl der Kennzahlen und die Definition adäquater Maßnahmen zur Einflussnahme eine wichtige Rolle. Wenn ich mich in den Unternehmen umschaue, so schwankte in der Vergangenheit der Grad von Steuerung mit Hilfe von Kennzahlen in der Regel zwischen zwei Extremen: Entweder die Unternehmen erfassten quasi keine Kennzahlen und hofften, im „Blindflug" trotzdem die richtigen Entscheidungen zu treffen, oder aber es wurde jede nur denkbare Kennzahl erfasst, gespeichert und … nie wieder angeschaut, also auch nicht konsequent genutzt. Um aber Kennzahlen konsequent zu nutzen und konkrete Maßnahmen ableiten zu können, muss die Richtung festgelegt sein, in die sich die IT-Organisation bewegen soll. Die Ziele der IT-Organisation müssen also bekannt sein.

Praxistipp:
Wenn Sie Ihre IT-Ziele definieren, beschränken Sie sich nicht auf das direkte Umfeld der IT-Organisation, sondern ermitteln Sie gemeinsam mit dem Business die Ziele des Unternehmens und leiten dann die Ziele der IT-Organisation daraus ab. So verhindern Sie, dass die IT zum Selbstzweck wird und die Verbindung zum Kunden verloren geht.

Ziele SMART formulieren

Kennzahlen müssen in der Regel aus definierten Zielen abgeleitet werden. Zu diesem Zweck sollten die Ziele von Beginn an messbar gestaltet werden. Es gilt allerdings bei der Gestaltung noch weitere Faktoren zu berücksichtigen. Eine nützliche Vorgehensweise ist die Formulierung der Ziele nach dem SMART-Prinzip. Dieses Prinzip beschreibt Eigenschaften mit einem definierten Ziel, um einen bestmöglichen Beitrag zur Steuerung der Aktivitäten zu leisten. In der Literatur zum Thema und auch im Internet finden sich sehr unterschiedliche Auslegungen der Abkürzung SMART. Ich möchte Ihnen gerne eine Variante vorstellen, die sich in vielen Projekten bewährt hat und die wichtigsten Kriterien bei der Zieldefinition vereint. SMART steht hier für **s**pezifisch, **m**essbar, **a**kzeptiert, **r**ealistisch und **t**erminiert.

- *Spezifisch:* Ziele spezifisch zu formulieren bedeutet, einen direkten Bezug zu dem Objekt, für das ein Ziel definiert wird, herzustellen. Soll zum Beispiel ein Ziel für den Prozess *Incident Management* definiert werden, so ist zwar „Erhöhung der Kundenzufriedenheit" nicht falsch, aber nicht sehr spezifisch. Wie trägt denn das Incident Management dazu bei? Und welche anderen Faktoren haben darauf Einfluss? Spezifischer wäre: „Erhöhung der Kundenzufriedenheit durch schnellstmögliche Wiederherstellung der Services". Entscheidend ist, dass klar ist, wie die Zielerreichung beeinflusst werden kann, denn wenn niemand weiß, was zu tun ist, um ein Ziel zu erreichen, dann wird das Ziel in der Regel auch nicht erreicht.

- *Messbar:* Ziele müssen messbar sein (z. B. mit Hilfe von Kennzahlen), denn wenn nicht feststellbar ist, wann ein Ziel erreicht wird, dann ist auch nicht klar, ob und wenn ja, welche Maßnahmen notwendig sind, um die Zielerreichung zu steuern. Hier kommt wieder der Ausspruch von Peter Drucker zum Tragen: *„Was du nicht messen kannst, kannst du nicht lenken."*

- *Akzeptiert:* Die definierten Ziele müssen von den beteiligten Parteien (IT-Organisation, Kunde, beteiligte Mitarbeiter) als lohnende Ziele akzeptiert werden. Ein Ziel kann noch so spezifisch und messbar sein, wenn alle Beteiligten sagen: „Tolles Ziel, das brauchen wir aber nicht", werden die Aktivitäten zur Zielerreichung entsprechend ausfallen. Es gilt also, alle Stakeholder von der Nützlichkeit der definierten Ziele zu überzeugen.

- *Realistisch:* Ziele dürfen bzw. sollen durchaus eine Herausforderung sein, denn schließlich soll ja ein neuer, den Anforderungen besser entsprechender Zustand erreicht werden. Allerdings sollte die Zielerreichung realistisch bleiben, da sonst ebenfalls die Motivation der Beteiligten zur Zielerreichung gefährdet ist. Wer möchte schon große Anstrengungen für ein Ziel unternehmen, das ohnehin nicht zu erreichen ist. Insbesondere wenn an die Zielerreichung variable Gehaltsanteile geknüpft sind, können unrealistische Ziele schnell zu einer Bedrohung werden.

- *Terminiert:* Ziele müssen terminiert sein, es muss also klar definiert werden, wann ein Ziel erreicht werden soll. Die Zeitspanne zur Zielerreichung sollte dabei überschaubar sein, um den klassischen „Ach, das ist ja noch lange hin"-Effekt zu vermeiden. Sollen langfristige Zielvorgaben gemacht werden, so empfiehlt sich die Definition überschaubarer Meilensteine.

Praxistipp:

Einerseits führen nicht akzeptierte Ziele immer wieder zu mangelnder Motivation bei den Beteiligten, andererseits müssen Vorgaben des Unternehmens bei den IT-Zielen natürlich umgesetzt werden. Es hat sich als sehr nützlich erwiesen, diese Ziele nicht im kleinen Kreis zu „diktieren", sondern sie in Zielworkshops gemeinsam mit den beteiligten Mitarbeitern zu erarbeiten. Die gemeinsam erarbeiteten Ziele steigern die Akzeptanz, und eine zielführende Moderation dieser Workshops stellt zugleich sicher, dass die Unternehmensvorgaben umgesetzt werden. Die konkrete Gestaltung eines solchen Zielworkshops wird beispielhaft im Praxisteil in Kapitel 8 beschrieben.

5.1.1 Grundlegendes zu Kennzahlen

Bevor ich auf den konkreten Nutzen von Kennzahlen eingehe, möchte ich eine Begriffsklärung vornehmen. Besonders in meinen Seminaren wird mir häufig die Frage gestellt, was denn der Unterschied zwischen Kennzahlen und Key Performance Indikatoren (KPI) sei. Obwohl KPI im eigentlichen Sinne eine eingegrenzte Form von Kennzahlen sind (sie sollen den Fortschritt bei der Erreichung wichtiger Zielsetzungen und resultierende Handlungsoptionen zeigen --> to indicate), werden Sie zumindest im deutschsprachigen Raum in der Regel synonym verwendet. Eine sehr verständliche Definition des Begriffes „Kennzahl" findet sich unter de.wikipedia.org:

> *„Eine Kennzahl ist eine Maßzahl, die zur Quantifizierung dient, und der eine Vorschrift zur quantitativen reproduzierbaren Messung einer Größe oder eines Zustandes oder Vorgangs zugrunde liegt. Kennzahlen werden u. a. eingesetzt, um Geschäftsprozesse messbar (und damit verbesserungsfähig) zu machen (...). "*

Kennzahlen dienen also der Quantifizierung und müssen, um tatsächlich für die Gestaltung der IT-Organisation genutzt werden zu können, in einen entsprechenden Kontext gesetzt werden. Da es häufig schwierig ist, Kennzahlen direkt den definierten Zielen zuzuordnen, wird hier eine dreistufige Einordnung genutzt. Neben den Zielen und den Kennzahlen werden wichtige Erfolgsfaktoren (Critical Success Factors, CSF) definiert. CSF beschreiben Faktoren, die dazu beitragen, definierte Ziele zu erreichen. Je mehr kritische Erfolgsfaktoren erfüllt sind, desto größer wird die Wahrscheinlichkeit der Zielerreichung. Häufig ist es einfacher, Kennzahlen zur Quantifizierung von CSF zu finden als für die abstrakter formulierten Ziele. Für die Erreichung eines Zieles spielen also grundsätzlich mehrere CSF eine Rolle, deren Erreichung wiederum anhand von Kennzahlen (KPI) quantifizierbar gemacht wird (siehe Abbildung 5.1)

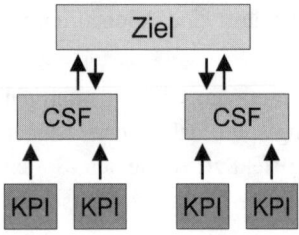

Abbildung 5.1
Zusammenhang zwischen Zielen, CSF und KPI

Oft werden darüber hinaus auch die Ziele weiter ausdifferenziert, indem zwischen strategischen und taktischen Zielen unterschieden wird. In der englischsprachigen Literatur findet diese Unterscheidung ihren Ausdruck in den Begriffen „Goal" und „Objective".

- Strategische Ziele (Goals)
  - Direkt aus der Vision/Mission des Unternehmens ableitbar
  - Langfristige und allgemeine Gültigkeit
- Taktische Ziele (Objectives)
  - Konkrete Ziele, die sich aus den strategischen Zielen ableiten lassen
  - Der Gültigkeitsbereich bezieht sich auf einen spezifischen Verantwortungsbereich.

Nutzen und Einsatzgebiete von Kennzahlen

Grundsätzlich kann jede Kennzahl für sich naturgemäß nur einen kleinen Teil der Realität erfassen. Um einen komplexen Sachverhalt abbilden zu können, bedarf es also mehrerer Kennzahlen, die sich gegenseitig ergänzen oder auch gegensätzliche Entwicklungen aufzeigen. Wie bereits weiter oben beschrieben, dienen Kennzahlen der quantifizierten Darstellung eines Sachverhaltes, sie können daher auch nur ein grobes Abbild der Realität liefern, sollen aber deren Charakteristik wiedergeben.

Praxistipp:
Wenn Sie Kennzahlen definieren, konzentrieren Sie sich auf wenige, wirklich gute KPI, die den tatsächlichen Informationsbedarf decken. Akzeptieren Sie die für KPI charakteristische Unschärfe, sie liefern trotzdem realistische und wertvolle Informationen (sie werden kaum eine praxistaugliche Kennzahl finden, die exakt die Realität abbildet). Wählen sie KPI, die leicht und bestenfalls automatisiert zu messen sind, und setzen Sie im Zweifel auf Schnelligkeit vor Genauigkeit. Wenn Sie diese Grundsätze beherzigen, werden Sie schnell ein brauchbares System von Kennzahlen gestaltet haben, das Sie dann kontinuierlich weiter verbessern können.

Grundsätzlich gilt, dass nur gesteuert werden kann, was auch gemessen wird. Denn ansonsten ist nicht erkennbar, ob der aktuelle Ist-Zustand von einem definierten Soll-Zustand abweicht und ob entsprechende Korrekturmaßnahmen erforderlich sind. Vier grundlegende Ziele werden mit der Erfassung von Kennzahlen in der Regel angestrebt (siehe Abbildung 5.2):

- *Validieren (Validate):* Vorangegangene Entscheidungen können überprüft werden.
- *Steuern (Direct):* Zielführung von Aktivitäten kann sichergestellt werden.

5.1 IT-Kennzahlen

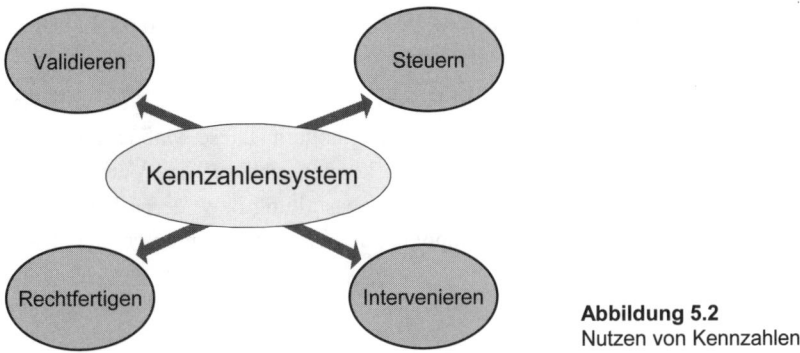

Abbildung 5.2
Nutzen von Kennzahlen

- *Rechtfertigen (Justify):* Maßnahmen können auf Basis von Fakten gerechtfertigt werden.
- *Intervenieren (Intervene):* Korrigierende Maßnahmen können rechtzeitig eingeleitet werden.

Um diesen Nutzen zu erreichen, müssen Kennzahlen in einen konkreten Kontext gesetzt werden. Wenn nicht klar ist, was erreicht werden soll und kein klarer Rahmen für den Einsatz von Kennzahlen definiert ist, dann haben die Kennzahlen nur eine geringe Aussagekraft. Ist einem Manager der Wert einer Kennzahl bekannt, so kann er daraus nur dann eine sinnvolle Entscheidung ableiten, wenn er über weitere Informationen verfügt. Um z. B. einzuordnen, ob Handlungsbedarf besteht, muss der aktuelle Wert einer Kennzahl in Bezug zu einem definierten Zielwert gesetzt werden, um einen Vergleich zu ermöglichen. Ist der Handlungsbedarf erkannt, sollte abgeleitet werden können, welche Maßnahmen konkret eingeleitet werden müssen und ob diese tatsächlich den gewünschten Effekt erzielen. Den Rahmen für diese Ableitungen bietet der KPI-Regelkreis in Abbildung 5.3

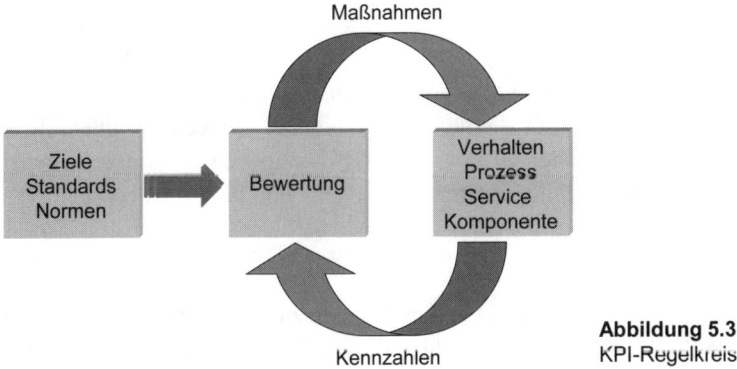

Abbildung 5.3
KPI-Regelkreis

Definierte Ziele (Unternehmensziele, IT-Ziele), Standards (können als Basis für Benchmarks dienen) oder Normen (Die Einhaltung von Normen kann im Rahmen der Compliance eine unausweichliche Anforderung sein) bilden die Basis für die Definition der Sollwerte für Kennzahlen. Um festzustellen, ob diese Sollwerte erreicht sind, werden im Rahmen der Bewertung die erhobenen Kennzahlen mit diesen verglichen. Dieser Vergleich konkreter Messwerte mit definierten Zielen bzw. Sollwerten stellt sicher, dass Entscheidungen auf Basis valider Informationen getroffen werden.

Anschließend werden konkrete Maßnahmen zur Beeinflussung des Messobjektes (z. B. des Prozesses) definiert, um sich den Sollwerten weiter anzunähern. Diese Maßnahmen können je nach Bedarf unterschiedlicher Natur sein. Sie können sich auf das Verhalten der Mitarbeiter, auf die Prozessdefinitionen, auf die Servicegestaltung bzw. deren Erbringung oder auch auf die Veränderung einzelner Komponenten (wie z. B. Computer oder Switches) beziehen.

5.1.2 Anwendungsgebiete von IT-Kennzahlen

IT-Kennzahlen können im Rahmen des IT-Service Management an verschiedenen Stellen eingesetzt werden. Denken Unternehmen über die Einführung eines Kennzahlensystems nach, so werden als erste Idee in der Regel ausschließlich Servicekennzahlen (z. B. Verfügbarkeiten) genannt. Das könnte daran liegen, dass Servicekennzahlen oft ohnehin bereits in Vereinbarungen mit den Kunden definiert sind und als Leistungsnachweis für den Service Provider dienen. Spricht man allerdings direkt mit der Betriebsorganisation, so werden häufig technische Kennzahlen (z. B. Auslastung einer Komponente) genannt. Service Provider müssen sich allerdings ebenso Gedanken darüber machen, wie die Leistungsfähigkeit der zur Serviceerbringung benötigten Prozesse geprüft werden kann. Das geschieht mit Hilfe von Prozesskennzahlen. Es gibt insgesamt drei Anwendungsgebiete für IT-Kennzahlen:

- Technische Kennzahlen
- Prozesskennzahlen
- IT-Servicekennzahlen

Technische Kennzahlen

Technische Kennzahlen beziehen sich direkt auf die zur Serviceerbringung benötigten Komponenten. Sie sind oft die Basis für die höher abstrahierten Servicekennzahlen, denn sie liefern die benötigten Informationen zu den einzelnen Komponenten, wie z. B. deren Verfügbarkeit oder aktuelle Informationen zu Auslastungsgrad und Performance.

Prozesskennzahlen

Um die Services gemäß der Vereinbarungen mit dem Kunden zu liefern, definieren Service Provider entsprechende Prozesse. Prozesskennzahlen dienen der Steuerung dieser Prozesse und tragen so ebenfalls zur korrekten Lieferung der Services bei. Prozesskennzahlen messen die Effektivität und Effizienz der Prozesse, sowie bei Bedarf deren Übereinstimmung mit regulatorischen Anforderungen. Abbildung 5.4 zeigt, was an welcher Stelle eines Prozesses gemessen werden kann.

5.1 IT-Kennzahlen

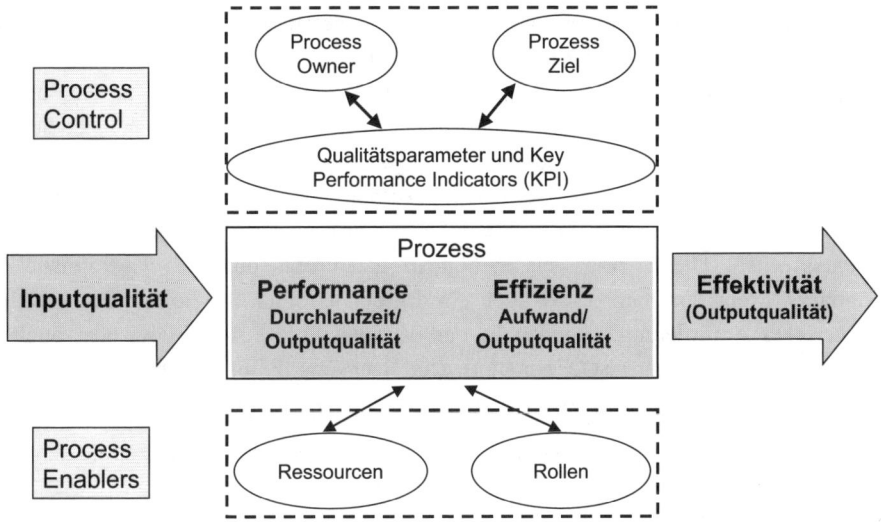

Abbildung 5.4 Messpunkte im Prozess (nach „generic process model [Service Support, 2000])

- Die Inputqualität beeinflusst direkt die mögliche Qualität des Outputs, also auch die Effektivität des Prozesses. Sind die Inputs fehlerhaft, so liefert der Prozess trotz korrekter Aktivitäten nicht das erwartete Ergebnis.
- Die Performance des Prozesses beschreibt die Durchlaufzeit in Bezug zur erzeugten Qualität (z. B. Fehlerquote in Bezug zur Durchlaufzeit).
- Die Effizienz beschreibt den benötigten Aufwand (z. B. Personentage, Geld) in Bezug zur erzeugten Qualität.
- Die Effektivität beschreibt die Qualität der erzeugten Prozessergebnisse (Output).

IT-Servicekennzahlen

IT-Servicekennzahlen messen die Services dort, wo sie in Anspruch genommen werden. Es findet also eine End-to-End-Betrachtung statt. Schließlich interessiert den Kunden vor allem, ob seine Mitarbeiter einen vereinbarten Service in der definierten Qualität nutzen können, und nicht, ob im Rechenzentrum alles in Ordnung ist. Servicekennzahlen liefern Informationen über die Eigenschaften eines bestimmten Services, über die Performance oder auch über abstrakte Qualitäten, wie z. B. die Kompetenz des Service Providers. Diese IT-Servicekennzahlen sind Gegenstand des Service Reporting an den Kunden und weisen die Leistungen des Service Providers anhand von Fakten nach. IT-Servicekennzahlen sind abhängig von den verschiedenen Faktoren der Serviceerbringung, wie z. B. den technischen Komponenten oder den Prozessen zur Bereitstellung der Services.

Kunde und Service Provider haben naturgemäß nicht die gleiche Sicht auf einen Service. Während den Kunden das Ergebnis – also die zuverlässige Lieferung der Services in der vereinbarten Qualität – interessiert (Service), fokussiert der Service Provider auch, wie die Lieferung der vereinbarten Services sichergestellt werden kann (Prozess).

Für den Kunden, den Servicekonsumenten, stehen in der Regel die in Abbildung 5.5 genannten Faktoren im Zentrum der Betrachtung. Für ihn ist es wichtig, dass der Service wie vereinbart geliefert wird und seine Geschäftsprozesse somit durch diesen Service optimal unterstützt werden. Gemessen und nachgewiesen wird dieser Faktor anhand der Servicekennzahlen im Service Level Agreement. Natürlich spielt neben der vereinbarungsgemäßen Qualität und Quantität der Services auch der Preis eine wichtige Rolle. Service Provider müssen darstellen können, dass die gelieferten Leistungen dem Gegenwert der Bezahlung entsprechen. Dieser Nachweis erfolgt in der Praxis durch Preisvergleiche und Benchmarks. Mehr und mehr rückt auch ein dritter Faktor in den Fokus: Die Erfüllung regulatorischer Anforderungen, wie z. B. der Sarbanes-Oxley Act (SOX) oder auch die 8. EU Richtlinie (auch Euro-SOX genannt). Der Nachweis dieser Konformität wird durch regelmäßige interne und externe Audits erbracht (siehe Abbildung 5.5).

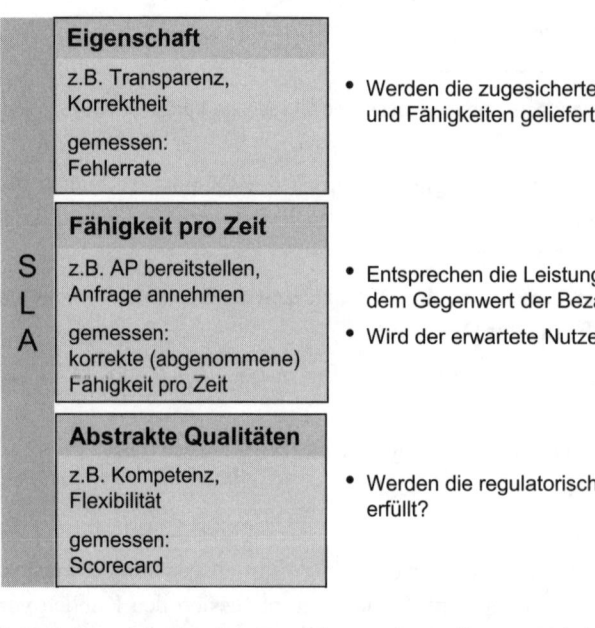

Abbildung 5.5
Servicesicht des Kunden

Auf Seiten des Service Providers stehen alle zur Erbringung der vereinbarten Services notwendigen Fähigkeiten und Ressourcen im Fokus. Es wird also betrachtet, wie der vereinbarte Service erbracht werden kann. Eine wichtige Basis dafür ist die Verfügbarkeit und ausreichende Kapazität aller Servicekomponenten. Allerdings ist die Betrachtung der Komponenten natürlich bei weitem nicht ausreichend. Es muss zudem durch funktionierende und kontrollierte Serviceprozesse sichergestellt werden, dass aus den vorhandenen Fähigkeiten und Ressourcen die Services wie vereinbart gestaltet und bereitgestellt werden. Die beteiligten Mitarbeiter spielen hier eine zentrale Rolle, sie müssen ihren Beitrag kennen und motiviert werden, diesen Beitrag zuverlässig zu leisten. Zu diesem Zweck hat sich die Führung der Mitarbeiter mit Hilfe klarer Zielvereinbarungen bewährt: Je mehr der Mitarbeiter zur vertragskonformen Serviceerbringung beiträgt, desto mehr Vorteile (z. B. Bonuszahlungen) entstehen für ihn (Abbildung 5.6).

Praxistipp:
Achten Sie bei persönlichen Zielvereinbarungen darauf, dass die vereinbarten Ziele sich aus den IT-Zielen ableiten, nur so wird ein echter Beitrag gemessen. Achten Sie zudem auf die interpretationsfreie Messbarkeit dieser Ziele, um Differenzen bei der Errechnung des Zielerreichungsgrades zu vermeiden. Solche Diskrepanzen können schnell demotivierend wirken und so den Nutzen der Zielvereinbarungen ins Gegenteil verkehren. Persönliche Ziele sollten zudem einfach, transparent und nachvollziehbar gestaltet werden und sie sollten durchaus ambitioniert, aber realistisch sein. Ziele, die nie erreicht werden können, haben langfristig keinerlei positive Auswirkungen.

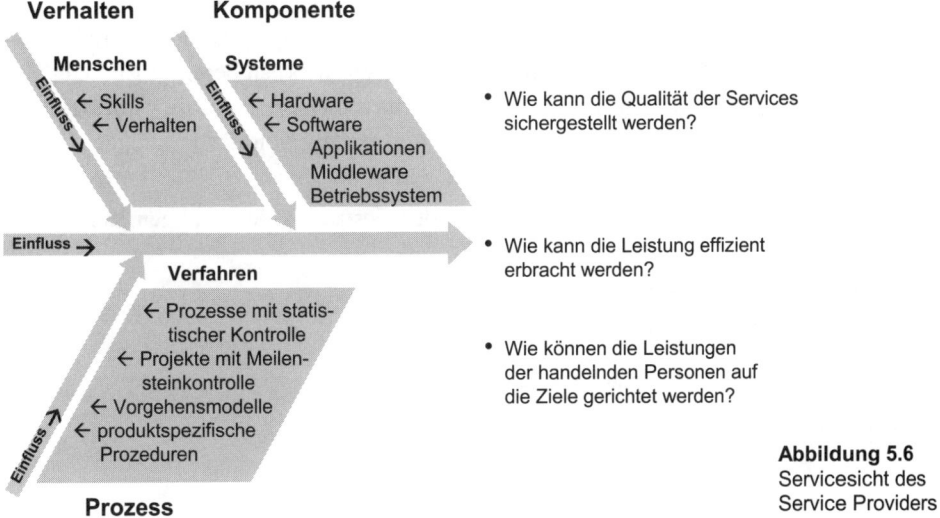

Abbildung 5.6
Servicesicht des Service Providers

5.1.3 IT-Kennzahlen gestalten

Kennzahlen entwickeln

Die Gestaltung adäquater Kennzahlen für das IT-Service Management ist eine große Herausforderung für den IT-Service Provider und gehört zu den wohl am häufigsten unterschätzten Aktivitäten in diesem Umfeld. Der Grund dafür liegt auf der Hand: Kennzahlen müssen sich auf ein Ziel bzw. einen CSF (vgl. Abbildung 5.1) beziehen, der durch sie gemessen werden soll. Sie lassen sich allerdings nicht einfach mathematisch ableiten, was u. a. darin begründet liegt, dass Ziele bzw. CSF qualitativ, nicht quantitativ formuliert sind. Es gilt also, messbare Faktoren zu identifizieren, mit denen die Erreichung eines CSF nachgewiesen werden kann, und daraus die jeweilige Kennzahl zu konstruieren. Je nach Art des zu messenden Objektes kann diese Konstruktion unterschiedlich komplex sein. Kennzahlen für das Service Reporting werden entsprechend der in den SLA vereinbarten Messgrößen, wie z. B. Verfügbarkeit oder Antwortzeiten, ermittelt. Soll die Qualität eines Prozesses gemessen werden, so muss zunächst exakt formuliert werden, was durch diesen Prozess erreicht werden soll. Die Kennzahlen müssen dann so gewählt werden, dass sie tatsächlich durch den gemessenen Prozess beeinflusst werden. Auch der mögliche Einfluss anderer Prozesse spielt hier eine Rolle.

Soll zum Beispiel die Qualität des Problem-Management-Prozesses gemessen werden, so ist eine beliebte Kennzahl dafür die Dauer bis zur Problemlösung. Aber wird hier wirklich nur der Problem-Management-Prozess gemessen? Was ist mit dem Change Management, das die Lösung bewerten und freigeben muss? Was ist mit dem Release- und Deployment Management, das die Implementierung vornimmt? Es kommt also darauf an, wo die Messpunkte für eine Kennzahl gesetzt werden. Im genannten Beispiel wäre es sinnvoller, die Zeit zwischen Problemidentifizierung und RFC zu messen statt der Zeit bis zur Schließung des Problemtickets (nach der Implementierung). Zumindest dann, wenn ausschließlich die Qualität des Problem Management gemessen werden soll. Natürlich hat die andere Variante auch einen Nutzen: Sie misst die Zeit, bis ein Problem wirklich beseitigt ist, kann also auch sehr nützlich sein, wenn man sich bewusst ist, dass mehrere Prozesse gemessen werden. Die Gestaltung von Prozesskennzahlen hängt also stark von der jeweiligen Zielsetzung ab.

Die nachfolgenden Fragestellungen können bei der Gestaltung der richtigen Kennzahlen unterstützen:

- Was soll mit den Kennzahlen gesteuert werden?
- Messen die Kennzahlen den gewählten Prozess?
- Sind die Messgrößen durch den Prozess beeinflussbar?
- Ist der Bezug zu den relevanten CSF nachvollziehbar?
- Welchen Einfluss haben andere Prozesse auf die Messdaten?
- Können die erforderlichen Daten beschafft werden?
- Entspricht der Aufwand dem Nutzen?
- Sind die gewählten KPI für den Adressaten verständlich und von Nutzen?

Prozesskennzahlen ableiten

Insbesondere für die Gestaltung von Prozesskennzahlen hat sich eine Vorgehensweise in mehreren Schritten bewährt (Abbildung 5.7: Kennzahlenentwicklung).

- Im ersten Schritt wird ein Pool aus allen in Frage kommenden Kennzahlen zusammengestellt. Dieser Pool kann sich aus den verschiedensten Quellen, wie öffentliche Frameworks wie ITIL® oder COBIT oder eigenen Erfahrungen bzw. bereits vorhandenen Kennzahlen zusammensetzen.

Praxistipp:
Nach diesem Schritt haben Sie lediglich die Basis für die Ermittlung Ihrer Kennzahlen gelegt. Viele Unternehmen haben in der Vergangenheit hier aufgehört und alle gefundenen Kennzahlen erhoben. Abgesehen davon, dass die Qualität der so gefundenen Kennzahlen fragwürdig ist, führen allein die Vielzahl an Kennzahlen und der resultierende Pflegeaufwand schnell zu „Kennzahlengräbern", die niemand nutzt bzw. nutzen kann.

5.1 IT-Kennzahlen

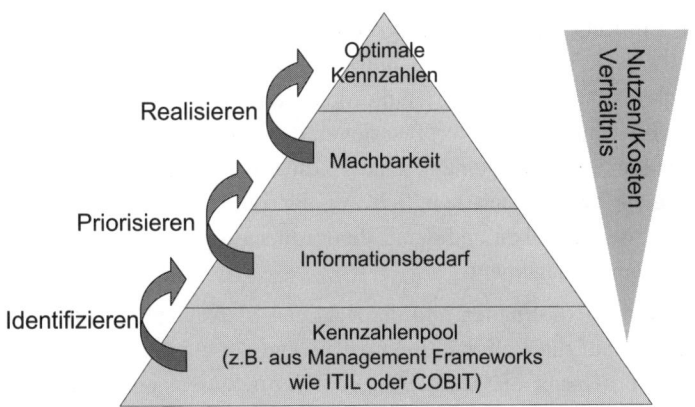

Abbildung 5.7
Kennzahlenentwicklung

- Der zweite Schritt beinhaltet viele der im vorigen Abschnitt beschriebenen Aktivitäten. Um aus dem ermittelten Pool die richtigen Kennzahlen auszuwählen, muss zunächst der Informationsbedarf ermittelt werden. Was müssen Sie wirklich wissen, um Ihr Ziel zu erreichen? Nicht alles, was gemessen werden kann, ist auch von Nutzen! Ist der Informationsbedarf ermittelt, folgt im nächsten Schritt die Auswahl der Kennzahlen, die diesen Informationsbedarf decken können.

- Schritt drei befasst sich mit der Priorisierung der gefundenen Kennzahlen. Die Priorität bestimmt die Reihenfolge, in der die Kennzahlen realisiert werden. Neben dem Informationsgehalt der Kennzahl hat auch die Frage, wie leicht sich die Kennzahlen umsetzen lassen, Einfluss auf die Priorisierung.

> **Praxistipp:**
> Oft stellt sich heraus, dass eine identifizierte Kennzahl zwar einen Nutzen liefert, dass ihre Erfassung jedoch einen sehr hohen Aufwand bis hin zur komplett manuellen Erfassung und Pflege bedeutet. Prüfen sie genau, ob der Aufwand den zu erwartenden Nutzen rechtfertigt und ob es eventuell alternative Kennzahlen mit ähnlichem Nutzen und weniger Aufwand gibt. Haben sie den Mut, auf Kennzahlen mit zu hohem Aufwand zu verzichten und nach Alternativen zu suchen.

- Im vierten Schritt erfolgt die Implementierung der ausgewählten Kennzahlen entsprechend ihrer Priorität. Ein so entstandenes Kennzahlensystem ist in der Regel nicht statisch, sondern verändert sich kontinuierlich. Die implementierten Kennzahlen sollten regelmäßig bezüglich Nutzen und Aufwand bewertet und im Kontext eventueller neuer Anforderungen überprüft werden.

- Nach der Konstruktion und im Rahmen der regelmäßigen Bewertung der Kennzahlen sollten diese einer kritischen Prüfung unterzogen werden. Für diese Überprüfung eignet sich eine Reihe von Kriterien, die jede Kennzahl erfüllen sollte (vgl. [Kütz 2003, S. 42]).

- Kennzahlen müssen darauf überprüft werden, ob sie tatsächlich den erwarteten Informationsbedarf decken, ob sie also das erfassen, was gemessen werden soll. Das hört sich zunächst logisch an, dennoch werden hier besonders im Kontext der Prozesskennzahlen häufig Fehler gemacht. Ein Beispiel ist die Messgröße „Anzahl der auftretenden Incidents". Sie wird sehr oft als Kennzahl zur Messung des Prozesses *Incident Management* definiert, da sie dort erfasst und auch für die operative Planung genutzt wird. Setzt man sie jedoch in Beziehung zu den Prozesszielen, dann wird schnell klar, dass sie nicht die Qualität des Incident Management, sondern die des Problem Management misst. Incident Management befasst sich lediglich mit der Bearbeitung auftretender Incidents. Die Beseitigung der Ursachen und damit die Reduzierung der Zahl der Incidents ist ein Ziel des Problem Management.

- Um zuverlässige Informationen zu erhalten und die richtigen Maßnahmen ableiten zu können, müssen Kennzahlen auf die Validität und Genauigkeit der zugrunde liegenden Daten überprüft werden. Je genauer die Datenbasis, desto zuverlässiger die Aussage der Kennzahl. Hier ist allerdings Vorsicht geboten: Kennzahlen werden die Realität niemals zu einhundert Prozent wiedergeben können, sondern sollen ein vereinfachtes Abbild dieser Realität liefern. Die Akzeptanz eines geringen Maßes an Unschärfe erhöht die Wahrscheinlichkeit, ein verwertbares Bild des Messobjektes bei akzeptablem Aufwand zu erhalten.

- Insbesondere Qualitätskennzahlen für Prozesse dienen oft der operativen Steuerung der Prozesse, also der Identifizierung von Handlungsbedarf. Je mehr Zeit zwischen der Erfassung der Daten und deren Auswertung liegt, desto weniger wirkungsvoll werden die abgeleiteten Maßnahmen sein, weil sie in vielen Fällen zu spät eingeleitet werden. Im Zweifel gilt: Schnelligkeit vor Genauigkeit!

Praxistipp:
Gestalten Sie Ihre Kennzahlen so, dass Sie tatsächlich sinnvolle und wirksame Maßnahmen aus der Auswertung der Kennzahlen ableiten zu können. Dazu ist es zwingende Voraussetzung, dass die Kennzahlen in Ursache-Wirkungs-Beziehungen eingebettet werden. Überlegen Sie sich genau, wann sich der Wert der Kennzahl verändert und wie Sie ihn beeinflussen können. Stellen Sie diese Überlegungen für jede einzelne Kennzahl an – es lohnt sich!

- Die Kosten für die Erbringung der Services spielen eine entscheidende Rolle für den Erfolg eines Service Providers. Das Verhältnis zwischen Aussagekraft einer Kennzahl und dem Aufwand für die Erfassung sollte daher in einem angemessenen Verhältnis stehen.

- Kennzahlen sollten bei aller Komplexität letztlich einfach und nachvollziehbar aufgebaut sein. Der Adressat muss die Bedeutung der Kennzahl verstehen und das Messergebnis interpretieren können. Die Aggregation mehrerer Werte zu einer Kennzahl sollte jederzeit nachvollziehbar sein. Anhand einer Menge von Messergebnissen sollte der Adressat in der Lage sein, bei Bedarf entsprechende Maßnahmen einzuleiten, um das Messobjekt zu beeinflussen.

- Kennzahlen sollten intern wie extern vergleichbar sein. Interne Vergleichbarkeit ist wichtig für Erkenntnisse über die Entwicklung der Serviceprozesse innerhalb eines Zeitraumes oder im Vergleich zu anderen Unternehmensbereichen (insbesondere bei Service Providern des Typ 1, vgl. Kapitel 2). Externe Vergleichbarkeit ermöglicht den

Vergleich mit anderen Unternehmen der gleichen Größe oder Branchenzugehörigkeit (Benchmarking).

Abbildung 5.8 zeigt die genannten Kriterien zur Überprüfung der definierten Kennzahlen im Überblick.

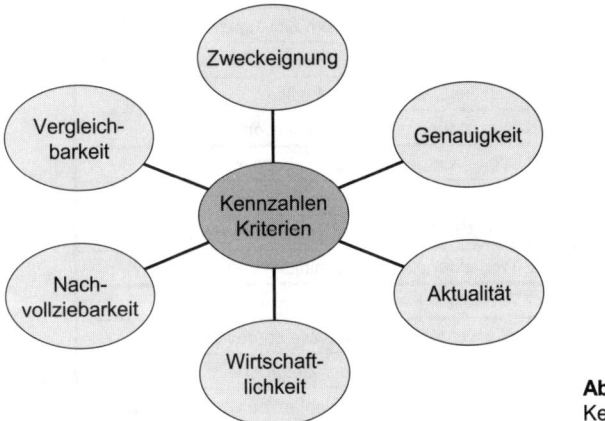

Abbildung 5.8
Kennzahlenkriterien

Kennzahlendarstellung

Ist der Informationsbedarf bestimmt und sind die sinnvollen Kennzahlen ausgewählt, folgt im nächsten Schritt die richtige Darstellung der Kennzahlen. Welche Attribute muss eine Kennzahl haben? Wer ist verantwortlich, wer der Adressat? In sehr vielen Projekten hat sich dafür eine Darstellung bewährt, die auch als Kennzahlensteckbrief bekannt geworden ist (vgl. [Kütz 2003]). Dieser Steckbrief bietet einen sehr nützlichen Rahmen für die Kennzahlenformulierung und lässt sich beliebig an den jeweiligen Informationsbedarf anpassen.

- *Nr./Bezeichnung:* Jede Kennzahl muss eindeutig bezeichnet werden, um sie dem jeweiligen Ziel bzw. CSF zuordnen zu können. Die Bezeichnung kann numerisch sein, es hat sich jedoch bewährt, eine sprechende Bezeichnung zu wählen. Zum Beispiel „IM 1.1" für die Bezeichnung des ersten KPI, der zur Quantifizierung des ersten CSF des Prozesses *Incident Management* beiträgt.
- *Beschreibung:* In der Beschreibung wird in verständlicher Form festgehalten, was diese Kennzahl genau erfasst und welches Ziel erreicht werden soll.
- *Adressat:* Hier wird definiert, an wen die Informationen aus dieser Kennzahl berichtet werden. Das kann z. B. der Prozessmanager sein.
- *Zielwert:* Welchen Wert soll die Kennzahl erreichen? Um im Beispiel Incident Management zu bleiben, könnte das eine Erstlösungsquote von 80% sein.
- *Sollwerte:* Sollwerte beschreiben Zwischenziele (Milestones), die an definierten Zeitpunkten gemessen werden. Nach der Einführung eines Incident Management könnten die Sollwerte für die Erstlösungsquote nach 6/12/18/24 Monaten 40/50%/60%/70% sein

Beschreibung	Nr. / Bezeichnung	Numerisch oder sprechend > Eindeutig
	Beschreibung	Was wird in diesem KPI erfasst?
	Adressat	An wen wird das Ergebnis geliefert?
	Zielwert	Welcher Zielwert soll erreicht werden?
	Sollwerte	Welche Zwischenziele (Meilensteine) gibt es?
	Toleranzwert	Welche Abweichung vom Ziel akzeptiert?
	Eskalationsregeln	Maßnahmen zur Beeinflussung der Zielerreichung
	Gültigkeit	Wie lange ist dieser KPI gültig?
	Verantwortlicher	Wer ist für diesen KPI verantwortlich?
Datenermittlung	Datenquellen	Woher werden die Daten bezogen?
	Messverfahren	Wie wird gemessen?
	Messpunkte	In welcher Frequenz wird gemessen?
	Verantwortlicher	Wer ist für die Datenermittlung verantwortlich?
Aufbereitung und Präsentation	Berechnungsweg	Formel zur Errechnung der Kennzahl
	Darstellung	Wie werden die Ergebnisse dargestellt?
	Aggregation	Stufe entsprechend der Zielgruppe
	Archivierung	Wie wird die Nachvollziehbarkeit sichergestellt?
	Verantwortlicher	Wer ist für Aufbereitung und Präsentation verantwortlich?

Abbildung 5.9 Rahmen zur Kennzahlendarstellung

- *Toleranzwert:* Es ist unwahrscheinlich, dass Zielwerte oder Sollwerte exakt getroffen werden. Um unnötige Aktivitäten zu vermeiden, wird ein Toleranzwert definiert, der beschreibt, welche Abweichung vom Ziel- bzw. Sollwert akzeptiert wird, bevor Eskalationsmaßnahmen eingeleitet werden.

- *Eskalationsregeln:* Die Eskalationsregeln beschreiben, welche Maßnahmen bei Über- bzw. Unterschreiten der Toleranzwerte eingeleitet werden, wer verantwortlich ist und wer informiert werden muss. Im Beispiel der Erstlösungsquote könnten entsprechende Maßnahmen die Weiterbildung der Service-Desk-Mitarbeiter oder Anpassungen im Schichtplan sein.

- *Gültigkeit:* Kennzahlen sind in der Regel nicht unbegrenzt gültig, da sich die Rahmenbedingungen ständig verändern. Daher sollten definierte Kennzahlen regelmäßig einer Prüfung unterzogen und bei Bedarf angepasst werden oder sie können entfallen bzw. ersetzt werden.

- *Verantwortlicher:* Für jede Kennzahl wird ein Verantwortlicher definiert. Aufgaben können die Pflege, Kommunikation und die Überwachung der Zielerreichung sein. Auch für Aktivitäten wie Datenermittlung oder -aufbereitung werden entsprechende Verantwortliche definiert.

- *Datenquellen:* Wie weiter oben beschrieben, sind verlässliche Daten für jede Kennzahl von entscheidender Bedeutung. Die Datenquellen beschreiben, woher die benötigten Daten bezogen werden. Im Beispiel der Erstlösungsquote wären die Datenquellen die Telefonanlage und das Ticketsystem.

- *Messverfahren:* Um die Daten zu erfassen, sind bestimmte Aktivitäten nötig. Diese Aktivitäten zur Datenerfassung werden hier beschrieben (z. B.: Wie bekomme ich die Informationen aus der Telefonanlage und dem Ticketsystem?)
- *Messpunkte:* Die Messpunkte beschreiben, wie häufig gemessen wird (täglich, wöchentlich, monatlich, ...)
- *Berechnungsweg:* Kennzahlen bestehen häufig aus mehreren Messwerten und errechnen sich anhand einer Formel. Die Erstlösungsquote wird beispielsweise errechnet, indem die beim ersten Kontakt gelösten Tickets ins Verhältnis zu den vorhandenen Tickets gesetzt werden.
- *Darstellung:* Hier wird beschrieben, wie die Kennzahl dargestellt wird (z. B. als numerischer Zielwert oder als Grafik).
- *Aggregation:* Oft sind verschiedene Aggregationsstufen entsprechend der jeweiligen Zielgruppe notwendig. Das Unternehmensmanagement benötigt andere Informationen als ein lokaler operativ Verantwortlicher.
- *Archivierung:* Beschreibt, wie die erfassten Informationen langfristig gespeichert werden. Das ist insbesondere dann interessant, wenn die historischen Messdaten beispielsweise für rückwärts gerichtete Auswertungen oder Trendberechnungen benötigt werden (z. B.: Wie hat sich die Erstlösungsquote in den vergangenen zwei Jahren entwickelt?).

Wie viele Kennzahlen?

Eine in der Praxis immer wieder auftauchende Frage ist die nach der richtigen Anzahl von Kennzahlen. Leider lässt sich diese Frage nicht pauschal beantworten, denn sie ist von zu vielen Faktoren abhängig, wie z. B. dem Reifegrad der Organisation, der Unternehmensgröße oder der Art und Anzahl der Ziele. Um zu beurteilen, wie viele Kennzahlen Sie definieren müssen, sollten Sie mindestens die folgenden Faktoren betrachten:

- *Anforderungen aus Nachweispflicht:* Welchen regulatorischen Vorgaben unterliegt ihr Unternehmen und welche Art und Anzahl von Nachweisen muss erbracht werden?
- *Kundenanforderungen:* Welche Anforderungen haben Ihre Kunden an das Reporting zum Nachweis der Serviceerbringung? Je detaillierter der Informationsbedarf, desto mehr Kennzahlen müssen erfasst werden. Dem Kunden sollte transparent werden, dass sich der Aufwand für das Reporting auf den Servicepreis auswirken kann.
- *Anzahl der Ziele bzw. Erfolgsfaktoren:* Je mehr Ziele überwacht werden müssen, desto größer ist naturgemäß die Anzahl der notwendigen Kennzahlen. Als Anhaltspunkt sollten Sie mit ca. zwei Kennzahlen je CSF rechnen, wobei für jedes Ziel ebenso zwei oder mehr CSF definiert werden.

Praxistipp:
Grundsätzlich gilt, dass Sie den Umfang Ihres Kennzahlensystems so weit wie möglich reduzieren sollten. Die Praxis zeigt, dass in Kennzahlenprojekten eher zu viele als zu wenige Kennzahlen definiert werden. **Als Faustregel gilt: etwa 5 Kennzahlen je Manager.**

Kennzahlen richtig einordnen

Um einen optimalen Nutzen zu erzielen, müssen Kennzahlen entsprechend des tatsächlichen Informationsbedarfes aggregiert werden. Die Aggregation kann zunächst entsprechend der vorhandenen Rahmenbedingungen, also abhängig von der Organisationsstruktur oder der geografischen Ansiedlung eines Unternehmens erfolgen. Aber auch die jeweiligen Zielgruppen sollten eine Rolle bei der Aggregation der Kennzahlen spielen, denn Kennzahlen können natürlich ganz unterschiedliche Adressaten mit sehr unterschiedlichem Informationsbedarf haben.

Die Basis bilden operative Kennzahlen, also Informationen über die einzelnen Komponenten der Serviceerbringung. Hierbei handelt es sich um Performance- und Auslastungsdaten einzelner Systeme, um Ausfallzeiten, Netzwerklasten oder Antwortzeiten einzelner Applikationen. Die Adressaten dieser Kennzahlen sind in der Regel Systemverantwortliche aus dem Umfeld des IT-Operations Management oder des Technical- bzw. des Application Management, die dazu beitragen, dass diese Ressourcen für die Serviceerbringung entsprechend der Anforderungen funktionieren. Entsprechend den Zielwerten leiten sie aus den Kennzahlen Maßnahmen bezüglich der betroffenen Systeme ein.

Neben den Systemen spielen die Prozesse eine entscheidende Rolle für die Serviceerbringung. Prozesskennzahlen liefern Informationen darüber, ob die definierten Serviceprozesse effektiv und effizient funktionieren. Prozesskennzahlen liefern z. B. Informationen über Durchlaufzeiten, Fehlerraten oder Kosten für die notwendigen Prozessaktivitäten. Adressaten für diese Kennzahlen sind Prozessmanager oder Process Owner.

Werden Kennzahlen für das IT-Management gestaltet, so werden sie weiter aggregiert. Es werden nicht mehr wie bisher Informationen bezüglich einzelner Systeme oder Prozesse erfasst, sondern aus diesen Einzelkomponenten Gesamtinformationen für die Serviceerbringung ermittelt. Typische Informationen sind Auslastungszahlen, Investitionen, Kosten je Service oder Informationen über wiederholte Service-Level-Verletzungen.

In einer weiteren Stufe werden die Informationen für das Unternehmensmanagement weiter verdichtet. Informationen wie Budgets und deren Einhaltung, Innovationen oder die Per-

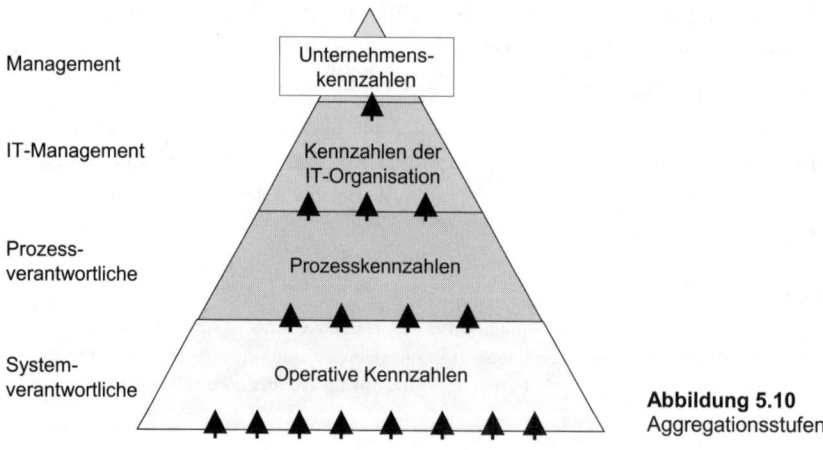

Abbildung 5.10
Aggregationsstufen

sonalentwicklung spielen hier eine Rolle. Beispiele für Kennzahlen auf dieser Ebene sind IT-Kosten je Arbeitsplatz oder Anteil des IT-Budgets am Unternehmensumsatz. Abbildung 5.10 zeigt die Aggregationsstufen im Überblick.

Abhängigkeiten zwischen Kennzahlen und Kennzahlensystemen

Wie schon weiter oben beschrieben, stehen Kennzahlen nicht für sich alleine, sondern sind in ein System weiterer Kennzahlen und in ein Netz aus Ursache-Wirkungs-Beziehungen eingebunden (mehr zu Ursache-Wirkungs-Beziehungen in Abschnitt 5.2 zur Balanced Scorecard). Bei der Gestaltung eines Kennzahlensystems treten also sehr häufig Wechselwirkungen zwischen Kennzahlen auf. Verbesserungen bzgl eines Zieles führen zu geringerer Zielerreichung bei anderen Zielen. Um zu verdeutlichen, was hier gemeint ist, möchte ich noch einmal auf das Beispiel der Erstlösungsquote zurückkommen: Die Bestrebungen, diese Erstlösungsquote auf einen bestimmten Wert (z. B. 80%) zu heben, führen natürlich zu den in den Ursache-Wirkungs-Beziehungen identifizierten Auswirkungen: Der Aufwand für die Mitarbeiter des Service Desk wird größer, sie benötigen also mehr Zeit pro Anrufer. Die Erreichbarkeit aber, ein sehr wichtiges Ziel eines Service Desk, sinkt, je mehr Mitarbeiter in Gesprächen mit Anwendern sind. So sinkt die Erreichbarkeit des Service Desk mit steigender Erstlösungsquote – es sei denn, es werden auch hier Maßnahmen, wie z. B. Veränderungen in der Besetzung vorgenommen. Dieser Zusammenhang zwischen zwei Kennzahlen wird oft als KPI und Gegen-KPI bezeichnet (Abbildung 5.11).

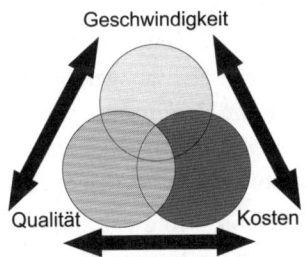

Optimierungsproblem: Die Verbesserung eines Faktors wirkt auf die anderen

Abbildung 5.11
Wechselwirkung von Kennzahlen

Eine weitere Verbindung zwischen zwei Kennzahlen ist die der Früh- und Spätindikatoren. Um sowohl die Vergangenheit bewerten als auch Trends für die Zukunft ableiten zu können, sollten diese beiden Sichtweisen berücksichtigt werden. Zur Bewertung eines CSF sollte nach Möglichkeit mindestens ein Früh- und ein Spätindikator gefunden werden.

Spätindikatoren lassen sich naturgemäß leichter identifizieren, sie legen den Fokus auf Ergebnisse aus der Vergangenheit. Ein Beispiel für einen Spätindikator ist die durchschnittliche Lösungsdauer im Incident Management.

Frühindikatoren sind oft schwieriger zu ermitteln und zu definieren. Sie geben Hinweise auf zukünftige Wirkungen der aktuellen Entwicklung. Ein Beispiel kann die aktuelle Auslastung der Service-Desk-Mitarbeiter sein. Je höher die Auslastung, desto größer wird die Wahrscheinlichkeit für Service-Level-Verletzungen durch zu lange Bearbeitungszeiten oder schlechte Erreichbarkeit. Die Herausforderung besteht darin, Frühindikatoren zu erkennen und sie in den richtigen Kontext zu setzen, denn das genannte Beispiel kann in einem anderen Kontext natürlich auch ein Spätindikator sein (z. B. um die Zielerreichung des Teams nach Ablauf einer zeitlichen Periode zu messen).

In den vorhergehenden Abschnitten habe ich bereits mehrfach den Begriff „Kennzahlensystem" verwendet. Deshalb möchte ich kurz auf diesen Begriff eingehen: Kennzahlensysteme bestehen aus mehreren Kennzahlen, die in Beziehungen zueinander stehen (Ursache und Wirkung, Früh- und Spätindikatoren) und dienen der möglichst vollständigen und ausgewogenen Steuerung eines beschriebenen Objektes (Service, Prozess, System). Unter anderem werden in einem solchen System die nachfolgenden Aspekte über die Betrachtung der einzelnen Kennzahlen hinaus festgelegt:

- Zielwerte
- Schwellwerte und Toleranzen
- Maßnahmen zur Steuerung
- Ausnahmepläne bei Überschreitung mehrer Schwellwerte

5.2 Balanced Scorecard – Strategie operationalisieren

5.2.1 Von der Kennzahl zur Balanced Scorecard (BSC)

Im letzten Kapitel habe ich Kennzahlen und deren mögliche Wechselwirkungen beschrieben. Um eine IT-Strategie wirklich umzusetzen, reichen Kennzahlen alleine allerdings nicht aus. Wenn es gilt, Visionen in Strategien, Strategien in Ziele und letztlich dann die Ziele in individuelle Kennzahlen umzusetzen, bedarf es eines etwas komplexeren Systems.

Ein Ansatz, der meiner Erfahrung nach immer wieder zum Projekterfolg beitrug, ist die Balanced Scorecard nach Kaplan/Norton. Sie bietet einen optimalen Rahmen, um die IT-Organisation tatsächlich an den Unternehmenszielen auszurichten und die Ursache-Wirkungs-Beziehungen der Aktivitäten im Rahmen des IT-Services zu erkennen.

Doch zurück zu der Frage vom Beginn dieses Abschnittes: Was ist denn eigentlich zuerst da? Die einzelne Kennzahl oder eine Balanced Scorecard? Um das zu beantworten, möchte ich noch einmal auf die Gestaltung der einzelnen Kennzahlen zurückkommen. Zu jeder Kennzahl sollten die folgenden grundlegenden Informationen vorhanden sein:

- Ziele
- Informationsbedarf
- Ursache-Wirkungs-Beziehungen
- Wechselwirkungen

Es ist natürlich möglich, die Ziele für die Gestaltung der Kennzahlen und die Ableitung der entsprechenden Zielwerte aus Einzelzielen (z. B. von Prozesszielen) abzuleiten. Sinnvoller ist es jedoch, die Einzelziele aus den Unternehmenszielen und den daraus resultierenden IT-Zielen abzuleiten. Nur so kann sichergestellt werden, dass einzelne Aktivitäten und Prozesse tatsächlich zu den Zielen des Unternehmens beitragen. Das gilt natürlich auch und insbesondere für die Ursache-Wirkungs-Beziehungen und daraus abgeleitete Maßnahmen. Die Verbindung der einzelnen Ziele und Aktivitäten zu den Zielen des Unternehmens kann eine Balanced Scorecard herstellen. Sie kann also einen wichtigen Beitrag zur Gestaltung von Zielen und Kennzahlen leisten und trägt so auch zur IT-Governance bei, indem die Ausrichtung der IT-Ziele an denen des Unternehmens sichergestellt wird. Fazit: Natürlich ist eine Balanced Scorecard nicht zwingende Voraussetzung für funktionierende Kennzahlen, sie kann allerdings einen nützlichen Rahmen für deren Gestaltung liefern. Abbildung 5.12 zeigt die Ableitung von der Unternehmensstrategie bis zur Messgröße in der IT-Organisation.

Abbildung 5.12
Von der Strategie zum Messwert

5.2.2 Grundlagen der Balanced Scorecard nach Kaplan/Norton

Die Balanced Scorecard (vgl. [Kaplan/Norton 2001]) wird leider sehr häufig als reines Kennzahlensystem verstanden, und riesige Kennzahlengräber in Excel, die niemand wirklich versteht, geschweige denn nutzt, werden als Balanced Scorecard bezeichnet. Natürlich kann die Balanced Scorecard ein sehr wichtiges Instrument sein, die Kennzahlen richtig zu gestalten, aber allein dafür würde man sie nicht wirklich brauchen. Sie ist viel mehr als das, nämlich ein Instrument, die Unternehmensstrategie bei Bedarf bis auf die Ebene des einzelnen Mitarbeiters zu operationalisieren.

 Praxistipp:
Wenn Sie planen, eine Balanced Scorecard in Ihrem Unternehmen einzuführen, beginnen Sie nicht mit der Auswahl eines Tools oder mit der Suche nach den richtigen Kennzahlen. Konzentrieren Sie sich zunächst auf die Zusammenhänge in Ihrem Unternehmen und überlegen Sie, wie Sie die Unternehmensziele am besten herunterbrechen können.

Bevor ich weiter auf die Details der Balanced Scorecard und deren Nutzen für IT-Organisationen eingehe, möchte ich einige grundlegende Begriffe klären, die in diesem Kontext immer wieder auftauchen und manchmal für Verwirrung sorgen:

- *Mission*: Die Mission eines Unternehmens beschreibt, warum es dieses Unternehmen überhaupt gibt, warum es benötigt wird, was das Geschäft ist und welche Bedürfnisse durch die Produkte dieses Unternehmens befriedigt werden. Die Mission sollte eine Orientierung für die Mitarbeiter sein und sollte leicht verständlich und kommunizierbar sein.
- *Werte*: Die Werte eines Unternehmens beschreiben die Prinzipien, die dem Handeln aller Mitarbeiter zugrunde liegen. Sie bilden einen Verhaltenskodex.
- *Vision*: Die Vision eines Unternehmens ist ein Entwurf für die Zukunft des Unternehmens, ausgehend von der Gegenwart. Sie folgt der Mission und den Werten und bildet die Basis für die Ableitung der Ziele und der Strategie. Als Beispiel sei im Folgenden die Vision und das Selbstverständnis des Unternehmens genannt, in dem ich derzeit beschäftigt bin:

Maxpert übernimmt Verantwortung für den systematischen Veränderungsprozess von IT-Organisationen und zeigt initiativ Entwicklungswege zum angemessenen Reifegrad auf. Die konstant hervorragenden Leistungen in der langfristigen Zusammenarbeit führen dazu, dass unsere Kunden bei geplanten Veränderungen als Erstes an Maxpert denken. Wir sind für unsere Kunden ein angesehener und verlässlicher Partner. Gemeinsam gestalten wir IT, um Unternehmensziele und Geschäftsstrategien optimal zu unterstützen.

Wir schaffen die beste IT für das Geschäft unserer Kunden. Diese IT erzeugt Wachstum und Produktivität durch eine optimale Geschäftsprozess-Unterstützung. Wir kombinieren anerkannte Standards, eigene Erfahrungen sowie praxiserprobte Methoden und entwickeln daraus kontinuierlich neue Perspektiven für unsere Kunden. Unsere Arbeit ist geprägt durch Kompetenz, Kreativität und Dynamik.

- *Ziele*: Ziele beschreiben, was konkret in Ableitung aus Mission und Vision erreicht werden soll. Ziele sollen SMART formuliert werden (vgl. Abschnitt 5.1)
- *Strategien*: Strategien beschreiben, welche Maßnahmen ergriffen werden müssen, um die definierten Ziele zu erreichen, und wie die Organisation zu diesem Zweck aufgestellt sein muss.

Abbildung 5.13 zeigt den Zusammenhang der genannten Begriffe im Überblick.

Perspektiven

Kommen wir nun zu dem Begriff „Balanced" in Balanced Scorecard, der soviel bedeutet wie „ausgewogen". Wie wird diese Ausgewogenheit erreicht? Für die Gestaltung eines Unternehmens und auch einer IT-Organisation spielen immer verschiedene Sichtweisen eine Rolle. Eine zentrale Perspektive bei der Betrachtung des Unternehmenserfolges sind die Finanzen. Das hat natürlich einen Grund, denn wenn die Finanzen in einem Unternehmen nicht stimmen, dann braucht sich langfristig niemand mehr Gedanken über die Entwicklung machen. Wenn das Geld ausgeht, dann wird das Unternehmen nicht mehr lange existieren. Die Finanzperspektive ist also eine zentrale und wichtige Perspektive für die Steuerung eines Unternehmens. Wird sie allerdings, wie es leider immer noch in vielen

5.2 Balanced Scorecard – Strategie operationalisieren

Abbildung 5.13
Von der Mission zu den Zielen
(nach [Kaplan/Norton, 2001])

Unternehmen der Fall ist, vom Management als einzige Perspektive akzeptiert, dann ist das für eine nachhaltige Steuerung und Ausrichtung eines Unternehmens nicht ausreichend.

Welche weiteren Sichtweisen könnte es also geben? Die erste wird den meisten relativ schnell einfallen: Woher kommt denn das Geld? Von den Kunden. Es gilt also sich darüber klar zu werden, was geschehen muss, um die Kunden von der eigenen Leistung zu überzeugen. Um den Kunden eine optimale Leistung bieten zu können, werden entsprechende Aktivitäten definiert und in Prozessen strukturiert, was eine weitere Perspektive darstellen kann. Denkt man nun darüber nach, was für funktionierende Prozesse wichtig ist, ergibt sich recht schnell die Betrachtung der Mitarbeiter und deren Entwicklung entsprechend der in den Aktivitäten geforderten Fähigkeiten.

Die klassischen Perspektiven, die in einer Balanced Scorecard betrachtet werden, sind „Finanzen", „Kunden", „Prozesse" und „Lernen und Entwicklung". Selbstverständlich kann jedes Unternehmen je nach Bedarf weitere Perspektiven hinzufügen. Weitere Perspektiven könnten z. B. „Lieferanten", „Innovation" oder „Produkte" sein. Allerdings sollte das nur dann geschehen, wenn es tatsächlich notwendig ist, da die Komplexität sich mit jeder Perspektive erhöht. Abbildung 5.14 zeigt die klassischen Perspektiven der Balanced Scorecard.

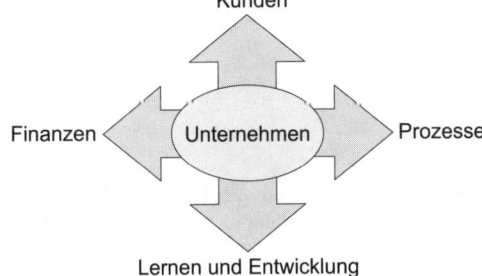

Abbildung 5.14
Die klassischen Perspektiven der BSC

- *Finanzen:* In dieser Perspektive wird betrachtet, ob die aktuelle Strategie zur Erreichung der Finanzziele und so zur Verbesserung des Unternehmensergebnisses beiträgt. Alle anderen Perspektiven werden der Finanzperspektive untergeordnet.
- *Kunden:* Betrachtet, wie der Zielmarkt adressiert wird und welche Wirkung auf bestehende und potentielle Kunden erzielt wird. Ziele sind z. B. die Bindung vorhandener Kunden oder die Erschließung neuer Marktsegmente.
- *Prozesse:* Betrachtet, wie die Prozesse zu den Vorgaben aus der Finanz- und Kundenperspektive beitragen. Dazu gehören sowohl Verbesserungen der Effektivität (z. B. verbesserte Servicequalität) als auch der Effizienz (z. B. reduzierte Servicekosten).
- *Lernen und Entwicklung:* Betrachtet, welche Fähigkeiten benötigt werden, um die Aktivitäten der anderen Perspektiven durchführen zu können (z. B. Mitarbeiterqualifizierung und Motivation).

Die Perspektiven stehen naturgemäß nicht unabhängig nebeneinander, sondern beeinflussen sich gegenseitig und sind oft hierarchisch voneinander abhängig. Maßnahmen in der Perspektive „Lernen und Entwicklung" tragen zur Zielerreichung in der Perspektive „Prozesse" bei, indem die Mitarbeiter die Fähigkeiten vermittelt bekommen, die für die von ihnen geforderten Aktivitäten notwendig sind. Die Prozesse wiederum tragen beispielsweise zu einer zuverlässigeren Serviceerbringung bei und helfen so, die Zufriedenheit der Kunden zu erhalten oder zu verbessern. Zufriedene Kunden werden weiterhin Aufträge erteilen und vielleicht sogar dafür sorgen, dass andere potentielle Kunden von ihrer Zufriedenheit erfahren. So entsteht eine direkte Wirkung auf die Finanzperspektive, indem der Umsatz erhöht wird. Abbildung 5.15 zeigt, wie die Effekte aus den einzelnen Perspektiven auf mögliche andere Perspektiven wirken. Grundsätzlich steht dabei die Finanzperspektive an oberster Stelle der möglichen Wirkungsketten, da die Erreichung der Finanzziele, wie weiter oben erwähnt, für jedes Unternehmen von entscheidender Bedeutung ist.

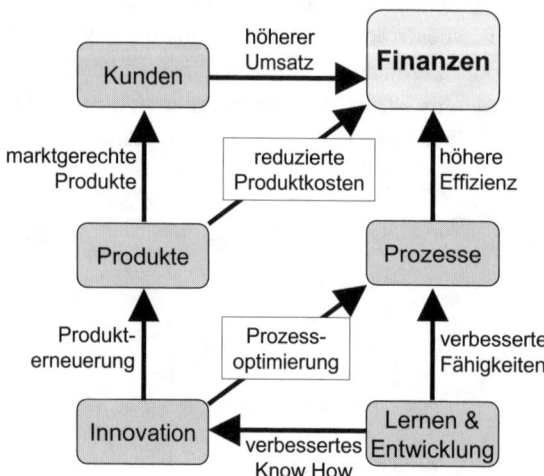

Abbildung 5.15
Beziehungen zwischen den Perspektiven

5.2 Balanced Scorecard – Strategie operationalisieren

Strategy Maps

Ein Werkzeug, um Ursache-Wirkungs-Beziehungen darzustellen, sind Strategy Maps. Sie dienen der Darstellung des konkreten Zusammenhangs zwischen den Aktivitäten und Zielen der Perspektiven. Mit Hilfe der Strategy Maps kann identifiziert werden, an welcher Stelle ggf. weitere Aktivitäten für die Realisierung der Stratege notwendig sind. Strategy Maps tragen so dazu bei, die Strategie zu operationalisieren und Ziele bei Bedarf bis zur Ebene der einzelnen Mitarbeiter herunter zu brechen. Abbildung 5.16 zeigt beispielhaft einen Ausschnitt aus einer möglichen Strategy Map.

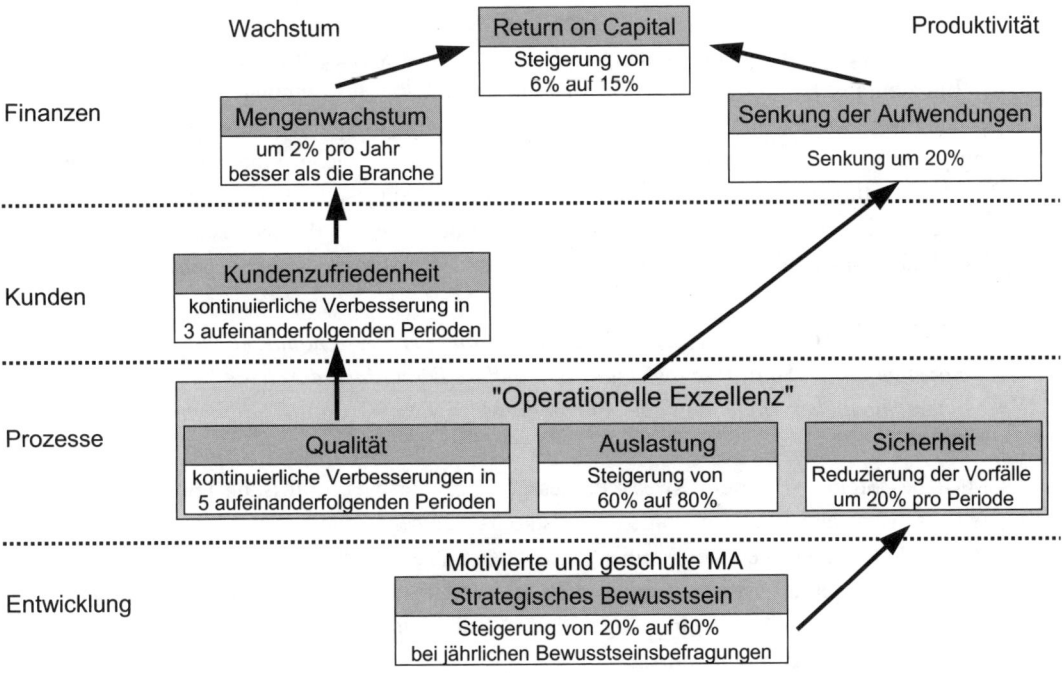

Abbildung 5.16 Strategy Map (nach [Kaplan/Norton, 2001])

Strategy Maps sind von entscheidender Bedeutung für die Gestaltung einer messbaren IT-Organisation und werden in der Praxis häufig vernachlässigt. Nur wenn die Zusammenhänge und Abhängigkeiten zwischen einzelnen Zielen hier definiert sind, können im Rahmen der täglichen Steuerung der IT gezielte Maßnahmen zur Verbesserung der Zielerreichung sinnvoll abgeleitet werden.

5.3 CMMI & Co – Prozessreife bestimmen

5.3.1 Warum CMMI?

„CMMI" steht für „Capability Maturity Model Integration" und befasst sich mit der Entwicklung von Produkten. CMMI ist der Nachfolger des bereits seit 1987 entwickelten CMM (Capability Maturity Model). Die Version 1.2 wurde im Jahr 2006 veröffentlicht und betrachtet neben der Softwareentwicklung (CMMI-DEV) auch die Themen „Dienstleistung" und „Beschaffung". Allerdings ist bisher lediglich CMMI-DEV fertig gestellt. Für das Modul „CMMI for Services" ist ein Veröffentlichungsdatum im Jahr 2010 geplant. Warum also befassen wir uns bei dem Thema IT-Service Management mit dieser Methode? Ein zentraler Bestandteil des CMMI ist ein Modell zur Bestimmung der Prozessreife. Da sich dieses Modell auch für andere Prozesse als die ursprünglich adressierten Entwicklungsprozesse anwenden lässt, wird dieses Modell bereits seit vielen Jahren als Modell zur Reifegradbestimmung auch im IT-Service Management eingesetzt. Inzwischen wird auch in der Literatur zu ITIL® 3 ein Prozessreifemodell beschrieben, das sich sehr eng an das Modell aus CMMI anlehnt. Das Ziel, dass sich das CMMI-Projekt selber gegeben hat, lautet:

„Das Ziel des CMMI-Projekts ist die Verbesserung der Verwendbarkeit von Reifegradmodellen für die Softwareentwicklung und andere Disziplinen durch die Integration unterschiedlicher Modelle in einem Framework" [Niessink/Clerc/Tijdink/van Vliet, 2005].

CMMI beschreibt zu diesem Zweck Prozessgebiete, wie z. B. „Messung und Analyse", „Organisationsweite Prozessdefinition", „Risikomanagement" oder „Anforderungsmanagement". Alle Prozessgebiete beschreiben Aktivitäten und Ziele, die für eine Verbesserung in diesem Prozessgebiet erreicht werden müssen. Die Erreichung der Ziele eines Prozessgebietes trägt zur Erreichung eines zugeordneten Reifegrades bei. Die Prozessgebiete werden in vier Kategorien gegliedert:

- Project Management
- Engineering
- Support
- Process Management

Reifegradmodelle in CMMI

In CMMI werden zwei Arten von Modellen beschrieben:

Die **kontinuierliche Darstellung** beschreibt sechs Fähigkeitsgrade oder Capability Levels (0-5) und befasst sich mit der Verbesserung einzelner Prozesse. Diese Darstellung ermöglicht den Vergleich einzelner Prozesse innerhalb einer Organisation und den Vergleich mit allen Unternehmen, die die ISO/IEC 15504 nutzen, da die Gliederung der Prozessbereiche hier identisch ist. Die Capability Levels der kontinuierlichen Darstellung sind:

- *0 – Unvollständiger Prozess (Incomplete):* Ein Prozess wird entweder nicht oder unvollständig durchgeführt und ein oder mehrere Ziele werden nicht erreicht.
- *1 – Durchgeführter Prozess (Performed):* Die spezifischen Prozessziele werden erreicht und der Prozess ermöglicht die Erstellung der erwarteten Arbeitsergebnisse.
- *2 – Gesteuerter Prozess (Managed):* Die Prozessaktivitäten werden geplant und überwacht und es stehen ausreichend Ressourcen und Fähigkeiten zur Verfügung.
- *3 – Definierter Prozess (Defined):* Ein Prozess des Fähigkeitsgrades 2, der zusätzlich den Prozessstandards des Unternehmens entspricht und mit seinen Ergebnissen und Informationen zum kontinuierlichen Verbesserungsprozess (KVP) und zu den Unternehmensprozessen beiträgt.
- *4 – Quantitativ gemanagter Prozess (Quantitatively managed):* Der Prozess wird zusätzlich durch definierte statistische Verfahren gesteuert.
- *5 – Optimierender Prozess (Optimizing):* Der Prozess wird zusätzlich mit den gewonnenen statistischen Informationen und einem klaren Verständnis für Abweichungen innerhalb des Prozesses kontinuierlich verbessert.

Die **stufenförmige Darstellung** kennt keinen Reifegrad „0" und beschreibt nur fünf Reifegrade oder Maturity Level (1-5). Sie befasst sich mit der Bewertung von Prozessgruppen, die jeweils zur Erreichung eines definierten Fähigkeitsgrades umgesetzt sein müssen. Mit dieser Darstellung wird ein Vergleich des Reifegrades ganzer Unternehmen oder Unternehmensbereiche (z. B. IT-Abteilungen) möglich. Die fünf Maturity Levels sind:

- *1 – Initial (Initial):* Die Prozesse im Unternehmen sind – falls überhaupt vorhanden – ad hoc und chaotisch. Der Erfolg hängt von den Fähigkeiten und der Verfügbarkeit einzelner Ressourcen ab. Diesen Reifegrad hat jede Organisation automatisch.
- *2 – Gemanagt (Managed):* Die Prozessaktivitäten werden in Übereinstimmung mit den Unternehmensrichtlinien geplant, überwacht und verfügen über ausreichend qualifizierte Ressourcen. Projekte werden gesteuert und auf die Einhaltung der Prozesse kontrolliert.
- *3 – Definiert (Defined):* Die Prozesse sind beschrieben und verstanden. Sie werden anhand von Prozeduren, Methoden und Werkzeugen dokumentiert. Projekte werden anhand von Standardprozessen durchgeführt. Die Standardprozesse werden kontinuierlich verbessert.
- *4 – Quantitativ gemanagt (Quantitatively managed):* Die Prozesse werden zusätzlich durch definierte statistische Verfahren gesteuert. Die Prozessqualität und Performance werden gemanagt.
- *5 – Optimierend (Optimizing):* Die Prozesse werden zusätzlich mit den gewonnenen statistischen Informationen und einem klaren Verständnis für Abweichungen innerhalb des Prozesses kontinuierlich verbessert.

Wie unschwer zu erkennen ist, entsprechen die Reife- bzw. Fähigkeitsgrade ab der Stufe zwei der jeweils anderen Betrachtung. Die Bewertung der Fähigkeitsgrade und des Reifegrades eines Unternehmens werden in einer SCAMPI-Abschätzung (Standard CMMI Appraisal Method for Process Improvement) definiert. Diese Abschätzung darf nur von durch das SEI (Software Engineering Institute) autorisierten Personen durchgeführt werden.

5.3.2 ITIL® – Process Maturity Framework (PMF)

Wie bereits weiter oben erwähnt, wird auch in ITIL® 3 ein Reifegradmodell beschrieben. Dieses Modell orientiert sich an CMMI und den unterschiedlichen Reifegrad- und Fähigkeitsmodellen sowie an dessen Vorgänger CMM und dem geplanten CMMI für IT-Services (CMMI-SVC). Es unterscheidet nicht zwischen den Abstufungen für einzelne Prozesse und Prozessgruppen bzw. der gesamten Organisation und ist für beide Varianten verwendbar. Es wurde an die Anforderungen für eine Bewertung der ITSM-Prozesse angepasst. Die Basis für die Bewertung des Reifegrades eines Unternehmens über die Einzelprozesse hinaus sind in diesem Modell die folgenden Aspekte (vgl. auch Abschnitt 1.2):

- Vision und Steuerung (Vision and steering)
- Prozesse (Processes)
- Personen/Mitarbeiter (People)
- Technologie/Tools (Technology)
- Kultur (Culture)

Diese fünf Bereiche sind die Basis für die Beschreibung der Reifegrade in diesem Modell. ITIL® beschreibt ebenfalls, was notwendig ist, um einen angestrebten Reifegrad zu erreichen. Die fünf definierten Stufen (1-5) sind *initial, repeatable, defined, managed* und *optimizing*. Diese fünf Stufen stammen aus dem CMM und werden auf die gleiche Weise im „IT-Service CMM" genutzt, auf das ich später ebenfalls kurz eingehen werde. Nachfolgend werde ich auf die Beschreibung der einzelnen Stufen detaillierter eingehen, da dieses Modell in Unternehmen, die sich mit ITIL® beschäftigen werden, sicher eine wichtige Rolle spielen wird. Die Erreichung einer Stufe setzt hier, wie in anderen Reifegradmodellen auch die Erreichung der vorhergehenden Stufe voraus.

1 – Initial

Auf dieser Stufe gibt es zwar Prozesse, aber die Akzeptanz ist gering, und es gibt nur wenige oder keine Aktivitäten im Prozessmanagement. Die Prozesse werden als nicht wichtig betrachtet und es gibt keine konkreten Ressourcenzuordnungen. Dieser Reifegrad wird auch in diesem Modell oft als „ad hoc" oder „chaotisch" bezeichnet.

- *Vision und Steuerung (Vision and Steering)*
  - Kleine Budgets, wenig Ressourcen
  - Aktivitäten und Ergebnisse sind nicht wiederholbar und ungesichert
  - Sporadisches oder kein Reporting
- *Prozesse (Processes)*
  - Einzelne veränderliche Prozesse/Prozeduren werden bei akutem Bedarf verwendet
  - Prozesse sind reaktiv
  - Weitgehend unstrukturierte und ungeplante Aktivitäten, nicht wiederholbar
- *Personen/Mitarbeiter (People)*
  - Nur vereinzelt lose definierte Rollen und Verantwortlichkeiten

- *Technologie (Technology)*
  - Manuelle Vorgehensweisen
  - Vereinzelte Insellösungen
- *Kultur (Culture)*
  - Technologiegetrieben
  - Fokus auf einzelne lokale Aktivitäten

2 – Repeatable

Auf dieser Stufe werden die Prozesse akzeptiert, aber es wird ihnen nur eine geringe Bedeutung und nur wenige Ressourcen zugeordnet. Die Aktivitäten in den Prozessen sind unkoordiniert und kaum gesteuert. Sie werden ausschließlich bezogen auf die Prozesseffektivität gesteuert.

- *Vision und Steuerung (Vision and Steering)*
  - Keine klaren oder formalen Ziele und Vorgaben
  - Es gibt ein Budget und zugeordnete Ressourcen.
  - Unstrukturierte und ungeplante Aktivitäten, Reports und Reviews
  - Wiederholbare Aktivitäten
- *Prozesse (Processes)*
  - Definierte Prozesse und Prozeduren
  - Prozesse sind weitgehend reaktiv.
  - Es gibt unstrukturierte und ungeplante Aktivitäten
- *Personen/Mitarbeiter (People)*
  - Es gibt beschriebene Rollen und Verantwortlichkeiten
- *Technologie (Technology)*
  - Verschiedene eigenständige Tools, wenig Steuerung
  - Daten werden unstrukturiert an unterschiedlichen Speicherorten vorgehalten
- *Kultur (Culture)*
  - Die Sichtweise ist produkt- und servicebasiert

3 – Defined

Auf dieser Stufe sind die Prozesse beschrieben und akzeptiert, aber es gibt keine formellen Vereinbarungen oder Abnahmen. Prozesse haben Process Owner und formale Ziele bezüglich Effektivität und Effizienz. Ressourcen sind zugeordnet und Reports werden für die spätere Verwendung strukturiert gespeichert.

- *Vision und Steuerung (Vision and Steering)*
  - Dokumentierte und vereinbarte formale Ziele
  - Veröffentlichte, überwachte und geprüfte Pläne
  - Adäquate Budgets und angemessene Ressourcen sind zugeordnet.
  - Regelmäßige, geplante Reports und Reviews

- *Prozesse (Processes)*
  - Klar definierte und veröffentlichte Prozesse und Prozeduren
  - Regelmäßige, wiederholbare und geplante Aktivitäten
  - Strukturierte Dokumentation
  - Teilweise proaktive Prozesse
- *Personen/Mitarbeiter (People)*
  - Klar definierte und vereinbarte Rollen und Verantwortlichkeiten
  - Formale persönliche Ziele
  - Formal strukturierte Ausbildung der Prozessbeteiligten
- *Technologie (Technology)*
  - Durchgängige Datenerfassung, definierte Alarme und Schwellwerte
  - Konsolidierte Daten werden für die formale Planung, Forecasts und Trends genutzt
- *Kultur (Culture)*
  - Orientiert an Services und Kunden
  - Formale Vorgehensweisen

4 – Managed

Auf dieser Stufe sind die Prozesse vollständig anerkannt und akzeptiert. Die IT-Organisation hat klare Ziele und Vorgaben, die sich aus Zielen und Vorgaben des Business ableiten. Prozesse sind vollständig beschrieben, werden gesteuert und sind proaktiv. Die Schnittstellen zu anderen IT-Prozessen sind beschrieben.

- *Vision und Steuerung (Vision and Steering)*
  - Steuerung basierend auf Zielen und Vorgaben des Business, Ableitung formaler IT-Ziele und Erfolgskontrolle
  - Aktives und effektives Management Reporting
  - Integrierte Prozesspläne unterstützen die Pläne von Business und IT
  - Die kontinuierliche Verbesserung der Prozesse wird geplant und überwacht
- *Prozesse (Processes)*
  - Klar definierte und veröffentlichte Prozesse, Prozeduren und Standards sind auch Bestandteil aller Stellenbeschreibungen
  - Klar definierte Prozessschnittstellen und Abhängigkeiten
  - Service Management und Entwicklungsprozesse sind integriert
  - Vorwiegend proaktive Prozesse
- *Personen/Mitarbeiter (People)*
  - Zusammenarbeit sowohl innerhalb der Prozesse als auch prozessübergreifend
  - Verantwortlichkeiten sind in allen Stellenbeschreibungen beschrieben
- *Technologie (Technology)*
  - Durchgängiges Monitoring, Reporting und schwellwertbasierte Alarmierung
  - Zentralisierte, integrierte Tools, Datenbanken und Prozesse
- *Kultur (Culture)*
  - Businessorientiert

5 – Optimizing

Auf dieser Stufe sind die Prozesse vollständig anerkannt, implementiert und akzeptiert. Es existieren übergreifende, strategische Ziele in Bezug auf Business und IT. Die Prozesse sind institutionalisiert und gehören zu den selbstverständlichen täglichen Aufgaben der Beteiligten. Prozesse des Continual Service Improvement sind implementiert und werden als Bestandteil aller Prozesse gelebt.

- *Vision und Steuerung (Vision and Steering)*
  - Integrierte, strategische Pläne sind untrennbar mit den Plänen und Zielen des Business verbunden
  - Kontinuierliches Monitoring, Messung, Reporting, Alarmierung und Reviews in Verbindung mit einem fortdauernden Verbesserungsprozess
  - Regelmäßige Reviews und Audits bezüglich Effektivität, Effizienz und Compliance
- *Prozesse (Processes)*
  - Die Arbeit entsprechend klar definierter Prozesse und Prozeduren ist Teil der Unternehmenskultur
  - Klar definierte Prozessschnittstellen und Abhängigkeiten
  - Proaktive Prozesse
- *Personen/Mitarbeiter (People)*
  - Businessbezogene Vorgaben und formale Ziele werden als Teil der täglichen Arbeit überwacht und umgesetzt
  - Rollen und Verantwortlichkeiten sind Teil der Unternehmenskultur
- *Technologie (Technology)*
  - Vollständig dokumentierte, übergreifende Toollandschaft bezüglich Personen, Prozessen und Technologie
- *Kultur (Culture)*
  - Kultur der kontinuierlichen Verbesserung
  - Strategischer Fokus auf den Nutzen für das Business
  - IT ist Teil der Wertschöpfungskette bzw. des Wertschöpfungsnetzwerks

5.3.3 IT-Service CMM

Das IT-Service CMM startete 1997 als ein Projekt verschiedener niederländischer Universitäten und Unternehmen. Im Rahmen dieses Projektes wurde lediglich der Reifegrad 2 dieses Modells definiert und seit Beendigung des Projektes 1998 wird das IT-Service CMM als Open Source und koordiniert durch das CIBIT (ein Zusammenschluss mehrerer Universitäten und Unternehmen) weitergeführt. Im Januar 2005 wurde die Version 1.0 mit weiteren Reifegradstufen veröffentlicht. Informationen zur weiteren Entwicklung sind aktuell unter www.itservicecmm.org zu finden.

Da das SEI ein ähnliches Projekt ins Leben gerufen hat (CMMI-SVC), ist heute davon auszugehen, dass mit Veröffentlichung dieses Teils des CMMI nicht mehr beide Ansätze parallel weiterexistieren werden. Bereits heute arbeiten Mitglieder des CIBIT mit an der Entwicklung des CMMI-SVC.

5 Leistung und Qualität messen

Mit dem IT-Service CMM sollte ein Reifegradmodell speziell für IT-Service Provider geschaffen werden. Es dient den Service Providern dazu, ihre Fähigkeiten hinsichtlich der Serviceerbringung zu bewerten und daraus Aktivitäten für die weitere Verbesserung der Leistungsfähigkeit abzuleiten.

Auch das IT-Service CMM beschreibt fünf Reifegradstufen und kennt zusätzlich die drei Prozesskategorien:

- Management
- Enabling
- Delivery

Die in diesem Modell beschriebenen Reifegrade entsprechen denen des ursprünglichen CMM und damit auch denen des Process Maturity Framework (PMF) aus ITIL®. Sie gehen allerdings von anderen (zumindest in der Struktur), aber ähnlichen notwendigen Prozessen zur Serviceerbringung aus. Tabelle 5.1 zeigt den Zusammenhang zwischen Reifegraden, Prozesskategorien und Prozessen [Niessink/Clerc/Tijdink/van Vliet, 2005].

Tabelle 5.1 Reifegrade, Prozesskategorien und Prozesse

	Management	Enabling	Delivery
optimizing		Technology Change Management	
	Process Change Management		Problem Prevention
managed	Quantitative Process Management		Service Quality Management
	Financial Service Management		
defined	Integrated Service Management	Organization Service Definition	Service Delivery
		Organization Process Definition	
		Organization Process Focus	
		Training Program	
		Intergroup Coordination	
		Resource Management	
		Problem Management	
repeatable	Service Commitment Management	Configuration Management	
	Service Delivery Planning	Service Request and Incident Management	
	Service Tracking and Oversight	Service Quality Assurance	
	Subcontract Management		
initial	Ad Hoc Processes		

5.3.4 IT-CMF (IT Capability Maturity Framework)

Alle bisher genannten Modelle haben eines gemeinsam: Sie wurden aus der Perspektive der IT-Organisation erstellt und versuchen, Bottom-up einen Nachweis der Nützlichkeit der Prozesse zu erbringen. Das Innovation Value Institiute geht nun mit dem IT-CMF einen etwas anderen Weg, indem aus Business-Sicht definiert wurde, was eine Value-orientierte IT-Organisation leisten muss, um einen messbaren Beitrag zum Erfolg des Unternehmens liefern zu können.

Das Innovation Value Institute (ivi.nuim.ie) ist ein Zusammenschluss aus Wissenschaft und Wirtschaft. Gemeinsam mit der National University of Ireland haben sich verschiedene Unternehmen (u.a. Intel, Microsoft, Boston Consulting Group, BP, Merck und viele andere, auch die Maxpert AG) zum Ziel gesetzt eine übergreifendes Modell zu schaffen, das die Lücke zwischen IT und Business schließen und dem CIO so ein wertvolles Werkzeug an die Hand geben kann.

Das Modell besteht aus vier Makro-Prozessen (macro processes) und insgesamt 36 den Makro-Prozessen zugeordneten kritischen Prozessen (critical processes). Die Bewertung des Reifegrades erfolgt für jeden einzelnen dieser Prozesse auf der Basis von fünf generischen Reifegradstufen (Initial – Basic – Intermediate – Advanced – Optimising). Im Unterschied zu anderen Modellen werden diese generischen Stufen allerdings nicht einfach auf die Prozesse angewendet. Stattdessen werden für jeden Prozess spezifische Reifegradstufen abgeleitet und individuell zugeordnet (Tabelle 5.2).

Das IT Value Institute liefert darüber hinaus auch detaillierte Fragenkataloge für die Ermittlung der jeweiligen Reifegradstufe für jeden der beschriebenen Prozesse, sowie verschiedene Tools für die Unterstützung der Ermittlung, der Auswertung der Ergebnisse sowie für die Ableitung konkreter Maßnahmen.

Die vier Makro-Prozesse

Das IT-CMF gliedert sich in vier Makro-Prozesse, die den Rahmen für die 36 detaillierteren kritischen Prozesse bilden und beschreiben, welche Aktivitätsfelder eine Value-orientierte IT-Organisation betrachten muss. Die vier Makro-Prozesse sind:

- Manage IT like a business (Die IT wie ein Unternehmen managen)
- Manage the IT budget (Das IT-Budget managen)
- Manage the IT capability (Die Fähigkeiten der IT managen)
- Manage IT for business value (Den Wertbeitrag der IT sicherstellen)

Tabelle 5.2 auf der nächsten Seite zeigt beispielhaft die individuellen Ausprägungen der Reifegradstufen für die vier Makro-Prozesse. Für jeden der 36 kritischen Prozesse existiert ebenfalls eine individuelle Ausprägung der Reifegradstufen.

Tabelle 5.2 Reifegradstufen der Makro-Prozesse

	Manage IT like a Business	Manage the IT Budget	Manage the IT Capability	Manage IT for Business Value
Optimizing	Value centre	Budget amplification	Corporate core competency	Optimized value
Advanced	Investment centre	Expanded funding options	Strategic business partner	Options & Portfolio management
Intermediate	Service centre	Systemic cost reduction	Technology Expert	ROI and business case
Basic	Cost centre	Predictable performance	Technology supplier	Total cost of ownership
Initial	Ad hoc	Ad hoc	Ad hoc	Ad hoc

Die Tabelle bildet den aktuellen Stand des Modells ab. Das gesamte Modell befindet sich zum heutigen Zeitpunkt noch in Entwicklung, so dass auch in diesen Ausprägungen noch Änderungen erfolgen können und wahrscheinlich auch werden. Ein Blick auf die Webseite des Information Value Institute [ivi.nuim.ie] liefert den jeweils aktuellen Stand. Aktuell wird zum Beispiel über die Ausprägungen für den Prozess Manage the IT capability diskutiert. Die Abstufungen „Technology Supplier" und „Technology Expert" können so aus meiner Sicht nicht bestehen bleiben. Zum einen handelt es sich nicht um eine echte Abgrenzung, denn mein Technologielieferant ist hoffentlich ohnehin Experte auf seinem Gebiet. Zum anderen ist eine IT-Organisation auf der Reifegradstufe „Intermediate" in der Lage, über Technologie hinaus komplette Services zu liefern. Der aktuell diskutierte Vorschlag für die derzeitige Stufe „Technology Expert" ist also „IT Service Expert"

Die 36 kritischen Prozesse

Wie oben bereits beschrieben werden die vier Makro-Prozesse durch 36 zugeordnete kritische Prozesse weiter ausgeprägt. Tabelle 5.3 zeigt die Zuordnung der 36 kritischen Prozesse zu den vier Makro-Prozessen.

Wie auch die Reifegradstufen befindet sich die Gestaltung der kritischen Prozesse in der Entwicklung. Alle 36 Prozesse und deren individuelle Reifegradstufen sind zwar definiert und beschrieben, die vollständige Beschreibung inklusive der detaillierten Fragenkataloge zu den individuellen Reifegradstufen liegen derzeit aber erst für etwa ein Drittel der kritischen Prozesse vor.

Insgesamt bietet das IT-CMF eine hervorragende Möglichkeit, vorhandene Best Practices wie ITIL oder COBIT miteinander zu verbinden und vor allem die in vielen Unternehmen vorhandene Lücke zwischen Business und IT-Organisation zu schließen. Es wird spannend sein, die weitere Entwicklung dieses Modells zu beobachten.

Tabelle 5.3 Kritische Prozesse

Manage IT like a Business	Manage the IT Budget	Manage the IT Capability	Manage IT for Business Value
IT Leadership & Governance (ITG)	Funding & Financing (FF)	Enterprise Architecture Management (EAM)	Total Cost of Ownership (TCO)
Business Process Management (BPM)	Budget Management (BGM)	Technical Infrastructure Management (TIM)	Benefits Assessment & Realisation (BAR)
Business Planning (BP)	Portfolio Planning & Priorisation (PPP)	People Asset Management (PAM)	Portfolio Management (PM)
Strategic Planning (SP)	Budget Oversight & Performance Analysis (BOP)	Intellectual Capital Management (ICM)	Investment Analysis & Performance (IAP)
Demand & Supply Management (DSM)		Relationship Asset Management (RAM)	
Capacity Forecasting & Planning (CFP)		Research, Development & Engineering (RDE)	
Risk Management (RM)		Solutions Delivery (SD)	
Accounting & Allocation (AA)		Service Provisioning (SRP)	
Organisation Design & Planning (ODP)		User Management & Training (UMT)	
Sourcing (SRC)		User Experience Design (UED)	
Resource Management (REM)		Program & Project Management (PPM)	
Innovation Management (IM)		Supplier Management (SUM)	
Performance & Quality Management (PQM)		Value Chain Management (VCM)	
Service Analytics & Intelligence		Capability Assessment & Management (CAM)	

6 Normen und Richtlinien

Normen und Richtlinien spielen eine immer bedeutendere Rolle im IT-Service Management. Alle zu behandeln würde den Rahmen dieses Buches sprengen. Dennoch möchte ich dieses Thema anhand zweier weitverbreiteter Beispiele behandeln. Normen und Richtlinien können bei der Gestaltung des IT-Service Management eine wichtige Rolle spielen, da sie klare Kriterien für die Gestaltung der IT-Organisation und der benötigten Prozesse liefern können. Ähnlich wie Best Practice Frameworks, wie z. B. ITIL®, können aber auch Normen keine Ziele ersetzen. Ein Unternehmen, das sich nicht über die angestrebten Ziele im Klaren ist und in dem somit auch keine sinnvollen IT-Ziele abgeleitet werden können, wird mit der Nutzung einer Norm nicht erfolgreicher sein, sondern lediglich bürokratischer.

6.1 ISO/IEC 20000

6.1.1 Warum IT-Service-Prozesse auditieren und zertifizieren?

Die ISO/IEC 20000 wird sich aus meiner Sicht mittelfristig für alle IT–Service-Anbieter zu einer unverzichtbaren Zertifizierung entwickeln. Sie bietet im Gegensatz zu Frameworks wie ITIL® die Möglichkeit der Unternehmenszertifizierung und kann so als Nachweis für vorhandene Rahmenbedingungen in angemessener Qualität dienen. Schon heute gibt es keine Ausschreibung ohne die Anforderung „ITIL®-Konformität" oder ähnliche fragwürdige Formulierungen sowie die Frage nach zertifiziertem Personal. Abgesehen davon, dass es eine „Konformität" zu einer Sammlung von Praxiserfahrungen wie ITIL® kaum geben kann, ist ein entsprechender Nachweis naturgemäß nur schwer zu erbringen (eine häufig genutzte Möglichkeit sind Prozessreifemodelle wie CMMI in Verbindung mit entsprechend angepassten Fragenkatalogen). Eine ISO/IEC 20000-Zertifizierung kann hier zu einer nachvollziehbaren und vor allem einheitlichen Bewertung führen.

6.1.2 Grundlegendes zur ISO/IEC 20000

Die ISO/IEC 20000 (Information Technology Service Management) ist ein internationaler Standard, der zur Förderung eines integrierten und prozessorientierten Ansatzes für die Planung und Bereitstellung von IT-Services beitragen soll. Zu diesem Zweck werden im Rahmen der ISO/IEC 20000 Mindestanforderungen (minimum requirements) für ein effektives IT-Service Management definiert.

Die heutige ISO/IEC 20000 ist direkt aus der vom British Standards Institute entwickelten BS 15000 hervorgegangen. Die erste Version der BS 15000 stammt aus dem Jahr 2000 und wurde in den Jahren 2003 und 2004 überarbeitet. Sie bestand dann aus den folgenden Elementen:

- BS 15000-1: 2002 Specification for Service Management
- BS 15000-2: 2003 Code of Practice for Service Management
- PD 0015:2002 IT-Service Management Self-Assessment Workbook

Diese Version wurde im Jahr 2005 im Fast-Track-Verfahren zur [ISO/IEC 20000] entwickelt und besteht heute aus drei Teilen:

- Part 1 (ISO/IEC 20000-1:2005) enthält die Spezifikationen der Norm und beschreibt die MUSS (shall)-Anforderungen. Diese Vorgaben müssen zwingend erfüllt sein, um eine Zertifizierung gemäß ISO/IEC 20000 zu erlangen.
- Part 2 (ISO/IEC 20000-2:2005) enthält Empfehlungen zur Umsetzung der Anforderungen und beschreibt, was getan werden SOLLTE (should). Dieser Teil wird als „Code of Practice" bezeichnet, was so viel bedeutet wie „Praxisleitfaden" oder „Praxisanleitung". Dieser liefert also zusätzliche Leitlinien für Auditoren und Service Provider, um die Anforderungen aus Part 1 in der Praxis sinnvoll umzusetzen.
- Part 3 (ISO/IEC 20000-3:2009) ergänzt die Empfehlungen aus Part 2 und beinhaltet Anleitungen zur Definition des Scopes und für den Nachweis der Konformität. Ein be-

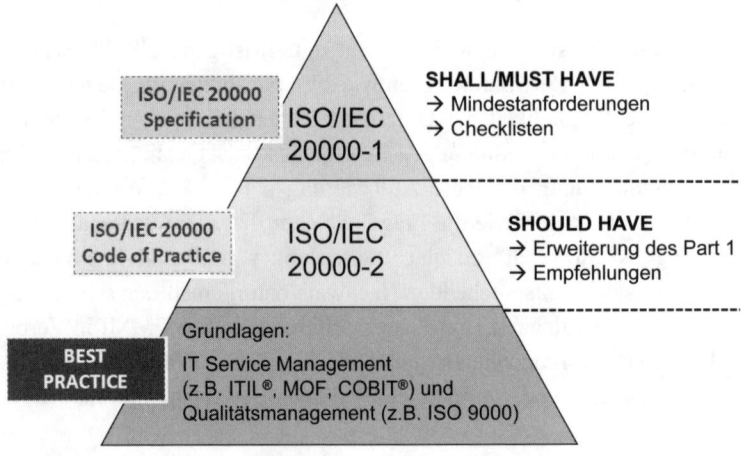

Abbildung 6.1 Kontext der ISO/IEC 20000

sonderer Fokus liegt auf der Implementierung eines Service-Management-Systems (SMS).
- Ausblick: Die Gremien der ISO entwickeln derzeit Part 4 (ISO/IEC CD TR 20000-4) der Norm, in dem ein Prozessreferenzmodell für Service-Management-Prozesse beschrieben werden soll. Das Veröffentlichungsdatum steht noch nicht fest.

Abbildung 6.1 zeigt den Kontext, in dem sich die [ISO/IEC 20000] bewegt und den Zusammenhang zwischen Part 1 und Part 2 sowie verschiedenen Good Practice Frameworks.

Qualitätsmanagement

ISO/IEC 20000 orientiert sich an den Grundlagen des Qualitätsmanagements, wie sie z. B. in der ISO/IEC 9000 beschrieben sind, bezieht sich dabei aber ausschließlich auf das IT-Service Management. Die grundlegenden Prinzipien des Qualitätsmanagement sind:

- Kundenorientierte Organisation
- Klare Führung
- Einbeziehung der Menschen
- Prozessorientierung
- Systematischer Management Ansatz
- Kontinuierliche Verbesserung
- Faktenbasierte Entscheidungsfindung
- Partnerschaftliche Lieferantenbeziehungen

Wichtige Basis für das Management der Qualität ist eine klare Definition des Begriffes „Qualität", denn in der Praxis wird sehr häufig einfach keine ausreichende Qualität geliefert, weil schlicht nicht klar ist, was das eigentlich bedeutet. Der „Blumenstrauß" der Meinungen reicht dabei bis hin zu „Qualität ist, wenn der Kunde begeistert ist". Es ist natürlich schön, wenn der Kunde begeistert ist, der Bezug zur Servicequalität ist jedoch naturgemäß nur schwer messbar. Tatsächlich ist meine Definition von Qualität viel einfacher und weniger blumig:

Qualität ist die Lieferung eines Service mit den vereinbarten Eigenschaften und in der vereinbarten Quantität.

Auch die [ISO/IEC 20000] definiert die Begriffe „Qualität" und „Qualitätsrichtlinie". Die Definitionen lauten wie folgt:

- *Servicequalität:* Die Fähigkeit eines Services, den vom Kunden beabsichtigten Nutzen (Value) zur Verfügung zu stellen
- *Qualitätsrichtlinie:* Die Qualitätsrichtlinie (Quality Policy) legt den Rahmen der allgemeinen Qualitätsziele einer Organisation fest.

6.1.3 Die Struktur der ISO/IEC 20000

Die [ISO/IEC 20000] ist in insgesamt zehn Abschnitte gegliedert. Die ersten fünf Abschnitte dienen der Festlegung grundsätzlicher Rahmenbedingungen und Vorgaben. Die Abschnitte 6 bis 9 beschreiben die IT-Service-Management-Prozesse. (Abbildung 6.2)

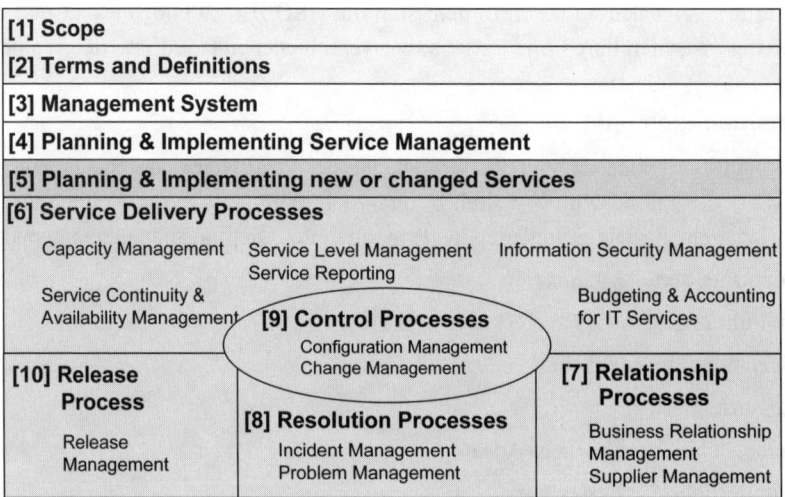

Abbildung 6.2 Struktur der ISO/IEC 20000 (nach [ISO/IEC 20000])

6.1.3.1 Scope der ISO/IEC 20000 (Abschnitt 1)

Die ISO/IEC 20000 definiert die Anforderungen an einen Service Provider und trägt so zu einer möglichst objektiven Vergleichbarkeit von Service Providern bei. So wird z. B. im Kontext von Ausschreibungen eine einheitliche Bewertungsgrundlage geschaffen.

Als Basis für eine einheitliche Terminologie im Service Management schafft die ISO/IEC 20000 beispielsweise eine der Voraussetzungen für eine durchgängige und konsistente Supply Chain. Weitere mögliche Einsatzgebiete:

- Benchmark für das IT-Service Management
- Nachweis der Fähigkeiten eines Service Providers gegenüber den Kunden
- Grundlage für die kontinuierliche Verbesserung

6.1.3.2 Begriffe und Definitionen (Abschnitt 2)

In diesem Abschnitt werden grundlegende Begriffe und Definitionen beschrieben, auf die im weiteren Verlauf referenziert wird. Im Einzelnen werden folgende Begriffe definiert:

- *Availability*: Fähigkeit einer Komponente oder eines Services, seine erforderliche Funktion zu einem bestimmten Zeitpunkt oder über ein bestimmtes Zeitintervall zu erfüllen
- *Baseline*: Eine Momentaufnahme des aktuellen Status von Services und/oder Configuration Items zu einem definierten Zeitpunkt

- *Change Record*: Details über die von einem autorisierten Change betroffenen CI und die Art, wie sie betroffen sind
- *Configuration Item (CI)*: Komponente der IT-Infrastruktur oder ein anderes Element, das vom Configuration-Management-Prozess erfasst und gepflegt wird.
- *Configuration Management Database (CMDB):* Datenbank zur Speicherung aller relevanten Informationen zu jedem CI und der Beziehungen zwischen CI
- *Document:* Informationen und ihr unterstützendes Medium
- *Incident:* Ereignis, das nicht zum standardmäßigen Betrieb eines Services gehört und tatsächlich oder potentiell eine Unterbrechung oder Verminderung der Servicequalität verursacht
- *Problem:* Unbekannte Ursache für einen oder mehrere Incidents
- *Record:* Dokument, welches erreichte Ergebnisse beschreibt oder einen Nachweis für erfolgte Aktivitäten darstellt
- *Release:* Sammlung neuer oder geänderter CI, die gemeinsam getestet und nach Freigabe in die Produktionsumgebung ausgerollt werden
- *Request for Change (RfC):* Formular zur Erfassung aller relevanter Details für eine gewünschte Änderung an einem CI
- *Service Desk:* Schnittstellenfunktion für die Kommunikation zwischen Provider und Anwender, die einen Großteil des anfallenden Supports (First Level Support) übernimmt
- *Service Level Agreement (SLA):* Schriftliche Vereinbarung zwischen einem Service Provider und einem Kunden, die Services und vereinbarte Service Level dokumentiert
- *Service Management:* Management der Services in einer Weise, dass geschäftliche Anforderungen unterstützt und erfüllt werden
- *Service Provider:* Anbieter von IT-Services (Zielobjekt der ISO/IEC 20000)

6.1.3.3 Anforderungen an ein Management System (Abschnitt 3)

Ein Management System beschreibt die Gesamtheit aller Prozesse, Tools und Ressourcen, die koordiniert eingesetzt werden, um die vereinbarten Ziele zu erreichen. Anfallende Management-Aufgaben sollen qualitätsorientiert geplant, ausgeführt, dokumentiert und kontinuierlich verbessert werden. Ein funktionierendes Management System ermöglicht die effektive und effiziente Bereitstellung der IT-Services. Die wichtigsten Verantwortlichkeiten des Managements werden in der ISO/IEC 20000-Spezifikation (Part 1) wie folgt beschrieben:

- Das Engagement zur Entwicklung, Umsetzung und Verbesserung der Service-Management-Fähigkeiten durch entsprechendes Führungsverhalten und konkrete Maßnahmen ist nachgewiesen.
- Richtlinien, Ziele und Pläne sind etabliert.
- Die Wichtigkeit des Erreichens der Ziele und die Notwendigkeit kontinuierlicher Verbesserung ist kommuniziert.
- Die Bestimmung und Erfüllung von Kundenanforderungen ist sichergestellt.

- Ein Mitglied des Managements ist verantwortlich für die Koordination und das Management aller Services.
- Die Ressourcen (z. B. Personal) für das Service Management sind bestimmt und bereitgestellt.
- Das Management der Risiken für die Organisation und die Services ist sichergestellt: Reviews des Service Managements werden in geplanten Intervallen durchgeführt.

Diese Anforderungen an das Management werden ergänzt durch weitere Verantwortlichkeiten aus dem Code of Practice (Part 2):

- Die Einführung von Service-Management-Prozessen wird verbindlich gefordert und unterstützt.
- Ein Mitglied des Management ist als Management-Beauftragter (Senior Responsible Owner) verantwortlich für das IT-Service Management im Unternehmen.
- Es existiert ein Entscheidungsgremium mit ausreichender Autorität des Management-Beauftragten, um Richtlinien zu erstellen und Entscheidungen zu treffen.
- Neben diesen Management-Verantwortlichkeiten werden in Abschnitt 3 der Norm weitere Anforderungen definiert. Diese Anforderungen beziehen sich auf die Dokumentation, die mindestens die Richtlinien für das Service Management, die Service Level Agreements, die Prozessdokumentationen und die von der ISO/IEC 20000 geforderten Records (Nachweisdokumente) umfasst.
- Zu den definierten Anforderungen gehört auch das Management von Kompetenzen, Bewusstsein und Trainingsmaßnahmen. Das umfasst die Definition von Rollen und Verantwortlichkeiten und der entsprechenden Kompetenzen, sowie die Förderung des Bewusstseins der Mitarbeiter bezüglich ihres Beitrags zum Erreichen der Service-Management-Ziele.

6.1.3.4 Planen & Implementieren des Service Management (Abschnitt 4)

Orientiert am Deming Cycle (Plan-Do-Check-Act) befasst sich dieser Abschnitt mit der Planung und Realisierung der notwendigen Maßnahmen für das Service Management.

Planung des Service Management (Plan)

Die genaue und nachvollziehbare Planung der Service-Management-Aktivitäten ist eine wichtige Voraussetzung für den Erfolg des Service Providers. Die ISO/IEC 20000 schreibt dazu die Erstellung von Plänen zur Umsetzung des Service Management vor, die in der Gesamtheit auch als Service Management Plan bezeichnet werden. Ebenso müssen klare Verantwortlichkeiten für die Freigabe, Kommunikation und Pflege der Pläne sowie deren Durchführung festgelegt und dokumentiert werden. Alle prozessspezifischen Pläne müssen mit dem Service Management Plan kompatibel sein. Der Service Management Plan legt mindestens die folgenden Aspekte fest:

- Scope (Umfang) des Service Management
- Ziele und Anforderungen

- Auszuführende Prozesse
- Rahmenwerk der Rollen und Verantwortlichkeiten
- Schnittstellen zwischen den Service-Management-Prozessen
- Ansatz für das Risikomanagement
- Ansatz für Schnittstellen zu Entwicklungsprojekten
- Ressourcen, Einrichtungen, Budget
- Werkzeuge zur Prozessunterstützung
- Ansatz zum Management einschließlich Überprüfung und Verbesserung der Servicequalität

Realisierung (Do)

Dieser Abschnitt befasst sich mit der Realisierung von Maßnahmen zur Erreichung der IT-Service-Management-Ziele und zur Umsetzung des Service Management Plan. Wichtige in der Norm beschriebene Maßnahmen sind u. a. die Folgenden:

- Freigabe und Zuweisung der benötigten Finanzmittel
- Konkrete Zuweisung von Rollen und Verantwortlichkeiten
- Dokumentation und Pflege der Richtlinien, Pläne, Prozeduren und Definitionen
- Risikomanagement
- Reporting
- Koordination der Service-Management-Prozesse

Messen der Wirksamkeit (Check)

Um erkennen zu können, ob die implementierten Maßnahmen wirksam sind, ist es notwendig, diese Wirksamkeit regelmäßig zu überprüfen. Dieser Abschnitt befasst sich also mit der Beobachtung, Messung und Überprüfung der Zielerreichung. Das Management ist verpflichtet, in regelmäßigen Reviews zu prüfen, ob das Service Management konform mit der Norm durchgeführt wird und ob die Maßnahmen effektiv umgesetzt werden. Die Art der Überprüfung kann je nach Anforderung variieren. Abbildung 6.3 zeigt die verschie-

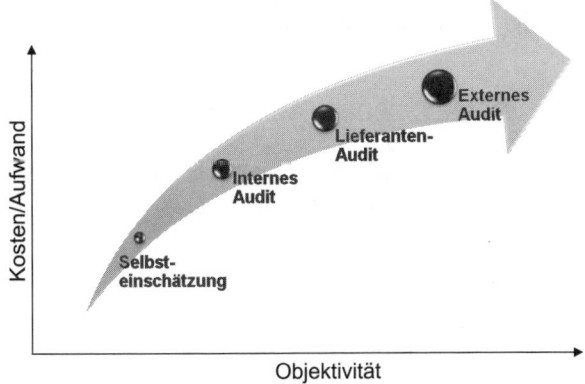

Abbildung 6.3
Assessments und Audits im Vergleich

nen Arten der Überprüfung und den Zusammenhang zwischen der Objektivität auf der einen und Kosten und Aufwand auf der anderen Seite.

Serviceverbesserung (Act)

Basierend auf den Ergebnissen aus den Überprüfungen geht es in diesem Abschnitt um die Verbesserung von Effektivität und Effizienz der Serviceerbringung. Die Norm fordert hier konkret die Existenz einer Richtlinie für die kontinuierliche Serviceverbesserung. Die Verbesserung der Services umfasst die Bewertung, Dokumentation, Priorisierung und Freigabe der vorgeschlagenen Verbesserungen. Alle Aktivitäten zur Verbesserung müssen durch einen Prozess kontinuierlich gesteuert werden. Die Aktivitäten in diesem Abschnitt umfassen u. a.:

- Identifizierung, Planung und Umsetzung von Verbesserungen
- Setzen von Zielen hinsichtlich Qualität, Kosten und Ressourcenbedarf
- Messen, Berichten und Kommunizieren der Serviceverbesserungen
- Sicherstellen, dass alle genehmigten Aktionen durchgeführt werden und definierte Ziele erreicht werden

6.1.3.5 Planen & Implementieren neuer/veränderter Services (Abschnitt 5)

Dieser Abschnitt befasst sich mit der Bereitstellung neuer oder geänderter Services zu vereinbarten Kosten und in der vereinbarten Qualität. Zu diesem Zweck werden in der Norm Mindestanforderungen definiert:

- Vorschläge für neue oder geänderte Services müssen wirtschaftliche und organisatorische Auswirkungen berücksichtigen.
- Implementierung, Änderung oder Außerbetriebnahme von Services muss durch das Change Management geplant, autorisiert und freigegeben werden.
- Die Planung neuer oder geänderter Services muss die Finanzierung und Ressourcenbereitstellung berücksichtigen.
- Neue oder geänderte Services müssen vor der Inbetriebnahme in der Live-Umgebung vom Service Provider akzeptiert werden.
- Ein Post Implementation Review erfolgt durch den Change-Management-Prozess.

6.1.4 Die ITSM Prozesse in der ISO/IEC 20000 (Abschnitt 6-10)

In den Abschnitten 6 bis 10 werden die gemäß ISO/IEC 20000 notwendigen ITSM-Prozesse beschrieben. Sie gliedern sich in fünf Prozessbereiche (Abbildung 6.4).

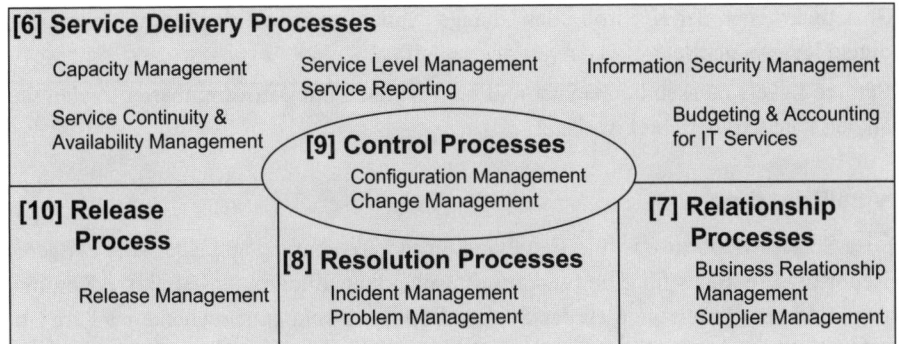

Abbildung 6.4 ITSM-Prozesse nach ISO/IEC 20000

6.1.4.1 Service-Delivery-Prozesse (Abschnitt 6)

Dieser Abschnitt entspricht in weiten Teilen den Service-Delivery-Prozessen aus ITIL® 2 und beschreibt die langfristige Planung von Services. Der Abschnitt beschreibt die folgenden Prozesse:

- Service Level Management
- Budgeting & Accounting for IT-Services
- Service Reporting
- Capacity Management
- Service Continuity & Availability Management
- Information Security Management

Service Level Management

Ziel des Service Level Management ist die Definition, Vereinbarung und das Management der Servicevereinbarungen (Service Level Agreements). Ein Service Level Agreement wird in der ISO/IEC 2000 ähnlich wie in der ITIL® definiert. Die Definition lautet hier:

Schriftliche Vereinbarung zwischen einem Service Provider und einem Kunden, die Services und vereinbarte Service Level dokumentiert. [ISO/IEC 20000]

Ein Service Level wird als das Qualitätsniveau eines Services definiert. Als Mindestanforderungen für das Service Level Management sind in Part 1 die folgenden Punkte definiert:

- Alle zu erbringenden Services sind bezüglich Qualität und Quantität zu vereinbaren und zu dokumentieren.
- Alle erbrachten Services sind einem oder mehreren SLA dokumentiert.
- Zur Dokumentation der Servicevereinbarungen gehören SLA und unterstützende Servicevereinbarungen (Operational Level Agreements, OLA) sowie bei Bedarf Verträge mit externen Lieferanten (Supplier Contracts).

- SLA unterliegen der Kontrolle des Change Management und werden mittels regelmäßiger Reviews gepflegt.
- Service Levels müssen beobachtet und im Vergleich mit den vereinbarten Zielen (auch an den Kunden) berichtet werden.

Service Reporting

Ziel des Service Reporting ist die Erstellung eines vereinbarungsgemäßen und zeitgerechten Reportings als Basis für eine fundierte Entscheidungsfindung und effektive Kommunikation. Mindestanforderungen an das Service Reporting sind entsprechend des Part 1 u. a. die folgenden:

- Klare Beschreibung jedes Servicereports.
    - Identifikation
    - Zweck
    - Adressaten
    - Datenquellen
- Management-Entscheidungen und korrigierende Aktionen berücksichtigen die Ergebnisse der Servicereports.
- Servicereports werden anhand identifizierter Notwendigkeiten und Kundenanforderungen erstellt.
- Ein Service Reporting beinhaltet mindestens:
    - Performance im Vergleich mit den Service-Level-Zielen
    - Streitpunkte und „non Compliance", z. B. Nichteinhaltung von SLAs
    - Reports nach signifikanten Ereignissen, z. B. schwerwiegenden Incidents

Service Continuity & Availability Management

Ziel ist es sicherzustellen, dass die dem Kunden gegenüber zugesagten und vereinbarten Verpflichtungen bezüglich der Serviceverfügbarkeit und deren Kontinuität in Ausnahmefällen (z. B. Überschwemmung) eingehalten werden können. Die in Part 1 definierten Mindestanforderungen sind die Folgenden:

- Die Anforderungen an Verfügbarkeit und Servicekontinuität sind auf Basis von Kunden-Prioritäten, SLA und Risikobewertungen erhoben.
- Availability- und Service Continuity Plan werden mindestens jährlich entwickelt und überprüft.
- Pläne werden bei bedeutenden Veränderungen im Kundenumfeld neu getestet.
- Change Management bewertet die Auswirkung aller Changes auf den Availability- und Service Continuity Plan
- Die tatsächliche Verfügbarkeit wird gemessen und aufgezeichnet, ungeplante Nichtverfügbarkeit wird untersucht.
- Service Continuity Plan, Kontaktlisten und die CMDB sind auch verfügbar, wenn kein Zugriff auf die reguläre Infrastruktur möglich ist.

- Service Continuity Plan beinhaltet die Rückkehr zum Normalbetrieb.
- Service Continuity Plan wird den Geschäftsanforderungen entsprechend getestet.
- Alle Kontinuitätstests werden aufgezeichnet und erfolglose Testläufe münden in entsprechenden Aktionspläne.

Budgeting und Accounting für IT-Services

Ziel dieses Prozesses ist die Ermittlung der exakten Kosten für die Erbringung der Services. Wichtige in Part 1 definierte Mindestanforderungen an diesen Prozess sind:

- Es existieren klare Richtlinien und Prozesse für:
    - Budgeting und Accounting für alle Servicekomponenten
    - Zuordnung direkter und indirekter Kosten zu den Services
    - Effektive finanzielle Kontrollen und Autorisierung
- Die Kosten der Serviceerbringung werden ausreichend detailliert budgetiert und im Vergleich zum Budget überwacht.
- Bei Serviceänderungen werden die Kosten vor Genehmigung durch das Change Management berechnet.

Capacity Management

Ziel dieses Prozesses ist es sicherzustellen, dass der Service Provider stets über ausreichend Kapazitäten verfügt, um aktuell vereinbarte und künftig geplante Kundenanforderungen zuverlässig zu erfüllen. Wichtige in Part 1 definierte Mindestanforderungen an diesen Prozess sind:

- Erstellung und Pflege eines Kapazitätsplans
- Identifizierung von Methoden, Prozeduren und Verfahren:
    - Überwachung der Servicekapazität
    - Optimierung der Service Performance
    - Bereitstellung ausreichenden Kapazitäten
- Capacity Management befasst sich mit dem Bedarf der Kunden und berücksichtigt:
    - Gegenwärtige und vorhergesagte Kapazitäts- und Performance-Anforderungen
    - Identifizierte Zeiträume, Schwellwerte und Kosten für Serviceänderungen
    - Bewertung neuer Technologien und Verfahren

Information Security Management

Ziel des Information Security Management ist ein effektives Management der Informationssicherheit bezogen auf alle Aktivitäten des IT-Service Management. Mehr Details und Definitionen zur Informationssicherheit sind in der Normenfamilie ISO/IEC 27000 dokumentiert. Wichtige in Part 1 definierte Mindestanforderungen an diesen Prozess sind:

- Durch das Management genehmigte Richtlinien zur Informationssicherheit sind an alle relevanten Mitarbeitern und Kunden kommuniziert.

- Geeignete Security Controls sind in Kraft und tragen dazu bei,
  - die Anforderungen aus den Richtlinien umzusetzen,
  - mit Zugriff auf Services oder Systeme verbundene Risiken zu managen.
- Die Security Controls sind inklusive einer Beschreibung der zugeordneten Risiken dokumentiert.

6.1.4.2 Relationship-Prozesse (Abschnitt 7)

Diese Prozessgruppe beinhaltet die beiden Prozesse:

- Business Relationship Management
- Supplier Management

Hier werden alle Aspekte der Beziehungen eines Service Providers zu Lieferanten und Kunden beschrieben. Sie stellen sicher, dass alle beteiligten Parteien die jeweiligen Bedürfnisse, Fähigkeiten und Grenzen sowie die Verantwortlichkeiten und Pflichten verstehen. Abbildung 6.5 zeigt den Zusammenhang der Relationship-Prozesse.

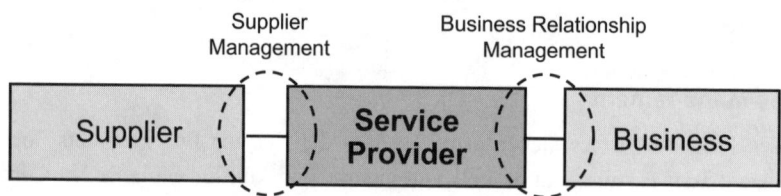

Abbildung 6.5 Relationship-Prozesse

Business Relationship Management

Ziel des Business Relationship Management ist die Etablierung und Pflege einer guten Beziehung zwischen Service Provider und Kunden. Wichtig ist es hierbei, die Bedürfnisse des jeweiligen Kunden und dessen „Business Drivers" zu kennen und zu verstehen. Wichtige in Part 1 definierte Mindestanforderungen an diesen Prozess sind:

- Kunden und Stakeholder sind durch den Service Provider identifiziert und dokumentiert.
- Service Review Meetings finden regelmäßig (mindestens jährlich) statt
- Aus den Reviews resultierende Änderungen an SLA und Verträgen unterliegen dem Change Management.
- Der Service Provider erkennt Änderungen in den Geschäftsanforderungen und bereitet sich darauf vor.
- Ein Beschwerdeprozess ist etabliert.
- Verantwortliche für das Management der Kundenzufriedenheit sind bestimmt.
- Ein Prozess zur Bestimmung der Kundenzufriedenheit ist etabliert.

Supplier Management

Ziel des Supplier Management ist das Management funktionierender Lieferantenbeziehungen, um die Erbringung nahtloser und qualitativ hochwertiger Services sicherzustellen. Wichtige in Part 1 definierte Mindestanforderungen an diesen Prozess sind:

- Es existiert ein dokumentierter Prozess für das Lieferantenmanagement.
- Es gibt einen verantwortlicher Contract Manager pro Lieferant.
- Es erfolgt ein Abgleich der SLA zum Kunden mit den Lieferantenvereinbarungen.
- Es existieren Vereinbarungen und Dokumentationen genutzter Prozessschnittstellen.
- Major Review des Vertrags erfolgen regelmäßig:
  - Mindestens jährlich
  - Werden Bedürfnisse des Business noch erfüllt?
  - Werden Vereinbarungen noch erfüllt?
- Änderungen an SLA und ggf. an den Verträgen folgen diesen Meetings und unterliegen dem Change Management.
- Es existieren etablierte Prozesse für:
  - Behandlung von Vertragsstreitigkeiten
  - Umgang mit erwartetem oder vorzeitigem Ende der Zusammenarbeit
  - Übergang von Services auf andere Lieferanten

6.1.4.3 Resolution-Prozesse (Abschnitt 8)

In dieser Prozessgruppe wird der Umgang mit Serviceunterbrechungen und die Vermeidung von Störungen betrachtet. Die hier beschriebenen Prozesse sind:

- Incident Management
- Problem Management

Incident Management

Ziel des Incident Management ist die schnellstmögliche Wiederherstellung der Services, um negative Auswirkungen auf die Geschäftsprozesse zu vermeiden. Wichtige in Part 1 definierte Mindestanforderungen an diesen Prozess sind:

- Alle Incidents werden erfasst und dokumentiert.
- Es sind Prozeduren zur Erfassung, Auswirkungsanalyse, Priorisierung, Klassifizierung, Eskalation, Lösung und Abschluss von Incidents definiert.
- Kunden werden über den Fortschritt des Prozesses informiert, soweit SLA verletzt sind.
- Die Mitarbeiter im Prozess haben Zugang zu allen relevanten Informationen und Systemen.
- Es ist ein Prozess zum Umgang mit schwerwiegenden Fehlern (Major Incidents) definiert.

Problem Management

Ziel des Problem Management ist die Vermeidung von Störungen durch proaktive und reaktive Analyse möglicher Ursachen von (potentiellen) Incidents. Wichtige in Part 1 definierte Mindestanforderungen an diesen Prozess sind:

- Alle identifizierten Probleme werden dokumentiert.
- Es werden präventive Maßnahmen zur Vermeidung potentieller Incidents durchgeführt.
- Erforderliche Changes zur Problembeseitigung unterliegen dem Change Management.
- Die Lösung von Problemen wird überwacht und hinsichtlich ihrer Effektivität bewertet und dokumentiert.
- Informationen zu bekannten Fehlern und gelösten Problemen werden dem Incident-Management-Prozess bereitgestellt.
- Maßnahmen zur Prozessverbesserung werden dokumentiert und umgesetzt.

6.1.4.4 Control-Prozesse (Abschnitt 9)

Ziel dieser Prozessgruppe ist das Sammeln von Informationen über den Ist-Zustand der IT-Infrastruktur und ein effektives Management von Änderungen. Diese Prozessgruppe beinhaltet die Prozesse:

- Configuration Management
- Change Management

Configuration Management

Das Ziel des Configuration Management ist die Dokumentation und Prüfung von Service- und Infrastrukturkomponenten sowie die Pflege relevanter Konfigurationsinformationen. Wichtige in Part 1 definierte Mindestanforderungen an diesen Prozess sind:

- Planungen von Change- und Configuration Management sind aufeinander abgestimmt
- Es existiert eine definierte Schnittstelle zwischen Configuration Management und dem vorhandenen Asset Management.
- In einer Configuration Management Policy ist u. a. festgelegt, welche Komponenten als Configuration Item erfasst werden.
- Es ist festgelegt, welche Informationen (Attribute) für die in der CMDB erfassten Configuration Items gespeichert werden (einschließlich der Beziehungen).
- Es existieren Mechanismen und Prozeduren für die Identifikation, Erfassung, Pflege und Statusüberwachung von Configuration Items.
- Es existiert eine definierte Schnittstelle zum Change Management.
- Vor jedem Release wird eine Baseline aller betroffenen Configuration Items erfasst und dokumentiert.
- Es finden regelmäßige Audits des Prozesses und der CMDB statt.

Change Management

Ziel des Change Management ist es sicherzustellen, dass alle Veränderungen an der Infrastruktur und den Services standardisiert bewertet, freigegeben und implementiert werden. Die an die ITIL® 2 angelehnte Abbildung 6.6 zeigt eine einfache, schematische Darstellung eines Change-Management-Prozesses.

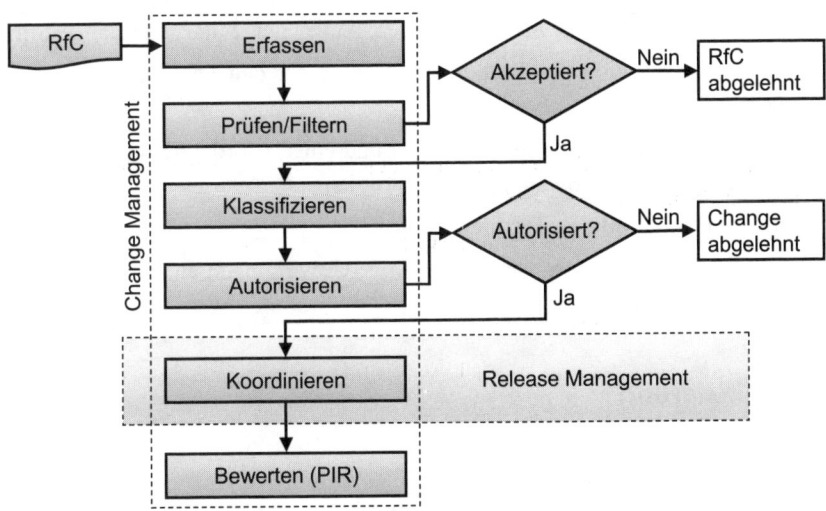

Abbildung 6.6 Einfacher Change-Prozess (angelehnt an [Service Support, 2000])

Während der dargestellten Aktivität „Koordinieren" werden die Aktivitäten bei der Implementierung des genehmigten Change überwacht. Die eigentliche Durchführung erfolgt in der Verantwortung des Release–Management-Prozesses (Abschnitt 4.1.4.5). Wichtige in Part 1 definierte Mindestanforderungen an diesen Prozess sind:

- Der Umfang aller Changes wird eindeutig definiert.
- Alle Requests for Change (RfC) werden erfasst, klassifiziert und hinsichtlich Risiko, Auswirkungen und Nutzen bewertet.
- Es existiert für alle genehmigten Changes eine Fallback-Möglichkeit.
- Es sind spezielle Verfahren zur Genehmigung und Implementierung von Notfall-Changes definiert.
- Geplante Changes werden inklusive Termin in einem Foreward Schedule of Changes (FSC) dokumentiert und kommuniziert.
- Es erfolgt für alle implementierten Changes eine abschließende Bewertung (Post Implementation Review, PIR).

6.1.4.5 Release-Prozess/Release Management (Abschnitt 10)

Der einzige Prozess dieser Prozessgruppe ist der Release–Management-Prozess. Ziel dieses Prozesses ist die Planung und Durchführung der Verteilung eines oder mehrerer Changes in die Produktivumgebung in Form eines Releases. Wichtige in Part 1 definierte Mindestanforderungen an diesen Prozess sind:

- Es existiert eine Release Policy inklusive Informationen zur Häufigkeit von Releases (die Release Policy ist ein Dokument zur Festlegung allgemeingültiger Richtlinien für das Release Maangement).
- Releases werden in Übereinstimmung mit den Geschäftszielen geplant, entsprechende Pläne werden mit allen Stakeholdern (Kunden, Anwender, Mitarbeiter) abgestimmt.
- Der Release-Prozess sieht Fallback-Möglichkeiten für den Fall fehlgeschlagener Releases vor.
- Es existiert eine Release-Plan mit Terminen und einer Zuordnung der Releases zu den implementierten RfCs, Known Errors oder Problems.
- Es existiert eine kontrollierte Testumgebung.
- Alle durchgeführten Releases werden auf ihre Auswirkungen auf den Betrieb (Erfolg, Fehler) hin untersucht.

6.1.5 Zertifizierung

Unternehmenszertifizierung

Die Zertifizierung von Unternehmen erfolgt durch ein autorisiertes Unternehmen, dem Registered Certification Body (RCB). Eine aktuelle Übersicht ist veröffentlicht unter *http://www.isoiec20000certification.com*.

Zunächst wird gemeinsam mit dem RCB der Scope für die Zertifizierung definiert. Der Scope kann den Anwendungsbereich eingrenzen und so z. B. die Zertifizierung auf geografische Regionen oder einzelne Standorte begrenzen. Auch die Begrenzung auf bestimmte Services ist möglich. Anschließend wird ein initiales Assessment durchgeführt, um festzustellen, ob die Anforderungen der Norm erfüllt werden. Für dieses initiale Assessment stehen verschiedene Möglichkeiten offen: So kann das zu zertifizierende Unternehmen ein internes Self Assessment durchführen oder aber auf ein externes Voraudit gemeinsam mit dem RCB zurückgreifen.

Das folgende, vom RCB durchgeführte Zertifizierungsaudit setzt sich in der Regel aus einer Unterlagenprüfung, einem Audit vor Ort und der Berichtserstellung zusammen. Während des Zertifizierungsaudit muss neben dem Nachweis geprüfter Verfahren bzw. Prozessbeschreibungen auch deren korrekte Anwendung nachgewiesen werden. Dazu wird z. B. die Kenntnis der Verfahren bei den Mitarbeitern oder die korrekte Interpretation und Nutzung der Prozessergebnisse überprüft. Ist die Zertifizierung erlangt, so ist diese drei Jahre gültig. In der Regel sollte jedes Jahr ein Überwachungsaudit und alle drei Jahre ein vollständiges Wiederholungsaudit stattfinden.

Personenzertifizierung

Seit dem Jahr 2008 gibt es eine vom TÜV Süddeutschland und der Exin weltweit ins Leben gerufene personenbezogene Zertifizierung im IT-Service Management basierend auf der ISO/IEC 20000. Eine zweitägige Foundation bildet die Grundlage der Ausbildung, die letztlich zwei optionale Zielsetzungen verfolgt: Je nach Bedarf wird der Fokus auf das Management oder auf die Auditierung gelegt. Abbildung 6.7 zeigt einen Überblick der verfügbaren Ausbildungswege.

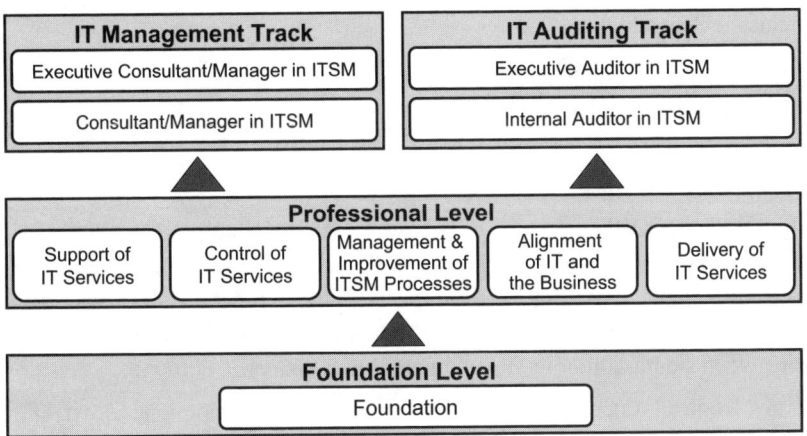

Abbildung 6.7 TÜV Süd-/Exin-Zertifizierungsschema (Quelle: www.tuev-sued.de)

6.1.6 ISO 20000 und ITIL®

Der große Grad an Übereinstimmungen in den Prozessen der ITIL® und der ISO/IEC 20000 ist nicht zu übersehen. Das liegt nicht zuletzt daran, dass einige der Autoren an beiden Projekten beteiligt waren. Die Gestaltung der ITSM-Prozesse mit Hilfe der ITIL® bildet daher eine hervorragende Basis für die Vorbereitung auf eine Unternehmenszertifizierung nach ISO/IEC 20000.

6.2 COBIT

6.2.1 Grundlegendes zu COBIT

COBIT befasst sich als Framework mit dem Thema IT-Governance, also der Ausrichtung der IT an den Zielen des Unternehmens. Die Definition für IT-Governance der ISACA lautet:

IT-Governance ist die Verantwortung von Führungskräften und Aufsichtsräten und besteht aus Führung, Organisationsstrukturen und Prozessen, die sicherstellen, dass die Unternehmens-IT dazu beiträgt, die Organisationsstrategie und -ziele zu erreichen und zu erweitern. [COBIT 4.1]

COBIT steht für Control Objectives for Information and Related Technology. Es wurde ursprünglich von der Information Systems Audit and Control Foundation (ISACF) entwickelt, dem Research Institute der Information Systems Audit and Control Foundation (ISACA). 2003 wurde die ISACF in das IT Governance Institute (ITGI) umbenannt.

Die Entwicklung von COBIT begann im Jahr 1994 und resultierte 1996 in der Veröffentlichung der ersten Version im Jahr 1996. Im Jahr 2008 ist COBIT 4.1 die aktuell gültige Version. Der Fokus liegt vor allem auf der Steuerung und weniger auf der Implementierung von Prozessen. COBIT gliedert IT-Governance in die fünf Bestandteile:

- Strategische Ausrichtung
- Schaffen von Werten und Nutzen
- Ressourcenmanagement
- Risikomanagement
- Messen von Performance

Die Zielgruppe von COBIT ist vornehmlich die Geschäftsleitung, die daran interessiert ist, klar erkennbar Wertbeiträge aus den IT-Investitionen zu erhalten und Risiken einschätzen zu können. Eine weitere wichtige Zielgruppe sind die Verantwortlichen wichtiger Unternehmensprozesse und das IT-Management. Auch die interne Revision ist eine wichtige Zielgruppe, denn sie muss fundierte Aussagen treffen können.

Ein internes Kontrollsystem oder Framework wie COBIT ermöglicht es der IT, die Geschäftsanforderungen zu erfüllen und dieses auch nachzuweisen. Die Beiträge von COBIT sind laut IT Governance Institute:

- Verbindung zu den Geschäftsanforderungen
- Einbindung IT-bezogener Aktivitäten in ein allgemein akzeptiertes Prozessmodell
- Identifikation der wesentlichen, zu steuernden IT-Ressourcen
- Definition der zu berücksichtigenden Control Objectives (Steuerungsvorgaben)

6.2.2 Die COBIT-Struktur

Das COBIT Framework basiert auf vier Grundprinzipien, anhand derer eine Gliederung vorgenommen wird. Die Grundprinzipien sind:

- Business-focused: Fokussiert auf die Geschäftsprozesse
- Process-oriented: Orientiert an Prozessen
- Controls-based: Basierend auf Kontrollen
- Measurement-driven: Getrieben durch Messung

6.2.2.1 Fokussiert auf die Geschäftsprozesse

Ein zentraler Bestandteil von COBIT ist die Unternehmensorientierung. Aus diesem Grunde ist das Management des Unternehmens eine der wichtigsten Zielgruppen dieses Frameworks. Das Erreichen der Geschäftsziele kann nur dann optimal durch die IT unterstützt werden, wenn die in den Geschäftsprozessen verarbeiteten Informationen bestimmte Kriterien erfüllen. Diese Kriterien werden als Informationskriterien bezeichnet. Gegliedert in drei grundlegende Kategorien werden sieben verschiedene Informationskriterien definiert:

- Kategorie Qualität:
  - Effektivität
  - Effizienz
- Kategorie Sicherheit:
  - Vertraulichkeit
  - Integrität
  - Verfügbarkeit
- Kategorie Ordnungsmäßigkeit:
  - Zuverlässigkeit
  - Compliance (Einhaltung rechtlicher Erfordernisse)

Um den Anforderungen des Unternehmens an die IT gerecht werden zu können, muss die IT-Organisation in entsprechende Ressourcen investieren. Diese Ressourcen können unterschiedlicher Art sein, abhängig davon, welche Ziele mit deren Einsatz erreicht werden sollen. COBIT unterscheidet vier Typen von IT-Ressourcen:

- *Anwendungen:* Alle manuellen und programmierten Abläufe zur Verarbeitung von Informationen
- *Informationen:* Alle Daten im weitesten Sinne
- *Infrastruktur:* Die IT-Umgebung, bestehend aus Hardware, Betriebssystemen, Datenbanken, Netzwerken usw.
- *Personen:* Alle Personen, die Leistungen für die IT erbringen

Die Ziele des Unternehmens sind Grundlage für die Ziele der IT und die entsprechende Gestaltung der IT-Prozesse. Nur wenn sich die IT-Ziele direkt an den Unternehmenszielen orientieren, ist die IT-Organisation in der Lage, ihren Wertbeitrag zum Unternehmenserfolg darzustellen. Die IT-Ressourcen werden durch die an den IT-Zielen orientierten IT-Prozesse gesteuert und deren Beschaffung und Betrieb durch Mittel aus den entsprechenden

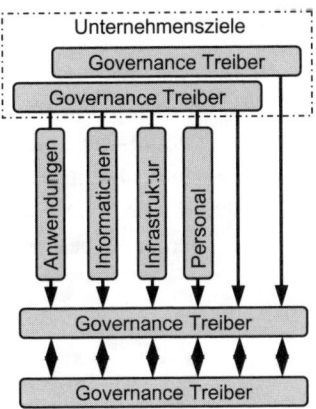

Abbildung 6.8
Ziele, Prozesse und Ressourcen
(Quelle: COBIT 4.1)

den Unternehmensergebnissen ermöglicht. Abbildung 6.8 zeigt den Zusammenhang zwischen Unternehmenszielen, IT-Zielen, Prozessen und Ressourcen.

6.2.2.2 Orientiert an Prozessen

Wie bereits im vorangegangenen Abschnitt angedeutet werden die in der IT notwendigen Aktivitäten in Prozessen gegliedert. Die insgesamt 34 behandelten IT-Prozesse werden in COBIT in vier Domänen eingeordnet:

- Plan and Organise (PO)
- Acquire and Implement (AI)
- Deliver and Support (DS)
- Monitor and Evaluate (ME)

Plan and Organise (PO) (Planen und organisieren)

In dieser Domäne werden die Themen Strategie und Taktik beschrieben. Es wird die Frage behandelt, wie die IT am besten zu den Zielen des Unternehmens beitragen kann und wie die vorhandenen Ressourcen optimal genutzt werden können. In dieser Domäne werden die Aktivitäten und Steuerungsvorgaben (Control Objectives) der folgenden zehn Prozesse beschrieben (Quelle: COBIT 4.1):

- PO1 Define a strategic IT plan
- PO2 Define the information architecture
- PO3 Determine technological direction
- PO4 Define the IT processes, organisation and relationships
- PO5 Manage the IT investment
- PO6 Communicate management aims and direction
- PO7 Manage IT human resources
- PO8 Manage quality
- PO9 Assess and manage IT risks
- PO10 Manage projects

Acquire and Implement (AI) (Beschaffen und implementieren)

Diese Domäne befasst sich mit der Realisierung der für die Umsetzung der IT-Ziele benötigten Lösungen. Wichtige Themen sind neben der Implementierung neuer Lösungen der Umgang mit Veränderungen und die Planung entsprechender Projekte. In dieser Domäne werden die Aktivitäten und Steuerungsvorgaben der folgenden sieben Prozesse beschrieben (vgl. [COBIT 4.1]):

- AI1 Identify automated solutions
- AI2 Acquire and maintain application software

- AI3 Acquire and maintain technology infrastructure
- AI4 Enable operation and use
- AI5 Procure IT resources
- AI6 Manage changes
- AI7 Install and accredit solutions and changes

Deliver and Support (DS) (Erbringen und unterstützen)

In dieser Domäne wird die eigentliche Serviceerbringung betrachtet. Sie behandelt Themen wie das Management von Security und Continuity, den Anwendersupport oder das Management von Informationen. Ziel ist, dass die Anwender, die IT-Services sicher und produktiv nutzen können. In dieser Domäne werden die Aktivitäten und Steuerungsvorgaben (Control Objectives) der folgenden 13 Prozesse beschrieben (vgl. [COBIT 4.1]):

- DS1 Define and manage service levels
- DS2 Manage third-party services
- DS3 Manage performance and capacity
- DS4 Ensure continuous service
- DS5 Ensure systems security
- DS6 Identify and allocate costs
- DS7 Educate and train users
- DS8 Manage service desk and incidents
- DS9 Manage the configuration
- DS10 Manage problems
- DS11 Manage data
- DS12 Manage the physical environment
- DS13 Manage operations

Monitor and Evaluate (ME) (Überwachen und evaluieren)

In dieser Domäne wird die regelmäßige Überprüfung der IT-Prozesse hinsichtlich ihrer Qualität und der Einhaltung von Steuerungsvorgaben behandelt. Themen sind das Management der Performance und die Gewährleistung von Governance. In dieser Domäne werden die Aktivitäten und Steuerungsvorgaben der folgenden vier Prozesse beschrieben (vgl. [COBIT 4.1]):

- ME1 Monitor and evaluate IT performance
- ME2 Monitor and evaluate internal control
- ME3 Ensure compliance with external requirements
- ME4 Provide IT governance

6.2.2.3 Basierend auf Kontrollen (Controls)

Controls dienen der Prüfung, ob eingesetzte Verfahren und vorhandene Organisationsstrukturen ausreichend Sicherheit geben, dass die Unternehmensziele erreicht werden und nicht erwünschte Ereignisse verhindert werden. Ein Control Objective (Steuerungsvorgabe) liefert also ein Set an Anforderungen, die durch einen Prozess erfüllt werden müssen. Im Betrieb werden die Ergebnisse der betrachteten Prozesse regelmäßig mit den Vorgaben aus den Control Objectives oder auch aus Standards und Normen verglichen und bei Abweichungen werden konkrete Korrekturmaßnahmen eingeleitet.

Jedes Unternehmen sollte ein internes Kontrollsystem (IKS) etablieren, das eine angemessene Sicherung der Zielerreichung in den Kategorien „Effektivität und Effizienz des Betriebes", „Zuverlässigkeit des Financial Reporting" und „Compliance" gewährleisten soll.

Jeder der in COBIT beschrieben Prozesse verfügt neben der Prozessbeschreibung über ein Set aus Steuerungsvorgaben (control objectives) und kann so mittels dieser Controls gesteuert werden. Zusätzlich zu diesen prozessspezifischen Control Objectives wird in COBIT ein Satz generischer Steuerungsvorgaben definiert, die für jeden vorhandenen Prozess Gültigkeit haben. Im Folgenden sind die generischen Steuerungsvorgaben aufgeführt, die mit dem Kürzel „PC" für „Process Control" gekennzeichnet werden.

- PC1 Process Goals and Objectives: Jeder COBIT-Prozess sollte klare Ziele und Richtwerte haben, damit eine effektive Prozessausführung möglich ist.
- PC2 Process Ownership: Jeder COBIT-Prozess sollte einen Owner haben.
- PC2 Process Repeatability: Jeder COBIT-Prozess sollte so definiert sein, dass er wiederholbar ist.
- PC4 Roles and Responsibilities: Für jeden COBIT-Prozess sollten unmissverständliche Rollen, Aktivitäten und Verantwortlichkeiten definiert werden.
- PC5 Policy, Plans and Procedures: Für jeden COBIT-Prozess sollten Richtlinien, Pläne und Verfahren dokumentiert, überprüft, aktuell gehalten, genehmigt und allen Betroffenen kommuniziert werden.
- PC6 Process Performance Improvement: Für jeden COBIT-Prozess sollte die Performance anhand der Ziele gemessen werden.

Weitere Typen von Control Objectives sind IT General Controls (auch anwendungsunabhängige Controls) und Application Controls (AC), bei denen es sich um automatisierte Controls handelt. Die Verantwortung für die Application Controls liegt nicht in der IT, sondern bei den Verantwortlichen für die jeweils von der Applikation unterstützten Geschäftsprozesse, also z.B. die Fachbereichsleiter des Kunden.

6.2.2.4 Getrieben durch Messung

Um den aktuellen Zustand der IT zu erkennen und entsprechende Maßnahmen ableiten zu können, ist die regelmäßige Erfassung der Ist-Situation durch Messungen und deren Vergleich mit den definierten Zielen unabdingbar. Eine wichtige Möglichkeit für die Bewertung von IT-Prozessen ist der Einsatz von Reifegradmodellen. Da das in COBIT beschriebene Reifegradmodell prinzipiell weitgehend den in Kapitel 5 beschriebenen Modellen entspricht, möchte ich an dieser Stelle nicht mehr näher darauf eingehen. Die Reifegradstufen in COBIT sind (vgl. [COBIT 4.1]):

0. *Non-existent (nicht existent):* Es ist kein Prozess erkennbar. Das Unternehmen hat nicht einmal den Bedarf erkannt, dass das Thema in Angriff genommen werden soll.
1. *Initial (initial):* Es bestehen Anzeichen, dass das Unternehmen den Bedarf erkannt hat, das Thema zu behandeln. Es existieren jedoch keine standardisierten Prozesse, es gibt vielmehr einen Ad-hoc-Ansatz, der individuell und situationsbezogen angewandt wird.
2. *Repeatable (wiederholbar):* Prozesse wurden soweit entwickelt, dass gleichartige Verfahren von unterschiedlichen Personen angewandt werden, die dieselbe Aufgabe übernehmen. Es besteht kein formales Training oder eine Kommunikation der Standardverfahren, und die Verantwortung ist Einzelpersonen überlassen. Es wird stark auf das Wissen von Einzelpersonen vertraut, demzufolge sind Fehler wahrscheinlich.
3. *Defined (definiert):* Verfahren wurden standardisiert und dokumentiert und durch Trainings kommuniziert. Die Einhaltung der Prozesse ist jedoch Einzelpersonen überlassen und die Erkennung von Abweichungen ist unwahrscheinlich. Die Verfahren sind nicht ausgereift und sind ein formalisiertes Abbild bestehender Praktiken.
4. *Managed (gemanagt):* Es ist möglich, die Einhaltung von Verfahren zu überwachen und zu messen sowie Aktionen dort zu ergreifen, wo Prozesse nicht wirksam funktionieren. Prozesse werden laufend verbessert und folgen Good Practices. Automatisierung und Werkzeugunterstützung findet eingeschränkt und nicht integriert statt.
5. *Optimised (optimiert):* Prozesse wurden, basierend auf laufender Verbesserung und Vergleichen mit anderen Unternehmen, auf ein Best-Practice-Niveau verbessert. IT wird integriert für die Workflow-Automatisierung verwendet, stellt Werkzeuge für die Verbesserung der Qualität und Wirksamkeit zur Verfügung und ermöglicht es dem Unternehmen, sich flexibel Änderungen anzupassen.

Neben der Messung der Prozessreife spielt die Messung der Performance eine zentrale Rolle. Die Ziele und die entsprechenden Messgrößen werden in COBIT aus drei verschiedenen Perspektiven betrachtet:

- IT-Ziele und Metriken definieren, was die IT liefern muss und wie die Erfüllung dieser Erwartung gemessen werden kann.
- Prozessziele und Metriken beschreiben, welche Ergebnisse definierte Prozesse liefern müssen.
- Metriken der Prozessperformance messen, ob der Beitrag der Prozesse ausreichend zur Zielerreichung ist.

COBIT unterscheidet grundsätzlich zwei Arten von Messgrößen:

- *Outcome Measure (auch Key Goal Indicators (KGI)):* Messen den Output des jeweiligen IT-Prozesses in Bezug auf die Unterstützung der Zielerreichung
- *Performance Measure (auch Key Performance Indicators (KPI)):* Messen die Performance des Prozesses in Bezug auf die Unterstützung der Zielerreichung

6.2.3 Fazit

COBIT kann eine wertvolle Ergänzung bei der Implementierung von IT-Service-Management-Prozessen sein. Es hat nicht den Anspruch Prozess-Frameworks wie z. B. ITIL® zu ersetzen, sondern dient der strukturierten Überprüfung und Steuerung der implementierten Prozesse aus Unternehmenssicht. Es hat das Potential, Lücken aufzudecken und einen wichtigen Beitrag zur Ausrichtung der IT an den Zielen des Unternehmens zu leisten. Viele der in COBIT verwendeten Ansätze und Prinzipien haben inzwischen auch Eingang in die aktuelle ITIL® 3 gefunden.

7 ITSM und Projektmanagement

7.1 Prozessveränderungen steuern

Die Veränderung eines Prozesses bedeutet stets Änderungen in der Arbeitsweise von Personen und häufig ebenso Anpassungen von Werkzeugen. Mitarbeiter müssen geschult werden, der Ressourcenbedarf kann sich ändern und bestehende andere Prozesse mit Schnittstellen zum Veränderungsvorhaben müssen bei Bedarf ebenfalls neu gestaltet oder angepasst werden. Abbildung 7.1 zeigt diesen Zusammenhang anhand des dialektischen Dreiecks im Umfeld des ITSM.

Die Abhängigkeiten von Prozessen, Personen und Produkten sind wechselseitig und es ist offensichtlich, dass Veränderungen an diesem Gleichgewicht eine gute Planung und strukturiertes Vorgehen erfordern. Prozessveränderungen lassen sich im Wesentlichen in die Kategorien Prozessimplementierung, Prozessanpassung und Prozessoptimierung einteilen.

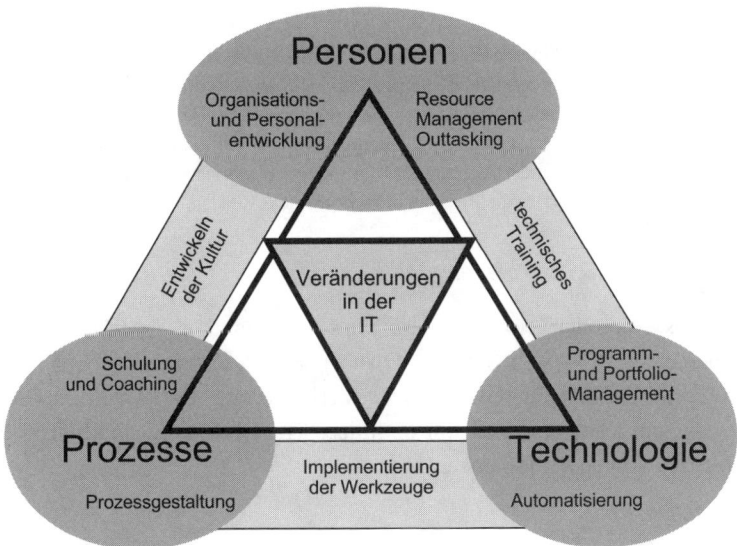

Abbildung 7.1 Dialektisches Dreieck

Prozessimplementierung

Wenn von Prozessimplementierung oder auch Prozesseinführung die Rede ist, dann ist in der Regel damit der Paradigmenwechsel von der aufgaben- oder funktionsorientierten Arbeitsweise hin zu einer prozessorientierten Arbeitsweise in einer Organisation gemeint (vergleiche auch Kapitel 1). Prozessimplementierungen sind komplexe Vorhaben, die über die gesamte Linienorganisation hinweg veränderte Arbeitsweisen, Kommunikationsbeziehungen und Abläufe zur Folge haben.

Praxishinweis:

Projekte dieser Art bedingen eine grundlegende Veränderung der Sichtweise auf die anfallenden Aufgaben. Daher spielt der kulturelle Wandel im Unternehmen eine zentrale Rolle. Ein entscheidender Faktor für den Erfolg ist die frühzeitige Einbindung der beteiligten Mitarbeiter in die Gestaltung der Prozesse und die Nutzung der vorhandenen Erfahrungen bei der Neugestaltung.

Prozessanpassungen aufgrund geänderter Rahmenbedingungen

Prozesse sind aufeinander abgestimmte Abläufe mit definierten Schnittstellen. Die Prozesslandkarte der ITIL® zeigt die Wechselwirkungen zwischen den Prozessen deutlich. Veränderungen in den äußeren Bedingungen wirken sich daher stets auf mehrere Prozesse aus. Je einschneidender die Veränderungen der Rahmenbedingungen sind, desto komplexer wird auch die Anpassung der Prozesse.

Ein typisches Beispiel einer solchen Veränderung ist die Übertragung einer Aufgabe an einen Dritten – Outsourcing. Jeder Partner hat seine Prozesse, deren notwendige Beziehungen und Wechselwirkungen im jeweiligen Kontext funktionieren. Mit der Übergabe der Aufgabe müssen nun zusätzliche Schnittstellen ausgeprägt und die Abläufe an diese Situation angepasst werden.

Praxishinweis:

Diese Prozessanpassungen sind in einer funktionierenden IT-Organisation eher die Regel als die Ausnahme. Prozesse müssen permanent überprüft und ggf. an neue Rahmenbedingungen, Aufgaben oder Anforderungen angepasst werden. Die weit verbreitete Denkweise „Das ist unser finaler Prozess, der bleibt jetzt so und wird nicht verändert" führt langfristig zu einer zu starren Arbeitsweise, zu sinkender Akzeptanz aufgrund von übertriebenem Formalismus und im schlimmsten Fall dazu, dass die Ziele nicht mehr erreicht werden.

Prozessoptimierung

Die kontinuierliche Verbesserung der Prozesse ist elementarer Bestandteil der ITIL®-Philosophie. Der Eigentümer eines Prozesses (Process Owner) hat im Rahmen regelmäßiger Prozess-Reviews die Verantwortung für dessen stetige Verbesserung. Dabei wird ein bereits gelebter Prozess auf ein konkretes Ziel hin optimiert. Gegenstand der Optimierung kann einer oder mehrere der folgenden Parameter sein:

- *Effektivität*: Beschreibt die Qualität des Prozessergebnisses: Liefert der Prozess das definierte Ergebnis in der vereinbarten Qualität und Quantität?
- *Effizienz*: Beschreibt den zur Erzeugung der Qualität betriebenen Aufwand: Welche Ressourcen werden für die Erzeugung des Ergebnisses benötigt? Welche Kosten entstehen?
- *Performance:* Beschreibt die benötigte Zeit zur Erzeugung der Qualität.
- *Compliance*: Beschreibt die Konformität des Prozesses mit definierten Regularien.

Abbildung 7.2 setzt die genannten Parameter in den Kontext eines generischen Prozessmodells.

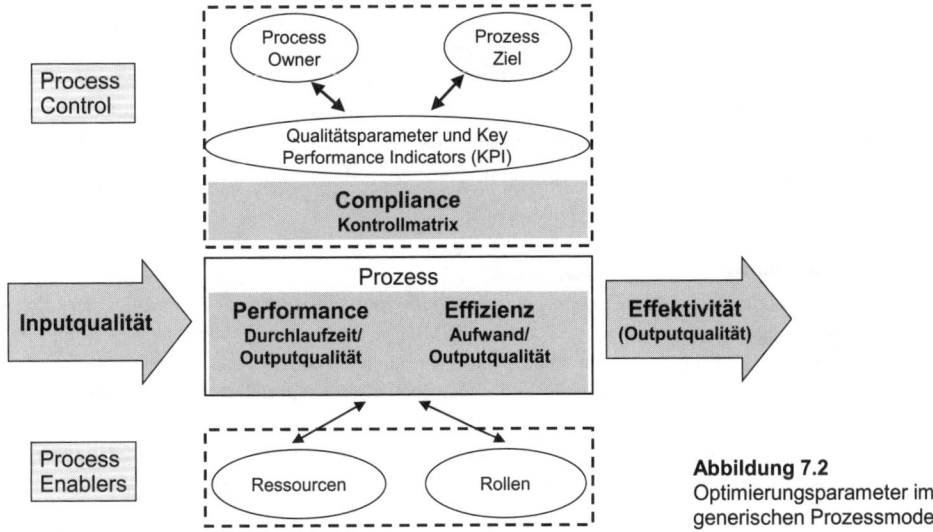

Abbildung 7.2
Optimierungsparameter im generischen Prozessmodell

Die Wahrscheinlichkeit des Scheiterns von Prozessveränderungen steigt mit der Komplexität des Vorhabens. Je einfacher eine Prozessveränderung zu realisieren ist, desto größer ist demnach die Erfolgswahrscheinlichkeit. Aus den vorgenannten Kategorien lässt sich nur bedingt auf die Komplexität der Veränderung schließen, da diese durch folgende Faktoren maßgeblich beeinflusst wird:

- **Anzahl der Prozesse, die gleichzeitig verändert werden sollen**

  Je mehr Prozesse zur gleichen Zeit verändert werden, desto mehr Veränderungen in den Arbeitsweisen sind erforderlich. Werden mehrere Prozesse gleichzeitig verändert, müssen außerdem neben den Prozessaktivitäten und Schnittstellen zu bereits bestehenden Prozessen und Funktionen auch die Wechselwirkungen zwischen den neuen Prozessen berücksichtigt werden.

  Bei Prozessimplementierungen wird die Zahl der Prozesse, die im gleichen Schritt eingeführt werden, häufig begrenzt, um die Organisation mit der Veränderung nicht zu überfordern.

- **Anzahl der Schnittstellen, die von der Veränderung betroffen sind**
  Die Veränderung einer Schnittstelle bedeutet naturgemäß immer Veränderungen an mindestens zwei Prozessen:
  - An dem Prozess der ein Arbeitsergebnis (Information, Produkt etc.) liefert und
  - An dem Prozess der dieses Arbeitsergebnis empfängt und weiterverarbeitet

  Da ein Arbeitsergebnis auch von mehreren Prozessen empfangen und weiterverarbeitet werden kann, ist es möglich, dass mehr als zwei Prozesse verändert werden müssen.

- **Struktur der Linienorganisation, der die Prozessaktivitäten zugeordnet sind**
  Prozesse müssen häufig über große Teile der Linienorganisation hinweg funktionieren. Je stärker die Linienorganisation strukturiert ist, desto mehr Kommunikation und Überzeugungsarbeit ist während der Veränderung zu leisten.

- **Reife der Mitarbeiter und der Unternehmenskultur**
  Die Reife von Mitarbeitern und Management ist bei allen Veränderungen der entscheidende Faktor. Nur wenn Veränderungen als Chance begriffen werden und jeder die Notwendigkeit erkennt, dabei auch sich selbst zu verändern, sind Prozessveränderungen auch erfolgreich.

Praxishinweis:
Viele Vorhaben zur Prozessanpassung oder -einführung scheitern nicht allein daran, dass die Neuerungen nicht akzeptiert werden oder die Mitarbeiter an alten Handlungsweisen festhalten wollen. Sie scheitern vielmehr an dem Frust, der durch falsche oder fehlende Planung dieses Vorhabens und daraus resultierenden Ressourcenengpässen und Belastungsspitzen entsteht.

Die Risiken einer Prozessveränderung müssen sorgfältig bewertet werden. Es ist nahe liegend, Prozessveränderungen in gleicher Weise zu behandeln wie Änderungen an der IT-Infrastruktur. Folglich werden Änderungsvorhaben in Bezug auf die Prozesse durch das Change Management bewertet und autorisiert.

7.2 Prozessveränderungen sind Projekte

Die kontinuierliche Verbesserung nicht nur der Services, sondern auch der Prozesse ist integraler Bestandteil des Service Lifecycle. Die notwendigen Prozesse werden im Band „Continual Service Improvement" beschrieben. In einer gut aufgestellten IT-Organisation gibt es also eigentlich Prozesse, mit denen Prozessveränderungen gesteuert werden können. Warum sollten Prozessveränderungen dann als Projekte durchgeführt werden? Zur Klärung dieser Frage müssen die Begriffe mit Hilfe von Definitionen klar voneinander abgegrenzt werden.

Projekt

Es gibt eine ganze Reihe Definitionen für ein Projekt, die jeweils bestimmte Aspekte betonen. Allen gemeinsam sind jedoch die zeitliche Begrenzung und die Einzigartigkeit des Projektergebnisses. Nachfolgend beispielhaft zwei Definitionen:

- PMBoK (Project Management Body of Knowledge):

  „Ein Projekt ist eine temporäre Unternehmung zur Erstellung eines einzigartigen Produktes, Services oder Ergebnisses." [PMI, 2004]

- PRINCE2® (PRojects IN Controlled Environments):

  „Ein Projekt ist ein zeitlich begrenztes Managementumfeld, dessen Zweck es ist, ein oder mehrere Produkte unter Einhaltung eines genau umschriebenen Business Case anzufertigen." [PRINCE2, 2005]

Projekte ermöglichen es einer Organisation, komplexe und in der Regel einmalige Aufgaben zu erfüllen. Dabei werden meist die organisatorischen Restriktionen der Linienorganisation für die Dauer des Projektes aufgebrochen und durch eine Projektorganisation ersetzt. Die Regeln der Zusammenarbeit können so auf die Erfordernisse des Projekts abgestimmt werden.

Prozess

Auch für den Prozessbegriff gibt es eine Vielzahl verschiedener Definitionen, die zum Teil sehr spezifisch für einen gegebenen Kontext sind (z. B. Recht, Technik, Informatik, Betriebswirtschaft). Für die weitere Betrachtung wird der Kontext der Betriebswirtschaft oder der Geschäftsprozesse zugrunde gelegt.

- Eine allgemeine Definition könnte lauten:

  Ein Prozess ist ein sich permanent wiederholender Ablauf, der darauf ausgelegt ist, ein Produkt oder einen Service immer wieder in gleich bleibender Qualität zu erstellen.

- ITIL® 2:

  „Ein Prozess ist ein strukturierter Satz von Aktivitäten, der dazu bestimmt ist, ein spezifisches Ziel zu erreichen. Ein Prozess übernimmt ein oder mehrere Eingaben und wandelt diese in definierte Ergebnisse um."

Wenngleich die Definition nach ITIL® keinen Bezug auf die Wiederholbarkeit nimmt, kann diese Forderung aus dem Kontext abgeleitet werden, in dem die Definition steht.

Die Definition und Implementierung von Prozessen ermöglicht es einer Organisation, ihre täglichen Aufgaben in konstanter Qualität zu leisten. Die Implementierung eines Prozesses ist nützlich, wenn eine Aufgabe über einen längeren Zeitraum häufig erfüllt werden muss.

Angewandt auf die genannten Kategorien von Prozessveränderungen bedeutet das, dass Prozessimplementierungen stets ein Projekt erfordern, da sie einmalig und komplex sind. Anpassungen von Prozessen an geänderte Rahmenbedingungen treten eher selten auf und sind so einmalig wie die Art der Änderung der Rahmenbedingung. Auch diese sollten unbedingt in Projektform durchgeführt werden. Prozessoptimierungen müssen etwas differenzierter betrachtet werden. Während sich prozessinterne Optimierungen geringer Komplexität innerhalb des kontinuierlichen Verbesserungsprozesses im Tagesgeschäft durchführen lassen, sollten Veränderungen, die über die Prozessgrenzen hinweg Auswirkungen haben, in Projektform realisiert werden.

Die meisten Prozessveränderungen erfordern also eine Umsetzung in Projektform. Es empfiehlt sich daher, eine geeignete Methode zur Durchführung dieser Projekte auszuwählen. Welche Methode gewählt wird, hängt oft von verschiedenen Faktoren ab, wie z. B. von den Kenntnissen der Mitarbeiter in einer Methodik oder von bereits vorhandenen Personenzertifizierungen. In diesem Kapitel werde ich auf die Methode PRINCE2® näher eingehen, da ich mit dieser Methode in verschiedenen Projekten gute Erfahrungen gemacht habe. Auch an verschiedenen Stellen der ITIL®-Literatur wird PRINCE2® als geeignet empfohlen, was allerdings auch damit zusammenhängen könnte, dass PRINCE2® wie ITIL® der OGC (Office of Governance Commerce) in Großbritannien gehört.

7.3 PRINCE2®:2005 im Überblick

PRINCE2® ist eine prozessorientierte Projektmanagement-Methode, die auf Erfahrungen (Best Practices) beruht. Die Definition von Prozessen für das Management von Projekten hat den Vorteil, dass die Aufgaben, die in jedem Projekt bewältigt werden müssen, in konsistenter Weise erfüllt werden. Es ist zu beachten, dass der Projektlebenszyklus bei PRINCE2® mit dem Projektauftrag beginnt, etwaige Vorstudien (z. B. Machbarkeitsstudie) sind nicht Bestandteil der Methode. Sieht man eine Vorstudie jedoch als separates Projekt an, so kann dies wiederum mit PRINCE2® durchgeführt werden. PRINCE2® beinhaltet neben acht (Haupt-)Prozessen acht Komponenten und drei Techniken.

- Prozesse
    - Vorbereiten eines Projekts – Starting up a project (SU)
    - Lenken eines Projekts – Directing a project (DP)
    - Initiieren eines Projekts – Initiating a project (IP)
    - Steuern einer Phase – Controlling a stage (CS)
    - Managen der Produktlieferung – Managing product delivery (MP)
    - Managen der Phasenübergänge – Managing stage boundaries (SB)
    - Abschließen eines Projekts – Closing a project (CP)
    - Planen – Planning (PL)
- Komponenten
    - Business Case
    - Organisation
    - Pläne
    - Steuerungsmittel
    - Risikomanagement
    - Qualitätssteuerung
    - Konfigurationsmanagement
    - Änderungssteuerung

- Techniken
  - Produktbasierte Planung
  - Änderungssteuerungsansatz
  - Qualitätsprüfungstechnik

7.3.1 Die Prozesse

Im Folgenden werden die acht Hauptprozesse kurz beschrieben und die jeweiligen Aufgaben im Kontext von Prozessveränderungsprojekten betrachtet. Eine detaillierte Beschreibung der Subprozesse mit den jeweiligen Eingaben und Ergebnissen würde den gewählten Rahmen sprengen. Sie werden daher lediglich in der Kurzbeschreibung genannt, um einen vollständigen Blick auf die Elemente der Methode zu ermöglichen.

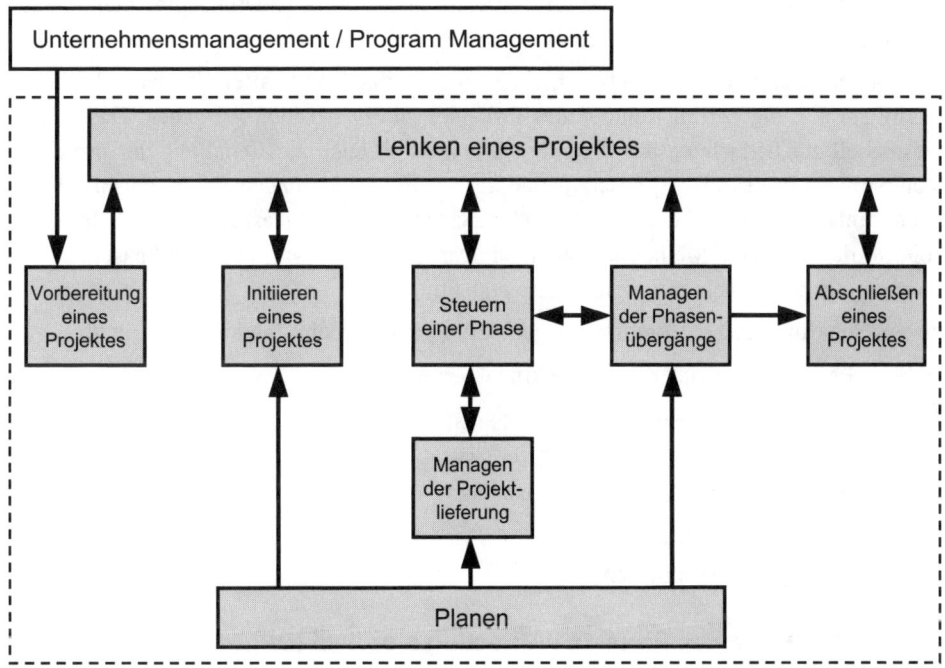

Abbildung 7.3 Überblick PRINCE2®-Prozesse

7.3.1.1 Vorbereiten eines Projekts – Starting up a project (SU)

Ziel dieses Prozesses ist es, die Voraussetzungen zum Beginnen eines Projektes zu schaffen. Zu diesen Voraussetzungen gehört zunächst das Projektmandat, also der Auftrag. In einer an ITIL® Best Practices orientierten Organisation wird das Mandat für ein Projekt zur Prozessveränderung vom Change Management erteilt. Die Autorisierung eines Änderungsantrages erfolgt in der Regel auf Basis eines Business Case.

Eine weitere Voraussetzung ist eine detaillierte Projektbeschreibung. Die Projektbeschreibung sollte vor allem klare, messbare Ziele für die Prozessveränderung enthalten, sowie eine eindeutige Abgrenzung des Projektinhaltes. Bei der Abgrenzung hat sich die Formulierung von Nicht-Zielen bewährt. Nicht-Ziele sind valide Zielsetzungen, die im Projektkontext verfolgt werden könnten, aber bewusst von der Aufgabenstellung ausgenommen werden. Nicht selten werden so verschiedene Projekte in einem Programm voneinander getrennt.

Eine frühzeitige Definition des Projektmanagement-Teams, des Projektmanagers und, wenn es die Komplexität des Projektes erfordert, ebenso weitere Rollen im Projektmanagement-Team schaffen klare Verantwortlichkeiten. Der Projektmanager wird in der Regel durch den Lenkungsausschuss bestimmt, der sich aus den Stakeholdern des Projektes, mindestens jedoch aus dem Auftraggeber und dem Projektmanager zusammensetzt.

Jegliche Unwägbarkeiten, die den Projekterfolg beeinflussen können sollten in einem Risikoprotokoll dokumentiert und bewertet werden. Bei Prozessveränderungsprojekten müssen vor allem kulturelle Aspekte betrachtet werden.

Eine weitere wichtige Voraussetzung, die in dieser Phase geschaffen werden soll, ist ein Ansatz zur Lösung der im Rahmen des Projektes zu erwartenden Aufgaben. Das Vorgehensmodell zur Erreichung der Projektziele und damit auch zur Erstellung der Projektergebnisse wird Projektlösungsansatz genannt. Prozessveränderungen folgen beispielsweise einem einfachen Ansatz, der dem DMAIC-Zyklus (Define, Measure, Analyze, Improve, Control) der SixSigma-Methodik ähnlich ist. Darüber hinaus wird auch ein Phasenplan für die nachfolgende Projektinitiierungsphase erstellt.

Die zur Schaffung dieser Voraussetzungen definierten Elemente sind im Einzelnen:

- SU1: Projektauftraggeber und Projektmanager ernennen
- SU2: Projektmanagement-Team entwerfen
- SU3: Projektmanagement-Team verpflichten
- SU4: Projektbeschreibung vorbereiten
- SU5: Projektlösungsansatz definieren
- SU6: Initiierungsphase planen

7.3.1.2 Lenken eines Projekts – Directing a project (DP)

Ziel dieses Prozesses ist es, die Erfolgschancen des Projektes zu maximieren und die von Kunden und Anwendern erwarteten Ergebnisse sicher zu stellen. Der Prozess besitzt während der gesamten Laufzeit die Kontrolle über das Projekt. Genehmigungen für Projektinitiierung, Umsetzung und Abschluss, sowie Freigabe der Phasen- und Ausnahmeplanung werden innerhalb dieses Prozesses durch den Lenkungsausschuss erteilt. Ein interessantes Prinzip im Rahmen der PRINCE2®-Methodik ist das „Management by Exception". Hier trifft der Lenkungsausschuss lediglich in Ausnahmesituationen, in denen das Projektziel in Gefahr ist, Entscheidungen im Projektverlauf. Die in dieser Phase definierten Elemente sind:

- DP1: Projektinitiierung freigeben
- DP2: Projekt freigeben
- DP3: Phasen- oder Ausnahmeplan freigeben
- DP4: Ad-hoc-Anweisungen geben
- DP5: Projektabschluss bestätigen

Praxistipp:
An ITIL® Best Practices orientierte Organisationen können für Freigaben und Entscheidungen oft auf das Change Advisory Board zurückgreifen. Die beschriebenen Aufgaben sind vergleichbar mit denen, die im Change Management definiert sind.

7.3.1.3 Initiieren eines Projekts – Initiating a project (IP)

Ziel dieses Prozesses ist die Vereinbarung eines gemeinsamen Verständnisses vom Projekt. Das wird durch die Dokumentation im Rahmen des Projektleitdokuments (PID) erreicht. Dieses Dokument enthält alle maßgeblichen Informationen und Absprachen bezüglich des Projektes und wird vor Beginn des Projektes durch den Lenkungsausschuss genehmigt.

Neben dem Projektleitdokument werden in diesem Prozess noch weitere Ergebnisse erzeugt. Diese Ergebnisse werden auch als Management-Produkte bezeichnet. Es sind unter anderem:

- der Qualitätsplan
- der Konfigurationsmanagementplan
- der Projektplan
- der Kommunikationsplan

Gerade in Prozessveränderungsprojekten ist es oft schwierig, die Akzeptanzkriterien für die gelieferten Ergebnisse zu definieren. Der Frage der Gestaltung des Qualitätsplanes sollte deshalb besondere Aufmerksamkeit gewidmet werden. Hier erweist sich die Definition messbarer Ziele z. B. in Bezug auf die Performance, Effizienz oder Effektivität des zu verändernden Prozesses als nützlich. Um Veränderungen und Verbesserungen tatsächlich erkennen zu können, bedarf es allerdings einer verfügbaren Vergleichsbasis auf dem Stand vor der Durchführung der Prozessveränderung.

In Analogie zum ITIL®-Prozess *Service Asset and Configuration Management* ist es auch für ein Projekt notwendig, die Konfigurationselemente, die zur Erstellung des Projektergebnisses benötigt werden zu kontrollieren. In Prozessveränderungsprojekten sind dies vor allem die Prozessdokumentationen, das Rollenkonzept, Schnittstellenbeschreibungen und Dokumentvorlagen. Das Configuration Management des Projektes kontrolliert die während des Projektes zu erstellenden Produkte.

Praxistipp:
Bereits in der Organisation etablierte Methoden und Werkzeuge des Konfigurationsmanagements sollten unbedingt genutzt werden. So werden zum einen vorhandene Ressourcen und Fähigkeiten genutzt und zum anderen die Schaffung unnötiger Schnittstellen vermieden.

Der Projektplan ist ein wichtiges Kontrollinstrument sowohl für den Projektmanager als auch für den Lenkungsausschuss. Im Projektplan werden die Liefertermine für die Projektergebnisse (Spezialistenprodukte), Zeiträume sowie der Aufwand für deren Erstellung festgelegt. Die Kenntnis der Abhängigkeiten von Produkten untereinander ermöglicht es, den kritischen Pfad zu ermitteln und die Einhaltung des zeitlichen Rahmens zu steuern.

Der Kommunikationsplan enthält die Festlegungen zur Verbreitung von projektrelevanten Informationen. Es wird festgelegt, wer wem wann und auf welche Weise Informationen zur Verfügung stellen muss. Die in PRINCE2® definierten Elemente dieses Prozesses sind:

- IP1: Qualität planen
- IP2: Projekt planen
- IP3: Business Case und Risiken verfeinern
- IP4: Projektsteuerungsmittel einrichten
- IP5: Projektablagestruktur einrichten
- IP6: Projektleitdokument (PID) zusammenstellen

7.3.1.4 Steuern einer Phase – Controlling a stage (CS)

Projekte werden in PRINCE2® je nach Komplexität in Phasen unterteilt. Dieser Prozess beschreibt die Aufgaben des operativen Projektmanagements im Rahmen der definierten Phasen. Es werden im Wesentlichen die folgenden Aufgaben beschrieben:

- Freigabe und Entgegennahme von Arbeitspaketen,
- Kontrolle des Fortschritts und des Phasenstatus,
- Umgang mit offenen Punkten (aufnehmen, prüfen, eskalieren),
- Statusreporting,
- Korrekturmaßnahmen.

Die Erstellung der Projektergebnisse erfolgt im Rahmen von Arbeitspaketen. Ein Arbeitspaket ist ein spezifischer Arbeitsauftrag an ein Team, ein oder mehrere Produkte zu erstellen. In einem Prozessveränderungsprojekt kann das z. B. die Erstellung des Anforderungskatalogs für die Anpassung einer den Prozess unterstützenden Software sein.

Der Fortschritt bei der Erstellung definierter Produkte muss regelmäßig kontrolliert werden. Die Kontrolle des Fortschritts ist nur möglich, wenn messbare oder zählbare Teilergebnisse definierbar sind. Bei Prozessveränderungen, die ein eher abstraktes Ergebnis liefern, ist es wichtig, die mit den Arbeitspaketen zu liefernden (Teil-)Ergebnisse klar zu definieren.

In jedem Projekt werden bei der Erstellung von Ergebnissen auch Fragen aufgeworfen, die geklärt werden müssen. Der Umgang mit diesen offenen Punkten muss festgelegt werden. Es ist wichtig, auch scheinbare Kleinigkeiten zu dokumentieren und zu klären, da auch große Hindernisse oft nur als Spitze eines Eisbergs sichtbar werden. Regelmäßige Berichte über den Status ermöglichen dem Projektmanager und dem Lenkungsausschuss die Kontrolle und Steuerung des Projekts.

Wird festgestellt, dass die Erstellung eines Produktes oder der Verlauf einer Phase von der Planung abweicht, so müssen entsprechende Korrekturmaßnahmen eingeleitet werden. Auch der Einfluss der Korrekturen auf das weitere Projekt muss hier geprüft werden. Die in diesem Prozess definierten Elemente sind im Einzelnen:

- CS1: Arbeitspaket freigeben
- CS2: Fortschritt überwachen
- CS3: Offene Punkte aufnehmen
- CS4: Offene Punkte prüfen
- CS5: Phasenstatus prüfen
- CS6: Über Projektstatus berichten
- CS7: Korrekturmaßnahmen einleiten
- CS8: Offene Punkte eskalieren
- CS9: Abgeschlossenes Arbeitspaket entgegennehmen

7.3.1.5 Managen der Produktlieferung – Managing product delivery (MP)

Der Prozess beschreibt die Aufgaben und Verantwortungen bei der Ausführung eines Arbeitspakets. Hier werden die Projektergebnisse erstellt. Dieser Prozess wird für jedes zu erstellende Produkt aufgerufen. PRINCE2® unterscheidet zwischen Spezialistenprodukten und Managementprodukten. Spezialistenprodukte sind das Ergebnis des Projektes oder ein Teil davon, während im Rahmen der Projektsteuerung definierte Dokumente Managementprodukte sind. Einige typische Produkte werden im Abschnitt 7.3.3.1 Produktbasierte Planung beschrieben. Die Elemente dieses Prozesses sind:

- MP1: Arbeitspaket annehmen
- MP2: Arbeitspaket ausführen
- MP3: Arbeitspaket abliefern

7.3.1.6 Managen der Phasenübergänge – Managing stage boundaries (SB)

Ziel dieses Prozesses ist es, dem Lenkungsausschuss die Kontrolle über das Projekt zu ermöglichen. Jede Phase muss durch den Lenkungsausschuss abgeschlossen und freigegeben werden, bevor der Übergang in die nächste Phase erfolgen kann. Um das zu ermöglichen, wird zunächst ein Phasenplan erstellt, der unter anderem die vollständige Planung sämtlicher Produkte, die in der jeweiligen Phase erstellt werden sollen, enthält.

Im nächsten Schritt muss der Projektplan aktualisiert werden. Dieser wird zwar im Prozess „Initiieren eines Projekts (IP)" für das gesamte Projekt erstellt, enthält aber nur die Detailplanung für die jeweils nächste Phase und muss in jeder Phase entsprechend ergänzt werden. Dadurch wird der Planungsaufwand auf das für die Projektkontrolle notwendige Maß reduziert.

Während des gesamten Projektes – also auch innerhalb der Phasen – ist es notwendig, den Bezug zum Business Case beizubehalten und diesen bei Bedarf zu aktualisieren, da er die

Rechtfertigung für das Projekt darstellt. Projekte für komplexe Prozessveränderungen können sechs bis neun Monate dauern. Während dieser Zeit kommt es nicht selten zu Veränderungen der Rahmenbedingungen und somit Veränderungen des Business Case. Der Lenkungsausschuss muss über einen veränderten Business Case informiert sein, um eine Entscheidung bezüglich der Fortführung des Projektes zu treffen.

Werden im Laufe des Projektes neue oder veränderte Risiken identifiziert oder verlieren bisher definierte Risiken an Bedeutung, so muss das Risikoprotokoll in der jeweiligen Phase aktualisiert werden. Auch diese Veränderungen können sich auf den Business Case auswirken.

Wird eine Phase abgeschlossen, so wird jeweils ein Phasenabschlussbericht erstellt, der die Entlastung des Projektmanagers für die vorangegangene Phase ermöglicht und Voraussetzung für die Freigabe der nächsten Phase ist.

Bei erheblichen Abweichungen von der Projektplanung oder bei Überschreitung definierter Toleranzen wird ein Ausnahmeplan erstellt. Der Business Case ist in diesem Fall jedoch weiterhin gültig. In einem solchen Fall kann der Lenkungsausschuss die Weiterführung des Projektes in abgewandelter Form in Auftrag geben. Die definierten Elemente dieses Prozesses sind:

- SB1: Phase planen
- SB2: Projektplan aktualisieren
- SB3: Business Case aktualisieren
- SB4: Risikoprotokoll aktualisieren
- SB5: Über Phasenabschluss berichten

7.3.1.7 Abschließen eines Projekts – Closing a project (CP)

Ziel dieses Prozesses ist ein geordneter Abschluss des Projektes. Dazu gehört zum einen die Auflösung des Projektes mit der Übergabe der Projektergebnisse an die Organisation und der Auflösung der Projektorganisation und zum anderen die Identifikation etwaiger Folgeaktivitäten und die Bewertung des Projektes. Der Projektabschluss kann nach erfolgreicher Lieferung aller notwendigen Produkte im Prozess „Steuern einer Phase" (CS) initiiert werden oder Folge einer Entscheidung des Lenkungsausschusses im Prozess „Lenken eines Projektes" (DP) sein. Die in diesem Prozess definierten Elemente sind:

- CP1: Projekt auflösen
- CP2: Folgeaktionen identifizieren
- CP3: Projekt bewerten

Bei Prozessveränderungen gehört der Abschluss zu den wichtigsten Aufgaben im Projekt. Da der Nutzen der Prozessveränderung erst im Regelbetrieb entsteht, kann die Art und Weise der Übergabe der Projektergebnisse an die Organisation wesentlichen Einfluss auf die Anwendung der geänderten Prozesse haben. Darüber hinaus werden häufig Folgeaktivitäten ersichtlich, die nicht mehr zum Projektumfang gehören, aber nicht vernachlässigt werden können. Der Nachweis des Nutzens in einer Projektbewertung kann die Akzeptanz der Veränderung bei den Prozessbeteiligten erhöhen. Voraussetzung dafür ist allerdings, dass zumindest ein Teil des Nutzens auch bei den Prozessbeteiligten sichtbar wird.

7.3.1.8 Planen – Planning (PL)

Dieser Prozess wird von mehreren der bisher beschriebenen Prozesse aufgerufen. Das geschieht immer dann, wenn ein Plan erforderlich ist (siehe Komponenten „Pläne", Abschnitt 7.3.2.3). Planen ist ein produktbasierter Prozess. Erst wenn klar ist, welche Produkte zu erstellen sind und welche Beziehungen zwischen den Produkten bestehen (zeitliche und sachliche Abhängigkeiten) kann eine Planung bezüglich Zeit und Kosten gemacht werden. Die Elemente des Prozesses *Planung* sind:

- PL1: Plan entwerfen
- PL2: Produkte definieren und analysieren
- PL3: Aktivitäten und Abhängigkeiten identifizieren
- PL4: Aufwand abschätzen
- PL5: Zeitplan erstellen
- PL6: Risiken analysieren
- PL7: Plan vervollständigen

Die Planung von Prozessveränderungen ist häufig getrieben von dem Ehrgeiz, einen bestimmten Nutzen in einer definierten Zeit darstellen zu können. Der Aufwand an Zeit und Ressourcen wird häufig falsch eingeschätzt, da keine klare Vorstellung von den zu liefernden Produkten existiert. Es werden zwar Ziele gesetzt, an denen die Projektergebnisse gemessen werden können, eine planungsrelevante Einschätzung des Aufwands zur Erstellung der Ergebnisse lässt sich daraus jedoch nicht ableiten. Einige typische Spezialistenprodukte für Prozessveränderungen werden im Abschnitt 7.3.3.1 Produktbasierte Planung beschrieben.

7.3.2 Die Komponenten

7.3.2.1 Business Case

Der Business Case ist die zentrale Komponente zur Rechtfertigung des Projektes. Darin wird der erwartete Nutzen mit den erwarteten Kosten und Risiken in Bezug gesetzt. Das Projekt ist nur dann gerechtfertigt, wenn der Business Case in der Abwägung dieser Faktoren einen effektiven Nutzen ausweist.

Neben den Gründen, dem Nutzen, den Risiken und einer Übersicht zu Kosten und Zeitrahmen enthält der Business Case auch die verschiedenen Optionen, die zur Erzielung des Nutzens denkbar waren, aber verworfen wurden – auch die Option, nichts zu tun – einschließlich der Gründe, warum sie verworfen wurden.

Der Business Case ermöglicht die laufende Kontrolle der Rechtfertigung des Projektes und ist damit die Basis für die Entscheidung des Lenkungsausschusses, das Projekt weiterzuführen oder zu beenden.

Der Bezug auf den Business Case ist wie bereits beschrieben gerade bei lang laufenden Projekten wichtig, da sich wichtige Rahmenbedingungen, unter denen der Business Case gültig ist, verändern können. Beispiele für Ereignisse, die Auswirkungen auf den Business Case von Prozessveränderungsprojekten haben können, sind unter anderem:

- *Geändertes Sourcing-Modell:* Wenn während der Laufzeit eines Prozessveränderungsprojektes ein Stakeholder hinzukommt (z. B. ein neuer Partner für den Betrieb eines Rechenzentrums), so kann das Auswirkungen auf den Nutzen des Projektergebnisses haben.
- *Mergers and Acquisitions:* Im Zuge von Fusionen oder Hinzukäufen kommt es häufig zu einer Neubewertung der gesamten Prozesslandschaft, da neue Anforderungen entstehen und die Bedingungen für die Serviceerbringung verändert sein können.
- *Geänderte gesetzliche oder regulatorische Bedingungen:* Da diese externen Anforderungen obligatorisch sind und im Unternehmen abgebildet werden müssen, ist hier eine sorgfältige Prüfung des Business Case und bei Bedarf eine entsprechende Anpassung notwendig.

7.3.2.2 Organisation

PRINCE2® geht grundsätzlich davon aus, dass Projekte in einer Umgebung aus Kunde und Lieferanten durchgeführt werden und beschreibt eine Projektorganisation auf Basis von Rollen. Dazu gehören:

- Lenkungsausschuss
- Projektmanager
- Teammanager
- Projektsicherung
- Projektunterstützung
- Konfigurationsadministrator

Der *Lenkungsausschuss* kontrolliert das Projekt. Ihm gehören Benutzervertreter, Lieferantenvertreter und der Auftraggeber an. Auch der Projektmanager ist in der Regel Mitglied des Lenkungsausschusses.

Der *Projektmanager* übernimmt die operative Projektleitung und koordiniert das Projekt im Auftrag des Lenkungsausschusses, während der *Teammanager* für die Anfertigung der einzelnen Spezialistenprodukte verantwortlich ist. Er übernimmt Arbeitspakete vom Projektmanager und übergibt sie nach Fertigstellung wieder an diesen.

Projekt- und Teammanager benötigen oft wegen des hohen Arbeitsaufkommens oder aufgrund erforderlicher Fachkenntnisse Unterstützung. Dies kann z. B. aus einem Projektbüro geleistet werden, wo Aufgaben mit Hilfe der Rolle *Projektunterstützung* definiert und zugeordnet werden.

Formal ist es die Verantwortung des Lenkungsausschusses, die vereinbarungsgemäße Durchführung der Arbeiten sicherzustellen, es ist jedoch möglich, diese Aufgabe an Personen außerhalb des Lenkungsausschusses – die *Projektsicherung* – zu übertragen.

Die Produkte eines Projektes müssen zuverlässig dokumentiert und verwaltet werden. Diese Aufgabe übernimmt die Rolle des *Konfigurationsadministrators*.

7.3.2.3 Pläne

Pläne dokumentieren in Bezug auf die Zeit und die Ressourcen, wie ein Ergebnis zu realisieren ist. Aus einem Plan sollte hervorgehen,

- in welchem Zeitraum ein Ergebnis erstellt werden kann,
- welche Rahmenbedingungen dafür zu berücksichtigen sind,
- welche Arbeiten ausgeführt werden müssen,
- welcher Personal- und Ressourcenbedarf daraus entsteht.

PRINCE2® unterscheidet zwischen folgenden Plänen:

- *Projektplan:* Der Projektplan beschreibt als Rahmen das Gesamtprojekt mit den definierten Managementphasen.
- *Phasenplan:* Der Phasenplan ist das Arbeitspapier des Projektmanagers für eine Managementphase mit den Produkten, die in dieser Phase erstellt werden müssen.
- *Teamplan:* Ein Teamplan ist nur dann erforderlich, wenn ein Arbeitspaket weiter ausgearbeitet und einzelnen Teams Aufgaben zugeordnet werden müssen.
- *Ausnahmeplan:* Ein Ausnahmeplan wird erstellt, wenn die vereinbarten Toleranzen eines Plans überschritten werden. Der Ausnahmeplan tritt dann an die Stelle des ursprünglichen Phasenplans.

7.3.2.4 Steuerungsmittel

Steuerungsmittel sind Messpunkte und Verfahren zur Kontrolle des Projekts. PRINCE2® beschreibt Steuerungsmittel auf allen Ebenen des Projektmanagements. Die Steuerungsmittel dienen dem Lenkungsausschuss und dem Projektmanager dazu, zu jeder Zeit aktuell Einfluss auf das Projektgeschehen zu nehmen. Die wichtigsten Konzepte sind:

- Management by Exception,
- Toleranzen,
- Berichte,
- Protokolle.

Das Konzept *Management by Ecxeption*, was soviel bedeutet wie „Steuerung auf Basis von Ausnahmen", beruht auf der Erfahrung, dass gerade das obere Management oft wenig Zeit für die Kontrolle von Projekten aufbringen kann. Eine kontinuierliche Beschäftigung mit dem Projektstatus ist in der Regel nicht möglich. Auf der anderen Seite ist dies oft auch gar nicht notwendig, solange das Projekt nach Plan verläuft. Erst wenn eine Situation entsteht, die eine Entscheidung des Managements erfordert, ist eine Einbindung sinnvoll.

- *Toleranzen* sind zulässige Abweichungen von einem vereinbarten Wert, innerhalb derer keine Eskalation an die nächste Managementebene erforderlich ist. Toleranzen definieren den Handlungsspielraum eines Managers. Es werden meist Toleranzen in Zeit, Geld und Qualität vereinbart.

- *Berichte* dienen zum einen dem Nachweis der erbrachten Leistung und zum anderen als Grundlage für Entscheidungen für den Empfänger des Berichts (z. B. den Lenkungsausschuss).
- *Protokolle* dienen der Dokumentation bestimmter Ereignisse oder Fakten und ermöglichen es, auf diese zu reagieren. Beispiele für Protokolle sind: Risikoprotokoll, Qualitätsprotokoll, Liste der offenen Punkte.

7.3.2.5 Risikomanagement

Risiken werden als „Unwägbarkeiten in Bezug auf das Ergebnis" definiert. Diese Definition beinhaltet sowohl Einbußen im Nutzen als auch möglichen Mehrwert (Chance) als Folge eines Risikoeintritts.

In jedem Projekt treten Risiken auf. Es ist die Aufgabe des Risikomanagements, diese Risiken zu identifizieren und adäquate Maßnahmen für die identifizierten Risiken zu planen.

7.3.2.6 Qualitätssteuerung

Die Qualitätssteuerung liefert den Nachweis darüber, ob die Produkte den definierten Qualitätsanforderungen genügen. Dazu werden zu Beginn des Projektes Akzeptanzkriterien festgelegt. Die Erwartungen an die Qualität werden in der Projektbeschreibung und im PID festgehalten.

Bei Prozessveränderungen fällt es oft schwer, die zu liefernden Produkte zu definieren. Es werden daher häufig keine Akzeptanzkriterien für diese Produkte definiert. Eine effektive Qualitätssteuerung steht und fällt jedoch mit der Definition der Produkte und deren Akzeptanz in der Organisation.

Praxistipp:
Wenn Sie Prozessveränderungen planen, überlegen Sie sich im Vorfeld sehr genau, was erreicht werden soll und wie die Ergebnisse des Veränderungsprojektes gemessen werden sollen. Definieren Sie die Produkte des Projektes exakt und holen Sie sich die Zustimmung aller Stakeholder. Viele Prozessveränderungsprojekte scheitern daran, dass die Ziele und Erwartungen nicht bekannt sind und deshalb die Projektergebnisse aufgrund unterschiedlicher Erwartungen nicht oder nicht vollständig akzeptiert werden.

7.3.2.7 Konfigurationsmanagement

Das Konfigurationsmanagement dient der Kontrolle der Produkte des Projekts und der daraus entstehenden Projektergebnisse. Die ISO 10007 beschreibt die Regeln, denen das Konfigurationsmanagement unterliegt. An das Konfigurationsmanagement werden folgende Anforderungen gestellt:

- Der aktuelle Status sowie die Historie eines Produktes müssen jederzeit bekannt sein.
- Produkte dürfen nicht ohne Genehmigung verändert werden.

Ziele und Methodik des Konfigurationsmanagements sind identisch mit den in ITIL® beschriebenen. Die in ITIL® beschriebenen fünf Kernaktivitäten sind:

- Planung
- Identifikation
- Steuerung
- Statusüberwachung- und Pflege
- Verifizierung und Audit

7.3.2.8 Änderungssteuerung

Der Umgang mit Änderungen des Projektinhaltes ist eine Kernaufgabe im Projektmanagement. Es ist wichtig, die Konsequenzen von Änderungen für einzelne Produkte, das Projektergebnis und den Business Case zu kennen und adäquat zu bewerten.

Ein strukturierter Umgang mit Änderungen beugt einem schleichenden Wachstum des Projektumfangs vor und stellt sicher, dass die Mittel (Zeit, Geld, Ressourcen), die für die Änderung erforderlich sind, zur Verfügung gestellt werden.

7.3.3 Techniken

7.3.3.1 Produktbasierte Planung

Ein Produkt ist eine abgrenzbare Leistung, die zur Erstellung der Projektergebnisse benötigt wird. PRINCE2® unterscheidet Managementprodukte und Spezialistenprodukte.

Managementprodukte

Diese Produkte werden benötigt, um das Projekt zu steuern. Sie sind also keine Ergebnisse des Projektes im Sinne der Lieferung eines veränderten Prozesses oder einer neuen Softwareversion. Zu diesen Produkten gehören unter anderem:

- Projektmandat
- Projektbeschreibung
- Projektleitdokument (PID)
- Business Case
- Pläne
  - Projektplan
  - Phasenplan
  - Teamplan
  - Ausnahmeplan
  - Produktflussdiagramm
- Berichte
  - Statusberichte
  - Abschlussberichte
  - Erfahrungsberichte

- Protokolle
  - Risikoprotokoll
  - Projekttagebuch
- Qualitätsprodukte
  - Produktbeschreibungen
  - Akzeptanzkriterien
  - Projektqualitätsplan
  - Liste der offenen Punkte
  - Qualitätsprotokoll

Die Methode PRINCE2® liefert für viele der genannten Managementprodukte konkrete Vorlagen, die als Basis für die Erstellung der Produkte im Rahmen des Projektmanagement genutzt werden können.

Spezialistenprodukte

Spezialistenprodukte sind direkt Teil des Projektergebnisses, oder werden benötigt um ein Projektergebnis zu erstellen. Dabei kann es sich um ein Dokument handeln (z. B. ein Konzept) oder eine Software, oder aber auch um ein PC-System.

Die Spezialistenprodukte in einem Prozessveränderungsprojekt scheinen auf den ersten Blick schwer zu fassen, es lassen sich jedoch sehr wohl Produkte formulieren. Typische Beispiele für Spezialistenprodukte sind:

- Ist-Analyse
  - Prozessreife
  - Liste der eingesetzten Werkzeuge
  - Liste der verwendeten Vorlagen
  - SWOT
- Prozessbeschreibungen
  - Ablaufdiagramme
  - Ablaufbeschreibungen
  - In-/Output-Spezifikationen
  - Rollenkonzept
- Verfahrensanweisungen
- Vorlagen (Templates) zum Informationsaustausch
- Konzept zur Prozesskontrolle
  - Zieldefinition
  - Kennzahlendefinition
  - Messverfahren
  - Reportingkonzept
  - Reports
- Pflichtenheft zur Prozessautomatisierung (Toolanforderungen)

- Prozessunterstützende Werkzeuge
  - Ablaufsteuerung (Workflowsystem, Ticketsystem)
  - Wissensdatenbank
  - Konfigurationsdatenbank
  - Überwachungswerkzeuge
  - Berichtswerkzeuge
- Schulungskonzept
  - Schulungsunterlagen
  - Anwenderhandbuch
- Richtlinien (Policies)
  - Prioritätsmatrix
  - Eskalationsmatrix
  - Prozessspezifische Regelungen (z. B. Releasegrundsätze)

Je nach Art der Prozessveränderungen können weitere Produkte definiert werden. Die Liste kann in diesem allgemeinen Rahmen naturgemäß nicht vollständig sein und ist daher als nützliche Basis und als Denkanstoß zu verstehen.

Bei der Planung müssen die Produkte definiert und wenn nötig in Teilprodukte zerlegt werden. Produkte, die aus mehreren Teilprodukten bestehen, lassen sich in zwei Gruppen unterteilen:

- Zusammengesetzte Produkte und
- Produktgruppen (Product Cluster).

Bei den *zusammengesetzten Produkten* muss neben der Beurteilung (Test, Abnahme) der Teilprodukte auch das Gesamtprodukt beurteilt werden. Eine Prozessbeschreibung besteht zum Beispiel mindestens aus den Teilprodukten Ablaufdiagramm, Ablaufbeschreibung, In-/Outputspezifikation und Rollenkonzept (Abbildung 7.4). Obwohl die Teilprodukte unabhängig voneinander bewertet werden können, ist eine Gesamtbewertung notwendig, damit die erwünschten Prozessergebnisse überprüft werden können. Der Prozess funktioniert nur, wenn die Teilprodukte aufeinander abgestimmt sind.

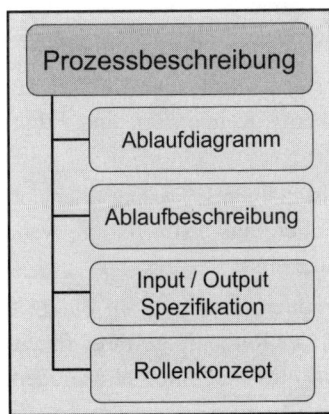

Abbildung 7.4
Zusammengesetzte Produkte

Im Rahmen einer Produktgruppe genügt eine Beurteilung der Teilprodukte, ohne dass eine Beurteilung des Endproduktes erforderlich wäre. Werden zum Beispiel Richtlinien definiert, wie Prozesse und Verfahren angewendet werden, so kann die Bewertung dieser Richtlinien in der Regel unabhängig voneinander vorgenommen werden. Eine gemeinsame Bewertung aller Richtlinien ist nicht notwendig.

Die Unterteilung der Projektergebnisse in Produkte und Teilprodukte wird Produktstrukturplan genannt. Jedes Produkt benötigt außerdem eine eindeutige Produktbeschreibung. Diese bildet die Grundlage für die zu erledigenden Arbeitspakete. Aus diesem Grund ist es wichtig, die Produktbeschreibungen so spezifisch wie möglich zu formulieren. PRINCE2® empfiehlt hier folgende Mindestinhalte:

- *Zweck:* Hier sollte eine kurze Begründung für die Erstellung des Produkts gegeben werden.
- *Komposition:* Die Komposition beschreibt, aus welchen Teilen sich das Produkt zusammensetzt. Hier können die Teilprodukte genannt werden, oder die wesentlichen integralen Bestandteile des Produkts. Bei Dokumenten kann hier der Inhalt definiert werden.
- *Ableitung:* Dieser Teil gibt Auskunft über notwendige Inputs oder Quellen und ggf. Beziehungen zu anderen Produkten.
- *Qualitätskriterien:* Dieser Abschnitt definiert die zu erreichenden Eigenschaften des Produkts.

Orientiert am Beispiel eines Produktes „Rollenkonzept" könnte eine Produktbeschreibung folgendermaßen aufgebaut sein:

- *Zweck:* Das Rollenkonzept erfasst die Aktivitäten, die mit ähnlichen Kenntnissen und Befugnissen auszuüben sind, und ermöglicht so eine Zuordnung der Aufgaben zu Mitarbeiterprofilen. Das Rollenkonzept regelt die Verantwortung zur Durchführung der Aktivitäten.
- *Komposition:* Das Rollenkonzept besteht aus den Beschreibungen der einzelnen Rollen. Eine Rolle wird definiert durch die zugeordneten Aktivitäten, die daraus resultierenden Verantwortungen, die notwendigen Befugnisse sowie die erforderlichen Kenntnisse und Fähigkeiten (Skills) zur Durchführung der Aktivitäten.
- *Ableitung:* Das Rollenkonzept nimmt Bezug auf die Aktivitäten des Prozessablaufs.
- *Qualitätskriterien:* Die Aktivitäten des Prozessablaufes sind vollständig zu Rollen zugeordnet. Alle Aktivitäten lassen sich mit den beschriebenen Kenntnissen und Fähigkeiten vollständig durchführen.

Die Dokumentation des Produktstrukturplans dient der vollständigen Erfassung aller notwendigen Produkte. Eine Planung der Arbeitspakete kann allerdings erst erfolgen, wenn die zeitlichen Abhängigkeiten zwischen den Produkten bekannt sind.

Das Produktflussdiagramm liefert diese Darstellung der Produkte in Bezug auf die Zeit. Die Produkte aus dem Produktstrukturplan werden dazu in der Reihenfolge ihrer Erzeugung von links nach rechts und von oben nach unten in ein Flussdiagramm eingetragen. Die Abhängigkeiten werden durch Verbindungspfeile dargestellt.

7.3.3.2 Änderungssteuerung

Innerhalb eines Projektes werden alle Anmerkungen, Besonderheiten oder Änderungen als offene Punkte behandelt. Dabei werden folgende Typen unterschieden:

- *Änderungsantrag:* Ein oder mehrere Produkte sollen geändert werden.
- *Spezifikationsausnahmen:* Ein oder mehrere Produkte sind – tatsächlich oder voraussichtlich – außerhalb der definierten Toleranzen in Bezug auf ihre Spezifikation.
- *Frage:* Es ist wichtig, jede Frage in Bezug auf ein Produkt oder das Projekt zu klären, um Risiken frühzeitig erkennen zu können.
- *Besorgte Äußerung:* Auch solche Äußerungen können Risiken aufzeigen oder sogar auf konkrete Missstände hinweisen, denen mit zielgerichteten Maßnahmen begegnet werden muss.

Alle offenen Punkte werden in die „Liste der offenen Punkte" aufgenommen und ihr Bearbeitungsstatus überwacht. Es ist notwendig, alle offenen Punkte zügig abzuarbeiten. Wie in anderen Arbeitslisten muss auch hier eine Priorisierung vorgenommen werden. Die Zuweisung einer Priorität hilft auch, unnötige Änderungen zu vermeiden.

Dabei genügt schon eine einfache Einteilung in drei Kategorien wie diese:

- muss gemacht werden (Business Case ist davon abhängig),
- sollte gemacht werden (Business Case wäre beeinträchtigt),
- kann gemacht werden (wünschenswert, aber kaum Einfluss auf den Business Case).

Qualitätsprüfungstechnik

Die Qualitätsprüfungstechnik ist ein denkbar einfacher Vorgang, bei dem einzelne Teilprodukte einer Prüfung unterzogen und, wenn notwendig, Maßnahmen zur Vermeidung oder Behebung von Spezifikationsabweichungen abgeleitet werden. Die Qualitätsprüfung erfolgt in drei Schritten:

- *Vorbereitung*: Nach Fertigstellung eines Produktes stellt der Teammanager das Produkt den Prüfern zusammen mit der Produktbeschreibung zur Verfügung. In einem ersten Schritt werden die Prüfer das Produkt prüfen und ggf. auftretende Spezifikationsabweichungen an den Teammanager melden. Dieser kann dann das Produkt nachbessern. Sollte bei diesem Schritt in Bezug auf eine oder mehrere Spezifikationsabweichungen Klärungsbedarf bestehen, lädt der Teammanager zu einer Qualitätsprüfungsbesprechung ein.
- *Prüfung*: Die Prüfung anhand einer Qualitätsprüfungsbesprechung dient der Klärung des Umgangs mit den Spezifikationsabweichungen. Vor allem muss geklärt werden, ob tatsächlich eine Abweichung von der Spezifikation gemäß Produktbeschreibung vorliegt oder ob es sich eher um eine geänderte Anforderung handelt.
- *Einleiten von Folgeaktionen*: Die aus der Prüfung resultierenden Folgeaktionen (also offene Punkte) werden wie alle offenen Punkte in der „Liste der offenen Punkte" dokumentiert und entsprechend weiterbehandelt.

Es ist offensichtlich, dass die Qualitätsprüfungstechnik nur dann sinnvoll anwendbar ist, wenn zu Beginn des Projektes detaillierte Produktbeschreibungen erstellt wurden. Je weniger greifbar das Produkt ist, desto wichtiger wird eine Beschreibung, die eine klare Aussage zu den Spezifikationen mit messbaren Kriterien für die Prüfung der Qualität enthält.

In einigen Fällen ist die Spezifikation messbarer Kriterien schwierig. Die Spezifikation zur Erstellung einer Prozessbeschreibung ist sicher eine Herausforderung. Dennoch lassen sich anhand von einigen einfachen Kriterien Aussagen zur Güte einer Prozessbeschreibung machen. Mögliche Kriterien sind z. B.:

- Einhaltung eines vereinbarten Dokumentationsstandards,
- Lieferung der erwarteten Ergebnisse bei Simulation typischer Geschäftsvorfälle,
- Konsistenz der Schnittstellenbeschreibungen,
- Vollständigkeit der Schnittstellenbeschreibung in Bezug auf definierte Informationsanforderungen.

Gerade bei Prozessveränderungsprojekten ist es oft schwer, die Ergebnisse zu greifen. Zumal der Nutzen erst entsteht, wenn die handelnden Personen den Prozess mit Leben füllen. Die Qualitätsprüfung der einzelnen Produkte ist daher besonders wichtig. Wenn der erwartete Nutzen einer Prozessveränderung nicht eintritt, kann das verschiedene Ursachen haben, z. B.:

- Fehler im Prozessablauf oder den Schnittstellendefinitionen,
- Fehler in der Prozessautomatisierung (Toolimplementierung),
- Fehlende Akzeptanz bei den Prozessdurchführenden.

Klar definierte Produktbeschreibungen und messbare Kriterien für die Zielerreichung helfen Ihnen dabei zu erkennen, ob und an welchen Produkten nachgearbeitet werden muss.

7.4 PRINCE2®:2009 im Überblick

Im Jahr 2009 wurde eine überarbeitete PRINCE2®-Version unter der Bezeichnung PRINCE2®:2009 veröffentlicht. Das wichtigste Ziel der Überarbeitung war die Vereinfachung der Struktur und die Beseitigung von Unklarheiten. Auf diese Weise soll den potentiellen Anwendern der Zugang zu dieser Methode weiter erleichtert werden. Weil die Grundprinzipien dabei jedoch beibehalten wurden, wird diese Überarbeitung bewusst nicht als neue Version, etwa als „PRINCE3", bezeichnet.

Auch die Definition eines Projektes wurde in der neuen Version leicht verändert, so dass ich die oben genannten Definitionen gerne um eine dritte aus PRINCE2®:2009 ergänzen möchte:

„*A Project ist a temporary organization that is created for the purpose of delivering one or more business products according to an agreed Business Case.*"
[PRINCE2®, 2009]

(Deutsch in der Übersetzung des Autors: *Ein Projekt ist eine vorübergehende Organisationsform, die für die Lieferung eines oder mehrerer Produkte entsprechend eines vereinbarten Business Case gegründet wird.*)

Neben dieser Definition werden wichtige Charakteristika eines Projektes beschrieben, die die Beantwortung der Frage „Ist mein Vorhaben überhaupt ein Projekt?" erleichtern sollen. Wichtige Charakteristika sind:

- **Change** – Es wird etwas verändert.
- **Temporary** – Ein Projekt ist zeitlich befristet.
- **Cross-functional** – Es sind mehrere Unternehmensbereiche (Funktionen) betroffen.
- **Unique** – Es handelt sich um eine einmalige Aufgabe.
- **Uncertainty** – Projekte beinhalten oft ein größeres Risiko als das Tagesgeschäft.

Was versteht man eigentlich unter Projektmanagement? Die Definition aus der Version 2005 wurde weitgehend übernommen und um den besonderen Fokus auf die fett gedruckten Schlüsselbegriffe ergänzt:

> „Project management is the planning, organizing, monitoring and control of all aspects of the project, and the motivation of those involved, to achieve the project objectives within the expected requirements for **time**, **cost**, **quality**, **scope**, **benefits** and **risk**." [PRINCE2®,2009]

(Deutsch in der Übersetzung des Autors: *Projektmanagement ist die Planung, Organisation, das Monitoring und die Steuerung aller Aspekte des Projektes. Ebenso die Motivation derjenigen Beteiligten, die die Projektziele innerhalb der Anforderungen für Zeit, Kosten, Qualität, Scope, Nutzen und Risiko erreichen sollen.*)

7.4.1 Was ist neu in PRINCE2®:2009?

Die Literatur zu PRINCE2® wurde in der Version 2009 in zwei Bände gegliedert:

- Das Buch *Directing Successful Projects with PRINCE2®* richtet sich insbesondere an Projektauftraggeber und Entscheider, also an die Mitglieder des Lenkungsausschusses.
- Das Buch *Managing Successful Projects with PRINCE2®* richtet sich an die gesamte Projektorganisation, also an alle Projektbeteiligten, und bildet den Kern der neuen Version.

Insgesamt wurde der Umfang der Literatur jedoch durch die Vereinfachung der Struktur und die Vermeidung von Redundanzen um fast ein Drittel reduziert. Im weiteren Verlauf werde ich mich auf das Buch *Managing Successful Projects* konzentrieren, da es den Kern der neuen Version bildet und zudem auch einziger Inhalt der neuen PRINCE2®-Ausbildungswege ist. Managern, die häufig Projekte beauftragen, empfehle ich, sich zusätzlich mit dem Buch *Directing Successful Projects* auseinanderzusetzen. Es liefert wertvolle Hinweise insbesondere für Mitglieder des Lenkungsausschusses.

Die wesentlichen Änderungen im Überblick

- Dem Buch wurden sieben Prinzipien (Principles) des Projektmanagements vorangestellt.
- Die bisherigen acht Prozesse (Processes) wurden auf sieben reduziert (Die Aktivitäten des Prozesses „Planning" werden im Rahmen der anderen Prozesse besprochen).

- Die Subprozesse entfallen in der Version 2009.
- Die acht aus der Version 2005 bekannten Komponenten wurden durch sieben so genannte Themen (Themes) ersetzt.
- Die in PRINCE2®:2005 beschriebenen Techniken (Techniques) entfallen und werden bei Bedarf im Rahmen der entsprechenden Themen (Themes) beschrieben.
- Die Zahl der Management Produkte wurde von 36 auf 26 reduziert.
- Dem Tailoring, also der Anpassung der Methode an den jeweiligen Projektkontext, wurde besondere Bedeutung beigemessen.

7.4.1.1 Sieben Prinzipien (Principles) des Projektmanagements

Eine herausragende Neuerung bilden aus meiner Sicht die vorangestellten sieben Prinzipien des Projektmanagements. Sie liefern übersichtliche Leitlinien oder Anhaltspunkte, mit deren Hilfe auf einfache Weise überprüft werden kann, ob ein Projekt nach den Grundsätzen von PRINCE2® durchgeführt wird. Sie liefern sozusagen einen grundsätzlichen Rahmen für ein Projekt, ohne dogmatisch auf einzelne Prozesse oder Aktivitäten zu fokussieren. Zwar waren diese Prinzipien auch in der Version 2005 schon mehr oder weniger deutlich vorhanden, aber sie waren verstreut über die gesamte Literatur und nicht zwingend als solche zu erkennen. Die folgenden sieben Prinzipien werden beschrieben:

- **Kontinuierliche Ausrichtung am Business (Continued Business Justification)**
  Projekte müssen zu jeder Zeit den Nutzen für das Unternehmen nachweisen können. Wichtigste Grundlage dafür ist ein eindeutiger Business Case für das Projekt, in dem Aufwand und Nutzen gegenübergestellt werden und der durch dieses Projekt zu erzielende Mehrwert sowie die Risiken bewertet werden (mehr dazu in Abschnitt 7.4.1.2 zum Thema Business Case). Der Business Case liefert die Rechtfertigung für den Start und die Fortführung eines Projekts.

- **Aus Erfahrungen lernen (Learn from Experience)**
  Das Lernen aus Fehlern ist eines der wichtigsten Werkzeuge, um Projekte effizient und gleichzeitig erfolgreich zu gestalten. In diesem Bereich wurden in PRINCE2®:2009 wichtige Neuerungen eingeführt. In der Version 2005 ging es insbesondere darum, am Ende eines Projektes die Erfahrungen zu sammeln und im „Lessons Learned Log" zu dokumentieren und zu berichten.

  In der Version 2009 wurde die neue Aktivität „Learning from Experience" bereits im Prozess „Starting Up a Project (SU)" integriert. Diese Neuerung soll sicherstellen, dass bereits zu Beginn eines Projektes die Erfahrungen aus früheren Projekten erkannt und verarbeitet werden und in die Planung des neuen Projektes einfließen. Zudem werden die Erfahrungen aus dem aktuellen Projekt nun nicht erst am Ende des Projektes, sondern bereits innerhalb der einzelnen Projektphasen dokumentiert und berichtet, damit sie von möglichen weiteren Projekten bereits genutzt werden können.

- **Definierte Rollen und Verantwortlichkeiten (Defined Roles & Responsibilities)**
  Die im Projekt definierten Rollen und Verantwortungen müssen so ausgewählt werden, dass die Stakeholder, also diejenigen, die entweder einen Nutzen aus dem jeweiligen

Projekt haben oder einen Beitrag zum Projekterfolg liefern, eingebunden sind. Auf diese Weise wird sichergestellt, dass Business, Anwender und Zulieferer adäquat im Projekt vertreten sind und den bestmöglichen Beitrag zum Erfolg leisten können.

- **Phasenorientiertes Management (Management by Stage)**
Grundsätzlich wird jedes PRINCE2®-Projekt innerhalb definierter Phasen geplant, überwacht und gesteuert. Die Phasen dienen der sinnvollen Gliederung des Projektes in logische Abschnitte, an deren Ende gezielt Entscheidungspunkte gesetzt werden, an denen der Lenkungsausschuss über den Projektfortgang entscheidet und gegebenenfalls Ressourcen und finanzielle Mittel freigibt. Der Projektmanager berichtet am Ende jeder Phase an den Lenkungsausschuss.

- **Steuern nach dem Ausnahmeprinzip (Manage by Exception)**
Im Rahmen eines PRINCE2®-Projektes werden für die definierten Ziele des Projektes Toleranzen definiert, innerhalb derer sich der Projektverlauf ohne Intervention bewegen kann. Werden also Befugnisse innerhalb des Projektes delegiert, bilden diese Toleranzen die Grenzen für die Entscheidungen, die ohne weiteren Eingriff der Projektleitung oder des Lenkungsausschusses getroffen werden können. Für das Projektmanagement bedeutet das, dass nur dann Maßnahmen ergriffen werden müssen, wenn im Rahmen einer an das Projektteam delegierten Aufgabe diese Grenzen (zum Beispiel bezüglich Zeit, Ressourcen oder Budget) überschritten werden. Diese Herangehensweise fördert auf der einen Seite die Eigenverantwortung des Projektteams und vermeidet auf der anderen Seite zu viel Management Overhead während des Projektes.

- **Produktorientierung (Focus on products)**
Der Kern eines PRINCE2®-Projektes sind die Produkte, die durch dieses Projekt geliefert werden sollen. Im Rahmen der Planung eines Projektes wird also nicht einfach eine Reihe von Aktivitäten festgelegt, sondern es werden zu liefernde Produkte definiert und entsprechende Akzeptanzkriterien zugeordnet. So wird sichergestellt, dass die gelieferten Ergebnisse den Erwartungen der Kunden bzw. Stakeholder entsprechen. Ein Produkt kann dabei selbstverständlich sowohl aus materiellen als auch aus immateriellen Komponenten bestehen.

- **Anpassen an die Projektumgebung (Tailor to suit the project environment)**
Ähnlich wie andere Methoden und Best Practices kann auch PRINCE2® nicht einfach „implementiert" werden. Die Rahmenbedingungen verschiedener Unternehmen und Projekte bedingen individuelle Anpassungen der verwendeten Methoden und Hilfsmittel. PRINCE2®:2009 verwendet ein komplettes Kapitel darauf, wie die Methode sinnvoll an die jeweiligen Bedingungen angepasst werden kann. Die Ausprägung der PRINCE2® Prinzipien in einem Projekt kann von verschiedenen Faktoren wie zum Beispiel Projektumgebung, Projektgröße, Komplexität, vorhandene Fähigkeiten oder Risiko abhängen.

7.4.1.2 Sieben PRINCE2®-Themen (Themes)

Bei den Themen (Themes) handelt es sich um die Aspekte des Projektmanagements, die während eines Projektes kontinuierlich adressiert werden müssen. Im Rahmen der Themen werden im Wesentlichen die Aspekte betrachtet, die in PRINCE2®:2005 in den Komponenten (Components) beschrieben wurden. Die acht Komponenten aus PRINCE2®:2009 entfallen in der aktuellen Version und werden durch die sieben Themen ersetzt. Tabelle 7.1 zeigt die Komponenten und Themen im Vergleich.

Tabelle 7.1 Komponenten und Themen im Vergleich

Komponenten in PRINCE2®:2005	Themen in PRINCE2®:2009
Business Case	Business Case
Organization	Organization
Quality	Quality
Plans	Plans
Risk	Risk
Configuration Management	Change
Change Control	
Controls	Progress

Business Case

Um dem Prinzip der kontinuierlichen Ausrichtung am Business gerecht zu werden, wird für jedes Projekt ein Business Case erstellt. Dieser Business Case stellt eines der 26 Management-Produkte dar (Management-Produkte sind Dokumente, die in den einzelnen Prozessen erstellt und zur Steuerung des Projektes genutzt werden). Zweck eines Business Case ist es, die notwendigen Investitionen in das Projekt mit dessen Ergebnis und dem daraus resultierenden Nutzen für das Unternehmen nachvollziehbar zu rechtfertigen. Im Business Case wird also bewertet, ob ein Projekt auf der einen Seite erstrebenswert und auf der anderen Seite auch durchführbar ist.

Der Business Case befasst sich zu diesem Zweck zunächst mit der Abschätzung der Kosten, des Nutzens und der Risiken über den gesamten Lebenszyklus der im Projekt zu erzeugenden Produkte. Die tatsächlichen Kosten- und Nutzeneffekte sowie die Risiken können sich im Verlauf des Projektes verändern. Aus diesem Grund wird der Business Case bei jedem Phasenübergang überprüft und gegebenenfalls angepasst.

Das Thema Business Case befasst sich mit der Frage:

> *Warum sollte das Projekt durchgeführt werden?*

Organisation (Organization)

Das Thema Organisation adressiert das Prinzip, dass jedes Projekt sinnvoll definierte Rollen und Verantwortungen benötigt, um die vereinbarten Ergebnisse effizient und effektiv liefern zu können. Die Zuordnung der Rollen zu Personen innerhalb der Organisation soll im Rahmen der Anpassung an die Projektumgebung (Tailoring, siehe Abschnitt 7.4.1.4) angepasst werden. Nicht jede Rolle muss 1:1 mit einer dedizierten Person besetzt werden. Eine Person kann also durchaus mehrere Rollen wahrnehmen.

Grundsätzlich gilt für die Besetzung der Rollen im Projekt wie schon weiter oben beschrieben, dass in jedem Fall die folgenden drei Interessengruppen im Projektteam vertreten sein sollten:

- Business
- Anwender
- Lieferanten oder externe Dienstleister

Das Thema Organisation befasst sich mit der Frage:

Wer sollte am Projekt in welcher Rolle beteiligt werden?

Qualität (Quality)

Das Thema Qualität betrachtet, welche Mittel und Maßnahmen definiert und implementiert werden müssen, damit das Projekt in der Lage ist, die Produkte entsprechend des Bedarfs der Kunden zu liefern. Wichtige Fragestellungen sind die nach den Qualitätsanforderungen des Kunden und nach entsprechenden Akzeptanzkriterien für die zu liefernden Produkte.

Im Rahmen dieses Themas wird konkret definiert, was geliefert werden muss, um den im Business Case beschriebenen Nutzen tatsächlich zu erzeugen. Die Technik „Quality Review" wird nach dem Wegfall der Techniken in PRINCE2®:2009 nun in diesem Thema beschrieben.

Das Thema Qualität befasst sich mit der Frage:

Was muss als Ergebnis des Projektes geliefert werden?

Pläne (Plans)

Dieses Thema betrachtet die Frage, wie die definierten Produkte entsprechend der vereinbarten Akzeptanzkriterien geliefert werden können. Innerhalb eines Projektes werden unterschiedliche Pläne auf verschiedenen Ebenen definiert.

- Der Projektplan (project plan) definiert eine Übersichtsplanung und ermöglicht insbesondere dem Lenkungsausschuss einen Überblick über das gesamte Projekt. Er wird zu Beginn des Projektes erstellt und im Projektverlauf bei Bedarf angepasst.
- Der Phasenplan (stage plan) wird durch den Projektmanager für die tägliche Steuerung des Projektes verwendet. Der Phasenplan wird erstellt, wenn die vorangehende Phase kurz vor dem Abschluss steht.
- Der Team-Plan (team plan) ist ein Bestandteil des Phasenplans und beinhaltet detailliertere Informationen zu den einzelnen Arbeitspaketen.
- Ausnahmepläne (exception plans) ersetzen aktuelle Pläne, die aufgrund einer Exception durch eine alternative Vorgehensweise ersetzt werden müssen.

Das Thema Pläne befasst sich mit den Fragen:

Wie erreichen wir die Ziele, was müssen wir dafür leisten?
Wann müssen welche Aktionen erfolgen?

Risiken (Risk)

Das Thema Risiko befasst sich mit der Identifikation und dem Management von Risiken innerhalb des Projektes. Es hat zum Ziel, das Projekt trotz vorhandener und möglicherweise sogar eintretender Risiken in die Lage zu versetzen, erfolgreich die erwarteten Ergebnisse zu liefern. Risiken werden zu diesem Zweck

- identifiziert,
- untersucht und
- kontrolliert.

Das Thema Risiken befasst sich also mit den Fragen:

Was passiert, wenn unvorhergesehene Ereignisse auftreten, und wie gehen wir damit um?

Veränderung (Change)

Im Rahmen dieses Themas werden zwei wichtige Aspekte behandelt, die in der Version 2005 noch als jeweils eigenständige Komponenten beschrieben wurden:

- Configuration Management
- Issue & Change Control

Das Configuration Management befasst sich wie schon in PRINCE2®:2005 mit der Planung, Steuerung, Statuserfassung, Verifizierung und dem Audit der als Configuration Items gepflegten Produkte des Projektes.

Issue & Change Control stellt sicher, dass im Verlauf des Projektes keine Änderungen mit zu hohem Risiko oder ohne Betrachtung der Auswirkungen auf den definierten Business Case, die Projektpläne oder andere Produkte vorgenommen werden. Change Control in Bezug auf die drei bekannten Ausprägungen offener Punkte (RFC, Abweichung von der Spezifikation, Problem/Concern) erfolgt in den folgenden Schritten:

- Erfassen (capturing)
- Untersuchen (examine)
- Vorschlag (propose)
- Entscheiden (decide)
- Implementieren (implement)

Mit dem Thema Veränderung wird die folgende Frage beantwortet:

Was sind die Auswirkungen von Änderungen und wie gehen wir damit um?

Projektfortschritt (Progress)

Das Thema Projektfortschritt ersetzt die Komponente „Controls" aus PRINCE2®:2005 und befasst sich mit der Definition und Implementierung von Mechanismen, um den tatsächlichen Projektfortschritt zu messen und mit den vorhandenen Planungen zu vergleichen. Ziel ist es, eine Vorhersage zum Erreichen der Projektziele ableiten zu können. Mit diesem Thema lässt sich erkennen, ob definierte Toleranzen überschritten werden und somit möglicherweise eine Exception (Ausnahme) vorliegt, die entsprechende Maßnahmen zur Korrektur erfordert.

Das Thema Progress befasst sich mit den Fragen:

Wo stehen wir heute? In welche Richtung entwickelt sich das Projekt?

7.4.1.3 Sieben PRINCE2®-Prozesse (Processes)

Im Bereich der Prozesse wurde PRINCE2® in der Version 2009 sehr deutlich vereinfacht. Zum einen wurde die Zahl der Prozesse von acht auf sieben reduziert. Zum anderen werden die sehr detaillierten Subprozesse aus PRINCE2®:2005 nicht mehr als solche beschrieben. Weil sie sehr detailliert beschrieben waren, verursachten sie bei der Anwendung der Methode einen erheblichen Mehraufwand. Stattdessen werden nun jedem Prozess Aktivitäten zugeordnet, die zwar inhaltlich in vielen (aber nicht allen) Punkten den alten Subprozessen ähneln, jedoch weniger starre Vorgaben bedeuten. Auch die Nummerierung der Prozesse wurde entfernt. In der aktuellen Version werden die Prozesse auf drei Ebenen beschrieben:

- Die erste Ebene beschreibt den Prozess, den Zweck und die entsprechenden Ziele.
- Die zweite Ebene beschreibt eine Liste von Aktivitäten im Prozess, Schnittstellen zu anderen Prozessen, Inputs und Outputs, sowie Verantwortlichkeiten. Die Aktivitäten ersetzen die bisherigen Sub-Prozesse.
- Die dritte Ebene beschreibt empfohlene Tätigkeiten (recommended actions) als Dinge, die konkret im Rahmen der Aktivitäten getan werden sollen. Abbildung 7.5 zeigt den Zusammenhang zwischen Prozessen, Aktivitäten und Tätigkeiten.

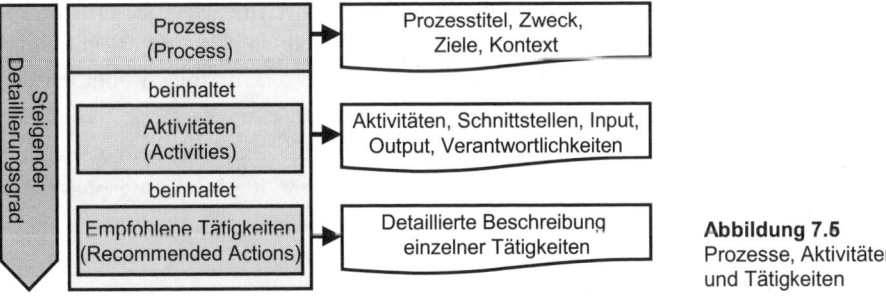

Abbildung 7.5 Prozesse, Aktivitäten und Tätigkeiten

Die einzelnen Prozesse bleiben im Vergleich zur Version 2005 weitgehend unverändert. Die Zahl der Prozesse reduziert sich, weil der Prozess „Planen" gestrichen wurde. Die wichtigen Aspekte der Planung werden nun im entsprechenden Thema (Theme) besprochen. Die in PRINCE2®:2009 beschriebenen Prozesse sind:

7 ITSM und Projektmanagement

- Vorbereiten eines Projekts (Starting up a Project, SU)
- Lenken eines Projekts (Directing a Project, DP)
- Initiieren eines Projekts (Initiating a Project, IP)
- Steuern einer Phase (Controlling a stage, CS)
- Managen der Produktlieferung (Managing Product Delivery, MP)
- Managen eines Phasenübergangs (Managing a Stage Boundary, SB)
- Abschließen eines Projekts (Closing a Project, CS)

SU: Vorbereiten eines Projekts (Starting up a Project)

Dieser Prozess wird durch die Erteilung eines Projektmandates durch das Business initiiert. Ziel ist es, bereits vor dem Projektstart eine adäquate Planung zur Verfügung zu stellen. Die Vorgaben aus dem Projektmandat werden in diesem Prozess in einen Projektauftrag (project brief) überführt, der als Basis für die weitere Planung dient. Die Aktivitäten innerhalb des Prozesses sind:

- **Benennen eines Projektauftraggebers und eines Projektmanagers** (Appoint the Executive and Project Manager): Der Projektmanager wird durch den Projektauftraggeber benannt. Als Management-Produkt wird durch den Projektmanager ein tägliches Log erstellt (Daily Log).
- **Erfassen bisheriger Erfahrungen** (Capturing Previous Lessons): Der Projektmanager prüft, ob Erfahrungen aus früheren Vorhaben vorliegen, erstellt ein Lessons Log und füllt es bei Bedarf mit den bisherigen Erfahrungen.
- **Gestalten und Benennen des Projektmanagement-Teams** (Design and Appoint Project Management Team): Die Struktur des Teams und die Rollenbeschreibungen werden in dieser Aktivität erstellt.
- **Entwurf eines Business Case** (Prepare the Outline Business Case): Der Entwurf bildet die Grundlage für die Erstellung des vollständigen Business Case im Prozess „Initiieren eines Projekts".
- **Projektlösungsansatz festlegen und Projektauftrag erstellen** (Select the Project Approach and Assemble the Project Brief): Der Projektauftrag enthält die Projektdefinition, den Entwurf des Business Case, Produktbeschreibungen, den Projektlösungsansatz, die Struktur des Projektteams und Rollenbeschreibungen.
- **Initiierungsphase planen** (Plan the Initiation Stage): Der Projektmanger verwendet den Projektauftrag, das Daily Log und das Lessons Log, um die Initiierungsphase vorzubereiten.

DP: Lenken eines Projekts (Directing a Project)

Dieser Prozess befasst sich mit der fortlaufenden Lenkung eines Projektes beginnend mit dem Projektstart nach der Vorbereitung des Projektes. Der Prozess beinhaltet die folgenden Aktivitäten:

- **Projektinitiierung freigeben** (Authorise Initiation): Diese Aktivität bestätigt die Produkte aus der Phase „Vorbereiten eines Projektes" und gibt die Initiierungsphase frei.
- **Projekt freigeben** (Authorise the Project): In dieser Phase wird das Projekt zur weiteren Fortsetzung freigegeben. Erst hier wird die Bereitstellung der vollständigen Mittel für das Projekt im Rahmen der Projektinitiierung autorisiert.
- **Phasen- oder Ausnahmeplan freigeben** (Authorise Stage or Exception Plan): Hier werden die Ergebnisse der jeweils vorhergehenden Phasen bewertet und die weiteren Projektpläne oder auch Ausnahmepläne freigegeben.
- **Ad-hoc-Anweisungen geben** (Give ad hoc Direction): Der Lenkungsausschuss kann in bestimmten Situationen wie Exceptions oder direkte Anfragen Ad-Hoc-Anweisungen in das Projekt einbringen.
- **Projektabschluss bestätigen** (Authorise project closure): Nach Abschluss aller Phasen wird nach Prüfung der Ergebnisse der Abschluss des Projektes bestätigt. Betrachtet werden unter anderem der End Project Report und der Business Case.

IP: Initiieren eines Projekts (Initiating a Project)

Ziel dieses Prozesses ist die Vereinbarung eines gemeinsamen Verständnisses vom Projekt und dessen Scope, bevor größere Investitionen vorgenommen werden. Es geht unter anderem darum zu verstehen, welche Risiken und welcher Nutzen zu erwarten sind, Welche Kosten entstehen, wer beteiligt werden muss und wie die Qualität der Produkte sichergestellt werden kann. In diesem Prozess wird die Projektinitiierungsdokumentation (Project Initiation Documentation, PID) erstellt. In ihr werden alle relevanten Informationen für das Projekt gesammelt. Die Inhalte des PID im Einzelnen sind:

- Projektdefinition
- Herangehensweise
- Busines Case
- Teamstruktur
- Rollenbeschreibungen
- Strategien für Qualitäts-Management, Konfigurations-Management, Risiko-Management und Kommunikations-Management
- Projektplan
- Projektsteuerungsmittel
- Anpassungen (Tailoring)

Die Aktivitäten des Prozesses sind:

- **Risiko Management-Strategie erstellen** (Prepare Risk Management Strategy): Mit Hilfe des Projektauftrages und der aktuellen Logs (Daily, Lessons) wird eine Strategie zum Umgang mit Risiken vorbereitet. Ein Risiko-Register wird erstellt.
- **Konfigurations-Management-Strategie erstellen** (Prepare Configuration Management Strategy): Eine Strategie für das Konfigurations-Management wird erarbeitet und die initialen Configuration Items im Kontext des Projektes erstellt.

- **Qualitäts-Management-Strategie (QMS) erstellen** (Prepare the Quality Management Strategy): Unter Betrachtung der Produktbeschreibungen des Projektauftrags und der aktuellen Logs wird eine adäquate Strategie für das Qualitätsmanagement vorbereitet, ein Quality-Register wird erstellt.
- **Kommunikations-Management-Strategie erstellen** (Prepare the Communication Management Strategy): In Abstimmung mit den Stakeholdern wird ihr jeweiliger Informationsbedarf unter Einbeziehung der QMS, der Risiko-Management-Strategie und der Konfigurations-Management-Strategie ermittelt und die Kommunikations-Management-Strategie abgeleitet.
- **Projektsteuerungsmittel einrichten** (Set up the Project Controls): Project Controls unterstützen bei der faktenbasierten Steuerung eines Projektes. Typische Project Controls beinhalten unter anderem: Häufigkeit und Art der Kommunikation, festgelegte Toleranzen, Umgang mit Exceptions, Anzahl der Phasen im Vergleich zu vorhandenen „End Stage Reports".
- **Projektplan erstellen** (Create the Project Plan): Unter Einbeziehung der Anwender und Lieferanten wird im Rahmen dieser Aktivität der Projektplan erstellt.
- **Business Case verfeinern** (Refine the Business Case): Basierend auf dem Entwurf des Business Plans wird im Rahmen dieser Aktivität der detaillierte Business Case für das aktuelle Projekt erstellt.
- **Projekt-Initiierungs-Dokument (PID) zusammenstellen** (Assemble the Project Initiation Document): Das Projekt-Initiierungs-Dokument wird aus den in diesem Prozess erstellten Management-Produkten zusammengestellt.

CS: Steuern einer Phase (Controlling a Stage)

Zweck dieses Prozesses ist die Zuordnung und Überwachung von Aufgaben im Projekt, der Umgang mit Vorkommnissen und das Reporting des Projektfortschritts. Ziel ist es, die Produkte in der vereinbarten Qualität zu liefern, indem Risiken kontrolliert, der Business Case beachtet und bei Bedarf angepasst wird sowie Kosten und Zeitplanung innerhalb der Toleranzen liegen. Die Aktivitäten in diesem Prozess sind in die drei Hauptbereiche Arbeitspakete (Work Packages), Monitoring und Reporting und Offene Punkte (Issues) gegliedert.

Die Aktivitäten des Prozesses sind:

- **Arbeitspaket freigeben** (Authorise a Work Package): Gemeinsam mit den jeweiligen Verantwortlichen für die Durchführung wird das Arbeitspaket bewertet und zur Bearbeitung freigegeben.
- **Fortschritt überwachen** (Review Work Package Status): Der Bearbeitungsfortschritt der Arbeitspakete wird kontinuierliche überwacht. Bei Bedarf werden Maßnahmen wie zum Beispiel Eskalationen initiiert.
- **Arbeitspakete abnehmen** (Receive Completed Work Packages): Es wird überprüft, ob das Arbeitspaket fertiggestellt und ob das Quality Register vollständig ist. Der entsprechende CI-Datensatz wird gepflegt und der Phasenplan aktualisiert.

- **Phasenstatus prüfen** (Review Stage Status): Entsprechend der Vorgaben im Phasenplan oder aus dem Lenkungsausschuss wird der aktuelle Status der Phase regelmäßig überprüft und entschieden, ob Maßnahmen abgeleitet werden müssen.
- **Über Highlights berichten** (Report Highlights): Entsprechend der Vorgaben aus der Kommunikations-Management-Strategie wird der Lenkungsausschuss regelmäßig über den Phasen- und Projektfortschritt informiert.
- **Offene Punkte und Risiken erfassen und Untersuchen** (Capture and Examine Issues and Risks): Aktuelle offene Punkte und Risiken werden erfasst und untersucht. Anschließend werden bei Bedarf entsprechende Korrekturmaßnahmen abgeleitet.
- **Offene Punkte und Risiken eskalieren** (Escalate Issues and Risks): Wird eine vereinbarte Toleranz im Projekt durch einen Vorfall überschritten, so erfolgt schnellstmöglich eine Eskalation an den Lenkungsausschuss.
- **Korrekturmaßnahmen einleiten** (Take Corrective Action): Bei Bedarf werden Korrekturmaßnahmen im Rahmen der Projektphase initiiert. Dazu werden aktuelle CI Records, Offene Punkte, Risiko-Register und Exception Reports analysiert und anschließend die bestmöglichen Maßnahmen zum Umgang mit etwaigen Vorfällen definiert.

MP: Managen der Produktlieferung (<u>M</u>anaging <u>P</u>roduct Delivery)

Innerhalb dieses Prozesses wird die Zusammenarbeit zwischen dem Projektmanager und den jeweiligen für die Produkterstellung verantwortlichen Teamleitern gesteuert. Zu diesem Zweck werden formale Anforderungen an die Annahme, die Verarbeitung und die Lieferung der Arbeitspakete definiert. Die Aktivitäten in diesem Prozess sind:

- **Arbeitspaket annehmen** (Accept a Work Package): Die Arbeitspakete werden einem Review unterzogen, in dem unter anderem festgelegt wird, was zu liefern ist, mögliche Einschränkungen werden ermittelt und Toleranzen festgelegt. Anschließend wird ein Team-Plan für die Produkterstellung erzeugt und freigegeben.
- **Arbeitspaket ausführen** (Execute a Work Package): In dieser Aktivität wird die Erstellung der Produkte gesteuert. Dabei wird unter anderem sichergestellt, dass die Produkte den Qualitätsanforderungen entsprechen, Schnittstellen betrachtet werden und Risiken erkannt und adressiert werden.
- **Arbeitspaket liefern** (Deliver a Work Package): Das fertige Produkt wird bezüglich der vereinbarten Produktqualität überprüft und der Projektmanager über die Fertigstellung informiert.

SB: Managen eines Phasenübergangs (Managing a <u>S</u>tage <u>B</u>oundary)

Dieser Prozess soll sicherstellen, dass der Lenkungsausschuss zuverlässig durch den Projektmanager mit ausreichend Informationen versorgt wird. So kann der Erfolg der aktuellen Phase bewertet und bei Bedarf die nächste Phase genehmigt werden. Darüber hinaus wird die jeweils folgende Phase vorbereitet, so dass die Übergänge zwischen den Phasen zu einer erfolgreichen Projektdurchführung beitragen. Die in diesem Prozess beschriebenen Aktivitäten sind:

- **Nächste Phase planen** (Plan the Next Stage): Die nächste Phase wird im Rahmen dieser Aktivität vorbereitet und geplant. Es wird ein Phasenplan erstellt und abgestimmt. Ebenso werden die Produktbeschreibungen für die nächste Phase erstellt.
- **Projektplan aktualisieren** (Update the Project Plan): Der vorhandene Projektplan wird auf Basis der erfolgten Detailplanungen aktualisiert.
- **Business Case aktualisieren** (Update the Business Case): Bei Bedarf wird im Rahmen dieser Aktivität der Business Case des Projektes aktualisiert, um gegebenenfalls aktuelle Entwicklungen in die Bewertung einfließen lassen zu können.
- **Phasenabschluss kommunizieren** (Report Stage End): Nach Abschluss einer Phase wird dieser Abschluss im Stage End Report dokumentiert und kommuniziert. Der Lessons Report wird bei Bedarf aktualisiert.
- **Ausnahmeplan erstellen** (Produce an Exception Plan): Wenn notwendig, wird in dieser Aktivität ein Ausnahmeplan erstellt, in dem der Umgang mit unvorhergesehenen Ereignissen beschrieben wird. Er ist die Basis für das Prinzip Management by Exception.

CP: Abschließen eines Projekts (Closing a Project)

Dieser Prozess stellt sicher, dass die Akzeptanzkriterien der im Projekt erstellten Produkte zu einem definierten Zeitpunkt erfüllt und vom Kunden bestätigt sind. Abschließend wird das Projekt in Bezug auf die Performance und die Ergebnisse bewertet. Die Aktivitäten in diesem Prozess sind:

- **Geplanten Projektabschluss vorbereiten** (Prepare Planned Closure): Es wird überprüft, ob die Produkte wie vereinbart geliefert wurden und ob die Erwartungen des Kunden erfüllt sind.
- **Vorzeitigen Projektabschluss vorbereiten** (Prepare Premature Closure): Bereitet einen möglichen vorzeitigen Projektabschluss vor. Der vorzeitige Abschluss kann verschiedene Gründe haben, zum Beispiel veränderte Rahmenbedingungen.
- **Produkte übergeben** (Hand Over Products): In dieser Aktivität erfolgt die Übergabe der Produkte an die Betriebs- und Support-Organisation.
- **Projekt bewerten** (Evaluate the Project): Das Projekt wird bezüglich der Performance (Zeit, Budget, Qualität) bewertet und die Lessons aus dem Projekt werden dokumentiert.
- **Projektabschluss empfehlen** (Recommend Project Closure): In dieser Aktivität erfolgt die Empfehlung des Projektabschlusses. Alle Logs und Register werden geschlossen.

Abbildung 7.6 zeigt die Prozesse und die wichtigsten Verbindungen im Überblick. Der im angedeuteten schwarzen Rahmen dargestellte Bereich aus Managing a Stage Boundary (SB), Controlling a Stage (CS) und Managing Product Delivery (MP) kann je nach Anzahl der geplanten Projektphasen beliebig wiederholt werden. Statt Closing a Project (CP) folgt dann auf Controlling a Stage (CS) der Inhalt des angedeuteten schwarzen Rahmens, beginnend mit Controlling a Stage Boundary (SB) erneut.

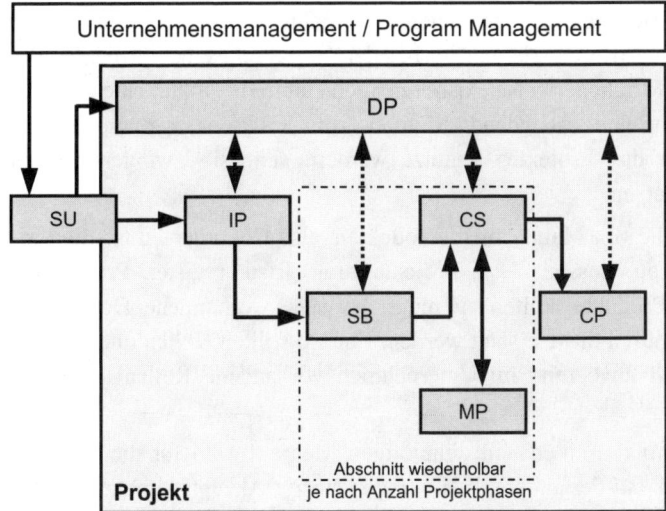

Abbildung 7.6
Überblick
PRINCE2®:2009
Prozesse

7.4.1.4 Anpassen an die Projektumgebung (Tailoring)

Für den Erfolg einer Methode ist es von großer Bedeutung, dass sie gezielt für die jeweilige Situation eingesetzt wird. Viele Unternehmen, die sich von einer Methode wie PRINCE2® oder ITIL® viel versprochen haben, sind in der Vergangenheit mit ihrem Vorhaben mehr oder weniger deutlich gescheitert, weil sie sich nicht an diesem Prinzip orientiert haben. PRINCE2®:2009 trägt dieser Tatsache Rechnung und enthält ein Kapitel zum Tailoring, also zur Anpassung der Methode auf individuelle Bedürfnisse. Darin wird zunächst zwischen Einführen (Embedding) und Anpassung (Tailoring) unterschieden:

- **Embedding** erfolgt durch die Organisation und befasst sich mit der grundlegenden Nutzung einer neuen Methode, einer gemeinsamen Sprache, der Ausbildung der Mitarbeiter und der internen Vermarktung.
- Beim **Tailoring** handelt es sich um gezielte Anpassungsmaßnahmen, die von einem spezifischen Projektteam im Kontext eines spezifischen Projekts vorgenommen werden.

Für das Tailoring werden drei grundlegende Einflussfaktoren für die tatsächliche Projektplanung und Durchführung betrachtet:

- Umgebungs- oder Umweltfaktoren beziehen die aktuellen Rahmenbedingungen im Unternehmen ein.
- Die PRINCE2®-Prinzipien geben einen Rahmen für die Gestaltung eines erfolgreichen Projektes vor.
- Einflussfaktoren aus dem aktuellen Projekt berücksichtigen Besonderheiten und Vorgaben für das aktuelle konkrete Vorhaben.

Unter Berücksichtigung dieser Einflussfaktoren wird nun entschieden, an welchen Stellen Anpassungen notwendig sind, und deren Umsetzung initiiert.

Konkret bedeutet das zum Beispiel, dass in vielen Unternehmen bereits eine etablierte Sprache und feststehende Begriffe existieren, die bei der Gestaltung eines Projektes berücksichtigt werden sollten. Möglicherweise existieren auch etablierte Dokumente zur Projektbeschreibung oder es gibt eine feststehende Methode zum Risikomanagement. Solche Elemente sollten innerhalb des Projektes genutzt werden, statt sie zwingend durch PRINCE2®-Vorgaben zu ersetzen.

PRINCE2® erzeugt eine Reihe von Management-Produkten, also Dokumenten für die Projektsteuerung (z.B. Daily Log, Lessons Log, Projektauftrag, Risikoregister, Projektplan usw.). Diese Management-Produkte sollten an möglicherweise vorhandene Dokumente angepasst beziehungsweise durch diese ersetzt werden. Ebenso sollten Rollen und Verantwortlichkeiten in jedem Fall an bereits im Unternehmen vorhandene Rollen angepasst werden.

Diese Maßnahmen helfen auf der einen Seite, unnötigen Mehraufwand für die Nutzung einer Methode zu vermeiden, auf der anderen Seite tragen sie zur Akzeptanz neuer Vorgehensweisen bei, da keine unnötigen Veränderungen an funktionierenden Dingen vorgenommen werden.

7.5 Andere Projektmanagement-Methoden

Das Management von Projekten ist eine Disziplin mit langer Tradition, so verwundert es auch nicht, dass es an beschriebenen Methoden nicht mangelt. Aus der großen Zahl der Projektmanagement-Methoden heben sich jedoch zwei ab, die weltweit verbreitet sind: der Project Management Body of Knowledge (PMBoK) des Project Management Institute (PMI) und die Competence Baseline (ICB) der International Project Management Association (IPMA).

Während bei PRINCE2® ein klarer Fokus auf der prozessorientierten Steuerung eines Projektes liegt, sind die anderen beiden Methoden eher als Wissenssammlungen zu verstehen, aus denen Methoden und Konzepte nach dem individuellen Projektbedarf entnommen werden können. In diesem Abschnitt soll PMBoK beispielhaft im Überblick vorgestellt werden, um auf weitere interessante Wissensgebiete im Zusammenhang mit Projekten hinzuweisen.

7.5.1 Project Management Body of Knowledge (PMBoK)

PMBoK gliedert insgesamt 44 Managementaufgaben in neun Managementbereiche und beschreibt einen Projekt Lifecycle in fünf Prozessgruppen. Die erste Version des PMBoK wurde bereits im Jahr 1987 veröffentlicht und in den Jahren 1996 und 2000 überarbeitet. PMBoK ist sowohl vom IEEE (Institute of Electrical and Electronics Engineers) als auch vom ANSI (American National Standards Institute) als Standard anerkannt. Die letzte Aktualisierung erfolgte im Jahr 2004.

Die neun Managementaufgaben

1. Management der Projektintegration (Project integration management)

Die Aufgaben in diesem Bereich stellen sicher, dass das Projekt in den Unternehmenskontext eingebunden ist und sowohl die gestellten Anforderungen erfüllt als auch auf äußere Einflüsse adäquat reagiert. Die Projekt Charta bildet dabei ähnlich wie das Projektinitialisierungsdokument (PID) bei PRINCE2® die Basis für die gesamte Projektarbeit.

- Entwicklung der Projekt Charta (Develop project charter)
- Entwicklung der vorläufigen Beschreibung des Projektscope (Develop preliminary project scope statement)
- Entwicklung des Projekt Management Plans (Develop project management plan)
- Steuern und managen der Projektdurchführung (Direct and manage project execution)
- Überwachung und Kontrolle der Projektarbeit (Monitor and control project work)
- Integrierte Änderungskontrolle (Integrated change control)
- Projektabschuss (Close project)

2. Planung des Scopes (Scope planning)

Das Management des Scopes ist eine zentrale Aufgabe im Projektmanagement. Das wird im PMBoK besonders deutlich. Die beschriebenen Aufgaben und Konzepte unterstützen bei der Kontrolle der Projektgrenzen.

- Definition des Scopes (Scope definition)
- Erstellen eines Projektstrukturplanes (Create Work Breakdown Structure ‚WBS)
- Verifizierung des Scope (Scope verification)
- Steuerung des Scope (Scope control)

3. Projekt Zeitmanagement (Project time management)

Das Projekt Zeitmanagement beinhaltet ähnliche Momente wie die produktbasierte Planung bei PRINCE2®. In diesen Bereich fällt zudem die die Überwachung der erstellten Pläne.

- Aktivitätsdefinition (Activity definition)
- Ablaufplanung der Aktivitäten (Activity sequencing)
- Schätzung des Ressourcenbedarfs (Activity resource estimating)
- Schätzung der Dauer der Aktivitäten (Activity duration estimating)
- Entwicklung des Zeitplans (Schedule development)
- Überwachung des Zeitplans (Schedule control)

4. Management der Projektkosten (Project Cost management)

Das Management der Kosten ist neben dem Management der Zeit und der Qualität der Ergebnisse eine der Hauptaufgaben im Projekt Management. Bei PRINCE2® sind die dazu notwendigen Methoden und Aufgaben nicht explizit beschrieben.

- Schätzung der Kosten (Cost estimating)
- Kostenbudgetplanung (Cost budgeting)
- Kostenkontrolle (Cost control)

5. Management der Projektqualität (Project quality management)

Das Management der Qualität ist in verschiedenen Ausprägungen in allen Projektmanagement-Methoden zu finden. Die Beschreibung der Aufgaben unterstützt bei der Wahl der richtigen Werkzeuge zur Qualitätssicherung und -kontrolle.

- Qualitätsplanung (Quality planing)
- Ausüben der Qualitätssicherung (Perform quality assurance)
- Ausüben der Qualitätskontrolle (Perform quality control)

6. Management des Projektpersonals (Project human resource management)

PMBoK trägt der Erkenntnis Rechnung, dass der Projekterfolg zu einem großen Teil von den handelnden Personen abhängt und bezieht folgerichtig das Management des Projektpersonals als wesentlichen Managementbereich mit ein. Dieser Bereich ist eine gute Ergänzung zu den Wissensgebieten aus PRINCE2®.

Bei Prozessveränderungsprojekten sind häufig nicht nur die fachlichen Fähigkeiten, sondern in besonderem Maße auch kommunikative und soziale Fähigkeiten entscheidend für den Projekterfolg. Daher sind die Zusammenstellung und Entwicklung des Projektteams gerade in diesem Umfeld wichtige Aufgaben.

- Personalplanung (Human resource planning)
- Zusammenstellen des Projektteams (Acquire project team)
- Entwickeln des Projektteams (Develop project team)
- Managen des Projektteams (Manage project team)

7. Management der Projektkommunikation (Project communication management)

Während PRINCE2® nur die Aufgaben der Kommunikationsplanung beschreibt, sind bei PMBoK weitere Aufgaben ausgeprägt. Vor allem die Beschreibung des Management der Stakeholder ist eine entscheidende Bereicherung für Prozessveränderungsprojekte.

- Kommunikationsplanung (Communications planning)
- Verteilung von Informationen (Information distribution)
- Berichten über die Leistungen (Performance reporting)
- Management der Stakeholder (Manage Stakeholders)

8. Projektrisikomanagement (Project risk management)

Die in diesem Managementbereich beschriebenen Aufgaben unterstützen bei der Analyse und dem Management der Risiken. Hier unterscheiden sich die Methoden und Verfahren von PRINCE2® und PMBoK zwar im Detail, aber sie leisten doch im Ergebnis dasselbe.

- Planen des Risikomanagement (Risk Management Planning)
- Identifizieren von Risiken (Risk Identification)
- Qualitative Risikoanalyse (Qualitative risk analysis)
- Quantitative Risikoanalyse (Quantitative risk analysis)
- Planung des Risikoschutzes (Risk response planning)
- Überwachung und Steuerung der Risiken (Risk monitoring and control)

9. Management der Beschaffung im Projekt (Project procurement management)

In vielen Projekten spielt die Beschaffung von Komponenten und Ressourcen eine große Rolle, darum wird diesem Managementbereich bei PMBoK auch eine entsprechende Bedeutung beigemessen. Bei PRINCE2® fehlt dieser Bereich, da davon ausgegangen wird, dass diese Aufgaben außerhalb des Projekts in der „kontrollierten Umgebung" durchgeführt werden.

In Prozessveränderungsprojekten besteht die Herausforderung oft in der Beschaffung von Tools oder Ressourcen, sowie deren Anpassung im Rahmen der Veränderung.

- Planung von Kauf und Akquise (Plan purchase and acquisitions)
- Planen der Auftragsvergabe (Plan contracting)
- Anforderung von Verkäuferstellungnahmen (Request seller responses)
- Auswahl von Verkäufern (Select sellers)
- Vertragsadministration (Contract administration)
- Vertragsbeendigung (Contract closure)

Die fünf Hauptprozesse des Projektmanagement nach PMBoK

Der mit Hilfe der fünf Hauptprozesse beschriebene Lebenszyklus orientiert sich erkennbar am bekannten Deming Cycle (Plan / Do / Check / Act). Abbildung 7.7 zeigt die Parallelen der Lebenszyklen.

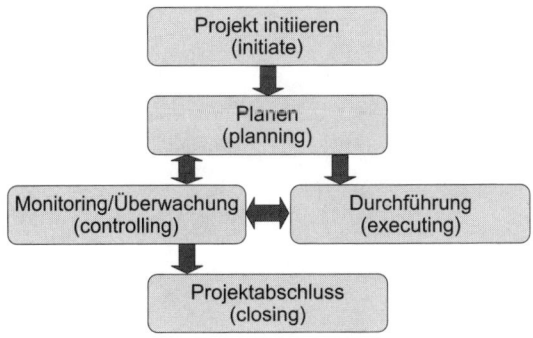

Abbildung 7.7
Hauptprozesse des PMBOK

Die PMBoK Hauptprozesse:

- *Initiieren:* Nach der Genehmigung der Projektdurchführung werden in dieser Phase die Zielsetzung des Projektes und die benötigten Freigaben und Ressourcen gesichert. Der Projektmanager wird beauftragt.
- *Planen:* Hier werden die Ziele im Detail beschrieben und der genaue Projektumfang und die durchzuführenden Arbeiten festgelegt. Neben einer Risiko- und Kostenanalyse werden in dieser Phase der Projektplan und ein Kommunikationsplan festgelegt.
- *Durchführen:* In dieser Phase geht es um die Koordination der Ressourcen und eventueller externer Zulieferer und die Qualitätssicherung. Der Projektfortschritt wird kommuniziert und die Qualität der Ergebnisse kontinuierlich sichergestellt.
- *Monitoring und Überwachung:* Die Messung des Projektfortschrittes, die Steuerung der Projektbeteiligten und das kontinuierliche Risikomanagement stehen im Mittelpunkt dieser Phase. Bei Bedarf werden korrektive Maßnahmen eingeleitet und notwendige Reports erstellt und kommuniziert.
- *Abschluss:* In dieser Phase werden alle Aktivitäten finalisiert und dokumentiert, sowie bei Bedarf archiviert. Mit der formalen Abnahme wird das Projekt in dieser Phase beendet.

7.5.2 Fazit

Vergleicht man die Methoden untereinander, lassen sich erwartungsgemäß große Übereinstimmungen feststellen. Es lässt sich insgesamt festhalten, dass es nicht entscheidend ist, welche der Methoden für ein Prozessveränderungsprojekt angewendet wird. Vielmehr ist es wichtig, die konkreten Aspekte des Veränderungsvorhabens zu bewerten und aus den Werkzeugkästen der Projektmanagement-Methoden die jeweils notwendigen Elemente zu nutzen. Analog zum Dirigieren eines Orchesters kommt es nicht auf die strikte Einhaltung der Regeln an, sondern auf den virtuosen Umgang mit den einzelnen Elementen.

PRINCE2®:2009 ist eine echte Alternative für einen praxisorientierten Ansatz, nachdem die Struktur deutlich verschlankt und der Umfang erheblich auf die wesentlichen Inhalte reduziert wurde. Projekte können so mit Hilfe der Methode strukturiert durchgeführt werden, ohne einen unangemessen hohen Overhead zu erzeugen.

8 Praxisbeispiel

8.1 Die Mischung macht's

In diesem Kapitel möchte ich anhand eines Projektbeispiels, das sich aus Erfahrungen verschiedener Projekte zusammensetzt, zeigen, wie viele der in diesem Buch beschriebenen Werkzeuge Anwendung finden und so zu einer erfolgreichen Gestaltung der IT-Organisation und der zu erbringenden Services beitragen. Dieses Kapitel ist mir besonders wichtig, weil es zeigt, dass die bisher dargestellten Methoden, Mittel und Werkzeuge zwar sehr nützlich sein können, aber letztlich eben nur Werkzeuge sind, die nur fachkundig und zielorientiert angewendet einen echten Nutzen erzeugen.

8.2 Die Ausgangssituation

Die im Folgenden beschriebene Ausgangssituation spielt im Prinzip eine Nebenrolle, wird aber in der einen oder anderen Situation nützlich sein, um bestimmte Sachverhalte transparent und verständlich darzustellen. Aussagen im Text, die sich direkt auf die hier erwähnte Ausgangssituation beziehen, sind im gesamten Kapitel *kursiv* markiert.

8.2.1 Die Bankenservice AG

Die Bankenservice AG ist ein mittelständischer Dienstleister am Finanzmarkt mit ca. 5000 Mitarbeitern weltweit. In der Zentrale in Frankfurt/Main sind 350 Mitarbeiter tätig. Die IT wird zentral betrieben, so dass etwa die Hälfte der Mitarbeiter in Frankfurt/Main der IT-Abteilung zugeordnet sind. Aufgrund des hohen Kostendrucks wurde in den vergangenen zwei Jahren ein Viertel der Standorte geschlossen. Das Geschäft der Bankenservice AG besteht fast ausschließlich aus Dienstleistungen für andere Banken, die durch innovative Web-Applikationen und auch durch gut ausgebildete Kundenberater bei der Betreuung ihrer jeweiligen Endkunden unterstützt werden. Die aktuellen und derzeit bekannten Geschäftsziele sind:

- Steigerung der Kundenzufriedenheit (also die der unterstützten Banken)
- Steigerung der Effizienz der Kundenberater
- Optimierung der Kosten durch selektives Outsourcing und Standardisierung

Geschäftsleitung

Die Geschäftsleitung besteht aus:

- Chief Executive Officer (CEO)
- Chief Finance Officer (CFO)
- Chief Operating Officer (COO)

Sie wird ergänzt durch den Chief Information Officer (CIO). Die Geschäftsführung fokussiert sich vornehmlich auf das Erreichen der finanziellen Ziele. Risikomanagement erfolgt im Rahmen der gesetzlichen Vorgaben, aber ohne hohe Priorität. Das Thema Outsourcing spielt derzeit eine große Rolle in den Überlegungen der Geschäftsleitung.

Die Führungskräfte der Bankenservice AG haben eine Zielvereinbarung, an die ein hoher variabler Gehaltsanteil gekoppelt ist. Das Ziel ist die Erreichung einer bestimmten Dividende. Andere Ziele sind nicht vereinbart.

Fachbereiche

Die Bankenservice AG ist in die folgenden vier Fachbereiche gegliedert:

- Vertrieb
- Kundenberatung und Support
- Verwaltung (Personal, Buchhaltung)
- Controlling

Die Fachbereichsleiter der Bankenservice AG berichten direkt an die Geschäftsleitung. Sie sind in der Regel nicht technologieorientiert und legen in Bezug auf die IT die höchste Priorität aktuell auf ein neu zu planendes CRM-System.

In einem im vergangenen Jahr durchgeführten Benchmark wurde festgestellt, dass die IT derzeit etwa 20% teurer ist als vergleichbare IT-Bereiche der Branche. Seit diesem Benchmark fordern die Fachbereichsleiter eine bessere Darstellung der Leistungen der IT. Insgesamt fehlt das Verständnis für steigende IT-Budgets, während Standorte des Unternehmens aus wirtschaftlichen Gründen geschlossen werden müssen.

Die IT-Organisation

Die Verantwortung für die gesamte IT hat der CIO, der Mitglied der Geschäftsführung der Bankenservice AG ist. Der IT-Bereich ist in vier Fachbereiche gegliedert, die jeweils durch einen Fachbereichsleiter geführt werden. Die vier Fachbereiche sind:

- Infrastruktur und Netzwerk
- Anwendungsentwicklung
- Rechenzentrumsbetrieb (inkl. aller Komponenten wie Server, Datenbanken usw.)
- Clientbetrieb

Die IT-Services werden individuell entsprechend der Anforderungen an die jeweilige Web-Applikation bzw. den Bedürfnissen der Kundenberater bereitgestellt. Damit sind die IT-Systeme zum Teil sehr komplex. Die IT-Umgebung besteht grundsätzlich aus zwei verschiedenen Plattformen:

- Die primäre Geschäfts- und Finanzanwendung Banktool 2.0 läuft auf verschiedenen UNIX-Systemen im Rechenzentrum.
- Front- und Back-Office-Anwendungen werden in einer reinen Microsoft-Umgebung betrieben.

Die Mitarbeiter in der IT-Organisation sind sehr technologieorientiert. Entwicklung der Mitarbeiter findet fast ausschließlich im Rahmen technischer Trainings statt. Das IT-Management strebt dagegen eine engere Zusammenarbeit mit den Fachbereichen an. Die folgenden IT-Ziele wurden orientiert an den Businesszielen definiert:

- Erhöhung der Effizienz der IT-Prozesse
- Verbesserung der Kundenzufriedenheit durch schnellere Wiederherstellung der Services nach einer Störung
- Standardisierung der IT-Services für eine wirtschaftlichere IT

Für Unruhe sorgt derzeit das Thema Outsourcing. Da dieses im Management intensiv diskutiert wird, sehen die Mitarbeiter die Entwicklung sehr kritisch und fürchten zum Teil um den eigenen Arbeitsplatz.

Services

Die Kundenberater greifen über ein VPN eines Service Providers auf das interne Netz zu und nutzen individuell für die jeweilige Kundensituation entwickelte Services. Alle Kapazitäten werden „on demand" zur Verfügung gestellt. Die richtigen Entscheidungen wurden bisher immer auf Basis der langjährigen Erfahrungen der Verantwortlichen getroffen.

Die Qualität der IT-Services wird derzeit lokal an den Standorten oder Geschäftsstellen durch Verfügbarkeitsmessungen der Systeme gemessen. Eine End-to-End-Betrachtung der Services findet heute nicht statt.

Verfahren

Alle IT-Verfahren sind historisch gewachsen und unterscheiden sich in Bezug auf Qualität und Performance stark. Die meisten Anwendungen werden „in-house" entwickelt. Der Entwicklungsprozess ist formal beschrieben und wird gemäß einer standardisierten Methode durchgeführt.

Changes werden bei der Überführung neuer Software aus der Testumgebung in die Produktivumgebung formell übergeben und in den Betrieb implementiert. Es existiert kein Tool für das Change Management, die Changes werden lediglich in der Entwicklungsdatenbank dokumentiert bzw. aufgezeichnet. Eine Integration des Change Management in andere Prozesse der Organisation ist somit nicht gegeben.

Der Betrieb ist sehr gut organisiert. Es herrscht eine gute Disziplin mit entsprechenden Verfahrensanweisungen. Grundsätzlich werden alle Arbeiten aufgrund der hohen Motivation mit hoher Priorität durchgeführt. Der Betrieb erfolgt drei Schichten.

Service Level Agreements sind zwischen IT-Bereich und den Fachbereichen vereinbart. Sie beschreiben den technischen Service, den die IT leistet. Zudem sind Ziele für die Verfügbarkeit der Systeme und die Kapazitäten des Netzwerkes vereinbart. Ein Service Level Reporting existiert derzeit nicht.

Der Servicedesk wird derzeit von drei Mitarbeitern besetzt, die eine Kernzeit werktags von 8 bis 18 Uhr abdecken. Sie sind für alle gemeldeten Störungen und Anwenderanfragen verantwortlich und regeln z. B. auch die Vergabe von Berechtigungen und Passwörtern. Können einzelne Störungen nicht gelöst werden, dann erfolgt derzeit eine Weiterleitung an die Fachbereiche, die dann die Störung weiter bearbeiten. Oft werden weitergeleitete Störungen nicht in akzeptabler Zeit bearbeitet, so dass sich die Anwenderbeschwerden häufen. Es kommt immer öfter zu Unstimmigkeiten zwischen Service Desk und Fachbereichen bezüglich der Zuständigkeiten, die sich auch negativ auf die Servicequalität auswirken.

8.3 Das Projekt

Die Anwendung der verschiedenen Werkzeuge und Methoden werde ich im Rahmen eines fiktiven Projektes beschreiben, das im Folgenden vom Setup bis zum Projektabschluss durchgängig beschrieben wird. Anhand dieser grundsätzlichen Vorgehensweise habe ich im Verlauf der letzten Jahre sehr viele Projekte gestaltet und begleitet. Sie führte bei konsequenter Anwendung in allen Fällen zu einem erfolgreichen Abschluss, so dass ich sie durchaus als Referenzmethode empfehlen möchte. Allerdings gilt auch hier wie bei allen Best Practices: Nutzen Sie die Teile die Sie ihrem Ziel näher bringen und lassen Sie andere bei Bedarf weg.

8.3.1 Projektsetup

Wichtige Ziele dieser Phase

- Der Rahmen, Name und Scope des Projektes ist festgelegt.
- Die Beteiligten Personen sind informiert.
- Die Projektmitarbeiter sind bekannt.
- Die Grobplanung des zeitlichen Rahmens ist erfolgt.

Einführung

Jedes Projekt bedarf vor dem eigentlichen Start der Durchführung einer spezifischen Vorbereitung, um die Rahmenbedingungen für alle später Beteiligten festzulegen. Für diese Vorbereitungsphase sollte ausreichend Zeit eingeplant werden, um einen reibungslosen Start zu ermöglichen. Für Fälle wie den hier beschriebenen sollten Sie für die Projektsetup-Phase mindestens zwei bis drei Wochen einplanen. Die Aktivitäten im Rahmen der Projektsetup-Phase im Überblick:

- Projektnamen festlegen
- Projektscope definieren
- Rollenbesetzung im Projekt
- Grobplanung der Termine

Praxistipp:
Falls vorhanden binden Sie den Betriebsrat oder Personalrat immer von Beginn an in derartige Projekte ein. So können bei Themen wie Auswertungen im Ticketsystem oder Zuordnungen von Tickets zu Personen umgehend diskutiert und entsprechende Entscheidungen getroffen werden. Die Erfahrung zeigt, dass es bei nachträglichen Genehmigungen immer wieder zu erheblichen Verzögerungen im Projektfortschritt geben kann, die lediglich durch Missverständnisse hervorgerufen werden.

Projektnamen festlegen

Vielleicht schmunzeln Sie beim Lesen dieses Punktes ob der scheinbaren Trivialität. Die Erfahrung zeigt jedoch, dass ein adäquater Projektname für die Akzeptanz und das Marketing im Projekt eine wichtige Rolle spielen kann. Oft werden hier Kunstbegriffe genutzt, die eigentlich Abkürzungen sind und entsprechend aufgelöst werden können. Ein Beispiel für so einen Kunstnamen ist „PROfIT". Das steht für Prozesse, Rollen, Organisation für die IT. Hier ist Kreativität gefragt. Am besten eignen sich Projektnamen mit einem individuellen Unternehmensbezug. Der Projektname sollte folgende Kriterien erfüllen:

- leicht zu merken
- individueller Unternehmensbezug
- aussagekräftig
- inspirierend/motivierend

Bei dem Namen für unser Projekt habe ich zugunsten der Wirkung auf den Unternehmensbezug bewusst verzichtet und mich entschieden für:

PENG – Prozesse erfolgreich neu gestalten

Projektscope definieren

Die meisten erfolglosen Projekte im Umfeld des IT-Service Managements scheitern schlicht daran, dass zu viele Aspekte parallel betrachtet werden sollen. Dadurch ist der

Umfang des Projektes nicht zu überschauen oder die Organisation ist durch die bloße Menge der Veränderungen bereits überfordert. Wenn Sie den Projektscope definieren, können Sie verschiedene Kriterien für die Eingrenzung nutzen:

- Räumlich bzw. geografisch
- Auswahl der Prozesse
- Auswahl der zu betrachtenden Services

Die räumliche oder geografische Eingrenzung des Projektscope ermöglicht eine regionale Betrachtung der für die Durchführung des Projektes benötigten Rahmenbedingungen, Ressourcen und Fähigkeiten. Ein weiterer Vorteil dieser Eingrenzung ist, dass die Auswirkungen (positiv wie negativ) eines Projektes oder einer Projektphase zunächst in einem klar beschränkten Umfeld bewertet werden. Sie können so als Grundlage für möglicherweise notwendige Modifikationen an Vorgehensweise oder Inhalt dienen, bevor weitere Regionen einbezogen werden. Das Projekt wird also de facto einem kontinuierlichen Verbesserungsprozess während der Verbreitung im Unternehmen unterzogen. Des Weiteren können Erfolge aus dem ersten Projektabschnitt so sehr häufig als Nachweis der Nützlichkeit des Projektes dienen und zur Verbesserung der Akzeptanz im gesamten Unternehmen beitragen.

Die Möglichkeit der regionalen Beschränkung des Scope wird in der Regel von internationalen Konzernen bevorzugt. Sie betrachten zunächst eine „Pilotregion" oder einen eingegrenzten Unternehmensbereich und sorgen anschließend für einen „Rollout" in weitere Regionen bzw. Unternehmensbereiche. Ebenso verbreitet ist diese Vorgehensweise inzwischen in mittelgroßen, aber überregional arbeitenden Betrieben in einer Größenordnung von 2000 bis 5000 Mitarbeitern. In diesem Fall häufig kombiniert mit einer weiteren Möglichkeit der Einschränkung des Scope, der Reduzierung der betrachteten ITSM-Prozesse.

Die Eingrenzung des Scope über die Auswahl der zu betrachtenden ITSM-Prozesse basiert auf der Annahme, dass die Aktivitäten im Rahmen der Serviceerbringung auch schon vor der Projektdurchführung erfolgen (auf mehr oder weniger transparente und strukturierte Weise) und so eine serielle Vorgehensweise erlauben. Es wird also in diesem Fall bewertet, wo der größte Handlungsbedarf besteht. Die entsprechenden Prozesse werden anschließend bevorzugt betrachtet. Um diese Bewertung allerdings sinnvoll durchführen zu können, ist oft ein Vorgriff auf die zu erreichenden Ziele notwendig, denn nur wenn die Ziele bekannt sind, kann bewertet werden, welche Modifikationen am wirkungsvollsten zur Zielerreichung beitragen. Sollten also an dieser Stelle die Ziele der IT noch unklar sein, so kann möglicherweise ein Vorgriff auf die Aktivitäten in Abschnitt 8.3.2 sinnvoll sein.

Die Eingrenzung über die Auswahl der ITSM-Prozesse führt in der Regel zu einer Priorisierung der möglichen Veränderungen, um die definierten Ziele zu erreichen. Das Ergebnis ist oft ein Phasenplan, in dem über die Durchführung der aktuell mit höchster Priorität versehenen ITSM-Prozesse hinaus auch die Veränderungen an weiteren Prozessen oder Prozessgruppen grob geplant werden.

Eine dritte, heute noch selten verwendete Möglichkeit des Scoping ist die Eingrenzung über die zu betrachtenden Services. Dabei wird zunächst bewertet, welche Services für die Kunden von größter Bedeutung sind, und anschließend werden alle Prozesse betrachtet, die für die Erstellung dieser kritischen Services notwendig sind. Diese Betrachtung ermöglicht vor allem die Reduzierung der Komplexität und der Anzahl der Schnittstellen im Rahmen der späteren Prozessdurchführung. Im Verlauf des Implementierungsprojektes können die verfügbaren Ressourcen sehr gezielt eingesetzt werden. Eine Variante hiervon ist die Betrachtung aller Services, die für einen spezifischen Kunden erbracht werden. Das ist immer dann interessant, wenn von einem Lieferanten oder Serviceprovider eine Zertifizierung erwartet bzw. vorgegeben wird. Diese Betrachtungsweisen gewinnen insbesondere durch die Erwähnung in der [ISO/IEC 20000] an Bedeutung. Unternehmen, die eine entsprechende Zertifizierung anstreben, können neben der klassischen geografischen Eingrenzung den resultierenden Aufwand durch diese beiden Möglichkeiten deutlich reduzieren.

Letztlich hat es sich in der Praxis als sinnvoll erwiesen, die geografische Eingrenzung mit der durch die betrachteten Prozesse zu kombinieren. Beide bieten die Möglichkeit, stufenweise vorzugehen und die notwendigen Veränderungen einer IT-Organisation behutsam auszuweiten.

Innerhalb der beschriebenen Ausgangssituation geht es vornehmlich darum, die Effizienz der IT zu verbessern. Der größte Handlungsbedarf besteht im Change Management sowie im Incident Management. Da sich die Beschwerden über Störungen, die nicht schnell genug bearbeitet werden, häufen und die Mitarbeiter des Servicedesk zunehmend ausgelastet sind, wird in unserem Projekt PENG im ersten Schritt der Prozess Incident Management betrachtet. Zur Verdeutlichung, dass es sich bei diesem Prozess nur um die erste Phase eines Gesamtprojektes handelt, kann wieder der Projektname genutzt werden. Ergänzt um den Prozessnamen wird aus „PENG" „iPENG" (Incident Prozess erfolgreich neu gestalten).

Rollenbesetzung im Projekt

Das Projektteam spielt für den Erfolg des Projektes eine außerordentlich wichtige Rolle. Wird das Projektteam nicht adäquat besetzt, kann schon in dieser Phase der Projekterfolg gefährdet werden. Entsprechend der Projektmanagementmethode PRINCE2 [PRINCE2, 2005] sollten beim Setup eines Projektes verschiedene Rollen besetzt werden. Ein wichtiger Grundsatz gilt für jede zu besetzende Rolle: Prüfen Sie genau, ob der jeweils geplante Rolleninhaber ausreichend Zeit zur Verfügung hat. Ein Projektleiter z. B., der ein Projekt trotz hoher Auslastung nebenher bewältigen muss, wird in den seltensten Fällen in der Lage sein, Fehlentwicklungen frühzeitig zu erkennen und entsprechende Maßnahmen einzuleiten. Wichtige Rollen, die Sie auf jeden Fall besetzen sollten, sind:

- Auftraggeber
- Projektleiter
- Lenkungsausschuss
- Projektteam

Der Auftraggeber ist interessiert am und profitiert vom Nutzen des jeweiligen Projektes. Mit ihm muss definiert werden, welche Ergebnisse das Projekt liefern soll. Der Auftraggeber stellt in der Regel auch das Projektbudget zur Verfügung.

Der Projektleiter ist verantwortlich für die Steuerung des Projektes im operativen Sinne. Er muss nicht zwingend ein Fachmann im jeweiligen Thema sein, er muss lediglich innerhalb des Projektteams auf die entsprechenden Kompetenzen zugreifen können und diese orchestrieren, um die Projektziele wirtschaftlich und entsprechend der Planung zu erreichen. Der Projektleiter sollte, wie meine Erfahrung zeigt, nach Möglichkeit ein (bei Bedarf extern gecoachter) interner Mitarbeiter und kein externer Berater sein, um die Akzeptanz für das Projekt zu unterstützen. Der Projektleiter berichtet dem Lenkungsausschuss regelmäßig über den Projektfortschritt.

Der Lenkungsausschuss setzt sich aus dem Auftraggeber, dem Projektleiter, ggf. weiteren Entscheidern und bei Bedarf internen und externen Beratern zusammen. Der Lenkungsausschuss gibt in der Regel die Phasenübergänge innerhalb eines Projektes frei und greift ansonsten nur dann aktiv in das Projekt ein, wenn Zielabweichungen absehbar sind (Management by Exception).

Das Projektteam setzt sich aus den Mitarbeitern zusammen, die zur Durchführung der Projektaktivitäten benötigt werden. In größeren Projekten besteht das Projektteam darüber hinaus aus allen für einzelne Teilergebnisse verantwortlichen Teilprojektleitern.

Die Projektleitung im Projekt iPENG wird vom Fachbereichsleiter Clientbetrieb übernommen, der Auftraggeber ist der CEO und zum Lenkungsausschuss gehören zusätzlich der CIO und die übrigen drei Fachbereichsleiter, um den Fortschritt dieses für die Organisation neuen Projektes im Blick zu behalten und ggf. reagieren zu können.

Terminplanung

Bereits in dieser Phase werden die Zieltermine des Projektes grob geplant. Grob deshalb, weil die detaillierten Aktivitäten erst nach Abschluss der Zieldefinition und der Ist-Aufnahme konkret festgelegt werden können. Bei der Grobplanung können die Erfahrungen externer Berater als Richtschnur durchaus nützlich sein.

Für das Projekt iPENG wurde der folgende grobe Terminplan, basierend auf Erfahrungen mit ähnlichen Projekten und unter Berücksichtigung der Rahmenbedingungen in der Ausgangssituation erstellt. Sollten die für das Projekt benötigten Ressourcen nicht im vorgesehenen Umfang zur Verfügung stehen, so können sich diese Termine entsprechend verzögern.

T	*Projektstart*
T+3 Wochen	*Abschluss Projektsetup*
T+5 Wochen	*Abschluss Zieldefinition*
T+10 Wochen	*Abschluss Analyse und Identifizierung*
T+18 Wochen	*Abschluss definieren und dokumentieren*
T+28 Wochen	*Abschluss Prozesse etablieren*
T+32 Wochen	*Erfolg prüfen (Start erst nach mindestens 8 Wochen Betriebserfahrung)*

Die Phase Ausbildung der Mitarbeiter sollte in den ersten 8 Wochen parallel zu den ersten beiden Phasen erfolgen.

Die Zeiträume in dieser beispielhaften Planung ergeben sich aus meiner Erfahrung in ähnlichen Projektsituationen. Sie sollen lediglich einen Anhaltspunkt liefern, wie man planen könnte. Sie müssen sich nicht strikt an diese Zeitspannen halten. Es werden immer Zeitwochen beschrieben, nicht der Aufwand in Personentagen. Je nach Ressourceneinsatz und vorhandenen Mitteln können innerhalb der genannten Zeitspanne auch mehrere Prozesse parallel betrachtet werden.

8.3.2 Ziele definieren

Wichtige Ziele dieser Phase

- Die IT-Ziele sind bekannt.
- Die Projektziele sind festgelegt und freigegeben.
- Die Ziele sind messbar formuliert.
- Die Grenzen des Projektes sind festgelegt und freigegeben.

Einführung

Die IT ist kein Selbstzweck, sondern dient dazu, das Unternehmen bzw. den Kunden in die Lage zu versetzen, seine Unternehmensziele zu erreichen. Die IT-Organisation muss also die Ziele des Business kennen und entsprechende IT-Ziele daraus ableiten. Für das Projekt wiederum müssen die IT-Ziele bekannt sein, um darauf aufbauend die Projekt-Ziele festzulegen. Falls also noch keine IT-Ziele definiert sind, muss dieser Schritt hier erfolgen.

Für die Ableitung der IT-Ziele aus den Zielen des Business ist die Betrachtung der Perspektiven und der Ursache-Wirkungs-Ketten einer Balanced Scorecard hilfreich. Mehr zur Balanced Scorecard lesen Sie in Abschnitt 5.2. Immer häufiger sind Balanced Scorecards oder Ansätze dazu in den Unternehmen bereits vorhanden und sollten entsprechend als Anker für die Ursache-Wirkungs-Beziehungen einer möglichen IT Balanced Scorecard genutzt werden.

Bei der Ableitung und Ausgestaltung der Ziele für die IT ist es außerdem von Bedeutung, welche Erwartungen der Kunde an die IT hat und wie die IT-Organisation sich in der Vergangenheit aufgestellt hat. Grundsätzlich lassen sich drei Kompetenzausprägungen von IT-Organisationen unterscheiden:

- *Technologieorientierte IT-Organisationen:*
  Die klassische IT-Abteilung ist häufig aus der Historie heraus vorwiegend technologieorientiert aufgestellt. Sie verantwortet vor allem die Bereitstellung einer funktionsfähigen Infrastruktur oder auch einzelner Komponenten. Vor dem Hintergrund steigender Anforderungen an die Wirtschaftlichkeit der IT setzen die Verantwortlichen heute sehr oft auf Standardisierung und Wiederholbarkeit. In diesem Zusammenhang wird auch häufig der Begriff „IT-Fabrik" verwendet, um die Entwicklung der IT von einer individuell produzierenden „Manufaktur" zur standardisierten industriellen Fertigung zu verdeutlichen. Die herausragende fachliche Kompetenz einer technologieorientierten IT-Organisation ist die Technikkompetenz, die wichtigste Managementdisziplin das Ressourcenmanagement.

- *Serviceorientierte IT-Organisationen:*
  Im Rahmen der Serviceorientierung rücken die konkreten Anforderungen des Kunden in den Mittelpunkt der Planung von IT-Organisationen. Ziel ist es dabei, die Fähigkeiten und Ressourcen der IT auf die optimale Erfüllung dieser Anforderungen auszurichten. Serviceorientierte IT-Organisationen übernehmen die Verantwortung für die Erfüllung der Kundenanforderungen. Dazu bedienen sich diese Organisationen festgelegter Methoden und Prozesse. Die herausragende fachliche Kompetenz serviceorientierter IT-Organisationen ist die Methodenkompetenz, die wichtigste Managementdisziplin das Prozessmanagement.

- *Businessorientierte IT-Organisationen:*
  Eine dritte mögliche Ausprägung ist die Businessorientierung. Businessorientierte IT-Organisationen pflegen eine besonders enge Bindung zum Kunden, verfügen über Geschäftsprozesskompetenz und übernehmen Verantwortung bis in den Geschäftsprozess des Kunden hinein. Businessorientierte IT-Organisationen erfüllen nicht nur die Anforderungen des Kunden, sondern stellen sicher, dass die Services tatsächlich einen Wertbeitrag für die Erreichung der geschäftlichen Ziele des Kunden leisten. Die herausragende fachliche Kompetenz ist hier die Businesskompetenz, die wichtigste Managementdisziplin ist IT Governance.

Die drei Kompetenzausprägungen unterscheiden sich vornehmlich durch den Fokus, den die jeweilige IT-Organisation setzt. Technologieorientierte Organisationen fokussieren sich auf die Infrastruktur, serviceorientierte Organisationen auf die Services und businessorientierte Organisationen auf die Gestaltung des Service Portfolios. Abbildung 8.1 zeigt den Zusammenhang zwischen den Kompetenzausprägungen im Rahmen des Maxpert Service Kompetenzmodells.

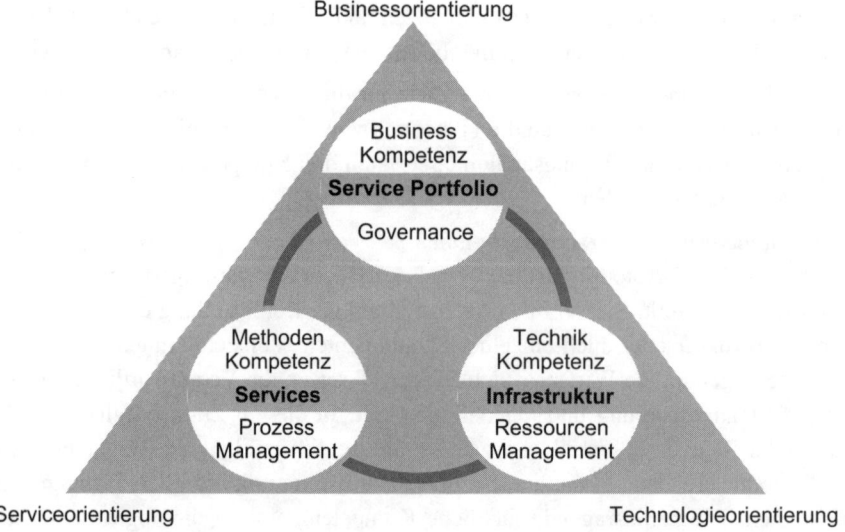

Abbildung 8.1 Maxpert Service Kompetenzmodell (Quelle: Maxpert AG)

Bezogen auf das Service Kompetenzmodell befindet sich die beschriebene IT-Organisation der Bankenservice AG derzeit in einer Übergangsphase von der Technologieorientierung zur Serviceorientierung. Im Rahmen der genannten Ausgangssituation sind die nachstehenden IT-Ziele klar erkennbar und müssen in diesem Fall nicht erarbeitet werden. Sollte das in Ihrem Fall notwendig sein, dann können dieselben Methoden verwendet werden wie für die Definition der Projektziele, die im Anschluss beschrieben werden. Die festgelegten IT-Ziele in der aktuellen Ausgangssituation sind:

- *Erhöhung der Effizienz der IT-Prozesse*
- *Verbesserung der Kundenzufriedenheit durch schnellere Wiederherstellung der Services nach einer Störung*
- *Standardisierung der IT-Services für eine wirtschaftlichere IT*

Im nächsten Schritt erfolgt nun die Zieldefinition für das aktuelle Projekt, also für die Gestaltung bzw. Neugestaltung des Incident-Management-Prozesses im Rahmen des Projektes *iPENG*.

Zielworkshops mit Vertretern aller am Projekt interessierten Gruppierungen haben sich als die erfolgreichste Methode erwiesen, um klare und von allen akzeptierte Ziele für ein Projekt zu entwickeln. Diese Zielworkshops setzen sich aus einem in den meisten Fällen eintägigen Definitionsworkshop, einer Dokumentationsphase und einem Review- und Genehmigungsworkshop zusammen.

Im Projekt iPENG nehmen an dem Workshop Vertreter der IT-Fachbereiche (Fachleute und Gruppenleiter), zwei Kundenvertreter (Kundenberatung und Support, Controlling), der CIO sowie ein Vertreter des Service Desk teil.

Die Teilnehmer haben die Einladung zwei Wochen im Voraus bekommen zusammen mit der Aufgabe, sich über ihre jeweiligen Erwartungen an das Projekt Gedanken zu machen. Die folgenden Fragen sollten mindestens beantwortet werden:

- *Welche Erwartungen haben Sie an den IT-Support?*
- *Was ist Ihnen besonders wichtig?*
  (Erreichbarkeit, Qualität, Freundlichkeit, Kosten ...)

Der Workshop wird am besten durch einen externen Berater moderiert, der sowohl als Moderator als auch als fachlicher Consultant bei der Zieldefinition unterstützt. Der Workshop gliedert sich in mehrere Schritte:

- Brainstorming zur Zielfindung
- Clustern und Ergänzen der Ziele nach Perspektiven und Priorisierung
- Zielauswahl (Hauptziele, Zusatzziele) und Freigabe
- Ziele messbar formulieren
- Auswahl und Freigabe der Nicht-Ziele

Auch hier gilt, dass der eintägige Ablauf kein Dogma sein soll. Sollten Sie feststellen, dass die Zeit nicht ausreicht, verlegen Sie einfach z. B. die letzten beiden Schritte und die Freigabe auf einen zweiten Tag. Das sollten Sie jedoch im Rahmen des Workshops frühzeitig festlegen und die entsprechenden Termine bereits im Vorfeld vorsorglich reservieren. Schauen wir uns die einzelnen Schritte nun genauer an.

Brainstorming zur Zielfindung

Im ersten Schritt sollten durch ein Brainstorming ohne weitere Vorgaben die Erwartungen der Beteiligten an den neuen Prozess in Form von Zielformulierungen abgefragt werden. Da sich verbale Brainstormings insbesondere in gemischten Gruppen mit mehreren Hierarchieebenen als sehr anfällig für gegenseitige Beeinflussungen erwiesen haben, wird hier als Variante eine Kartenabfrage eingesetzt. Dazu schreibt jeder Teilnehmer seine Beiträge auf Moderationskarten, die der Moderator einsammelt und an einer Metaplanwand anordnet. Die Ziele werden in diesem Fall wie ein Ist-Zustand formuliert, der erreicht werden soll. Beispielsweise schreibt man statt „Die Zeiten für die Bearbeitung der Störungen könnten durchaus etwas kürzer sein" den prägnanten Aussagesatz „Die Dauer der Störungsbearbeitung ist kürzer".

Abbildung 8.2 zeigt einen Ausschnitt aus dem Ergebnis des ersten Brainstormings. Dieses Ergebnis bildet die Grundlage für den nun folgenden zweiten Abschnitt des Zielworkshops.

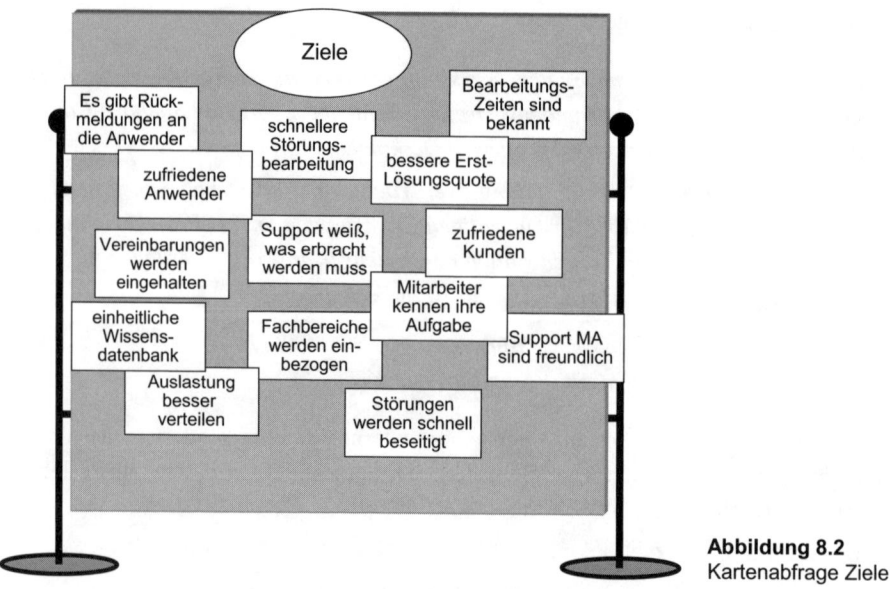

Abbildung 8.2
Kartenabfrage Ziele

Clustern und Ergänzen der Ziele nach Perspektiven und Priorisierung

In diesem Schritt gilt es nun, die vorhandenen Ergebnisse zu gliedern und sie bei Bedarf zu ergänzen. Bevor jedoch mit der Gliederung und Ergänzung begonnen wird, werden die gesammelten Ziele sortiert und der Moderator schlägt mögliche Zusammenlegungen von Doppelnennungen vor. Wichtig ist hierbei der Grundsatz, dass ein genanntes Ziel ausschließlich mit der Zustimmung des Autors entfernt bzw. mit einem anderen Ziel zusammengelegt werden darf. Stimmt der Autor dem nicht zu, so muss das Ziel stehen bleiben wie genannt, da sonst die Akzeptanz der Ergebnisse in Gefahr gerät.

Als Rahmen für die nun folgende Gliederung eignen sich die Perspektiven aus der Balanced Scorecard. Gemeinsam mit dem Moderator legen die Workshopteilnehmer fest, welches der genannten Ziele zu welcher Perspektive beiträgt. Welche Perspektiven Sie auswählen, hängt von den jeweiligen individuellen Anforderungen ab. In der Regel sind die vier klassischen Perspektiven ausreichend:

- Finanzen
- Kunden
- Prozesse
- Mitarbeiter/Entwicklung

Nachdem der Moderator die Zuordnung aller genannten Projektziele zu den Perspektiven veranlasst hat (das erfolgt am besten in einer freien Diskussion aller Teilnehmer), beginnt die nächste aktive Brainstormingphase der Teilnehmer, wiederum als Kartenabfrage. Diese erneute Abfrage ist notwendig, weil sich nach der Zuordnung der Ziele zu den Perspektiven in der Regel Lücken zeigen und die Teilnehmer die Chance bekommen sollen, diese Lücken zu füllen. Als Moderator sollten Sie hier sowohl die Anzahl der Karten pro Person auf maximal 3 bis 4 Stück als auch die Zeit auf maximal 15 bis 20 Minuten begrenzen, um nicht eine vollständig neue Zielfindungsrunde zu starten. Der Fokus soll hier auf punktuellen Ergänzungen liegen. Abbildung 8.3 zeigt die konsolidierten und entsprechend der klassischen Perspektiven gegliederten Ziele bereits nach den Ergänzungen.

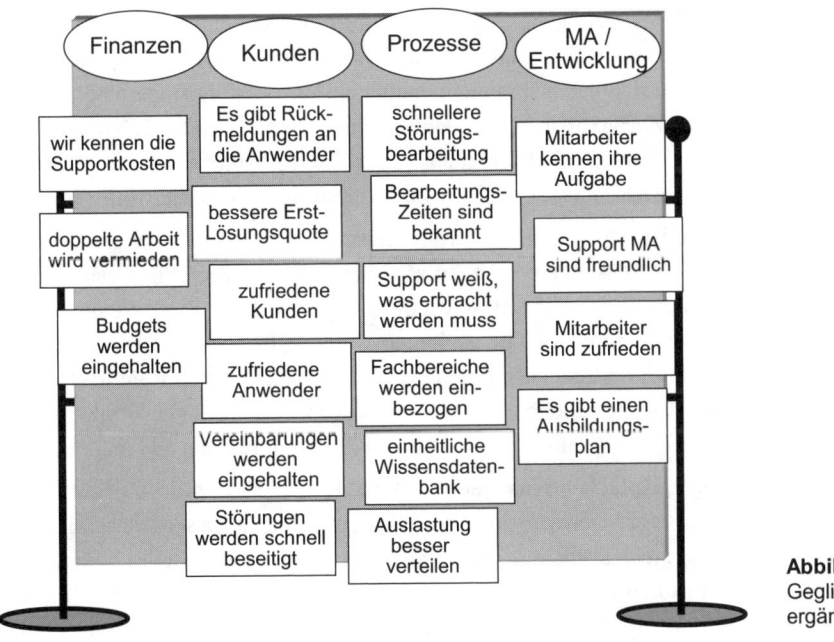

Abbildung 8.3
Gegliederte und ergänzte Ziele

Nachdem die Ziele vervollständigt sind und die Workshopteilnehmer dem Ergebnis zugestimmt haben, folgt ein entscheidender Punkt für eine sinnvolle Zielfindung im Projekt, die Priorisierung. In der Regel werden in einem solchen Workshop sehr viele mögliche Ziele gefunden. Um aber den Fokus nicht zu verlieren, sollten Sie sich in einem Projekt wie *iPENG,* in dem es um einen einzelnen ITSM-Prozess geht, auf maximal drei Hauptziele und sechs Zusatzziele beschränken (mehr zu Haupt- und Zusatzzielen im nächsten Abschnitt). Für eine sinnvolle Zielauswahl müssen also die bisher zusammengetragenen Ziele priorisiert werden. Dafür verwenden Sie im Rahmen des Zielworkshops am besten Klebepunkte. Jeder Teilnehmer bekommt so viele Klebepunkte, wie Ziele ausgewählt werden sollen, also in unserem Fall neun Stück. Die Zahl der Klebepunkte hängt auch von der Anzahl der Workshopteilnehmer ab: je mehr Teilnehmer, desto weniger Punkte je Teilnehmer. Diese Klebepunkte können die Workshopteilnehmer frei verteilen. Wenn also einem Teilnehmer ein Ziel besonders wichtig ist, kann er diesem durchaus mehrere Klebepunkte zuordnen. Die Auswertung ist einfach: Je mehr Klebepunkte ein Ziel hat, desto höher ist die Priorität. Bevor die Ziele entsprechend der Priorisierung endgültig ausgewählt werden, erfolgt zunächst der im nächsten Abschnitt beschriebene Zwischenschritt.

Zielauswahl (Hauptziele, Zusatzziele) und Freigabe

Während der Gliederung der Ziele und während der Zuordnung der Prioritäten stellt sich oft heraus, dass die gefundenen Ziele sich nicht alle auf der gleichen Betrachtungsebene befinden. Es gibt eine Mischung aus sehr allgemeinen, übergeordneten Zielen und solchen, die eher Details betrachten und häufig zu den übergeordneten Zielen beitragen können. Wenn also z.B. „Erhöhung der Kundenzufriedenheit" und „kompetente Betreuung der Anwender" als Ziele genannt werden, so stehen diese Ziele derart in Beziehung, dass zweiteres zu ersterem einen Beitrag leistet. Das Ziel „Erhöhung der Kundenzufriedenheit" wäre in diesem Falle ein Hauptziel und „kompetente Betreuung der Anwender" ein zu diesem Hauptziel beitragendes Zusatzziel. Diese Beziehungen sind nicht mathematischer Natur, sondern beruhen auf praktischen und logischen Zusammenhängen. Daher können sie nicht einfach abgeleitet werden, sondern müssen im Rahmen des Workshops durch die Teilnehmer festgelegt werden. Abbildung 8.4 zeigt einen Ausschnitt aus dem Ergebnis dieser Phase des Zielworkshops.

Diese weitere Gliederung ist sehr wichtig, da erfahrungsgemäß Ziele mit höherem Detaillierungsgrad häufig mehr Prioritätspunkte erhalten als übergeordnete Ziele. Es bestünde also ohne diesen Zwischenschritt die Gefahr, dass wichtige übergeordnete Ziele zugunsten von Detailzielen aus der Betrachtung fallen. Die geeignete Methode für diese Zuordnung ist eine durch den Moderator geführte offene Diskussion der Teilnehmer. An dieser Stelle ist es von besonderer Bedeutung, dass der Moderator über eine ausgeprägte fachliche Erfahrung verfügt, um die Teilnehmer auf Beziehungen zwischen den Zielen hinweisen zu können.

Anhand der Gliederung entsprechend der Perspektiven, der Zuordnung der Zusatzziele zu den Hauptzielen und den vergebenen Prioritätspunkten werden in dieser Phase abschließend die Ziele für das Projekt festgelegt. Der Moderator ist an dieser Stelle dafür verantwortlich, dass alle Teilnehmer der Auswahl zustimmen, bzw. diese mittragen. Die Zustimmung der Teilnehmer zu den definierten Zielen wird im Workshop-Protokoll festgehalten.

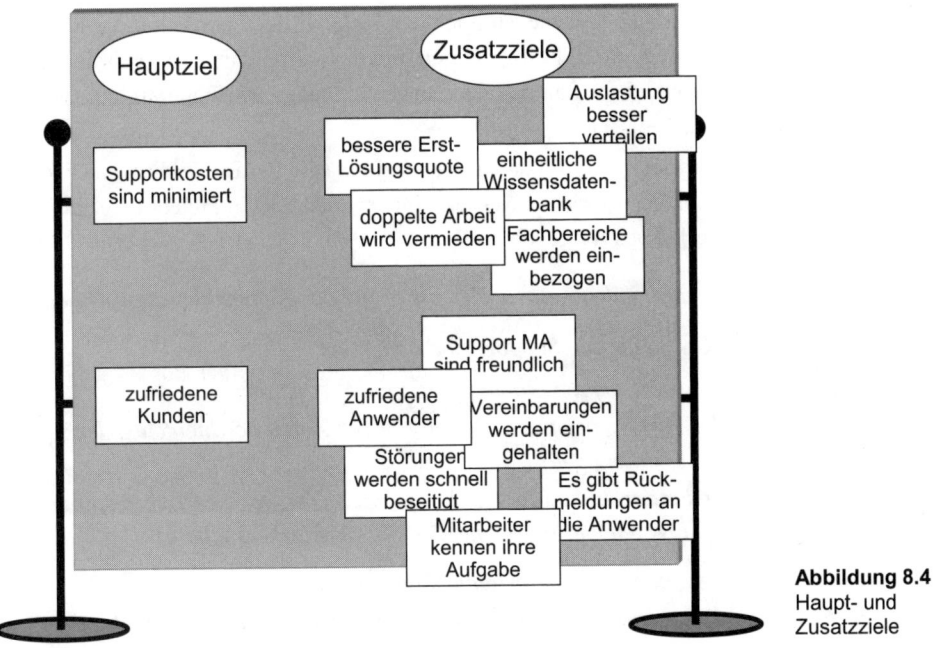

Abbildung 8.4
Haupt- und Zusatzziele

Im Projekt iPENG wurden im Rahmen des durchgeführten Workshops die folgenden Haupt- und Zusatzziele festgelegt:

- Die Kosten für den Support sind minimiert.
  - Die Erstlösungsquote ist verbessert.
  - Eine Wissensdatenbank wird aktiv genutzt und gepflegt.
  - Die Ressourcen für den Support werden optimal genutzt.
- Die Kunden sind zufrieden.
  - Die Anwender sind zufrieden.
  - Die vereinbarten Wiederherstellungszeiten sind eingehalten.
  - Die Fähigkeiten der IT-Mitarbeiter entsprechen den Anforderungen.

Ziele messbar formulieren

Nachdem die Ziele für den durch das Projekt *iPENG* implementierten Incident-Management-Prozess definiert sind, gilt es nun diese Ziele messbar zu gestalten. Denn nur, wenn durch eine eindeutige Quantifizierung ein Nachweis erbracht werden kann, ist die Zielerreichung überprüfbar. Zu diesem Zweck werden den Zielen entsprechende Kennzahlen (KPI) zugeordnet. Mehr zur Gestaltung von Kennzahlen finden sie in Kapitel 5.

Im Rahmen des Workshops bekommen die Teilnehmer in einer dritten Brainstorming-Kartenabfrage die Aufgabe, Messgrößen für jedes der bereits festgelegten Ziele zu finden. Die Vorschläge werden auf der Metaplanwand gesammelt und den entsprechenden Zielen zugeordnet. Das Erreichen der Zusatzziele trägt in der Regel direkt zur Erreichung der

Hauptziele bei. Es besteht also hier die Möglichkeit, sich bei der Zuordnung der Messgrößen zunächst auf die Zusatzziele zu konzentrieren, um die Komplexität zu minimieren. Der Hintergrund wird in Kapitel 5 im Rahmen der Zusammenhänge zwischen Zielen, CSF und KPI beschrieben (Abbildung 5.1).

Nach der Sammlung werden die gefundenen Kennzahlen (die bei Bedarf auch hier wieder mit Hilfe von Klebepunkten priorisiert werden können) den Zielen zugeordnet und durch die Teilnehmer des Workshops freigegeben.

Im Projekt iPENG wurden den Zusatzzielen die folgenden Kennzahlen zugeordnet:

Hauptziel 1: *Die Kosten für den Support sind minimiert.*

- *Die Störungsbehebung erfolgt ohne Verzögerung.*
  - *Erhöhung der Erstlösungsquote (Beschreibt den Anteil der Incidents, der sofort und ohne Weiterleitung gelöst wird)*
  - *Reduzierung der durchschnittlichen Lösungszeit (Zeit von der Ticketeröffnung bis zum Abschluss nach erfolgreicher Service-Wiederherstellung)*
- *Eine Wissensdatenbank wird aktiv genutzt und gepflegt.*
  - *Erhöhung des Anteils der Tickets, die mit Hilfe der Lösungsdatenbank gelöst wurden*
  - *Reduzierung des Anteils fehlerhafter Lösungen, die aus der Lösungsdatenbank entnommen wurden*
- *Die Ressourcen für den Support werden optimal genutzt.*
  - *Reduzierung des Anteils von Tickets mit falscher Kategorie*
  - *Reduzierung der durchschnittlichen Anzahl der Weiterleitungen innerhalb der IT-Organisation („Ping Pong Counter")*

Hauptziel 2: *Die Kunden sind zufrieden.*

- *Die Anwender sind zufrieden.*
  - *Verbesserung der durchschnittlichen Bewertung in Zufriedenheitsanalysen (in Schulnoten)*
- *Die vereinbarten Wiederherstellungszeiten sind eingehalten.*
  - *Reduzierung des Anteils der Tickets, in denen die Vereinbarungen verletzt wurden*
  - *Erhöhung des Anteils der Störungen, für die eine klare Vereinbarung zur Wiederherstellungszeit bekannt sind (Bezug zum Service Level Management, das allerdings in der Bankenservice AG erst etabliert werden muss))*
- *Die Fähigkeiten der IT-Mitarbeiter entsprechen den Anforderungen.*
  - *Reduzierung des Anteils der Tickets mit Beschwerden bezüglich der Lösungsqualität*
  - *Reduzierung der Abweichungen vom Schulungs- und Entwicklungsplan für die Support-Mitarbeiter*

Beschreibung	Nr. / Bezeichnung	Numerisch oder sprechend -> Eindeutig
	Beschreibung	Was wird in diesem KPI erfasst?
	Adressat	An wen wird das Ergebnis geliefert?
	Zielwert	Welcher Zielwert soll erreicht werden?
	Sollwerte	Welche Zwischenziele (Meilensteine) gibt es?
	Toleranzwert	Welche Abweichung vom Ziel wird akzeptiert?
	Eskalationsregeln	Maßnahmen zur Beeinflussung der Zielerreichung
	Gültigkeit	Wie lange ist dieser KPI gültig?
	Verantwortlicher	Wer ist für diesen KPI verantwortlich?
Datenermittlung	Datenquellen	Woher werden die Daten bezogen?
	Messverfahren	Wie wird gemessen?
	Messpunkte	In welcher Frequenz wird gemessen?
	Verantwortlicher	Wer ist für die Datenermittlung verantwortlich?
Aufbereitung und Präsentation	Berechnungsweg	Formel zur Errechnung der Kennzahl
	Darstellung	Wie werden die Ergebnisse dargestellt?
	Aggregation	Stufe entsprechend der Zielgruppe
	Archivierung	Wie wird die Nachvollziehbarkeit sichergestellt?
	Verantwortlicher	Wer ist für Aufbereitung und Präsentation verantwortlich?

Abbildung 8.5 Rahmen zur Kennzahlendarstellung

Die detaillierte Ausprägung der Kennzahlen anhand des in Kapitel 5 beschriebenen Rahmens zur Kennzahlendarstellung (Abbildung 8.5) erfolgt innerhalb der dem Definitionsworkshop folgenden Dokumentationsphase.

Auswahl und Freigabe der Nicht-Ziele

Nachdem nun die Ziele benannt und entsprechende Kennzahlen gefunden sind, beginnt eine zweite wichtige Phase des Zielworkshops. In dieser Phase werden Nicht-Ziele definiert. Nicht-Ziele sind Dinge, die mit diesem Projekt nicht erreicht werden sollen. Die Definition der Nicht-Ziele dient der Abgrenzung des Projektes. Durch diese Nicht-Ziele wird auf der einen Seite verhindert, dass das Projekt sich während der Laufzeit unerwartet ausweitet, weil durch den Auftraggeber oder andere Beteiligte implizit Ergebnisse über die definierten Ziele hinaus erwartet werden. Auf der anderen Seite wird für alle Beteiligten klar, wo die Grenzen des Projektes sind, und falsche oder überzogene Erwartungshaltungen oder auch Ängste werden vermieden.

Das Problem bei der Definition der Nicht-Ziele ist, dass es sich theoretisch betrachtet um eine unendliche Menge handelt. Um ein Beispiel zu nennen, soll durch das Projekt *iPENG* natürlich weder eine Mondlandung vorbereitet werden, noch soll die Parkplatzsituation auf dem Unternehmensgelände verbessert werden. Bei der Definition der Nicht-Ziele müssen also Aspekte gefunden werden, die zwar nahe genug am Projekt sind, dass sie theoretisch damit zu tun haben könnten, aber eben doch nicht im Rahmen des Projektes erreicht werden sollen. Ein Beispiel ist „Mitarbeiter werden abgebaut". Wird das als Nicht-Ziel definiert und festgelegt, so ist klar, dass im Rahmen des Projektes keine Mitarbeiter entlassen werden sollen, und so können mögliche Ängste der Mitarbeiter schon im Vorfeld zerstreut werden.

Um den Spagat zwischen der Definition einer ausreichenden Menge an Nicht-Zielen und der ausreichenden Nähe dieser Nicht-Ziele zum Projekt zu schaffen, ist auch in diesem Fall wieder ein sehr erfahrener Moderator gefragt. Darüber hinaus spielt aber auch der Beitrag der Workshopteilnehmer eine große Rolle, denn diese sollten die Ängste, Wünsche und Erwartungen im Unternehmen weitgehend kennen. Die Nicht-Ziele werden ebenso wie die Ziele positiv formuliert (also „Mitarbeiter werden abgebaut" statt „Es werden keine Mitarbeiter abgebaut") und sind so zu verstehen, dass die beschriebenen Ziele negiert, also nicht angestrebt werden.

> *Im Projekt iPENG wurden mit Hilfe der moderierten Kartenabfrage und der beschriebenen Priorisierung die folgenden Nicht-Ziele definiert:*
> - *Die Zahl der Mitarbeiter wird reduziert.*
> - *Die Untersuchung der Fehlerursachen (Problem Management) wird verbessert.*
> - *Die Kontrolle über durchzuführende Veränderungen wird verbessert (Change Management).*
> - *Der Support ist für ein vollständiges Outsourcing vorbereitet.*
> - *Die Planung der Kapazitäten ist standardisiert.*
> - *Die Servicezeiten des Service Desk sind erweitert.*

Abbildung 8.6 zeigt alle Aktivitäten eines Zielworkshops im Überblick. Auch hier gilt wieder, dass es sich um Praxiserfahrungen handelt, die in der Regel hervorragend funktionieren und auf effiziente Weise zum Ziel führen. Ein Dogma sind aber auch diese Schritte

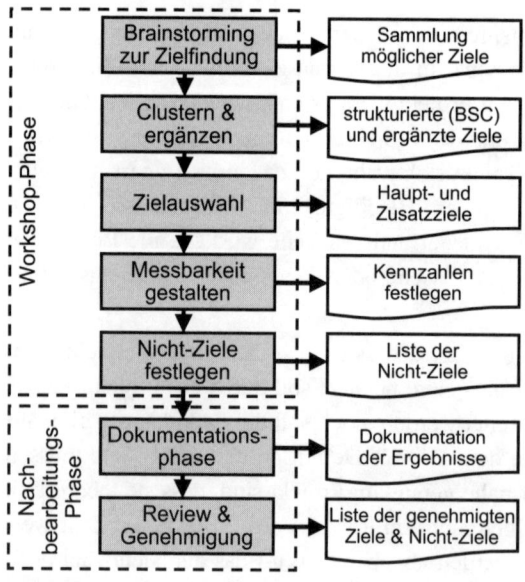

Abbildung 8.6
Der Zielworkshop im Überblick

nicht. Wenn Ihnen eine abweichende Vorgehensweise für Ihr Projekt sinnvoll erscheint, zögern Sie nicht, Änderungen im Ablauf vorzunehmen.

Dokumentationsphase

Nach Abschluss des Zielworkshops folgt eine Dokumentationsphase, in der die Ergebnisse des Workshops konsolidiert und von den Flipcharts und Metaplanwänden auf verteilbare, in der Regel elektronische Medien übertragen werden. Die Aufgaben, wer welche Ergebnisse dokumentieren soll, müssen bereits am Ende des Workshops festgelegt werden. Für jede Aufgabe sollten mindestens die nachfolgend aufgezählten Aspekte festgelegt werden. Insbesondere ein fixer Termin trägt dazu bei, dass der Projektfortschritt nach dem Workshop nicht verzögert wird

- Verantwortlicher
- Beschreibung der Aufgabe
- Welches Medium ist zu wählen
- Welcher Termin wird festgelegt

Review und Genehmigung

Die dokumentierten Ergebnisse werden in einem abschließenden Workshop einer erneuten Bewertung unterzogen und final freigegeben. Viele Ergebnisse können nach Abschluss dieses Workshops bereits in aktive Systeme wie z.B. ein Ticketsystem, ein Kennzahlensystem oder in das Prozesshandbuch übernommen werden. Alle Teilnehmer des vorangegangenen Zielworkshops nehmen an diesem Review teil. Der Kreis der Teilnehmer wird durch notwendige Entscheidungsträger (Projektleiter, Management) ergänzt.

8.3.3 Analyse und Identifizierung

Wichtige Ziele dieser Phase

- Die Stärken und Schwächen der IT-Prozesse sind bekannt.
- Die Chancen und Risiken der IT-Organisation sind identifiziert.
- Bei Bedarf ist der Reifegrad der betrachteten Prozesse analysiert.
- Konkrete Handlungsempfehlungen sind abgeleitet und Aktivitäten geplant.

Einführung

Nach der Definition der Ziele muss nun festgestellt und dokumentiert werden, wo die IT-Organisation der Bankenservice AG heute steht. Darauf aufbauend werden dann konkrete Aktivitäten beschrieben. Die nächste Phase des Projektes *iPENG* besteht also aus einer Ist-Analyse. Die Aktivitäten innerhalb einer Ist-Analyse werden in diesem Abschnitt beschrieben:

- Überprüfen der Dokumentation
- Interviews und Beobachtung
- SWOT-Analyse (Stärken, Schwächen, Chancen, Risiken)
- Handlungsfelder identifizieren, Aktivitäten ableiten

Überprüfen der Dokumentation

Der erste Schritt dieser Analysephase besteht aus einer Analyse der vorhandenen Prozess- und Tooldokumentation. Die Bewertung dieser Dokumente gibt einen ersten Überblick über den aktuellen Status der IT-Organisation und der von den geplanten Veränderungen betroffenen Teilbereiche. Wichtige Kriterien für die Bewertung der Unterlagen sind:

- Vollständigkeit
- Verständlichkeit
- Nachvollziehbarkeit
- Anwendbarkeit
- Kongruenz zu Best Practices und Standards (z.B. ITIL®, ISO 20000)

In dieser ersten Bewertung können bereits Hinweise auf die aktuelle Situation und mögliche Handlungsfelder gewonnen werden. Sie sind allerdings für eine echte Bewertung nicht ausreichend, da sie keine Schlüsse darauf zulassen, ob die beschriebenen Aktivitäten und Prozesse tatsächlich gelebt werden oder nur auf dem Papier bestehen. Eine Möglichkeit, die tatsächliche Anwendung der Dokumentation zu überprüfen, ist die Überprüfung der im täglichen Betrieb angelegten Datensätze, also z. B. der vorhandenen Tickets im Ticketsystem. Mehr zur Unterscheidung zwischen Dokumentation (Documents) und Nachweisen oder Datensätzen (Records) lesen Sie im Abschnitt 6.1 zur [ISO/IEC 20000]. Die tatsächliche Umsetzung lässt sich allerdings am besten im direkten Kontakt mit den jeweils betroffenen Personen überprüfen.

> *Bezogen auf die Bankenservice AG liegen für den Prozess Incident Management nur sehr wenig konkrete Dokumentationen vor. Sie bestehen fast ausschließlich aus den Arbeitsanweisungen innerhalb des existierenden Service Desk und befassen sich mit der direkten Bearbeitung von Störungen und Anfragen. Ein Prozess ist nicht beschrieben, notwendige Abstimmungen mit dem 2nd Level Support und daraus resultierende funktionale und hierarchische Eskalationen basieren auf den persönlichen Erfahrungen der Mitarbeiter. Es existieren keine Rollenbeschreibungen.*

Interviews und Beobachtung

In dieser Projektphase werden die beteiligten Mitarbeiter und Kundenvertreter zu ihren persönlichen Erfahrungen mit den Aktivitäten des IT-Support befragt. Die Interviews sollten von einem erfahrenen Berater (intern oder extern) durchgeführt werden, da diese Art der Informationsermittlung eine Reihe von Risiken beinhaltet. Einige dieser Probleme sollen hier genannt werden:

- Subjektivität des Fragenden
  - Der unterschiedliche Know-how-Level von Fragesteller und Befragten führt zu einer einseitigen Sichtweise durch beeinflussende Fragen.
  - Hat der Fragende eigene Interessen innerhalb des Unternehmens, besteht die Gefahr, dass er nur das hört, was er hören will, und wichtige Informationen verloren gehen.
  - Erfahrungsgemäß fokussieren die Interviews sehr stark auf die Schwächen, Stärken „gehen unter".
- Subjektivität des Befragten
  - Auch hier können aufgrund unterschiedlichen Know-hows Schwierigkeiten auftreten. Ist eine der Parteien der anderen im Fragebereich überlegen, kann das zu Beeinflussungen führen.
  - Informationsverlust droht, wenn der Befragte nur das sagt, was er preisgeben will.
  - Oft reden Interviewpartner lieber über Schwächen anderer, als die eigenen Handlungsfelder zu beleuchten.
- Kommunikation
  - „Stille Post", d.h. im Gespräch geht etwas verloren oder wird falsch verstanden.
  - Ergebnisse hängen stark vom „Mitteilungsbedürfnis" jedes Einzelnen ab.
  - „Einzelaussagen" werden schnell zur „Allgemeingültigkeit" erhoben, wenn sie laut genug geäußert werden.

Die Teilnehmer an Interviews sollten einen ausgewogenen Querschnitt aus allen Stakeholdern am Prozess innerhalb der IT und aus der Kundenorganisation bilden. Die folgenden Gruppierungen sollten mindestens befragt werden:

- IT Management (z.B. Gruppenleiter, Abteilungsleiter)
- Kundenvertreter (Key user)
- Kundenverantwortliche (z.B. Abteilungsleiter)
- Support-Mitarbeiter (Sowohl aus einem vorhandenen Service Desk als auch aus dem 2nd Level Support)
- Der als Prozessmanager geplante Mitarbeiter

Die Interviews können in zwei Ausprägungen durchgeführt werden:

- Gruppeninterviews
- Einzelinterviews

Gruppeninterviews haben neben dem offensichtlichen Vorteil, dass die Zahl der Interviewtermine begrenzt ist, weitere Vorzüge. Innerhalb einer Gruppe werden die Einzelaussagen durch aufkommende Diskussionen auf ganz natürliche Weise qualitätsgesichert und es kann so deutlich mehr Objektivität erzeugt werden. Ein positiver Nebeneffekt von Gruppeninterviews ist ihr Beitrag zu einem gemeinsamen Prozessverständnis. Es wird z. B. schnell transparent, dass viele Mitarbeiter aus anderen Bereichen oder Gruppen sich mit ähnlichen Themen und Aktivitäten auseinandersetzen wie der eigene Bereich. Eine Gefahr in Gruppeninterviews besteht darin, dass introvertierte Personen nicht zu Wort kommen und so eventuell ein Meinungsführer seine Sichtweise in den Vordergrund schiebt und sie als Gruppenmeinung erscheinen lässt.

Ein wichtiger Vorteil von Einzelinterviews hingegen ist die in der Regel größere Detailtiefe. Im Rahmen eines Einzelgesprächs können durch gezielte Nachfragen oft mehr Hintergründe identifiziert werden, die häufig über eine rein fachliche Betrachtung hinausgehen. So können auch persönliche Befindlichkeiten, Vorlieben und Abneigungen erkannt werden, die für einen erfolgreichen Projektverlauf von Bedeutung sein könnten.

In der Praxis hat sich eine Mischung aus beiden Interviewformen als sehr nützlich erwiesen. Schlüsselpersonen wie der IT-Leiter oder Kundenverantwortliche sollten eher in Einzelinterviews, prozessbeteiligte Mitarbeiter eher in Gruppeninterviews befragt werden. Diese Einteilung ist allerdings lediglich als grobe Richtschnur zu verstehen, verschiedene Charaktere können es notwendig machen, individuell zu reagieren.

Praxistipp:
Vermischen Sie nach Möglichkeit in Gruppeninterviews keine unterschiedlichen Hierarchieebenen, denn viele Mitarbeiter werden in Gegenwart des Chefs nicht offen sprechen oder, was noch schlimmer ist, andere Dinge sagen, als sie eigentlich denken.

Stehen die Interviewpartner und die Art der Interviews fest, werden die Termine festgelegt und frühzeitig an die Interviewteilnehmer kommuniziert. Eine sorgfältige Planung und Abstimmung der Termine ist notwendig, da Terminschwierigkeiten und fehlende Wahrnehmung der Wichtigkeit der Interviews in vielen Projekten zu deutlichen Verzögerungen führen.

Innerhalb der Bankenservice AG werden die Interviewtermine wie in Tabelle 8.1 dokumentiert festgelegt. Der Term „Termin x" ist dabei natürlich jeweils durch einen konkreten Termin zu ersetzen.

Tabelle 8.1 Interviewplan

Termine	Interviewtyp	Teilnehmer
Termin 1	Einzel	CIO
Termin 2	Gruppe	Leiter Infrastruktur & Netzwerk, Leiter Anwendungsentwicklung, Leiter Rechenzentrumsbetrieb
Termin 3	Einzel	Leiter Clientbetrieb
Termin 4	Gruppe	Mitarbeiter Servicedesk und 2nd Level Support
Termin 5	Gruppe	Leiter Vertrieb, Leiter Kundenberatung, Leiter Verwaltung, Leiter Controlling
Termin 6	Gruppe	Key User aus allen Fachbereichen des Kunden
Termin 7	Einzel	COO

Während der Interviews werden die Beiträge der Teilnehmer protokolliert und anschließend jedem Interviewpartner zur Bestätigung vorgelegt, um eventuelle Missverständnisse oder Übertragungsfehler auszuschließen. Jeder Interviewteilnehmer bestätigt zum Abschluss seine Aussagen mit seiner Unterschrift. Abbildung 8.7 zeigt ein Beispiel für den Aufbau eines Interviewprotokolls.

Interview-Protokoll: Teilnehmer: Leiter Clientservice				
Thema: iPENG				**Bereich**
				IT
Ersteller/in	**Erstelldatum**	**Datum Sitzung**		**Ort**
Martin Beims	11.06.2008	11.06.2009		Frankfurt
Status	**Reviewer**		**Bemerkungen**	
Entwurf	Leiter Clientservice		Zu Bestätigen	
Inhalte: Allgemeines - Es gibt immer wieder Unstimmigkeiten zwischen Service Desk und Fachbereichen - Der Service Desk ist überlastet und die Arbeiten müssen von den FB übernommen werden Prozess - Es gibt Arbeitsanweisungen im Service Desk - Bei Schwierigkeiten melden sich die Service Desk Mitarbeiter bei dem Mitarbeiter der gerade erreichbar ist				
Unterschrift Interviewteilnehmer				

Abbildung 8.7 Interviewprotokoll

Als Anleitung für die Fragestellungen in den Interviews stehen verschiedene Quellen und Möglichkeiten zur Verfügung. Als nützlicher Leitfaden hat sich das von der OGC veröffentlichte Self Assessment erwiesen (www.ogc.gov.uk). Es hilft, die richtigen Fragen zu stellen, und unterstützt zudem durch eine klare Bewertungsstruktur, um bei Bedarf die Ermittlung eines Reifegrades zu unterstützen.

Die folgende Liste zeigt einen Auszug aus Fragen, die bei der Ist-Analyse der Bankenservice AG neben vielen anderen Faktoren betrachtet wurden. Die Liste ist gegliedert entsprechend verschiedener Betrachtungsbereiche, die einen Einfluss auf den Reifegrad des Prozesses haben können:

- *Grundlegendes*
    - *Werden Daten zu allen gemeldeten Incidents erfasst?*
    - *Werden die Incidents bewertet und klassifiziert, ehe sie an den Fachbereich weitergegeben werden?*

- *Wahrnehmung im Management*
  - Ist das Management entschlossen, die Auswirkungen von Incidents durch deren rasche Bearbeitung zu reduzieren?
  - Verfügt der Incident-Management-Prozess über Rückhalt im Management, Budget und die notwendigen Ressourcen?
  - Wurde ein Ausbildungsprogramm für die Mitarbeiter durchgeführt?
- *Prozess*
  - Existiert ein Ticketsystem, in dem alle Daten zu gemeldeten Incidents gepflegt werden?
  - Werden alle Incidents in Übereinstimmung mit vorhandenen SLAs behandelt?
  - Werden alle Incidents strukturiert klassifiziert (Priorität, Kategorie)?
  - Werden die Anwender über den Fortschritt bzw. Statusänderungen bei der Behandlung von Incidents informiert?
  - Werden Incidents mit besonders hohen Auswirkungen (Major Incidents) gesondert betrachtet?
- *Interne Integration*
  - Sieht der Incident-Management-Prozess einen Abgleich zwischen Incidents und der Kown-Error-Datenbank vor?
  - Werden vorhandene Workarrounds genutzt und andere Prozesse über Workarrounds informiert?
  - Werden Incidents, die vereinbarte Service Levels verletzen, identifiziert und Maßnahmen eingeleitet?
- *Tools*
  - Werden Incident-Daten für alle gemeldeten Incidents erfasst?
  - Werden Requests for Change gestellt, wenn es für die Incident-Behebung notwendig ist?
  - Werden regelmäßig Reports erstellt für alle Teams, die in den Prozess zur Incident-Bearbeitung eingebunden sind?
  - Wird die anfallende Arbeit analysiert, um Zahl und Qualifikation der erforderlichen Mitarbeiter bestimmen zu können?
- *Überwachung der Qualität*
  - Existiert ein klares Verständnis von Standards und Qualitätskriterien, die für die Registrierung von Incidents gelten?
  - Stehen Service Level Agreements zur Verfügung und werden sie vom Incident Management verstanden?
  - Sind die mit der Durchführung von Incident-Management-Aktivitäten beauftragten Personen dafür entsprechend ausgebildet?
  - Werden in der Organisation Ziele und Vorgaben für das Incident Management gesetzt und überprüft?

- *Information an das Management*
  - *Liefern Sie dem Management Informationen über Trend-Analysen hinsichtlich Incident-Häufigkeiten und Bearbeitungsdauer?*
  - *Liefern Sie dem Management Informationen über eskalierte Incidents?*
  - *Liefern Sie dem Management Informationen über den Anteil von Incidents, die innerhalb der vereinbarten Zeiten behandelt werden?*
- *Externe Integration*
  - *Sind die Schnittstellen zwischen Service Desk und Incident Management definiert und kommuniziert?*
  - *Tauscht das Incident Management mit dem Problem Management Informationen aus über zusammenhängende Probleme und bekannte Fehler (Known Errors)?*
  - *Tauscht das Incident Management mit dem Configuration Management Informationen zu Configuration Items aus?*
  - *Erhält das Incident Management Informationen vom Change Management bei Änderungen, die sich auf Services auswirken?*
  - *Tauscht das Incident Management mit dem Service Level Management Informationen aus hinsichtlich Verletzungen von SLAs und den darin enthaltenen Service und Support-Zusagen?*
- *Kundenschnittstelle*
  - *Halten Sie Rücksprache mit den Kunden, ob deren Geschäftsanforderungen in angemessener Weise Rechnung getragen wird?*
  - *Halten Sie Rücksprache mit den Kunden, ob sie mit den gelieferten Services zufrieden sind?*
  - *Überwachen Sie laufend die Trends hinsichtlich Kundenzufriedenheit?*
  - *Überwachen Sie die Wertschätzung ihrer Kunden hinsichtlich der von Ihnen gelieferten Services?*

Bei der Anwendung solcher Fragenkataloge ist Erfahrung des Fragestellers entscheidend für den Erfolg, denn ein einfaches Abfragen eines Kataloges wird in der Regel nicht zu belastbaren Ergebnissen führen. Hier sind ein freies Interview und der Einsatz nachvollziehbarer Praxisbeispiele gefragt. Mehr Informationen zum Thema Reifegrade lesen Sie in Abschnitt 5.3.

Um die Aussagen in den Interviews zu verifizieren werden parallel und anschließend die tatsächlichen Aktivitäten im Rahmen der Störungsbearbeitung im täglichen Betrieb beobachtet und ausgewertet. So kann auf einfache Weise geklärt werden, ob die Wahrnehmung der Interviewteilnehmer mit der Realität im Tagesgeschäft übereinstimmt. Möglicherweise ergeben sich weitere Fragestellungen, die in zusätzlichen Interviews geklärt werden müssen.

SWOT Analyse

Eine SWOT-Analyse ist eine Grundlagenmethodik zur strukturierten Aufarbeitung von Analyseergebnissen. Sie dient dazu, Stärken, Schwächen, Chancen und Risiken strukturiert zu identifizieren. SWOT steht für:

- **S**trength (Stärken)
- **W**eaknesses (Schwächen)
- **O**pportunities (Chancen)
- **T**hreats (Risiken)

Im aktuellen Fall werden die vier Betrachtungsebenen unterteilt in zwei Betrachtungsbereiche. Die Ebenen Strength und Weaknesses beziehen sich direkt auf den zu betrachtenden Prozess, während sich die Ebenen Opportunities und Threats auf die gesamte IT-Organisation beziehen. Abbildung 8.8 zeigt die Betrachtungsebenen einer SWOT-Analyse.

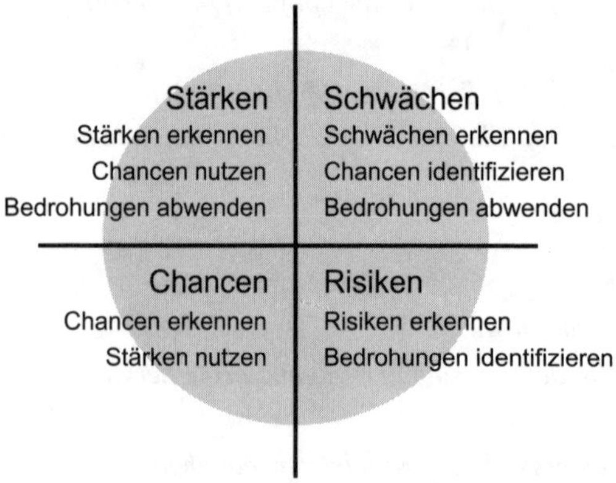

Stärken
Stärken erkennen
Chancen nutzen
Bedrohungen abwenden

Schwächen
Schwächen erkennen
Chancen identifizieren
Bedrohungen abwenden

Chancen
Chancen erkennen
Stärken nutzen

Risiken
Risiken erkennen
Bedrohungen identifizieren

Abbildung 8.8
SWOT-Analyse

Im Projekt iPENG wurden die nachstehenden Stärken, Schwächen, Chancen und Risiken identifiziert. Dieser Auszug aus der Projektdokumentation soll anhand von Beispielen verdeutlichen, wie diese Betrachtungsebenen ausgeprägt werden müssen.

- *Stärken*
  - *Es existiert bereits ein Service Desk.*
  - *Es gibt ein Ticketsystem, in dem die Störungen erfasst werden.*
  - *Der Service Desk ist bei den Anwendern als Single Point of Contact akzeptiert.*
- *Schwächen*
  - *Die Schnittstellen zwischen Service Desk und Fachbereichen sind unklar.*
  - *Mangelnder Austausch und Unstimmigkeiten zwischen 1st und 2nd Level Support.*
  - *Das Tickettool wird nicht überall und nicht konsequent genutzt.*
  - *Ziele und Aktivitäten bei der Störungsbearbeitung sind nicht klar.*

- *Chancen*
  - *Die Mitarbeiter sind sehr motiviert und bereit, Veränderungen mitzutragen.*
  - *Die Mitarbeiter verfügen über sehr gute fachliche Skills.*
  - *Der Kunde ist an einem verbesserten Service interessiert*
- *Risiken*
  - *Anwenderbeschwerden aufgrund von Verzögerungen häufen sich.*
  - *Es existiert kein Verfahren zum Umgang mit Major Incidents (also Störungen mit besonders großen Auswirkungen).*

Handlungsfelder identifizieren, Aktivitäten ableiten

Anhand der Ergebnisse der SWOT-Analyse in Bezug zu den im Zielworkshop definierten Zielen folgt nun die Ableitung konkreter Handlungsfelder und Aktivitäten. Es wird also hier beschrieben, wie ausgehend von der aktuellen Situation die definierten Ziele erreicht werden können. Um den Bezug zu den bisherigen Definitionen und Analysen zu dokumentieren, sollten die Handlungsempfehlungen der folgenden oder einer ähnlichen Struktur entsprechen:

- Aktivitäten: Was soll getan werden?
- Ziel: Welches Ziel soll damit erreicht bzw. unterstützt werden?
- Ergebnisse: Was ist das erwartete Ergebnis der Aktivitäten?
- Aufwand und Dauer
- Abhängigkeiten und Voraussetzungen (falls relevant)

Der nachfolgende Auszug aus der iPENG-Projektdokumentation zeigt einige Handlungsempfehlungen, die dazu beitragen, bei der Bankenservice AG identifizierte Schwächen zu beseitigen und Chancen zu nutzen.

Aktivitäten	Der Prozess Incident Management muss in der gesamten Support Organisation etabliert und gelebt werden.
Ziel	Die Störungsbehebung erfolgt ohne Verzögerung.
Ergebnisse	Die Schnittstellen und Aktivitäten sind klar definiert.
	Die identifizierte Schwäche „Die Schnittstellen zwischen Service Desk und Fachbereichen sind unklar" ist beseitigt.
	Die identifizierte Schwäche: „Ziele und Aktivitäten bei der Störungsbearbeitung sind nicht klar" ist beseitigt.
	Das identifizierte Risiko „Anwenderbeschwerden aufgrund von Verzögerungen häufen sich" wird adressiert.
Aufwand und Dauer	Entspricht der Projektplanung iPENG
Abhängigkeiten und Voraussetzungen	Das Projektbudget steht zur Verfügung.

Aktivitäten	Die Aktivitäten im Prozess werden über klare Rollendefinitionen zugeordnet.
Ziel	Die Ressourcen für den Support werden optimal genutzt.
Ergebnisse	Es existiert ein übergreifendes Rollenmodell. Die identifizierte Schwäche „Mangelnder Austausch und Unstimmigkeiten zwischen 1st und 2nd Level Support" ist beseitigt.
Aufwand und Dauer	Aufwand: 5 Personentage, Dauer: 2 Wochen
Abhängigkeiten und Voraussetzungen	Der Prozess Incident Management ist mit allen Aktivitäten definiert.

Aktivitäten	Die Kategorisierung und Priorisierung der Störungen ist den Anforderungen entsprechend definiert.
Ziel	Die Anwender sind zufrieden.
Ergebnisse	Es existiert eine Prioritätenmatrix. Es existiert ein Kategorienbaum und Störungen werden bei funktionaler Eskalation entsprechend richtig zugeordnet. Die identifizierte Chance „Die Mitarbeiter verfügen über sehr gute fachliche Skills" ist optimal genutzt.
Aufwand und Dauer	Aufwand: 8 Personentage, Dauer: 4 Wochen
Abhängigkeiten und Voraussetzungen	Die Geschäftsprozesse der Bankenservice AG sind bekannt und verstanden.

Aktivitäten	Es werden klare Arbeitsanweisungen für alle am Support beteiligten Mitarbeiter erstellt (Tickettool, Wissensdatenbank). Die betroffenen Mitarbeiter erhalten eine Toolschulung und der Nutzen des konsequenten Tooleinsatzes wird vermittelt.
Ziel	Eine Wissensdatenbank wird aktiv genutzt und gepflegt. Die Anwender sind zufrieden (es gehen keine Tickets mehr verloren).
Ergebnisse	Die Mitarbeiter kennen den Nutzen der eingesetzten Tools und verwenden diese konsequent. Die identifizierte Schwäche „Das Tickettool wird nicht überall und nicht konsequent genutzt" ist beseitigt.
Aufwand und Dauer	Aufwand: 8 Personentage, Dauer: 4 Wochen
Abhängigkeiten und Voraussetzungen	Das Tickettool ist entsprechend der Anforderungen aus dem Prozess integriert. Die Wissensdatenbank ist entsprechend der Anforderungen aus dem Prozess integriert.

Nach Abschluss dieser Phase sind die für den Projekterfolg notwendigen Aktivitäten im Detail bekannt. Die grobe Terminplanung aus der ersten Projektphase kann also nun entsprechend verfeinert werden. Die Termine werden nun konkret benannt, die Aktivitäten beschrieben und es werden Verantwortliche für deren Durchführung festgelegt und informiert.

8.3.4 Ausbildung der Beteiligten

Wichtige Ziele dieser Phase

- Die Mitarbeiter kennen ihren Beitrag zu den Zielen der Prozesse und der IT.
- Die beteiligten Mitarbeiter sind zu ihrer jeweiligen Aufgabe befähigt.
- Die Grundlagen und Begriffe des ITSM sind bekannt.
- Die Mitarbeiter sind mit den eingesetzten Tools vertraut.
- Die Mitarbeiter kennen den konkreten Nutzen des Projektes.

Um alle am Projekt beteiligten Mitarbeiter zu befähigen, die von Ihnen erwarteten Aktivitäten effektiv und effizient durchzuführen, ist es notwendig, diese entsprechend auszubilden. In allen Projekten zur Prozessveränderung hat es sich als nützlich erwiesen, als Basis die wichtigsten Begriffe des IT-Service Management in einer Grundlagenschulung zu vermitteln. Je nach Umfang des Projektes kann es sich hier um Schulungen mit einer Dauer von wenigen Stunden, bezogen auf einen bestimmten Prozess oder eine Prozessgruppe handeln. In komplexen Projekten und um die Zusammenhänge zwischen Prozessen zu vermitteln, eignen sich vollständige ITIL®-Foundation-Schulungen. Sie dienen unter anderem dazu, ein gemeinsames Vokabular und Grundverständnis zu schaffen. Dieser Aufwand amortisiert sich in der Regel recht schnell, denn wenn alle Beteiligten die gleichen Begriffe und Grundsätze kennen und verwenden, lassen sich viele Diskussionen bereits im Vorfeld vermeiden. Grundsätzlich lassen sich drei Ebenen der Ausbildung unterscheiden.

- Grundlagentraining IT-Service Management (z.B. ITIL® Foundation)
- Training für einen bestimmten Prozess oder eine Prozessgruppe
- Training für die eingesetzten Tools (z.B. Tickettool, Wissensdatenbank, ...)

Alle Ebenen sollten sehr praxisorientiert und auf die konkrete Situation im jeweiligen Unternehmen bezogen durchgeführt werden. Der Scope der Schulungen richtet sich nach den konkreten Anforderungen aus dem jeweiligen Projekt. Grundsätzlich sollten mindestens die folgenden Inhalte vermittelt werden:

- Generelle Konzepte und Definitionen der Methode (z.B. ITIL®)
- Grundlegende Prozessmodelle
- Beschreibung der Ziele, Aktivitäten und Rollen der relevanten Prozesse
- Im Projekt verwendete Fachbegriffe
- Der Nutzen der geplanten Veränderungen

Zusätzlich in Toolschulungen:

- Einsatzgebiet und Scope der verwendeten Tools
- Bedienung der Tools als praktische Übung
- Bewusstsein schaffen für den Nutzen der Tools

Die Ausbildung der Mitarbeiter findet, wie bereits im schematischen Projektplan weiter oben erkennbar, nicht zwingend in der zeitlichen Abfolge dieser Beschreibung statt. Sie sollte parallel zum Projektverlauf an der Stelle erfolgen, an der die jeweiligen Inhalte relevant werden. So kann die Ausbildung bezüglich der ITSM-Grundlagen durchaus in einen allgemeinen Teil zu Beginn des Projektes und spezifische Module im weiteren Projektverlauf gegliedert werden. Die Toolschulungen können in der Regel ohnehin erst dann durchgeführt werden, wenn die Tools entsprechend der Anforderungen aus dem Projekt integriert sind. Auch hier kann es allerdings nützlich sein, bereits in einer früheren Phase eine allgemeine Schulung bezüglich der grundlegenden Funktionen durchzuführen, um die Projektbeteiligten mit dem später verwendeten Tool vertraut zu machen.

8.3.5 Prozesse definieren und dokumentieren

Wichtige Ziele dieser Phase

- Die Prozesse sind vollständig definiert.
- Rollen sind definiert.
- Effektivität, Effizienz und Prozessperformance sind messbar.
- Kriterien zur Toolauswahl sind festgelegt.
- Die Prozesse sind vollständig dokumentiert.

Einführung

Nach der Klärung der Ausgangssituation, der Ziele und der Identifizierung konkreter Handlungsfelder folgt in diesem Abschnitt die konkrete Definition der zu verändernden oder neu zu schaffenden Prozesse. Einer der größten Fehler, der aus meiner Sicht in solchen Projekten immer wieder begangen wird, ist ein ausgeprägter „Vorgaben- und Befehlsdrang". Natürlich müssen mit Hilfe eines solchen Prozessprojektes die gesetzten Ziele erreicht werden und dazu gilt es, konsequent die Ziele zu verfolgen. Leider wird der Faktor Mensch und die Kultur im Unternehmen an dieser Stelle in vielen Fällen völlig außer Acht gelassen.

Die beauftragten externen Berater ziehen sich zusammen mit einigen wenigen Mitarbeitern (wenn überhaupt) zurück und präsentieren irgendwann den verblüfften Beteiligten und Betroffenen einen fertigen und schön bunten Prozess. Anschließend folgt der Kommentar des Vorgesetzten: „Das ist der neue Prozess, er ist einzuhalten". Wie ein Mitarbeiter, der vielleicht schon seit zehn Jahren oder länger seinen Job macht (und das offenbar nicht ganz so schlecht, denn seine Aufgabe existiert ja noch …) darauf reagiert, ist wohl nicht schwer zu erraten. Im besten Fall wird er alles so machen wie bisher und es so benennen, dass es sich so anhört, als würde er den Prozess leben. An dieser Vorgehensweise sind schon sehr viele Projekte vollständig gescheitert und wurden eingestellt.

Ich möchte allerdings hier keinesfalls die Unterstützung durch externe Berater in Frage stellen, sie ist in vielen Fällen unerlässlich (und außerdem bin ich ja selber einer …). Die Frage ist allerdings, wie dieser externe Berater sicherstellt, dass nicht nur neues Papier produziert, sondern ein echter Nutzen erzeugt wird. Als Berater kann ich dazu nur sagen, dass ich ja verrückt sein müsste, wenn ich nicht auf die unerschöpflichen Erfahrungen der Mitarbeiter im jeweiligen Unternehmen zurückgreifen und diese für den Projekterfolg einsetzen würde.

Diese Erkenntnis führte mich zu dem Grundsatz, dass auch in der Definitionsphase von Prozessen die Mitarbeiter anhand mehrerer Workshops je Prozess in die Gestaltung aktiv eingebunden werden sollten. Neben einer deutlich verbesserten Ergebnisqualität durch die verarbeiteten Erfahrungswerte hat diese Vorgehensweise einen weiteren Nutzen, der gar nicht hoch genug bewertet werden kann: Die Akzeptanz für die geplanten Veränderungen steigt erheblich, weil die Mitarbeiter eingebunden und wertgeschätzt werden, wodurch deren Motivation zur Umsetzung lang anhaltend gesteigert werden kann.

Auch diese Workshops sollten durch einen erfahrenen Berater moderiert werden, der in der Lage ist, die Diskussion zu lenken und bei Bedarf anhand von Tipps und Hinweisen einzugreifen. Der Ablauf dieser häufig mehrtägigen Workshops sollte die folgenden Schritte beinhalten:

- Prozessdefinition
- Definition der Rollen
- Definition der Prozessschnittstellen
- Definition der Prozesskennzahlen
- Ableiten der Toolkriterien
- Dokumentation der Ergebnisse

Für eine effiziente und effektive Workshopdurchführung sollte die Zahl der Teilnehmer auf etwa 6 bis 8 Personen begrenzt werden. Folgende Teilnehmer sollten im Workshop zum Incident-Management-Prozess vertreten sein:

- Der zukünftige Prozessmanager
- Der Leiter des Service Desk
- Mitarbeiter aus dem Service Desk
- Vertreter der relevanten Fachabteilungen (2nd Level Support)
- Wenn vorhanden: Toolverantwortliche (z.B. Tickettool)

Im Projekt iPENG nehmen am Prozessworkshop die folgenden Personen teil:

- *Leiter Client-Betrieb (als zukünftiger Incident Manager)*
- *Ein Vertreter des Service Desk*
- *Vertreter aus den Fachbereichen Infrastruktur und Netzwerk (2nd Level)*
- *Ein Vertreter der Anwendungsentwicklung (für Toolfragen)*

Prozessdefinition

Die Basis für die Gestaltung eines neuen Prozesses sind die Aktivitäten, die in diesem Prozess durchgeführt werden. Um diese Aktivitäten definieren zu können, müssen allerdings die erwarteten Outputs für den Prozess klar sein. Diese Outputs lassen sich direkt aus den definierten Zielen ableiten. Bei der Gestaltung von Prozessen hat sich eine Vorgehensweise etabliert, die die Reihenfolge „Input – Aktivität – Output" umkehrt und zunächst anhand der Ziele die erwarteten Outputs eines Prozesses definiert. Erst danach wird festlegt, welche Aktivitäten notwendig sind, um diese Outputs liefern zu können. Und erst wenn die Aktivitäten definiert sind, werden im nächsten Schritt die benötigten Inputs identifiziert, um die Aktivitäten durchführen zu können.

Wichtige Outputs für den Prozess Incident Management im Projekt iPENG sind zum Beispiel:
- *Vereinbarungsgemäß wiederhergestellte Services*
- *Inhaltlich korrekte Reports*

Wie bereits erwähnt erfolgt die Prozessdefinition wie alle folgenden Aktivitäten im Rahmen eines Workshops. Der Moderator, der in diesen Workshops auch Verantwortung für die fachliche Richtigkeit übernimmt, stellt zu Beginn ein schematisches Modell des zu betrachtenden Prozesses vor und erläutert die grundlegenden Funktionen und Mechanismen. Als Werkzeug kommt hier in der Regel eine Metaplanwand zum Einsatz, auf der mit Hilfe von Karten die grundlegenden Aktivitäten dargestellt werden und in der späteren Diskussion angepasst werden können. Abbildung 8.9 zeigt ein Beispiel für die Darstellung eines schematischen Incident-Management-Prozesses für den Einstieg in den entsprechenden Workshop.

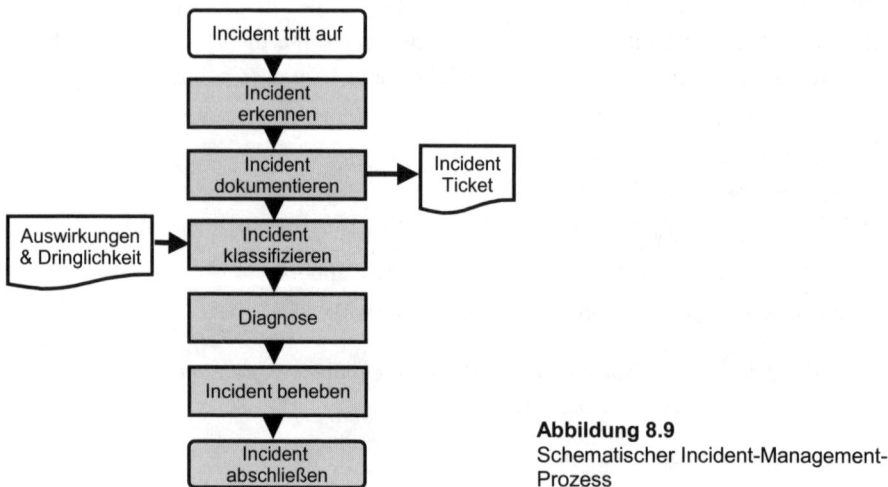

Abbildung 8.9
Schematischer Incident-Management-Prozess

Auf Basis dieses schematischen Grundprozesses wird nun durch die Teilnehmer, geführt durch den Moderator, Schritt für Schritt ein individuell ausgeprägter Prozess gestaltet. Dieser Prozess ist aufgrund der vorhandenen Rahmenbedingungen, Erfahrungen und Vorgaben in der Regel deutlich komplexer als die üblichen in der Literatur veröffentlichten Beispiele. Abweichungen von diesen Musterprozessen sind, wenn sie zielführend sind, durchaus erlaubt und sogar erwünscht. Hier ist der Moderator mit seinen fachlichen Fähigkeiten und Erfahrungen gefragt.

Wird als Beispiel die Aktivität „Klassifizierung" aus dem schematischen Musterprozess diskutiert, so wird relativ schnell klar, dass zumindest die beiden Aktivitäten „Priorisierung" und „Kategorisierung" beschrieben werden müssen. Möglicherweise soll auch noch die Aktualisierung des Kategorienbaumes oder die Feststellung der Vorgaben aus den SLAs eingearbeitet werden. Der Moderator hat hier die Aufgabe sicherzustellen, dass der Prozess lebbar und zielführend bleibt.

Für den Workshop bei der Bankenservice AG ist hier entsprechend der SWOT-Analyse auch die Behandlung des Umgangs mit Major Incidents gefragt. Das identifizierte Risiko „Es existiert kein Verfahren zum Umgang mit Major Incidents (also Störungen mit besonders großen Auswirkungen)" kann hier adressiert werden.

Diese Vorgehensweise mit Vorstellung der Aktivität, Diskussion der Gegebenheiten im Betrieb, Abwägen der Möglichkeiten der Gestaltung und Festlegen der Prozessschritte wird nun für den gesamten Prozess wiederholt und die Ergebnisse in einer EPK (ereignisgesteuerten Prozesskette) dokumentiert. Bei der Darstellung von Prozessen werden verschiedene Ebenen unterschieden:

- **Ebene 1** beschreibt ein Gesamtprozessmodell und die übergeordneten Zusammenhänge zwischen den Prozessen im Unternehmen. Die Detailebene ist hier der gesamte Prozess.
- **Ebene 2** beschreibt die einzelnen Prozesse auf der Ebene der durchzuführenden Aktivitäten. Diese Ebene wird in typischen Prozessdiagrammen oder ereignisgesteuerten Prozessketten (EPK) dargestellt.
- **Ebene 3** beschreibt jede einzelne Aktivität im Detail und beinhaltet alle Informationen zur Durchführung der jeweiligen Aktivität (z.B. detaillierte Arbeitsanweisungen).

In dieser Phase des Prozessworkshops werden die Aktivitäten auf der Ebene 2 beschrieben und dokumentiert. Abbildung 8.10 zeigt auf den folgenden Seiten eine EPK für den Incident-Management-Prozess der Bankenservice AG

8 Praxisbeispiel

Verwendete Notationen

Aktivität: Beschreibt die Arbeitsschritte eines Prozesses und fasst diese zusammen.

Vordefinierter Prozess: Fast einen anderen Prozess zusammen und kann damit auch ein Start- oder Endereignis sein.

Entscheidung: Symbol für eine Verzweigung

Blattsprung: Verweist auf ein Ereignis auf einem andern Blatt

Verbindungselement: Symbol für die Abfolge der Aktivitäten

Dokument: Symbol für Daten in einer vom Menschen lesbaren Form.

Kontrollübergabe: Verweist auf eine Aktivität

Start- oder Endereignis: Löst einen Prozess aus oder schließt ihn ab.

Abbildung 8.10 EPK Incident Management

8.3 Das Projekt

Incident Management Prozess
Ablaufdiagramm

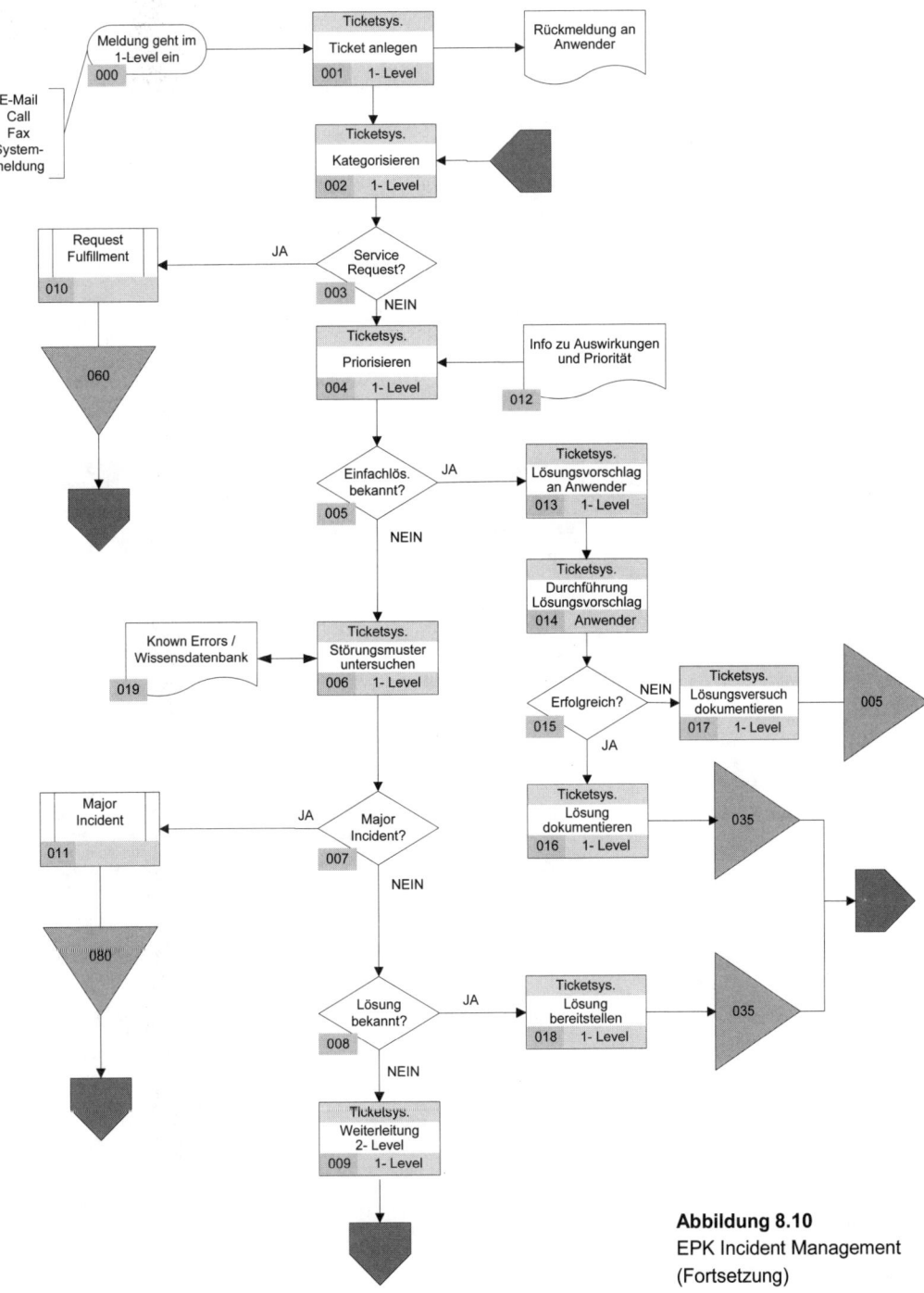

Abbildung 8.10
EPK Incident Management (Fortsetzung)

8 Praxisbeispiel

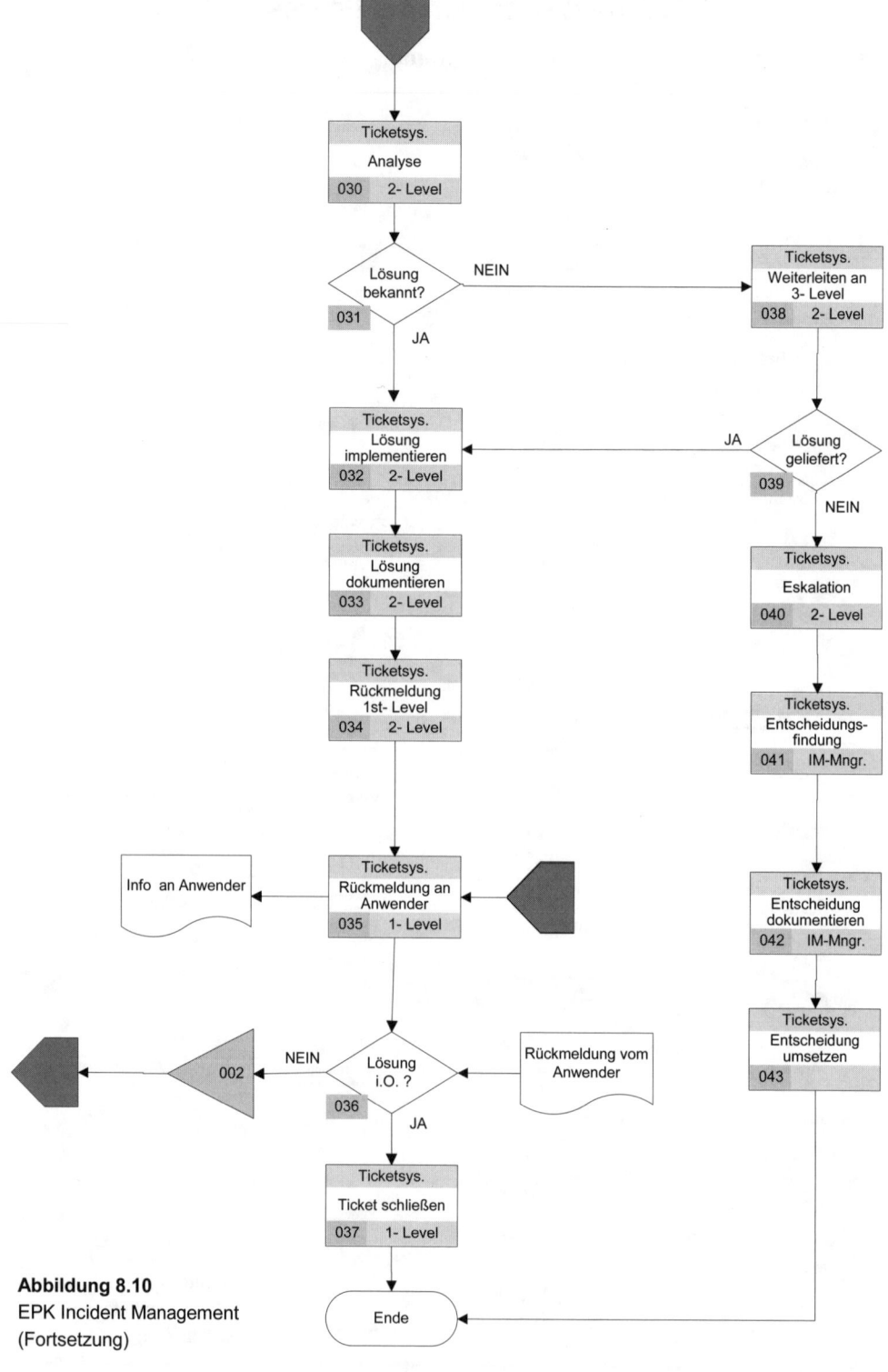

Abbildung 8.10
EPK Incident Management
(Fortsetzung)

8.3 Das Projekt

IM- Subprozess Request Fulfillment

Ablaufdiagramm

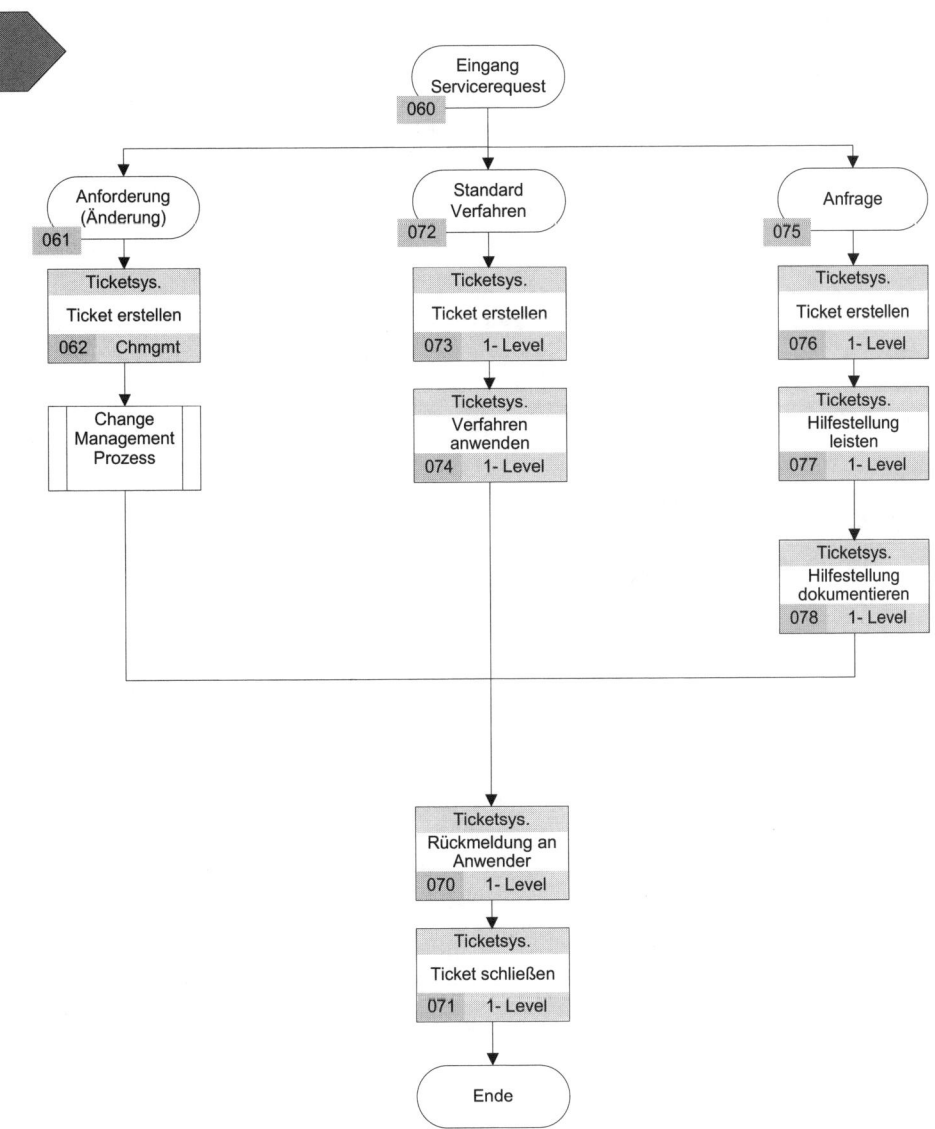

Abbildung 8.10 EPK Incident Management (Fortsetzung)

8 Praxisbeispiel

IM- Subprozess Major Incident

Ablaufdiagramm

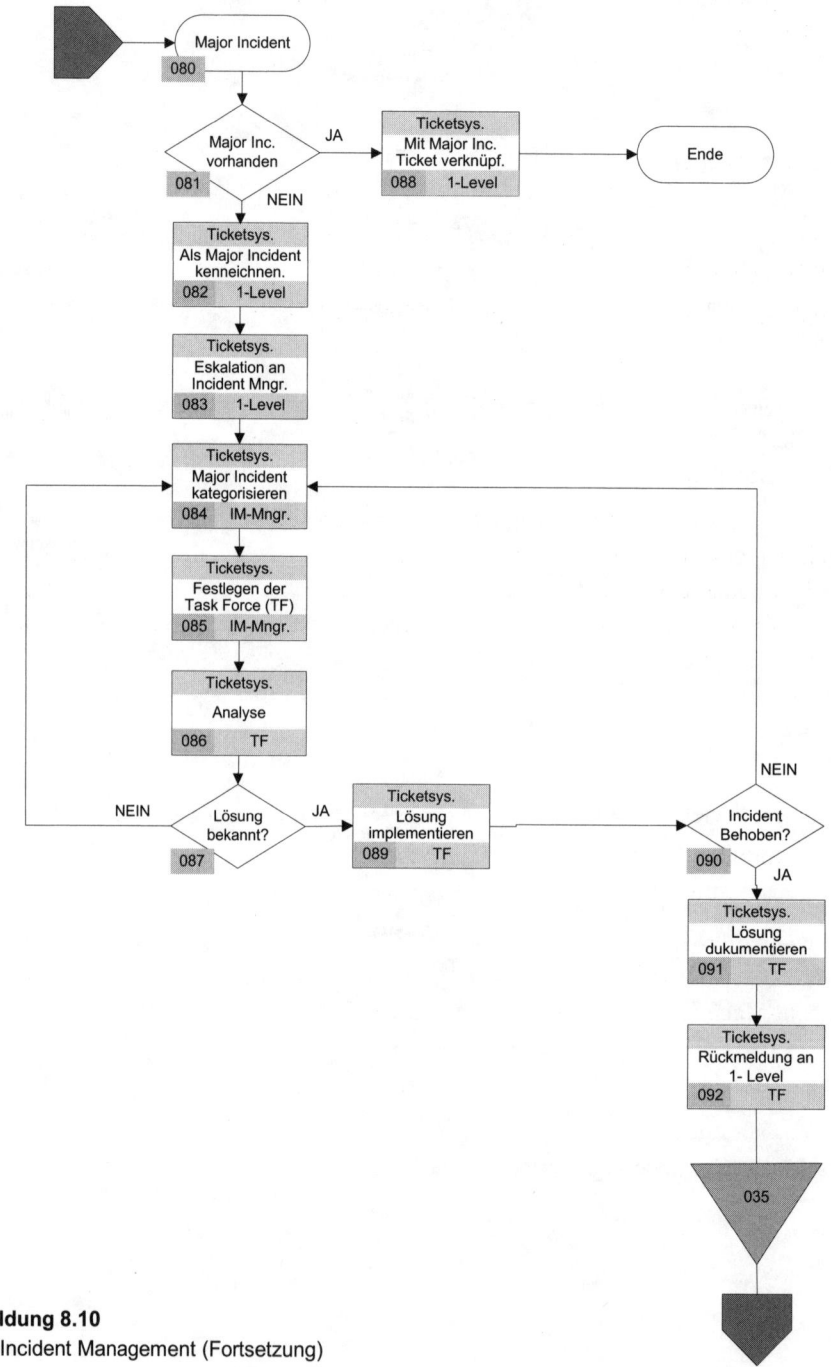

Abbildung 8.10
EPK Incident Management (Fortsetzung)

Nachdem die Aktivitäten für den Prozess bestimmt sind, folgt nun eine erste Definition der benötigten Inputs. Im Rahmen des Workshops wird also diskutiert, welche Inputs benötigt werden, damit die definierten Prozessaktivitäten effektiv und effizient durchgeführt werden können. Häufig müssen diese Inputs nach der Definition des Prozesses auf der Ebene 3 in der nächsten Projektphase noch einmal überprüft und entsprechend der Erfahrungen angepasst werden. Bei Bedarf kann die Identifizierung der Inputs nach dem oben beschriebenen Prinzip der Kartenabfrage durchgeführt werden.

Einige mögliche Inputs für den im Projekt iPENG definierten Incident-Management-Prozess der Bankenservice AG sind:

- *Informationen zu den Geschäftsprozessen (Erkennen der Auswirkungen von Störungen)*
- *Informationen zu den vereinbarten Wiederherstellungszeiten*
- *Bekannte Fehler und Workarrounds (zur schnellen Störungsbehebung)*
- *Rückmeldungen von den Anwendern (als Information zum Ticketabschluss)*

Definition der Rollen

Anhand der festgelegten Aktivitäten müssen nun die Rollen definiert werden, die zur Durchführung des Prozesses im Betrieb der Bankenservice AG benötigt werden. Klar und vollständig definierte Rollen sind in einer prozessorientierten Organisation von großer Bedeutung, denn nur durch Rollen können die benötigten Ressourcen für die Durchführung der Prozessaktivitäten allokiert werden. Bei der Festlegung, welche Rollen benötigt werden, helfen Rollenmodelle wie das RACI-Modell, das in Abschnitt 1.3 beschrieben wird.

Eine Rollenbeschreibung sollte grundsätzlich Informationen zu den folgenden Themen enthalten:

- Aufgaben: Welche Aktivitäten muss der Rolleninhaber durchführen?
- Verantwortung: Wofür trägt der Rolleninhaber Verantwortung?
- Kompetenzen: Welche Kompetenzen benötigt der Rolleninhaber?

Ebenso wie die Prozessbeschreibung werden die Rollenbeschreibungen in einem Prozesshandbuch dokumentiert. Das Prozesshandbuch wird am Ende dieser Projektphase erstellt. Im Incident-Management-Prozess sollten mindestens die folgenden Rollen definiert werden:

- Prozess-Owner (Verantwortlicher und „Sponsor" für den Prozess)
- Incident Manager (operativ verantwortlich für den Prozess)
- 1st Level Support (z.B. für Mitarbeiter des Service Desk)
- 2nd Level Support (für Mitarbeiter der Fachbereiche mit Aufgaben im Support)

Als Auszug aus der Prozessdokumentation der Bankenservice AG soll hier beispielhaft die Rolle des Incident Managers in Stichworten beschrieben werden:

- *Aufgaben*
  - *Steuerung der am Prozess beteiligten Mitarbeiter*
  - *Erstellen von Reports*
  - *Eskalation zum Prozess-Owner*
  - *Eskalationsinstanz im Prozess*
  - *Kennzahlen ermitteln, überwachen und reporten*
  - *Anstoß von Prozessoptimierungsprojekten und entsprechende Dokumentation*
  - *Veranlassung von Korrekturmaßnahmen*
  - *Erstellen von Stellungnahmen und Berichten zu kritischen Vorgängen*
  - *Schulung von Mitarbeiten*
- *Verantwortung*
  - *Verantwortlich für den kontinuierlichen Verbesserungsprozess*
  - *Information des Managements*
  - *Eskalationen überwachen*
  - *Kontrolle der Tätigkeiten der einzelnen Supportgruppen*
  - *Managementunterstützung einholen*
  - *Bekanntheitsgrad des Prozesses und seines Nutzens steigern*
  - *Sicherstellen der nachhaltigen Umsetzung des Prozesses im Unternehmen*
- *Kompetenzen*
  - *Besitzt fachliche Weisungsbefugnis gegenüber den Prozessbeteiligten bezogen auf das Incident Management*

Definition der Prozessschnittstellen

Damit die definierten Prozesse untereinander agieren können, müssen die Schnittstellen zum Austausch von Triggern, Daten und Informationen zwischen den Prozessen definiert werden.

Für das Projekt iPENG ergibt sich hier eine Sondersituation, da der Prozess Incident Management der erste der ITSM-Prozesse ist, der integriert wird. Die Schnittstellen, die hier betrachtet wurden, sind die zu den bekannten Fragmenten eines Change Management und zum für die Servicevereinbarungen verantwortlichen IT-Prozess (ein echtes Service Level Management ist noch nicht integriert).

Change Management

Der Change-Management-Prozess liefert dem Incident-Management-Prozess Informationen über geplante und aktuelle Changes (Change-Kalender). Sollte offensichtlich sein, dass ein Change der Verursacher von Störungen ist, so werden die Informationen über diesen fehlerhaften Change an das Change Management zurückgemeldet. Service Requests werden über das Change Management abgewickelt, wenn es sich um Erweiterungen und Änderungen des Leistungsspektrums eines IT-Services handelt. Auch werden Störungen unter Kontrolle des Change Managements behoben, wenn eine Änderung der Infrastruktur nötig ist. Das Incident Management stellt zu diesem Zweck einen Change Request an das Change Management.

Service Level Management

Das Service Level Management muss die Vorgaben für die Gestaltung des Incident Management bezüglich der vereinbarten Wiederherstellungszeiten liefern. Das ist aktuell in der Bankenservice AG nur bedingt möglich, da es lediglich Vereinbarungen zu technischen Services gibt. Hier besteht Handlungsbedarf. Die Umsetzung soll über eine echte Schnittstelle zwischen Tickettool und Vertragsmanagement erfolgen, so dass die jeweils aktuellen Vertragsdaten automatisch im Tickettool zur Verfügung stehen.

Definition der Prozesskennzahlen

Anhand der definierten Prozessziele werden für jeden Prozess konkrete Kennzahlen (KPI) abgleitet, die als Teil des Prozessreportings Aufschluss darüber geben, ob der Prozess die vereinbarten Ziele erreicht. Mehr Details zur Definition der Kennzahlen finden Sie weiter oben in Abschnitt 8.3.2 und insbesondere in Kapitel 5. Nachfolgend die im Projekt *iPENG* den Zielen zugeordneten Kennzahlen:

- *Die Störungsbehebung erfolgt ohne Verzögerung.*
  - *KPI 1.1: Erhöhung der Erstlösungsquote auf 65% aller Tickets*
  - *Reduzierung der durchschnittlichen Lösungszeit um 20% im Vergleich zum Vorjahr*
- *Eine Wissensdatenbank wird aktiv genutzt und gepflegt.*
  - *Erhöhung des Anteils der Tickets, die mit Hilfe der Lösungsdatenbank gelöst wurden, auf 55% aller Tickets*
  - *Reduzierung des Anteils fehlerhafter Lösungen, die aus der Lösungsdatenbank entnommen wurden, auf unter 3% aller mit Hilfe der Lösungsdatenbank bearbeiteten Tickets*
- *Die Ressourcen für den Support werden optimal genutzt.*
  - *Reduzierung des Anteils von Tickets mit falscher Kategorie auf unter 2% aller Tickets*
  - *Reduzierung der durchschnittlichen Anzahl der Weiterleitungen innerhalb der IT-Organisation um 50% im Vergleich zum Vorjahr*
- *Die Anwender sind zufrieden.*
  - *Verbesserung der durchschnittlichen Bewertung in Zufriedenheitsanalysen (in Schulnoten) um eine Note im Vergleich zum Vorjahr*

- *Die vereinbarten Wiederherstellungszeiten sind eingehalten.*
  - *Reduzierung des Anteils der Tickets, in denen die Vereinbarungen verletzt wurden, auf maximal 1% aller Ticktes*
  - *Erhöhung des Anteils der Störungen, für die eine klare Vereinbarung zur Wiederherstellungszeit bekannt ist, auf über 99%*
- *Die Fähigkeiten der IT-Mitarbeiter entsprechen den Anforderungen.*
  - *Reduzierung des Anteils der Tickets mit Beschwerden bezüglich der Lösungsqualität auf unter 3%*
  - *Reduzierung der Abweichungen vom Schulungs- und Entwicklungsplan für die Support-Mitarbeiter auf maximal 5 Vorfälle im Jahr*

Ableiten der Toolkriterien

Nach der Prozessdefinition müssen die Anforderungen an die einzusetzenden Tools definiert werden. Hierbei gilt grundsätzlich, dass die Tools passend zum implementierten Prozess ausgewählt werden, statt Prozesse auf Basis einer Software zu implementieren (auch wenn so mancher Toolhersteller sich das offenbar wünschen würde, wie viele Werbeaussagen zum Ausdruck bringen). Natürlich sind Tools nützlich, ja sogar unverzichtbar bei der Integration effektiver und effizienter Prozesse aber sie müssen eben zur Erreichung der Ziele des jeweiligen Unternehmens und nicht zu den vom Hersteller angenommenen Zielen beitragen.

Allerdings ist auch der genannte Grundsatz „Tool folgt Prozess" kein Dogma, denn es gibt durchaus nicht selten Situationen, in denen eine Abweichung von diesem Prinzip sinnvoll sein kann. Diese Tatsache ist einer der Gründe, warum ich in der Regel empfehle, einen Fachmann für die eingesetzten oder geplanten Tools zu den Prozessworkshops einzuladen. So können oft schon während der Prozessdefinition Grenzen der möglichen Tools berücksichtigt und der Anpassungsbedarf auf Toolseite entsprechend reduziert werden. In der Praxis hat sich eine dreistufige Vorgehensweise bewährt:

1. Die Prozesse werden in einem relativ niedrigen Detaillierungsgrad definiert, so dass die Ziele und Aktivitäten z.B. auf der Ebene 2 bekannt sind.
2. Die Anforderungen an das Tool werden abgeleitet und das Tool entsprechend ausgewählt (mehr dazu im Anschluss).
3. Die Prozesse werden im Detail (auf Ebene 3) definiert und die Besonderheiten des ausgewählten oder vorhandenen Tools dabei berücksichtigt.

Für die Gestaltung der Auswahl verschiedener Tools gibt ITIL® einige Hinweise, die zu einer standardisierten Vorgehensweise führen. Die folgenden allgemeinen Fragen sollten Sie bei der Auswahl der Tools jeweils beantworten:

- Entsprechen die Datenstruktur, das Handling und die Integration den Anforderungen und Möglichkeiten?
- Verhält sich das Tool konform zu internationalen Standards?

- Orientiert sich das Tool an ITSM Best/Good Practices (z. B. ITIL®)?
- Ist das Tool flexibel zu handhaben bei Integration, Nutzung und Datenanbindung?
- Ist das Tool intuitiv zu bedienen und skalierbar?
- Werden adäquate Backup- und Security-Funktionen bereitgestellt?
- Liefert der Hersteller den benötigten Support?
- Passen die Kosten für Administration und Wartung ins Budget?
- Ist das Tool integrationsfähig mit vorhandenen Tools und Komponenten?
- Können Erweiterungen einfach eingebunden werden?
- Ist ein adäquates Berichtswesen entsprechend der Anforderungen möglich?

Natürlich ist neben der Beantwortung dieser grundsätzlichen Fragen ebenso wichtig, welche aus der Prozessdefinition abgeleiteten fachlichen Anforderungen ein Tool erfüllen muss. Die Anforderungen werden hier häufig nach dem so genannten MoSCoW-Prinzip entsprechend ihrer Wichtigkeit bewertet:

- M – MUST have this

  Diese Eigenschaft muss das betrachtete Tool auf jeden Fall erfüllen, sie ist ein Ausschlusskriterium.

- S – SHOULD have this if at all possible

  Diese Eigenschaft ist wichtig für die effektive und effiziente Prozessdurchführung und sollte nach Möglichkeit vorhanden sein.

- C – COULD have this if it does not affect anything else

  Diese Eigenschaft wird nicht sofort benötigt, kann aber vorhanden sein, wenn keine wichtige Eigenschaften dadurch beeinträchtigt ist.

- W – WON'T have this time but WOULD like in the future

  Diese Eigenschaft ist aktuell nicht notwendig, wird aber in Zukunft benötigt.

Bei der Bewertung, ob ein Kriterium erfüllt wird oder nicht, sind verschiedene Abstufungen möglich, da Tools verschieden aufgebaut oder konzipiert sein können. Die drei wichtigsten Abstufungen, die unterschieden werden sind:

- Out-of-the box – Die Kriterien sind erfüllt.
- Konfiguration nötig – Das Tool kann mit Aufwand x konfiguriert werden, um die Anforderungen zu erfüllen.
- Spezifische Anpassungen nötig – Das Tool muss mit Aufwand x umprogrammiert werden, um die Anforderungen zu erfüllen (das muss ggf. bei Produktupgrades wiederholt werden)

Grundsätzlich gilt bei der Auswahl zu beachten, dass es kaum ein Tool auf dem Markt geben wird, das die Anforderungen vollständig erfüllt. Deshalb ist es möglicherweise sinnvoll, die Toolsauswahl so zu gestalten, dass ein Tool, auch wenn es weniger als 100% der Anforderungen erfüllt, für die Implementierung in Frage kommt. So können erhebliche Kosten für Anpassungen und Konfiguration vermieden werden. Die oben beschriebene dreistufige Vorgehensweise unterstützt bei dieser Betrachtung. Abbildung 8.11 zeigt die Eigen-

8 Praxisbeispiel

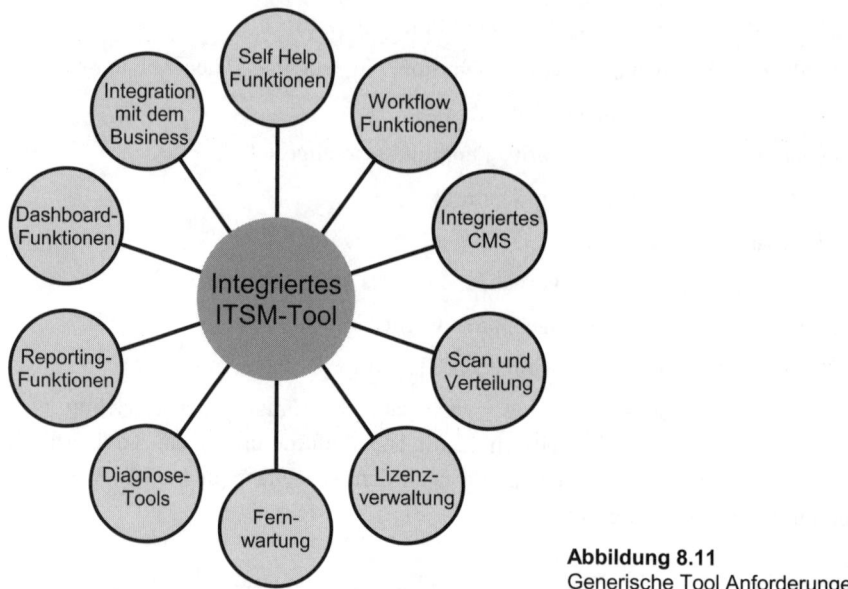

Abbildung 8.11
Generische Tool Anforderungen

schaften, über die ein integriertes IT-Service Management Tool laut ITIL® [Service Design, 2007] verfügen sollte.

Dokumentation der Ergebnisse

Die erzielten Ergebnisse und Definitionen müssen abschließend zuverlässig dokumentiert werden. Ziel dieser Dokumentation muss es sein, dass alle für die Prozessdurchführung und Überwachung notwendigen Informationen nachvollziehbar und für alle berechtigten Personen zugänglich festgehalten sind. Dabei reicht es nicht aus, dass die Informationen irgendwo verteilt in den Speicherorten der Organisation abgelegt und möglicherweise nie mehr wieder gefunden werden. Sie müssen aktiv veröffentlicht und regelmäßig aktualisiert werden. Zu diesem Zweck werden sie in einer an ITIL® orientierten IT-Organisation in der Regel Teil des SKMS (Service Knowledge Management System).

Als Form der Dokumentation wird häufig ein Prozesshandbuch für jeden definierten Prozess gewählt, welches in einen übergeordneten Rahmen aus allen vorhandenen Prozessen eingebettet wird. Um die Aktualität und Nachvollziehbarkeit des Prozesshandbuches sicherzustellen, ist zunächst eine Versionskontrolle zu pflegen, die zu jeder Zeit Aufschluss darüber gibt, welche Version aktuell ist und wer wann warum welche Änderungen vorgenommen und wer diese genehmigt hat. Die Festlegung der Berechtigung zur Genehmigung der Änderungen ist Teil der Definitionen im Prozesshandbuch. Was ein Prozesshandbuch auf jeden Fall beinhalten sollte, zeigt die Tabelle 8.2.

Tabelle 8.2 Inhalte des Prozesshandbuches

Dokumentensteuerung	Dokumentenhistorie, Genehmigungen, Versionierung, Verantwortliche
Zweck des Dokuments	Wozu wurde das Dokument erstellt?
Aktualisierung und Freigabe	Prozesse für die Aktualisierung und Freigabe
Sprachregelung und allgemeine Festlegungen	Beschreibung der verwendeten Konventionen wie z.B. ITIL®-Wording
Einordnung in ein übergeordnetes Prozessmodell	Beschreibung des beschriebenen Prozesses im Gesamtprozessmodell der Organisation
Ziele des Prozesses	Die definierten Ziele des Prozesses (Hauptziele und Zusatzziele)
Abgrenzungen	Die definierten Nicht-Ziele des Prozesses
Prozesskennzahlen und Reporting	Die definierten KPI und die Berichtswege
Prozessspezifische Rollen	Die für den Prozess benötigten Rollenbeschreibungen (Aufgaben, Verantwortung, Kompetenzen)
Prozessbeschreibung (Ebene 2)	Beschreibung des Prozesses auf Aktivitätenebene und Zuordnung der Rollen und Tools zu den Aktivitäten
Prozessaktivitäten (Ebene 3)	Detailbeschreibung der Prozessaktivitäten auf Arbeitsanweisungsebene
Input	Die für die Prozessaktivitäten benötigten Eingangsgrößen
Output	Die durch den Prozess gelieferten Ergebnisse
Schnittstellen zu anderen Prozessen	Beschreibung der Schnittstellen zu weiteren Prozessen innerhalb der Organisation
Toolunterstützung	Beschreibung der für den Prozess benötigten Tools

8.3.6 Prozesse etablieren

Wichtige Ziele dieser Phase

- Die Prozesse sind vollständig in der Organisation verankert und werden gelebt.
- Der Nutzen des Projektes ist unternehmensweit bekannt und wird akzeptiert.
- Die Detaildokumentation für alle Prozesse (z.B. Arbeitsanweisungen) ist erstellt.
- Die festgelegten Tools sind implementiert, konfiguriert und werden sinnvoll eingesetzt.
- Schwachstellen und Verbesserungspotential sind erkannt und dokumentiert.

Einführung

Nachdem die Dokumentation der definierten Prozesse abgeschlossen ist, beginnt nun die Phase, in der die neuen Prozesse in der Organisation verankert werden. In dieser Phase wird der jeweilige Prozess über die bisher beteiligten Personen hinaus in der Organisation bekannt gemacht und allen Mitarbeitern ein eindeutiger Termin kommuniziert, ab dem die neuen Prozesse aktiv sind und in der Praxis angewendet werden. Während der Etablierungsphase werden die Prozesse noch nicht in jedem Fall zu den gewünschten Ergebnissen führen, so dass weitere Anpassungen aus der Praxiserfahrung heraus integriert werden können. Diese Phase beinhaltet die folgenden Aktivitäten:

- Projektmarketing
- Erstellen der Detaildokumentation
- Entwicklung bzw. Anpassung des Tools
- Coaching der Beteiligten in einer Pilotphase
- Feedback verarbeiten

Projektmarketing

Wie schon weiter oben erwähnt spielen die Menschen und die Kultur eines Unternehmens eine wichtige Rolle für den Projekterfolg. Deshalb ist es wichtig, den Nutzen und die Ziele des Projektes in die Organisation zu tragen und zu verdeutlichen, dass das Unternehmen und die Führungskräfte hinter den neuen Prozessen stehen und diese in jeder Beziehung unterstützen. Die Phase der Projektetablierung startet in der Regel mit einer Kickoff-Veranstaltung für alle beteiligten Mitarbeiter, in der die wesentlichen Aspekte des Projektes durch das Management kommuniziert werden. Mögliche Inhalte dieser Kickoff-Veranstaltung sind:

- Kommunikation der Projektziele
- Information über erste Erfolge
- Auswirkungen des Projektes auf die Organisation und die Arbeitsweise
- Kommunikation des Rollenmodells und einer entsprechenden Zuordnung zu den Mitarbeitern

Die Kickoff-Veranstaltung ist das Startsignal für die neuen Prozesse an alle Mitarbeiter. Sie soll dazu beitragen, die Mitarbeiter dazu zu motivieren, die Vorteile des Projektes zu erkennen und für ihre tägliche Arbeit zu nutzen.

Das Projektmarketing erstreckt sich aber über diese Kickoff-Phase hinaus bis in den täglichen Betrieb hinein. Immer wieder gilt es, die Aktivitäten zu bewerten und gegebenenfalls auf Rückmeldungen der Mitarbeiter einzugehen, indem Zweifel ausgeräumt und die Wichtigkeit der Prozessaktivitäten immer wieder hervorgehoben wird. Diese Aufgabe übernimmt in der Regel der Prozessmanager mit Unterstützung des Prozess-Owners und des Managements.

Ein großer Teil der nicht erfolgreichen Prozessveränderungsprojekte scheitert erst weit nach der eigentlichen Einführung an der fehlenden Motivation, die neuen Vorgehensweisen wirklich konsequent zu leben und umzusetzen. Oft ist der Anlass der Verlust oder die Neuorientierung einer treibenden Person, deren Weggang dazu genutzt wird, in alte Verhaltensmuster zurückzufallen. Gerade in einer solchen Situation gilt es also, besonders sensibel auf die Reaktionen und Rückmeldungen innerhalb der Organisation zu achten und im Zweifel konsequent zu handeln.

Erstellen der Detaildokumentation

Nachdem die Prozesse in der vorherigen Projektphase auf der Ebene 2, also der Aktivitätenebene, definiert wurden, gilt es nun, jede Aktivität im Detail so auszuprägen, dass die beteiligten Mitarbeiter ein exaktes Bild davon erhalten, was von ihnen erwartet wird. Diese Arbeitsanweisungen unterstützen die Mitarbeiter vor allem zu Beginn in ihrer täglichen Arbeit und tragen dazu bei, dass sich die Abläufe einprägen. Als Beispiel zeigt die Tabelle 8.3 einige einfache Ausprägungen aus der Dokumentation der Bankenservice AG:

Tabelle 8.3 Detailbeschreibungen

Aktivität	Detailbeschreibung
Ticket erfassen	Ein Ticket wird aufgrund der Angaben aus dem jeweiligen Monitoringsystem oder entsprechend der Angaben des Anwenders ausgefüllt.
	Durch "Mussfelder" werden alle Angaben erfasst, die zur weiteren Bearbeitung benötigt werden
	Zur Bedienung des Ticketsystems liegt eine Beschreibung zum Umgang und der Erfassung aller benötigten Daten bei.
	Dem Ticket wird sofort eine eindeutige Nummer (Ticket ID) gegeben. Diese Nummer wird in allen Referenzen und Kundenmails mitgeteilt.
Priorisieren	Die Priorität wird in 3 Stufen definiert und setzt sich aus Dringlichkeit und Auswirkungen zusammen.
	Beispiele :
	Auswirkung : Pönale, Anzahl der betroffenen Anwender, betroffene Anwendungen, Kunden/GF, Auswirkung auf Geschäftsprozesse
	Dringlichkeit: Abgeleitet aus den Servicevereinbarungen, abgeleitet aus den betroffenen Geschäftsprozessen, (Informationen des Meldenden)
	Service Level Gold → hohe Dringlichkeit
	Service Level Silber → mittlere Dringlichkeit
	Service Level Bronze → niedrige Dringlichkeit
Störungsmuster identifizieren	**Auf geplante Service-Unterbrechung prüfen**
	Überprüfung der Change-Kalender auf geplante Maßnahmen
	Einbinden der Known Error DB
	Nach Workaround suchen
	Nach bekannten Fehlern suchen (Known Error)
	Einbinden einer Lösungs DB
	Bekannte Lösungen suchen (Lösungs-DB)
	Bei Schließen des Tickets ggf. Übernahme in die Lösungsdatenbank
	Suche nach Kategorie und Fehlerbeschreibung

Ein mögliches Mittel, die neuen Aktivitäten in der Organisation bekannt zu machen, sind so genannte Quick Reference Guides oder Kurzreferenzen. Hierbei handelt es sich um kurze und prägnante, nach Möglichkeit einseitige Dokumentationen von konkreten Aktivitäten die im täglichen Betrieb eingesetzt werden können. Auf diese Weise werden Fehler vermieden und die neuen Aktivitäten prägen sich schnell und vor allem richtig bei den Mitarbeitern ein.

Entwicklung bzw. Anpassung des Tools

Entsprechend des weiter oben beschriebenen dreistufigen Vorgehens bei der Toolimplementierung werden, falls das notwendig ist, an dieser Stelle die in der Detailbeschreibung des Prozesses festgelegten Aktivitäten und Funktionen in das Tool integriert. Sollten sich bei der Implementierung größere Anpassungen ergeben, empfiehlt es sich an dieser Stelle, alle Beteiligten erneut in der Nutzung der integrierten Tools zu schulen. Mindestens jedoch sollten spezifische Aktivitäten aus den Detailbeschreibungen mit Toolbezug neu vermittelt werden.

Nicht nur die Prozesse, auch die eingesetzten Tools werden in den späteren kontinuierlichen Verbesserungsprozess einbezogen. Es gilt also auch hier Rückmeldungen zu erfassen und bei Bedarf aktiv zu reagieren, indem über spezifische Anpassungen entschieden wird. Das Tool soll dabei immer eine Erleichterung der täglichen Arbeit darstellen und nicht etwa mangelnde Kenntnis der Prozesse oder mangelnde Motivation durch größere Restriktionen ausgleichen. Soll ein Prozess ausschließlich mit Hilfe von Toolrestriktionen gelebt werden, so werden die Mitarbeiter grundsätzlich eine Möglichkeit finden, dieser von ihnen so wahrgenommenen „Schikane" auszuweichen.

Coaching der Beteiligten in einer Pilotphase

Nachdem die Maßnahmen zur Detailausprägung der Prozessaktivitäten und die Konfigurationen der Tools abgeschlossen sind, startet die erste Pilotphase des neuen Prozesses, in der bereits alle Rahmenbedingungen gelten, alle Aktivitäten durchgeführt, dokumentiert und ausgewertet werden. Lediglich mögliche Sanktionen aufgrund nicht eingehaltener Servicevereinbarungen sollten in dieser Phase noch ausgesetzt werden. So wird ein Einschwingen der neuen Aktivitäten in der Organisation ohne mögliche negative Auswirkungen (z.B. auf Zielvereinbarungen) ermöglicht.

Während der Pilotphase werden also sowohl die Prozessaktivitäten als auch die Prozessüberwachung durch die definierten Kennzahlen aktiviert und so in der Betriebsumgebung getestet. Die beteiligten Mitarbeiter werden während der gesamten Pilotphase von erfahrenen Beratern oder durch die Prozessverantwortlichen gecoacht, so dass aufkommende Fragen schnell geklärt und Fehler umgehend korrigiert werden können.

Feedback verarbeiten

Die Erfahrungen während der Pilotphase werden sowohl durch die Coaches als auch durch alle beteiligten Mitarbeiter dokumentiert. So können diese Erfahrungen als Grundlage für spätere Verbesserungsmaßnahmen genutzt werden. Häufig ist es auch sinnvoll, Rückmeldungen ad hoc zu verarbeiten und als Veränderungen in die weitere Implementierungsphase einfließen zu lassen. Die Prozesse werden so praxisorientierter gestaltet und die Akzeptanz bei den Mitarbeitern steigt. Für die Dokumentation sollte ein Template mit den folgenden Inhalten zur Verfügung gestellt werden:

- Betroffene Aktivität im Prozess
- Festgestellter Vorfall und/oder gewonnene Information
- Auswirkung auf den Betrieb
- Vorgeschlagene Maßnahmen zur Verbesserung

8.3.7 Erfolg prüfen

Wichtige Ziele dieser Phase

- Der Zielerreichungsgrad der neuen Prozesse ist bekannt.
- Schwachstellen sind identifiziert und Korrekturmaßnahmen definiert.
- Der kontinuierliche Verbesserungsprozess ist initiiert.

Einführung

In der letzten Projektphase werden die Erfahrungen aus dem Pilotbetrieb und die entsprechenden Rückmeldungen der Mitarbeiter, der Coaches und der Prozessverantwortlichen erfasst. Anschließend werden konkrete Maßnahmen zur Optimierung festgelegt. Diese Phase sollte frühestens acht Wochen nach dem Start der Etablierungsphase beginnen.

Im Rahmen dieser Review-Workshops werden unter der Leitung eines erfahrenen Moderators die folgenden Aktivitäten durchgeführt

- Review der Implementierung
- Einen kontinuierlichen Verbesserungsprozess definieren und einleiten

Review der Implementierung

Auf Basis der definierten Ziele und Kennzahlen wird in dieser Phase deren Erreichung bewertet und eventueller Anpassungsbedarf identifiziert. Die wichtigsten Aktivitäten im Rahmen dieses Workshops sind:

- Abgleichen der definierten Ziele mit dem IST-Stand nach der Implementierung mit Hilfe der definierten Kennzahlen
- Bewertung der während der Implementierung gemachten Erfahrungen und Auswertung des konkreten Feedbacks aus der Pilotphase
  - Auswertung aller Feedbacks aus der Pilotphase
  - Bewertung der Auswirkungen und der vorgeschlagenen Maßnahmen
  - Ableiten der Handlungsempfehlungen bei identifiziertem Anpassungsbedarf

Einen kontinuierlichen Verbesserungsprozess definieren und einleiten

Abschließend wird ein Plan erstellt, wie die identifizierten und freigegebenen Maßnahmen in der Betriebsumgebung integriert werden. Der Aktivitätenplan wird mit festen Terminen versehen und es werden die benötigten Ressourcen zugeordnet. Weitere Details zu den Grundlagen der kontinuierlichen Verbesserung lesen Sie in Abschnitt 3.2 dieses Buches.

Um den kontinuierlichen Verbesserungsprozess langfristig zu integrieren, müssen die Verbesserungsmaßnahmen institutionalisiert werden, so dass ein Kreislauf, orientiert am Deming Cycle (Plan, Do, Check, Act) den Rahmen bildet:

- **Plan:** Neue Maßnahmen werden geplant.
- **Do:** Die Maßnahmen werden plangemäß umgesetzt.
- **Check:** Der Erfolg der Maßnahmen wir gemessen.
- **Act:** Erkannte Abweichungen werden adressiert und die nächste Phase „Plan" angestoßen.

Mehr zur Anwendung des Deming Cycle lesen Sie in Kapitel 3. Neben dem klassischen Deming Cycle verweisen Best-Practice-Ansätze wie ITIL® auf detaillierter gestaltete Zyklen, die zur Prozessverbesserung genutzt werden können. Auch diese orientieren sich in der Regel am Deming Cycle, unterstützen aber eine exaktere Darstellung der Aktivitäten. Abbildung 8.12 zeigt eine weitere Möglichkeit für einen Rahmen zum Aufbau eines typischen Prozessverbesserungszyklus basierend auf den ITIL® Best Practices.

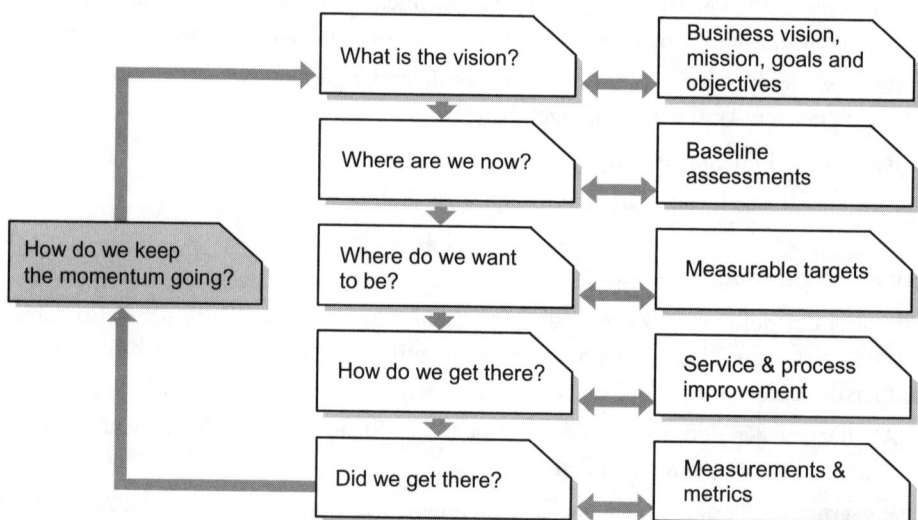

Abbildung 8.12 Kontinuierliche Prozessverbesserung (Quelle: Planning to Implement SM, 2002)

In dieser Methode wird im ersten Schritt (What is the vision?) betrachtet, was die Vorgaben aus dem Business, bzw. des Kunden sind. Zu diesem Zweck werden Informationen aus der Unternehmensvision, aus den Mission Statements sowie aus den strategischen und taktischen Zielsetzungen des Unternehmens (Goals, Objectives) abgeleitet. Mehr zu den genannten Begriffen lesen Sie in Abschnitt 5.2. Diese Informationen dienen als Ausgangspunkt für die spätere Definition konkreter Ziele (ähnlich der Ableitung der Prozessziele unter Beachtung der IT-Ziele in diesem Kapitel).

Im zweiten Schritt (Where are we now?) erfolgt ein Assessment zur Bestimmung der aktuellen Situation. Dieses Assessment kann dem im Projekt *iPENG* ähneln, wird aber im Rahmen eines kontinuierlichen Verbesserungsprozesses (KVP) deutlich schlanker ausfallen und sich auf Erfahrungen und Beobachtungen der Mitarbeiter im täglichen Betrieb beziehen.

In der dritten Stufe (Where do we want to be?) werden konkrete und messbare Ziele formuliert, bzw. im Falle eines KVP für einen Prozess aus der Prozessdokumentation entnommen und überprüft. Diese Ziele dienen im weiteren Verlauf des KVP als Bezugsgröße für die Identifizierung von Abweichungen im täglichen Betrieb.

Im nächsten Schritt (How do we get there?) werden konkrete Maßnahmen definiert, um Aktivitäten zur Zielerreichung zu implementieren. Hier werden also alle Verbesserungsmaßnahmen für Services und Prozesse aus dem vorherigen Durchlauf umgesetzt.

Der nächste Schritt (Did we get there?) befasst sich mit der Erhebung von Daten zur Feststellung, ob die definierten Ziele mit den definierten Maßnahmen erreicht wurden oder ob es weiteren Handlungsbedarf gibt.

Anschließend (How do we keep the momentum going?) werden die Ergebnisse aktiv ausgewertet, die Vorgaben der ersten Stufe auf Veränderungen überprüft (z.B. neue Businessziele) und basierend auf den Ergebnissen die nächste Phase aktiv angestoßen. Damit ein solcher kontinuierlicher Prozess realistisch funktioniert, müssen alle beteiligten Mitarbeiter einen aktiven Beitrag leisten, indem sie ihre Beobachtungen und Erfahrungen diesem Prozess zur Verfügung stellen. Die im Projekt *iPENG* verwendeten Feedback-Formulare können hier eine wichtige Basis bilden.

Fazit

Nachdem nun alle notwendigen Projektschritte des Projektes *iPENG* dargestellt wurden, zeigt Abbildung 8.13 alle Schritte dieses Projektes in einem zusammenfassenden Überblick.

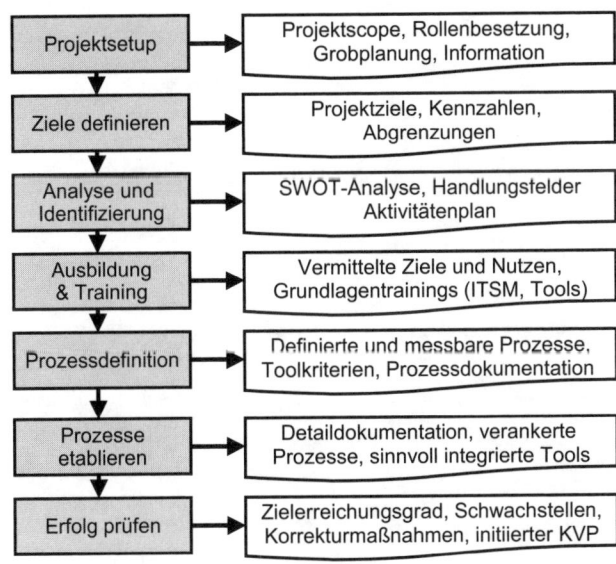

Abbildung 8.13
Projektüberblick

Wie anhand dieses Kapitels hoffentlich deutlich wird, reicht die Kenntnis einzelner Methoden bei weitem nicht aus, ein Projekt wie *iPENG* erfolgreich zu gestalten. Neben einer klar strukturierten Vorgehensweise und konsequentem Projektmanagement spielen vor allem die beteiligten Menschen eine entscheidende Rolle. Wenn Sie diese Menschen nicht überzeugen, dann wird keine Vorgehensweise der Welt zu einem erfolgreichen Projekt führen. Abschließen möchte ich mit einem Zitat von Antoine de Saint-Exupéry:

> *„Wenn Du ein Schiff bauen willst, dann trommle nicht Männer zusammen, um Holz zu beschaffen, Aufgaben zu verteilen und Arbeit einzuteilen, sondern lehre sie die Sehnsucht nach dem weiten endlosen Meer."*

Literatur

[Cobit 4.1]	IT Governance Institute: CObIT 4.1, 2007
[CSI, 2007]	OGC: ITIL Continual Service Improvement, TSO 2007
[ICT Infrastructure Management, 2002]	OGC: ITIL Best Practices for ICT Infrastructure Management, TSO 2002
[ISO/IEC 20000]	SO/IEC 20000-1:2005 und ISO/IEC 20000-2:2005 http://www.iso.org/iso/iso_catalogue
[Kaplan/Norton, 2001]	*Robert S. Kaplan/David P. Norton*: Die strategiefokussierte Organisation, Schäffer Poeschel 2001
[Kütz, 2003]	Martin Kütz: Kennzahlen in der IT, dpunkt Verlag 2003
[Lifecycle introduction, 2007]	OGC: The offical introduction to the ITIL Lifecycle, TSO 2007
[Nature, 1887]	Huxley: The Organization of Industrial Education, Nature 1887 http://aleph0.clarku.edu/huxley/UnColl/Nature/Letters/IndusEd.html
[Niessink/Clerc/Tijdink/van Vliet, 2005]	*Niessink, Clerc, Tijdink, van Vliet:* The IT Service Capability Model Version 1.0 RC1, 2005
[Peter Drucker Website]	http://www.druckerinstitute.com
[Planning to Implement SM, 2002]	OGC: Planning to Implement Service Management, TSO 2002
[PMI, 2004]	Project Management Institute: A Guide to the Project Management Body of Knowledge: PMBOK Guide PMI, 2004
[PRINCE2, 2005]	Office of Government Commerce: Managing Successful Projects with PRINCE2. The Stationery Office Books, 5th reviewed Ed., 2005
[PRINCE2, 2009]	Office of Government Commerce: PRINCE2®: 2009 Managing Successful Projects with PRINCE2®
[Service Delivery, 2000]	OGC: ITIL Best Practices for Service Delivery, TSO 2000
[Service Operation, 2007]	OGC: ITIL Service Operation, TSO 2007
[Service Design, 2007]	OGC: ITIL Service Design, TSO 2007
[Service Strategy, 2007]	OGC: ITIL Service Strategy, TSO 2007
[Service Support, 2000]	OGC: ITIL Best Practices for Service Support, TSO 2000
[Service Transition, 2007]	OGC: ITIL Service Transition, TSO 2007

Register

1st Line Support/Service–Desk-Mitarbeiter   149
2nd Line Support   150
3rd Line Support   150
7-stufiger Verbesserungsprozess   45

A

Abweichungsbericht   124
Access Management   160
Accounting   36
Acquire and Implement   228
Aggregation   189
Aggregationsstufen   191
AI   228
Akzeptanzkriterien   55
Akzeptiert   176
Alarm   139
Allmähliche Wiederherstellung   81
AMIS   74, 76
Anforderungen und Strategie (ITSCM)   79
Anpassen an die Projektumgebung   267
Application Management   168, 169
Application Service Provision   55
Arbeitsanweisungen   319
Aufgaben   311
Auftraggeber   279
Ausbildung und Training   82
Ausnahme (Exception)   137
Ausnahmeplan   247
Auswirkung (Impact)   146
Auto Reponse   139
Availability   212

Availability Management   73
Availability Management Information System (AMIS)   74
Availability Manager   77
Availability Plan   74

B

Balanced Scorecard   192, 193
Baseline   43, 111, 212
Bedarfsmuster   40
Benchmarking   187
Benutzerfreundlich   3
Bereitstellung einer Transition-Strategie   95
Beschaffen und implementieren   228
Best-Practice   12
Big Bang   111
BS 15000   210
BS 15000-1: 2002   210
BS 15000-2: 2003   210
BS 7799   85
BSI-Grundschutzhandbuch   85
BSM   37
Budgeting & Accounting for IT-Services   217, 219
Build and test   113
Business Alignment   9
Business Capacity Management   72
Business Case   245
Business-Impact-Analysis   79
Business-Perspektive   67
Business Process Outsourcing (BPO)   55

Business Relationship Management 220
Business-Services 37
Business-Servicekatalog 68
Business Service Management (BSM) 37
Businessorientierte IT-Organisationen 282

C

CAB 101
Capabilities 26
Capability Maturity Model 198
Capability Maturity Model Integration 198
Capacity Management 70, 217, 219
Capacity Management Information System (CMIS) 70
Capacity Manager 72
Capacity-Plan 70
Changes 97
Change Advisory Board (CAB) 102
Change Management 97, 223
Change Manager 102
Change Record 99, 213
Change Schedule (CS) 98, 101
Change Trigger 139
Chronologische Analyse 155
CI 104, 107, 108
CI-Level 107
Closed Loop Service Management 32
Closing a project (CP) 238, 244, 266
CMIS 70, 71
CMM 198
CMMI 198
  for Services 198
  für IT-Services 200
CMMI-DEV 198
CMMI-SVC 200
CMS 105, 107
CMS/Tools Administrator 109
COBIT 225, 230
COBIT 4.1 226
COBIT Framework 226
Complementary Guidance 14
Compliance 235
Component Capacity Management 72

Configuration Administrator/Librarian 109
Configuration Baseline 106
Configuration control 107
Configuration identification 107
Configuration Item (CI) 104, 213
Configuration Management 222
Configuration Management Database (CMDB) 213
Configuration Management System (CMS) 105, 126
  gepflegt 103
Configuration Manager 108
Configuration Model 104
Continual Service Improvement (CSI) 17, 41
Continual-Service-Improvement-Prozess 41
Continuous Availability 76
Continuous Operations 76
Contracts 62, 63
Controls 230
Control Objectives 230
  for Information and Related Technology 226
Control-Prozesse 222
Controlling a stage (CS) 238, 242, 264
Core Guidance 14
Core Service Package 60
Corporate Governance 43
Co-Sourcing 55
Cost management 270
CRAMM (CCTA Risk Analysis and Management Method) 80
Critical Success Factors 33, 177
CSF 33, 177, 183
CSI 17, 41
CSI-Improvement-Prozess 44
CSI Manager 48
Customer Assets 93
customer-based 29

D

Daten (Data) 126
Daten- und Informationsmanagement 128
Datenquellen 188
Define the Market 28

Definitive Media Library (DML)   105, 113
Deliver and Support   229
Demand Management   40
demand pattern   40
den Markt definieren   28
Deployment-Readiness-Test   114
Deployment verification Test: 114
Desktop Support   172
Detaildokumentation   319
Develop the Offerings   29
DIKW-Modell   106, 126
Directing a project (DP)   238, 240, 262
Directory Services Management   172
Direkte und indirekte Kosten   36
DML   105
Dringlichkeit (Urgency)   146
DS   229

E

Early-Life-Betrieb   102
Early Life Support (ELS)   115, 116
Ebene 1   305
Ebene 2   305
Ebene 3   305
Effektivität   235
Effizienz   235
Einzelinterviews   293
Emergency CAB (ECAB)   102
Emergency Releases   94
Empfehlungen   124
Enterprise Governance   43
EPK   305
Erbringen und unterstützen   229
Erfolgsfaktoren   177
Erweiterter Incident Lifecycle   74
Eskalation   147
Eskalationsregeln   188
Evaluation   123
Evaluation-Prozess   123
Evaluation Report   124
Evaluieren (Evaluate)   86
Event   136, 139
Event detection   138

Event filtering   138
Event Logging   139
Event Management   136
Event Notifikation   137
Event-Typen   137
External Service Provider   24
externe Business-Sicht   132

F

Facilities Management   153, 168
Fähigkeiten   26, 29
Fault Tolerance   76
Financial Management   35, 134
Fixe und variable Kosten   36
Frühindikator   191
Funktionale Eskalation   147
Funktionen   131, 163

G

Gegenseitige Vereinbarungen   81
Generisches Prozessmodell   7, 59
Geschäftsprozesse   28
Geschäftsprozessorientiert   3
Geschäftsprozessorientierung   2
Goal   178
Good-Practice-Ansatz   12
Governance   43
Gruppeninterviews   293

H

Hauptziele   286, 288
Hierarchische Eskalation   147
High Availability   76

I

Identität (Identity)   161
Implementieren (Implement)   85
Implementierung (ITSCM   81
Incident   142, 164, 213
Incident-Aufzeichnung   144
Incident-Identifizierung   143
Incident-Kategorisierung   145
Incident Management   141, 149, 221

Register

Incident Models 143
Incident Owner 147
Incident-Priorisierung 146
Incident Ticket 144
Incident Trigger 139
Information (Information) 126, 137
Information Security Management (ISM) 83, 173, 217, 219
Information Security Management System (ISMS) 84
Information Security Policy 84, 85
Informationsbedarf 192
Initiale Diagnose 146
Initiating a project (IP) 238, 241, 263
Initiierung (ITSCM) 79
Insourcing 55
Integrität (Integrity) 84
Internal Service Provider 24
Interne Technologiesicht 132
Internet/Web Management 173
Intervenieren 179
Investitionskosten und Betriebskosten 36
IPMA 268
ISACA 225
ISACF 226
ISM 83
ISO 10007 248
ISO 20000 86
ISO/IEC 17799 85
ISO/IEC 20000 209, 210, 214
ISO/IEC 27001 85
Ist-Analyse 291
IT-Betrieb 171
IT-Governance 43, 225
IT Governance Institute (ITGI) 226
IT Infrastructure Library 11
IT-Infrastruktur 167
IT-Kennzahlen 175, 180
IT-Operations 171
IT-Operations Management 168
IT-Planer 65
IT-Services 37
IT-Service Continuity Strategy 79

IT-Service CMM 203, 204
IT-Service Continuity Management (ITSCM) 78
IT-Service Continuity Manager 83
IT-Service Continuity Plan 78
IT-Service Management 1, 2, 23, 24
IT-Servicekennzahlen 181
IT-Strategie 192
IT-Ziele 179, 209, 281
ITIL® 11
ITIL® Advisory Group 13
ITIL®-Foundation 301
ITIL® Version 3 13
ITIL® Web Support Services 15
ITSCM 78
ITSCM-Plan 78
ITSM *siehe* IT Service Management

K

Kartenabfrage 284
Kennzahlen 175, 185, 186, 191
Kennzahlendarstellung 187
Kennzahlensystem 180
Kepner and Tregoe 155
Key Goal Indicators (KGI) 231
Key Performance Indicators (KPI) 177, 231
Knowledge Management 20, 125, 135
Knowledge Process Outsourcing (KPO) 55
Known Error 154, 158
Known Error Database 142, 154
Kommunikation 131
Kompetenzen 311
Konformität zu Spezifikationen 119
KPI 177
KPI-Regelkreis 179
Kultur 135
Kunden-Assets 29
Kundenbasierende SLA 61
KVP 323

L

Lenkungsausschuss 246, 279
Lerntypen 128
Level of Excellence 119

Lieferanten 88
Lokaler Service Desk 165

M

M_o_R (Management of Risk) 80
Mainframe Management 171
Maintainability 75
Major Incidents 143
Major Problems 159
Major Problem Review 159
Major Releases 94
Management System 213
Management von Anlagen und Rechenzentren 173
Managing product delivery (MP) 238, 243, 265
Managing stage boundaries (SB) 238, 243, 265
Manuelle Workarounds 81
Maßnahmenauswahl 139
Maxpert Service Kompetenzmodells 282
ME 229
Mean Time Between Failures 74
Mean Time Between System Incidents 75
Meantime To Restore Service 74
Messbar 176
Middleware Management 172
minimum requirements 210
Minor Releases 94
Mission 194
Monitor and Evaluate 229
Monitoring und Steuerung 170
MoSCoW-Prinzip 315
MTBF 74
MTBSI 75
MTRS 74
Multilevel SLA 61
Multisourcing 55

N

Netzwerkmanagement 172
Nicht-Ziele 289
Normen 209

O

Objective 178
OLA 62
Operational Level Agreement (OLA) 62
Operations Control 168
Operativer Betrieb (ITSCM) 82
Organisatorische Sicherheit 87
Outsourcing 55

P

Pain Value Analysis 155
Pareto-Analyse 155
Pattern of Business Activity 40
PBA 40
PD 0015:2002 210
PDCA-Zyklus 43, 86
Performance 235
Performance and Risk Evaluation Manager 125
Performance-Reviews 90
Personenzertifizierung 225
Pflegen (Maintain) 86
Phased 111
Phasenplan 247
Physische Sicherheit 87
Piloten 114
Pilotphase 320
PIR 99
Plan and Organise 228
Planen (Plan) 85
Planen & Implementieren 216, 228
Planning (PL) 238, 245
PMBoK 237, 268, 272
PMF 200
PMI 268
PO 228
Post Implementation Review (PIR) 99, 116
Prepare for Execution 32
PRINCE2® 237, 238
    2009 254
PRINCE2®-Prinzipien 256
    Anpassen an die Projektumgebung (Tailor to suit the project environment) 257

Aus Erfahrungen lernen (Learn from Experience) 256
Definierte Rollen und Verantwortlichkeiten (Defined Roles & Responsibilities) 256
Kontinuierliche Ausrichtung am Business (Continued Business Justification) 256
Phasenorientiertes Management (Management by Stage) 257
Produktorientierung (Focus on products) 257
Steuern nach dem Ausnahmeprinzip (Manage by Exception) 257

PRINCE2®-Prozesse (Processes) 261
    CP – Abschließen eines Projekts (Closing a Project) 266
    CS – Steuern einer Phase (Controlling a Stage) 264
    DP – Lenken eines Projekts (Directing a Project) 262
    IP – Initiieren eines Projekts (Initiating a Project) 263
    MP – Managen der Produktlieferung (Managing Product Delivery) 265
    SB – Managen eines Phasenübergangs (Managing a Stage Boundary) 265
    SU – Vorbereiten eines Projekts (Starting up a Project) 262

PRINCE2®-Themen (Themes) 258
    Business Case 258
    Organisation (Organization) 258
    Pläne (Plans) 259
    Projektfortschritt (Progress) 261
    Qualität (Quality) 259
    Risiken (Risk) 260
    Veränderung (Change) 260

Priorisierung 100
Proaktives Problem Management 156
Problem 154, 213
Problem-Erkennung 157
Problem Management 154, 222
Problem Manager 159
Problem Models 155
Problem Solving Groups 159
Process Maturity Framework 200

Process Owner 21
Project communication management 270
Project human resource management 270
Project integration management 269
Project procurement management 271
Project quality management 270
Project risk management 271
Project time management 269
Projected Service Outage (PSO) 101
Projekt 236
Projektleiter 279
Projektmanager 246
Projektmarketing 318
Projektplan 247
Projektscope 277
Projektsetup 277
Projektteam 279
Providertypen 23
Prozess 3, 5, 8, 59
Prozessanpassungen 234
Prozessdefinition 303
Prozessdesign 58
Prozesseinführung 234
Prozess-Enabler 9
Prozesshandbuch 316
Prozessimplementierung 234
Prozesskennzahlen 46, 180, 184, 313
Prozessoptimierung 234
Prozessreife 198
Prozesssteuerung 8
Prozessveränderungen 233
Pull 111
Push 111

Q

Qualitätskennzahlen 186
Qualitätsrichtlinie 211
Quality Policy 211

R

RACI-Modell 8
Reaktionsfreudigkeit 132
Reaktives Problem Management 156

Reaktives versus proaktives Verhalten 132
Realistisch 176
Rechte (Rights, privileges) 161
Rechtfertigen 179
recovery 79
Regelmäßige Reviews 82
Registered Certification Body (RCB) 224
Reifegrad 4, 135
Reifegradbestimmung 4, 198
Reifegradmodell 200
Relationship-Prozesse 220
Release and Deployment Management 110
Release and Deployment Manager 117
Release- und Deployment-Modelle 111
Release-Optionen 111
Release Package 111
Release Packaging and Build Manager 117
Release-Planung (Planning) 112
Release Policy 94
Release-Prozess/Release Management 223
Release-Typen 94
Release Unit 110
Reliability 75
Reporting 64
Reporting Analyst 50
Request for Change (RFC) 98, 213
Request Fulfillment 151
Request Model 152
Resolution-Prozesse 221
Ressourcen 26, 29
Retired Services 38, 57
Review-Workshops 321
RFC 99
Richtlinien 209
Risikomanagement 43
Risiko-Policy 119
Risikoprofil 124
Risk Assessment 79
risk reduction 79
ROI (Return on investment) 42
Rollen 20, 311
Rollout 115
Rollout-Plan 115

S

SACM 109
SCD 89
Schnelle Wiederherstellung 81
Scope planning 269
SDP 94, 112
Security Incidents 86
Security Manager 87
Self Assessment 86, 295
Servermanagement 171
Service 3, 25
Service Acceptance Criteria, SAC 55
Service Achievement 64
Service-Archetypen 29
Service Assets 25, 26, 53, 93, 111
Service Asset and Configuration Management (SACM) 103
Service Capacity Management 72
Service Catalogue Management 67
Service Catalogue Manager 69
Service Change 97
Service Continuity & Availability Management 217, 218
Service-Delivery-Prozesse 217
Service Design 17, 53
Service Design Package (SDP) 94, 112
Service Desk 162, 163, 213
Service-Desk-Mitarbeiter 153
Service Improvement Plan (SIP) 44, 63
Service Knowledge Management System (SKMS) 126
Service Knowledge Manager 129
Service Level Agreement (SLA) 56, 60, 61, 213
Service Level Management 59, 217
Service Level Manager 62, 65
Service Level Packages 60
Service Level Requirements (SLR) 56, 60, 62
Service Level Test 114
Service Lifecycle 16
Service Lifecycle Governance Elements 18
Service Lifecycle Operational Elements 18
Service Management 213
Service Management Test 114

Service Operation 17, 130, 173
Service-Operation-Readiness-Test (SORT) 114
Service-Operation-Teams 153
Service Operations Test 114
Service Owner 20
Service Packages 60
Service Pipeline 38, 57
Service Portfolio 30, 37, 38, 57
Service Portfolio Management (SPM) 37
Service-Portfolio-Prozess 39
Service Provider 27, 64, 213
Service Provider Interface (SPI) Test 114
Service Quality Policy 118, 119
Service Reporting 49, 217, 218
Service Reporting Framework 49
Service Request 152, 164
Service-Release-Test 114
Service Review 28, 60, 63
Service Strategy 16, 23
Service Test Manager 123
Service Transition 17, 92
Service Transition Manager 96
Service Validation and Testing 118
Service V-Modell 120
Serviceability 75
Serviceanforderungen (SLR) 65
Servicebasierende SLA 61
Servicedefinition 30
Servicefähigkeit 75
Servicekatalog 38, 57, 67
Servicekennzahlen 46, 180
Serviceorientierte IT-Organisationen 282
Servicepreis 36
Servicequalität 211
  versus Servicekosten 132
Servicereports 64
Servicestrategie 32
Serviceverbesserung 216
Shared Services Unit 24
Single Point of Contact (SPOC) 164
SIP 44, 63
Skill Level 166
SKMS 126

SLA 60, 65
SMART-Prinzip 176
Sofortige Wiederherstellung 81
Sollwerte 179, 187
Sourcing-Optionen 55
Spätindikator 191
Speicherung und Archivierung 172
Spezifikationen 62
Spezifisch 176
SPM 37
SPOC 164
Stabilität 132
Standard Change 98
Starting up a project (SU) 238, 239, 262
Status Accounting and reporting 108
Steuern (Control) 85, 178
Strategic Industry Factors 33
Strategie 194
Strategisches Alignment 89
Strategisches Assessment 32
Strategische Assets 31
Strategische Ziele (Goals) 178
Strategy Map 197
Supplier & Contracts Database (SCD) 88
Supplier Management 88, 220
Supplier Manager 91
Support 171
Supporting Services 57
Supporting Services Package 60
Support-Teams 153
SWOT-Analyse 292, 298

T

Tailoring 267
Taktische Ziele (Objectives) 178
Teamplan 247
Technical Management 167
Technical Servicekatalog 68
technische Kennzahlen 180
technische Perspektive 67
Technologie-Kennzahlen 46
Technologieorientierte IT-Organisationen 281
Technologische Sicherheit 87

Terminiert 177
Tests 82
Testabschluss 122
Testdurchführung 122
Testkriterien 115
Testmanagement 120
Testmodelle 120
Testplanung und -gestaltung 121
  prüfen 121
Teststrategie 119
Testumgebung vorbereiten 121
Timescales 142
Toleranzwert 188
Tools 6
Toolauswahl 6
Toolkriterien 314
Transition-Phase 93
Transition Planning and Support 93
Trigger 139

U

Überwachen und evaluieren 229
Umgang mit Erwartungen 119
Unternehmenskultur 7
Unternehmenszertifizierung 209, 224
Unternehmensziele 179
Untersuchung und Diagnose 147
Ursache-Wirkungs-Beziehungen 192
User Profiles 40
User Test 114
Utility (Nutzen) 25, 118
utility-based 29

V

Validieren 178
Value Creation 27
Value for Money 119
VBF 76
Verantwortung 311
Verbesserungen (Improvements) 42

Verfügbarkeit (Availability) 84
Verification and audit 108
Vertrags-Reviews 90
Vertraulichkeit (Confidentiality) 84
vier P des Service Design 54
Virtueller Service Desk 165
Vision 194
vitale Business Funktionen 76
VOI (Value on investment) 43
Vorbereitung der Service Transition 96

W

Warnung (Warning) 137
Warranty (Gewähr) 25, 118
Wartbarkeit 75
Wechselwirkungen zwischen Kennzahlen 191
Weisheit, Erkenntnis (Wisdom) 127
Werte 194
Wertschöpfung durch Services 27
Wiederherstellung 148
Wirtschaftlich 3
Wissen (Knowledge) 127
Wissensmanagement-Strategie 127
Wissenstransfer 127
Wissensvisualisierung 128
Workaround 142, 155, 158

Z

Zentraler Service Desk 165
Ziele 2, 175, 192, 194, 209
Zielauswahl 286
Zielfindung 286
Zielgerichtet 2
Zielvorgaben definieren 33
Zielwert 187
Zielworkshop 283, 289
Zügige Wiederherstellung 81
Zugriff (Access) 160
Zusatzziele 286, 288
Zuverlässigkeit 75

HANSER

Alles im Griff.

Tiemeyer (Hrsg.)
Handbuch IT-Management
Konzepte, Methoden, Lösungen
und Arbeitshilfen für die Praxis
3., überarbeitete und erweiterte Auflage
739 Seiten
ISBN 978-3-446-41842-4

Informationstechnik (IT) hat inzwischen so gut wie alle Geschäftsbereiche durchdrungen und kann über Erfolg oder Misserfolg der Unternehmenstätigkeit entscheiden. Deshalb nehmen IT-Manager in Unternehmen eine ganz zentrale Rolle ein.

Damit IT-Manager für die Praxis gerüstet sind, stellt dieses Handbuch umfassendes, aktuelles und in der Praxis unverzichtbares Wissen aus allen Bereichen des IT-Managements zur Verfügung. Die Autoren, allesamt Experten auf ihrem Gebiet, vermitteln die Fähigkeit zur Entwicklung von IT-Strategien, technisches Know-How und fundiertes Wissen zu Managementthemen und Führungsaufgaben.

Mehr Informationen zu diesem Buch und zu unserem Programm unter www.hanser.de/computer